数学·统计学系列

圆锥曲线习题集（下册·第2卷）

The Collection of Exercise of Conic Section (Book 3, Vol.2)

● 陈传麟 著

哈尔滨工业大学出版社
HARBIN INSTITUTE OF TECHNOLOGY PRESS

内容简介

本书是《圆锥曲线习题集》的下册第 2 卷,内收有关椭圆的命题 600 道,抛物线的命题 100 道,双曲线的命题 200 道,综合命题 100 道,合计 1 000 道(另有关于圆和直线的命题 300 道),绝大部分是首次发表.

1 300 道命题都是证明题,全部附图.全书分成 5 章 53 节,有些命题可供专题研究.

本书可作为大专院校师生和中学数学教师的参考用书,也可作为数学爱好者的补充读物.

图书在版编目(CIP)数据

圆锥曲线习题集.下册.第 2 卷/陈传麟著.—哈尔滨:哈尔滨工业大学出版社,2018.1
ISBN 978-7-5603-6668-5

Ⅰ.①圆… Ⅱ.①陈… Ⅲ.①圆锥曲线-高等学校-习题集 Ⅳ.①O123.3-44

中国版本图书馆 CIP 数据核字(2017)第 121221 号

策划编辑	刘培杰 张永芹	
责任编辑	王勇钢	
封面设计	孙茵艾	
出版发行	哈尔滨工业大学出版社	
社　　址	哈尔滨市南岗区复华四道街 10 号　邮编 150006	
传　　真	0451-86414749	
网　　址	http://hitpress.hit.edu.cn	
印　　刷	哈尔滨市工大节能印刷厂	
开　　本	787mm×1092mm　1/16　印张 44.25　字数 794 千字	
版　　次	2018 年 1 月第 1 版　2018 年 1 月第 1 次印刷	
书　　号	ISBN 978-7-5603-6668-5	
定　　价	98.00 元	

(如因印装质量问题影响阅读,我社负责调换)

作 者 简 介

陈传麟,1940年生于上海.

1963年安徽大学数学系本科毕业.

1965年试建立欧几里得几何的对偶原理,并于当年获得成功.

2011年发表专著《欧氏几何对偶原理研究》(上海交通大学出版社).

2013年起发表专集《圆锥曲线习题集》(共四册,哈尔滨工业大学出版社).

Logic will get you from A to B,

Imagination will take you everywhere.

— *Albert Einstein*

逻辑能引导你从A走到B,而想象能带领你去任何地方.

——爱因斯坦

◎ 序

本书是《圆锥曲线习题集》的第四分册,内收椭圆的命题 600 道,抛物线的命题 100 道,双曲线的命题 200 道,综合命题 100 道,另有关于圆和直线的命题 300 道,合计 1 300 道,全部都是证明题,书中九成以上的命题是首次发表.其中值得我们重视的都在题前加上了"*"或"* *".

本书已出版四册:上册、中册、下册(第 1 卷)和下册(第 2 卷),四册共含椭圆题 2 100 道,抛物线题 800 道,双曲线题 1 000 道,综合题 400 道,合计 4 300 道,已超出了陈先生原来打算编撰"圆锥曲线三千题"的设想(全书另含圆和直线的命题 1 000 道,所以,到目前,全书四册总计含题 5 300 道).

下面通过几个例子体验一下怎样应用欧氏几何对偶原理证题.

考查下面两道命题:

命题 1 设四边形 $ABCD$ 外切于圆锥曲线 α, AC 交 α 于 Z,如图 1 所示,求证:BD 不可能过 Z.

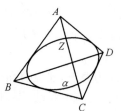

图 1

命题 2 设四边形 $ABCD$ 内接于圆锥曲线 α，AB 交 CD 于 P，AD 交 BC 于 Q，过 P 且与 α 相切的直线记为 z，如图 2 所示，求证：点 Q 不会在 z 上．

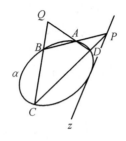

图 2

命题 1 和命题 2 虽然都摆明成立，但是，真要说清理由，还不知道从哪里说起．

其实它们是下面的命题 3 分别在黄几何和蓝几何中的对偶表现．因而，这三道命题在对偶意义上是等价的，即它们三者同真同假，证明其中任何一个，就等于证明了其余两个．

命题 3 设四边形 $ABCD$ 内接于抛物线 α，如图 3 所示，求证：$ABCD$ 不可能是平行四边形．

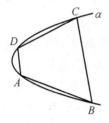

图 3

命题 3 容易说清，用命题 3 的证明替代前两命题的证明，当然是明智的选择．

抛物线有一条性质是这样的：

命题 4 设 A 是抛物线 α 上一点，如图 4 所示，求证：α 上一定存在另外两点 B，C，使得 A，B，C 三点构成一个正三角形．

这个命题的证明如下．

证明：在图 4 中，以 A 为原点，建立直角坐标系，那么，抛物线 α 的直角坐标方程为

$$Ax^2 + Bxy + Cy^2 + Dx + Ey = 0 \tag{1}$$

设 $AC = AB = r$，AC，AB 的倾斜角分别为 θ 和 φ，那么，本题的任务就是要

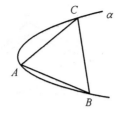

图 4

求出合适的 θ. 易见

$$(\varphi - \theta) + \frac{\pi}{3} = \pi$$

即

$$\varphi = \frac{2\pi}{3} + \theta$$

所以,C,B 两点的坐标分别为

$$C(r\cos\theta, r\sin\theta), B(r\cos(\frac{2\pi}{3}+\theta), r\sin(\frac{2\pi}{3}+\theta))$$

将这两点坐标先后代入方程(1),得

$$(A\cos^2\theta + B\sin\theta\cos\theta + C\sin^2\theta)r = -(D\cos\theta + E\sin\theta) \tag{2}$$

及

$$\left[A\cos^2(\frac{2\pi}{3}+\theta) + B\sin(\frac{2\pi}{3}+\theta)\cos(\frac{2\pi}{3}+\theta) + C\sin^2(\frac{2\pi}{3}+\theta)\right]r$$
$$= -\left[D\cos(\frac{2\pi}{3}+\theta) + E\sin(\frac{2\pi}{3}+\theta)\right] \tag{3}$$

式(2)+(3) 得

$$-(D'\cos\theta + E'\sin\theta) = (A'\cos^2\theta + B'\sin\theta\cos\theta + C'\sin^2\theta)r \tag{4}$$

其中,A',B',C',D',E' 均为常数.

式(2)×(4) 并整理,得

$$\tan^3\theta + a\cdot\tan^2\theta + b\cdot\tan\theta + c = 0 \tag{5}$$

其中,a,b,c 均为常数.

因为式(5)是关于 $\tan\theta$ 的一元三次实系数方程,所以,至少存在一个实数 θ_0 满足方程(5),这就说明命题4所说的 B,C 两点是存在的.

把这个命题4对偶到黄几何,所得的命题是:

命题5 设 Z 是椭圆 α 上一点,如图5所示,求证:一定存在 $\triangle ABC$,它外切于 α,且以 Z 为该三角形的费马点(即使得 $\angle BZC = \angle CZA = \angle AZB = 120°$).

如果把命题4对偶到蓝几何,所得的命题是:

命题6 设直线 z 是椭圆 α 的切线,O 是一定点,A,B,C 是 α 上三点,BC,

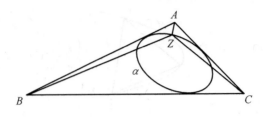

图 5

CA,AB 分别交 z 于 P,Q,R,如图 6 所示,求证:在 α 上一定存在这样三点 A,B,C,使得 $\angle POQ = \angle QOR = 60°$.

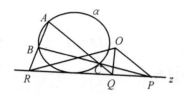

图 6

命题 4,5,6 彼此对偶,同真同假,显然,命题 4 易证.

现在,考查下面的命题 7:

命题 7 设两定点 M,N 都不在圆锥曲线 α 上,P 是一动点,PM,PN 分别交 α 于 A,B 和 C,D,如图 7 所示,求证:$\dfrac{PA \cdot PB}{PC \cdot PD} \cdot \dfrac{NC \cdot ND}{MA \cdot MB}$ 是定值,与 P 点的位置无关.

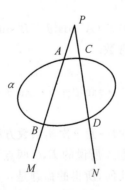

图 7

这道命题有两种证法,第一种是直接证明,第二种是用对偶法证明.

证法一(直接证明):

设 α 的方程为
$$f(x,y)=Ax^2+Bxy+Cy^2+Dx+Ey+F=0 \qquad (1)$$

设点 M,N,P 的坐标分别为 $(x_M,y_M),(x_N,y_N),(x_P,y_P)$，直线 PM,PN 的倾斜角分别为 θ,φ，那么，直线 PM,PN 的参数方程分别为

$$\begin{cases} x=x_P+t\cos\theta \\ y=y_P+t\sin\theta \end{cases} \qquad (2)$$

和

$$\begin{cases} x=x_P+t\cos\varphi \\ y=y_P+t\sin\varphi \end{cases} \qquad (3)$$

将(2)代入(1)，得

$(A\cos^2\theta+B\sin\theta\cos\theta+C\sin^2\theta)t^2+$
$[(2Ax_P+By_P+D)\cos\theta+(Bx_P+2Cy_P+E)\sin\theta]t+f(x_P,y_P)=0$

设其两根为 t_1,t_2，则 $t_1=PA, t_2=PB$。

因为 $A\cos^2\theta+B\sin\theta\cos\theta+C\sin^2\theta\neq 0$，所以，由韦达定理

$$PA\cdot PB=\frac{f(x_P,y_P)}{A\cos^2\theta+B\sin\theta\cos\theta+C\sin^2\theta}$$

同理

$$PC\cdot PD=\frac{f(x_P,y_P)}{A\cos^2\varphi+B\sin\varphi\cos\varphi+C\sin^2\varphi}$$

所以

$$\frac{PA\cdot PB}{PC\cdot PD}=\frac{A\cos^2\varphi+B\sin\varphi\cos\varphi+C\sin^2\varphi}{A\cos^2\theta+B\sin\theta\cos\theta+C\sin^2\theta}$$

另一方面，直线 PM,PN 的参数方程也可以分别表示为

$$\begin{cases} x=x_M+t\cos\theta \\ y=y_M+t\sin\theta \end{cases} \qquad (4)$$

和

$$\begin{cases} x=x_N+t\cos\theta \\ y=y_N+t\sin\theta \end{cases} \qquad (5)$$

将式(4)代入(1)，得

$(A\cos^2\theta+B\sin\theta\cos\theta+C\sin^2\theta)t^2+$
$[(2Ax_M+By_M+D)\cos\theta+(Bx_M+2Cy_M+E)\sin\theta]t+f(x_M,y_M)=0$

设其两根为 t_3,t_4，则 $t_3=MA, t_4=MB$，由韦达定理

$$MA\cdot MB=\frac{f(x_M,y_M)}{A\cos^2\theta+B\sin\theta\cos\theta+C\sin^2\theta}$$

同理

$$NC \cdot ND = \frac{f(x_N, y_N)}{A\cos^2\varphi + B\sin\varphi\cos\varphi + C\sin^2\varphi}$$

所以

$$\frac{NC \cdot ND}{MA \cdot MB} = \frac{A\cos^2\theta + B\sin\theta\cos\theta + C\sin^2\theta}{A\cos^2\varphi + B\sin\varphi\cos\varphi + C\sin^2\varphi} \cdot \frac{f(x_N, y_N)}{f(x_M, y_M)}$$

故

$$\frac{PA \cdot PB}{PC \cdot PD} \cdot \frac{NC \cdot ND}{MA \cdot MB} = \frac{f(x_N, y_N)}{f(x_M, y_M)}$$

可见，$\frac{PA \cdot PB}{PC \cdot PD} \cdot \frac{NC \cdot ND}{MA \cdot MB}$ 是定值，与 P 点的位置无关.（证毕）

证法二（用对偶法）：

若把过 M, N 的直线视为"蓝假线"，那么，命题 7 就成了下面的命题 8：

命题 8　设动点 P 不在圆锥曲线 α 上，过 P 作两直线 l_1, l_2，它们分别交 α 于 A, B 和 C, D，如图 8 所示，若 l_1, l_2 的方向都是一定的，求证：$\frac{PA \cdot PB}{PC \cdot PD}$ 是定值，且与 P 点的位置无关.

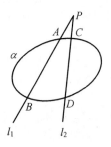

图 8

命题 8 人称"牛顿（I. Newton,1642—1727）定理"，当然是真命题，而命题 7 是"牛顿定理"在"蓝几何"中的复述，自然也是成立的．这就是"对偶法"的证明．

命题 7 比牛顿定理更广泛，可视为牛顿定理的推广（当 M, N 都是无穷远点时，命题 7 就成了命题 8）．

命题 9　设完全四边形 $ABCD-EF$ 外切于圆 O，线段 AC, BD, EF 的中点分别为 M, N, S，如图 9 所示，求证：M, N, S, O 四点共线.

图 9 的直线 MN 也以牛顿命名，称为"牛顿线".

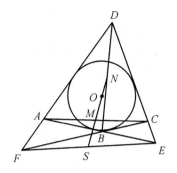

图 9

把这个命题推广到圆锥曲线就是下面的命题 10：

命题 10 设椭圆 α 的中心为 O，完全四边形 $ABCD-EF$ 外切于 α，线段 AC,BD,EF 的中点分别为 M,N,S，如图 10 所示，求证：M,N,S,O 四点共线.

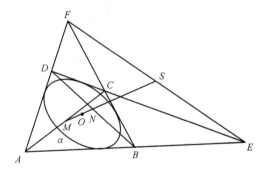

图 10

如果把上面命题 10 的椭圆换成抛物线，那么，该命题应该叙述成这样：

命题 11 设抛物线 α 的对称轴为 m，完全四边形 $ABCD-EF$ 的四边 AB，BC,CD,DA 外切于 α，线段 AC,BD,EF 的中点分别为 M,N,S，如图 11 所示，求证：M,N,S 三点共线，且此线与 m 平行.

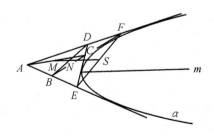

图 11

把命题 11 对偶到黄几何,所得的新命题是:

命题 12 设 A,B,C,D,Z 是椭圆 α 上五点,一直线过 Z,且分别交 AB,BC,CD,DA 于 P,Q,R,S;另一直线也过 Z,且分别交 AB,BC,CD,DA 于 P',Q',R',S';设 $P'R$ 交 PR' 于 M,QS' 交 $Q'S$ 于 N,ME 交 NF 于 T,如图 12 所示,求证:直线 ZT 与 α 相切.

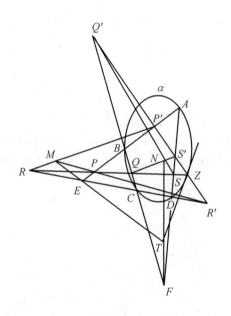

图 12

如果把命题 11 对偶到蓝几何,所得的新命题是:

命题 13 设完全四边形 $ABCD-EF$ 外切于椭圆 α,直线 z 过线段 EF 的中点 G,且与 α 相切,切点为 R,P,Q 是 z 上两点,设 PA 交 QC 于 H,PC 交 QA 于 I,HI 交 AC 于 M,设 PB 交 QD 于 J,PD 交 QB 于 K,JK 交 BD 于 N,如图 13 所示,求证:

① M,N,R 三点共线;

② $MN \parallel EF$.

在蓝观点下(以 z 为"蓝假线"),图 13 的 α 是"蓝抛物线",$ABCD-EF$ 外切于 α,M,N 分别是"蓝线段"AC,BD 的"蓝中点","蓝线段"EF 的"蓝中点"是直线 EF 上的无穷远点(红假点),这个无穷远点和 M,N 应该共线(见命题11),所以 $MN \parallel EF$. 又因为 MN 应该与"蓝抛物线"α 的对称轴平行(见命题11),所以 MN 一定经过 R,这就是命题 13 的两个结论 ①② 的由来.

很明显,直接证明命题 12、命题 13 是困难的.

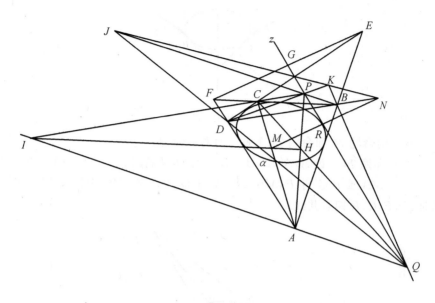

图 13

再看本书的命题 984：

命题 984 设抛物线 α 的对称轴为 m，椭圆 β 与 α 相切于 A，B 两点，AB 交 m 于 P，过 P 作 m 的垂线，且交 α 于 Q，过 Q 作 α 的切线，且交 m 于 M，过 M 作 m 的垂线，此垂线记为 n，过 A，B 分别作 β 的切线，这两切线相交于 N，如图 984 所示，求证：点 N 在 n 上．

注：在"蓝观点"下（以 PQ 为"蓝假线"），本图的 α 是"蓝双曲线"，M 是其"蓝中心"，因此，本命题的对偶命题是下面的命题 984.1，由此可见，本命题是明显成立的．

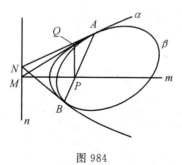

图 984

命题 984.1 设双曲线 α 的虚轴为 n，椭圆 β 与 α 外切于 A，B 两点，且 n 是 β 的对称轴，过 A，B 分别作 α，β 的公切线，这两条公切线相交于 N，如图 984.1 所示，求证：点 N 在 n 上．

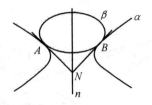

图 984.1

本书的命题 74 和命题 74.1 是一对对偶命题:

∗∗命题 74 设 A,A',B,B',C,C' 及 M 是椭圆 α 上七点,AA',BB',CC' 共点于 O,MA 交 $B'C'$ 于 P,MB 交 $C'A'$ 于 Q,MC 交 $A'B'$ 于 R,如图 74 所示,求证:O,P,Q,R 四点共线.

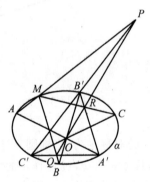

图 74

∗∗命题 74.1 设直线 z 与椭圆 α 不相交,直线 l 与 α 相切,P,Q,R 是 z 上三点,过这三点各作 α 的一条切线,这些切线依次交 l 于 A,B,C. 现在,过 P,Q,R 再分别作 α 的一条切线,这次三条切线构成 $\triangle A'B'C'$,如图 74.1 所示,求证:

① AA',BB',CC' 三线共点(此点记为 S).

② 点 S 在 z 上.

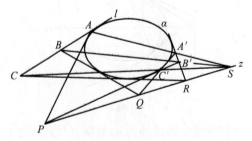

图 74.1

陈先生把前一命题称为"椭圆的七点定理",把后一命题称为"椭圆的七线定理",那么,怎样证明命题 74 呢?

我们知道,任何椭圆在"蓝几何"里,都可以视为"圆"(参阅《欧氏几何对偶原理研究》的附录 3,上海交通大学出版社出版,2011 年),所以,读者只要证明命题 74 对圆成立就可以了,这就大大地降低了证题的难度.

解题的道路往往不止一条,但是,孰优孰劣,是要认真推敲的,应用"对偶法"证明有关圆锥曲线的命题,常见奇效.

朱传刚

2017 年

于上海·紫竹园

目录

第 1 章 椭圆 ··· 1

1.1 ·· 1
1.2 ·· 10
1.3 ·· 21
1.4 ·· 31
1.5 ·· 40
1.6 ·· 49
1.7 ·· 59
1.8 ·· 68
1.9 ·· 81
1.10 ··· 93
1.11 ··· 107
1.12 ··· 119
1.13 ··· 129
1.14 ··· 140
1.15 ··· 151
1.16 ··· 162
1.17 ··· 171
1.18 ··· 179
1.19 ··· 189

1.20 204
1.21 216
1.22 224
1.23 237
1.24 250

第 2 章　抛物线 263

2.1 263
2.2 272
2.3 283
2.4 291

第 3 章　双曲线 303

3.1 303
3.2 313
3.3 324
3.4 333
3.5 342
3.6 359

第 4 章　综合 373

4.1 373
4.2 381
4.3 396
4.4 405
4.5 414
4.6 424

第 5 章　直线和圆 ·· 434

5.1 ·· 434
5.2 ·· 450
5.3 ·· 466
5.4 ·· 484
5.5 ·· 502
5.6 ·· 519
5.7 ·· 529
5.8 ·· 548
5.9 ·· 565
5.10 ·· 585
5.11 ·· 605
5.12 ·· 624
5.13 ·· 645

参考文献 ·· 659

索引 ·· 660

后记 ·· 666

编辑手记 ·· 667

椭　圆

第 1 章

1.1

＊＊命题 1　设椭圆 α 的左、右焦点分别为 F_1, F_2，左、右准线分别为 f_1, f_2，一直线与 α 相切，且分别交 f_1, f_2 于 A, B，设 AF_1 交 BF_2 于 C，如图 1 所示，求证：$AC = BC$.

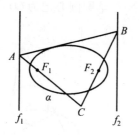

图 1

＊＊命题 2　设椭圆 α 的左、右焦点分别为 F_1, F_2，左、右准线分别为 f_1, f_2，圆 A 过 F_1 且与 f_1 相切，圆 B 过 F_2 且与 f_2 相切，若圆 A 与圆 B 外切于 P，如图 2 所示，求证：

① P 在 α 上；

② AB 是 α 的切线.

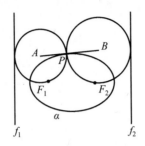

图2

**命题3 设椭圆 α 的左、右准线分别为 f_1,f_2,有两圆 A,B 彼此外切,圆 A 与 f_1 相切,圆 B 与 f_2 相切,且这两圆均与 α 外切,切点分别为 C,D,设 AC 交 BD 于 E,如图 3 所示,求证:E 在 α 上.

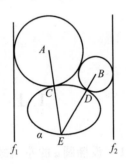

图3

*命题4 设椭圆 α 的左、右焦点分别为 F_1,F_2,A,B 是 α 上两点,如图 4 所示,求证:一定存在一个圆(该圆圆心记为 O),它与下列四直线 AF_1,AF_2,BF_1,BF_2 都相切.

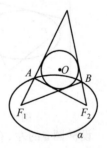

图4

命题5 设椭圆 α 的两个焦点分别为 A,B,M,N 是 α 上两点,AM 交 BN 于 C,AN 交 BM 于 D,如图 5 所示,求证:存在椭圆 β,它以 C,D 为焦点,且过 M,N 两点.

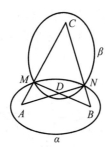

图 5

注:本命题可以改述成下面的命题 5.1 或者命题 5.2.

命题 5.1 设两椭圆 α,β 的焦点分别为 A,B 和 C,D,这两椭圆相交于 M, N,如图 5 所示,求证:"A,N,D 三点共线,同时,B,D,M 三点也共线"的充要条件是"A,C,M 三点共线,同时,B,C,N 三点也共线".

命题 5.2 设完全四边形 $CMDN-AB$ 中,有
$$MA + MB = NA + NB$$
如图 5 所示,求证:下式成立
$$MC + MD = NC + ND$$

命题 6 设四边形 $ABCD$ 外切于椭圆 α,如图 6 所示,求证:α 的两个焦点 F_1,F_2 是四边形 $ABCD$ 的一对等角共轭点.

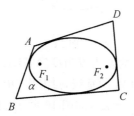

图 6

注:对于 α 的外切 n 边形($n \geqslant 3$),本命题都成立.

*命题 7 设椭圆 α 的左、右焦点分别为 F_1,F_2,A 是 α 上一点,过 A 作 α 的切线,且交 F_1F_2 于 B,设 B 在 AF_1,AF_2 上的射影分别为 C,D,CF_2 交 DF_1 于 E,如图 7 所示,求证:$AE \perp F_1F_2$.

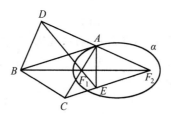

图 7

3

**命题 8　设椭圆 α 的左、右焦点分别为 F_1,F_2，A,B 是 α 上两点，AF_2 交 BF_1 于 C，AF_1 交 BF_2 于 D，过 A,B 分别作 α 的切线，这两切线交于 P，如图 8 所示，求证：$\angle APD = \angle BPC$.

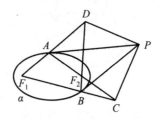

图 8

命题 9　设椭圆 α 的左、右焦点分别为 F_1,F_2，A,B 是 α 上两点，AF_1 交 BF_2 于 C，AF_2 交 BF_1 于 D，如图 9 所示，求证：C,D 两点在一个新椭圆 β 上，该椭圆仍以 F_1,F_2 为焦点.

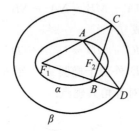

图 9

**命题 10　设椭圆 α 的左焦点为 O，A,B,C 是 α 上三点，OA,OB,OC 的中点分别为 D,E,F，过 D 作 OA 的垂线，过 E 作 OB 的垂线，过 F 作 OC 的垂线，这三条垂线两两相交，构成 $\triangle PQR$，如图 10 所示，求证：$\triangle PQR$ 是正三角形.

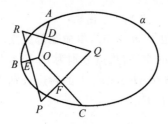

图 10

命题 11　设椭圆 α 的右焦点为 F，右准线为 f，左顶点为 A，短轴的一端为 B，过 B 且与 α 相切的直线交 f 于 C，AC 交 α 于 E，EF 交 BC 于 D，如图 11 所示，求证：D 是线段 BC 的中点.

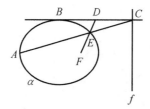

图 11

命题 12 设 Z 是椭圆 α 的右焦点,f 是 α 的右准线,A,B,C 是 α 上三点,BC,CA,AB 分别交 f 于 A',B',C',过 A 且与 α 相切的直线交 ZA' 于 P,过 B 且与 α 相切的直线交 ZB' 于 Q,过 C 且与 α 相切的直线交 ZC' 于 R,如图 12 所示,求证:P,Q,R 三点共线.

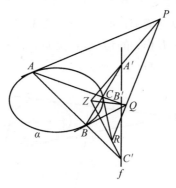

图 12

命题 13 设椭圆 α 的左焦点为 Z,$\triangle ABC$ 外切于 α,l 是 α 的一条切线,在 l 上取三点 A',B',C',使得 $ZA'\perp ZA,ZB'\perp ZB,ZC'\perp ZC$,如图 13 所示,求证:$AA',BB',CC'$ 三线共点(此点记为 S).

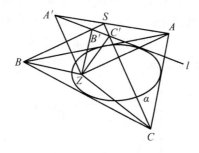

图 13

注:此乃"西姆森(Simson)定理"在"黄几何"中的表现.

如果 α 是圆,则成下面的命题 13.1.

命题 13.1 设 $\triangle ABC$ 外切于圆 Z,直线 l 与圆 Z 相切,在 l 上取三点 A',B',C',使得 $ZA'\perp ZA,ZB'\perp ZB,ZC'\perp ZC$,如图 13.1 所示,求证:$AA'$,

BB',CC' 三线共点(此点记为 S).

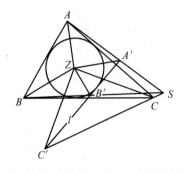

图 13.1

注:点 S 不妨称为圆 Z 的切线 l 关于 $\triangle ABC$ 的"西姆森点".

命题 14 设 O 是椭圆 α 的左焦点,$\triangle ABC$ 外切于 α,BC,CA,AB 上的中点分别为 D,E,F,过 E 作 α 的切线,且交 DF 于 G,若 O 是 $\triangle ABC$ 的重心,如图 14 所示,求证:$OE \perp OG$.

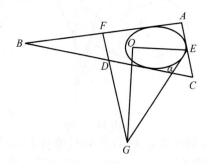

图 14

注:在"黄观点"下(以 O 为"黄假线"),α 是黄三角形 DEF 的"黄九点圆".

命题 15 设椭圆 α 的中心为 O,左焦点为 Z,左准线为 f,P 是 f 上一点,过 P 作 α 的两条切线 l_1,l_2,过 Z 作 l_2 的垂线,且交 l_1 于 A;过 Z 作 l_1 的垂线,且交 l_2 于 B,如图 15 所示,求证:A,O,B 三点共线.

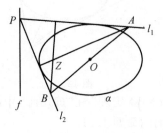

图 15

*命题 16 设椭圆 α 的左焦点为 O,左准线为 f,直线 z 与 α 相切,切点为

A,P 是 f 上一点,过 P 作 α 的两条切线,这两条切线分别交 z 于 B,C,设 PO 交 z 于 D,如图 16 所示,求证:$\angle COD = \angle AOB$.

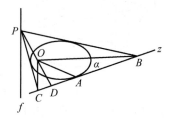

图 16

命题 17 设椭圆 α 的右焦点为 F,右准线为 f,左顶点为 A,一直线过 A 且分别交 α 和 f 于 B,D,过 A,B 分别作 α 的切线,且二者交于 C,如图 17 所示,求证:$FC \perp FD$.

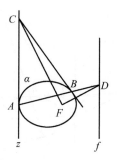

图 17

* **命题 18** 设椭圆 α 的右焦点为 O,右准线为 z,平行四边形 $ABCD$ 的四边都与 α 相切,且 A 在 z 上,如图 18 所示,求证:$OA \perp BD$.

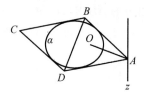

图 18

命题 19 设椭圆 α 的左焦点为 O,右顶点为 A,B,C 是 α 上另外两点,过 B,C 分别作 α 的切线,且二者交于 P,过 O 作 AO 的垂线,且分别交 AB,AC,AP 于 E,F,M,如图 19 所示,求证:$ME = MF$.

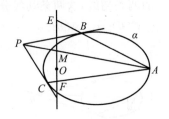

图 19

命题 20 设椭圆 α 的右顶点为 A,上顶点为 B,左准线为 z,α 的长轴为 m,m 交 z 于 P,过 A 且与 α 相切的直线记为 l,C 是 α 上一点,过 C 且与 α 相切的直线交 l 于 E,CB 交 l 于 D,过 B 且与 α 相切的直线分别交 l,EP,DP 于 F,G,M,如图 20 所示,求证:$MF = MG$.

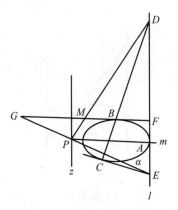

图 20

命题 21 设椭圆 α 的左准线为 z,P,Q 是 z 上两点,过 P,Q 各作 α 的两条切线,它们两两相交,构成四边形 $ABCD$,如图 21 所示,CD 上的切点为 E,一直线与 α 相切,且分别交 AB,BC 于 M,N,设 DM 交 EN 于 R,求证:点 R 在 z 上.

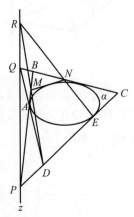

图 21

命题 22　设椭圆 α 的左焦点为 O，长轴为 AB，弦 CD 与 AB 垂直，CO 交 α 于 E，F 是 α 上一点，过 E 作 α 的切线，且交 DF 于 G，GO 交 CF 于 H，如图 22 所示，求证：$EH \parallel CD$.

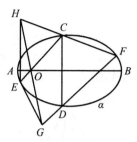

图 22

1.2

命题 23 设 A 是椭圆 α 外一点,过 A 作 α 的两条切线,切点分别为 B,C,D 是 α 上一点,BD 交 AC 于 E,CD 交 AB 于 F,过 E,F 分别作 α 的切线,这两条切线交于 G,如图 23 所示,求证:A,G,D 三点共线.

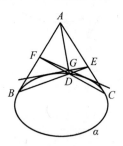

图 23

命题 24 设 A 是椭圆 α 外一点,过 A 作 α 的两条切线,切点分别为 B,C,一直线过 A,且与 α 相交于 D,E,BD 交 AC 于 F,CD 交 AB 于 G,设 DE 的中点为 P,PF,PG 分别交 α 于 M,N,如图 24 所示,求证:线段 MN 被 DE 所平分.

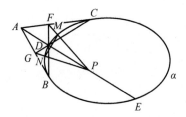

图 24

命题 25 设 A 是椭圆 α 外一点,过 A 作 α 的两条切线,切点分别为 B,C,一直线过 A,且交 α 于 D,E,过 D 作 AC 的平行线,且分别交 BC,EC 于 M,F,如图 25 所示,求证:M 是 DF 的中点.

注:下面的命题 25.1 与本命题相近.

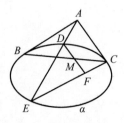

图 25

命题 25.1 设 A 是 α 外一点，过 A 作 α 的两条切线，切点分别为 B,C,M 是 BC 上的定点，一动直线过 A，且交 α 于 P,Q,PM 交 α 于 R,QR 交 BC 于 S，如图 25.1 所示，求证：S 是定点，与动直线 PQ 的位置无关.

注：当 M 是 BC 的中点时，$QR \parallel BC$.

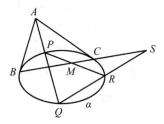

图 25.1

命题 26 设两直线 l_1,l_2 彼此平行，且均与椭圆 α 相切，点 A 在 l_1 上，点 B 在 l_2 上，过这两点分别作 α 的切线，这两切线交于 C，一直线过 C，且分别交 l_1,l_2 于 D,E，过 D 作 BC 的平行线，同时，过 E 作 AC 的平行线，这两线交于 S，如图 26 所示，求证：点 S 在直线 AB 上.

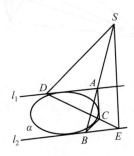

图 26

命题 27 设 A 是椭圆 α 外一点，过 A 作 α 的两条切线，切点分别为 B,C，一直线过 A，且交 α 于 D,E，过 C 作 AB 的平行线，且分别交 BD,BE 于 M,N，如图 27 所示，求证：点 C 是线段 MN 的中点.

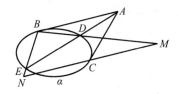

图 27

命题 28 设 A 是椭圆 α 外一点，过 A 作 α 的两条切线，切点分别为 B,C,BC 的中点为 M，一直线过 M，且交 α 于 D,E，设 AE 交 α 于 F，如图 28 所示，求证：$DF \parallel BC$.

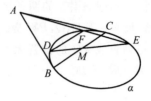

图 28

＊＊命题 29 设 P 是椭圆 α 外一点,过 P 作 α 的两条切线,切点分别记为 A,B,作 $\angle APB$ 的平分线,且交 α 于 C,D,过 C,D 分别作 α 的切线,且二者交于 Q,如图 29 所示,求证:
① $PQ \perp CD$;
② A,B,Q 三点共线.

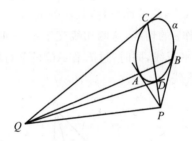

图 29

命题 30 设椭圆 α 的中心为 O,左、右焦点分别为 F_1,F_2,A 是 α 上一点,过 O 任作两直线,它们分别交 AF_1,AF_2 于 B,C 和 D,E,设 BE 交 CD 于 P,如图 30 所示,求证:$PA \parallel F_1F_2$.

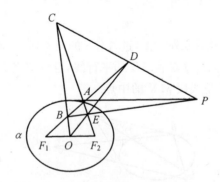

图 30

命题 31 设椭圆 α 的中心为 O,左、右焦点分别为 F_1,F_2,一直线过 F_1,且交 α 于 A,B,另一直线过 F_2,且交 α 于 C,D,AC,BD 分别交 F_1F_2 于 M,N,如图 31 所示,求证:$OM = ON$.

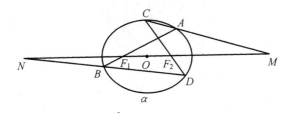

图 31

命题 32 设椭圆 α 的左、右焦点分别为 F_1, F_2，完全四边形 $ABCD-PQ$ 外切于 α，如图 32 所示，求证：

① $\angle BF_1P = \angle DF_1Q$；

② $\angle BF_2P = \angle DF_2Q$.

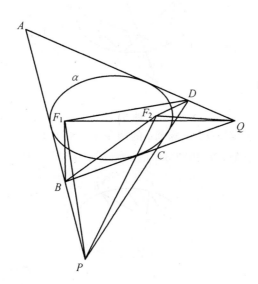

图 32

命题 33 设 P 是椭圆 α 外一点，过 P 作 α 的两条割线，它们分别交 α 于 A，B 和 C,D，AC 交 BD 于 E，PE 交 α 于 F,G，过 D 作 FG 的平行线，且交 α 于 H，如图 33 所示，求证：AH 平分线段 FG.

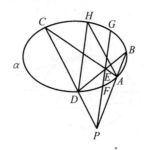

图 33

命题 34 设 A 是椭圆 α 外一点,过 A 作 α 的两条割线,且分别交 α 于 B,C 和 D,E,CD 交 BE 于 P,AP 交 α 于 M,N,如图 34 所示,求证
$$AM \cdot PN = AN \cdot PM$$
注:下面的命题 34.1 是本命题的特例.

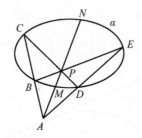

图 34

命题 34.1 设 BC,DE 是椭圆 α 的两条平行弦,CD 交 BE 于 P,过 P 作 BC 的平行线,且交 α 于 M,N,如图 34.1 所示,求证:$PM = PN$.

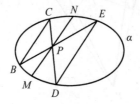

图 34.1

* **命题 35** 设梯形 $ABCD$ 内接于椭圆 α,$AD \parallel BC$,在 AB,BC,CD 上各取一点,它们分别记为 E,F,G,使得四边形 $AEFG$ 为平行四边形,设 EG 分别交 BD,AC 于 H,K,如图 35 所示,求证:$EH = GK$.

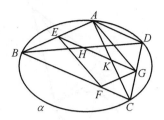

图 35

** 命题36 设 AB, CD, EF 是椭圆 α 的三条彼此平行的弦,AD 交 BC 于 P,EP,FP 分别交 α 于 G,H,如图 36 所示,求证:$GH \parallel AB$.

注:若将图 36 的 AB 视为"蓝假线",那么,在"蓝观点"下,α 是"蓝双曲线",本命题就对偶于下面的命题 36.1,因而,本命题是明显成立的.

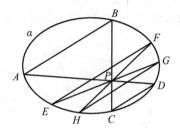

图 36

命题 36.1 设双曲线 α 的虚轴为 z,两渐近线为 t_1,t_2,两弦 CD,EF 均与 z 平行,过 C 作 t_2 的平行线,同时,过 D 作 t_1 的平行线,这两线交于 P,设 PE,PF 分别交 α 于 G,H,如图 36.1 所示,求证:$GH \parallel CD$.

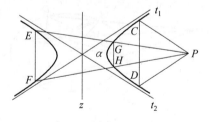

图 36.1

* 命题 37 设 A,B,C 是椭圆 α 外三点,过 A,B 各作 α 的一条切线,这两条线交于 D,过 A,B 再各作 α 的一条切线,这次两条线交于 E,过 C 作 α 的两条切线,且分别交 DE 于 M,N,过 M,N 分别作 α 的切线,这两条线交于 P,若 A,B,C 三点共线,如图 37 所示,求证:点 P 也在此直线上.

注:注意本命题与命题 36.1 的联系.

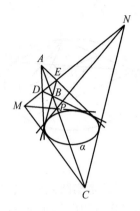

图 37

命题 38 设 A,B,C 是椭圆 α 上三点,过这三点分别作 α 的切线,其中过 B 和过 C 的那两条切线相交于 P,过 A 的那一条切线记为 l,一直线与 l 平行,且分别交 AB,AP,AC 与 D,M,E,如图 38 所示,求证:点 M 是线段 DE 的中点.

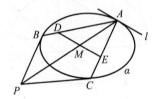

图 38

命题 39 设 A,B,C,D 是椭圆 α 上顺次四点,AC 交 BD 于 M,AD 交 BC 于 O,P 是 OM 上一点,PA,PB 分别交 CD 于 E,F,设 AF 交 BE 于 N,如图 39 所示,求证:点 N 在 OM 上.

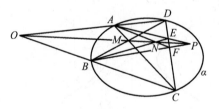

图 39

命题 40 设 A,B,C,D 是椭圆 α 上四点,过 A 且与 α 相切的直线记为 l,BC 的中点记为 M,过 M 作 BD 的平行线,且交 AD 于 N,如图 40 所示,求证:"点 N 是线段 AD 的中点"的充要条件是"$BC \parallel l$".

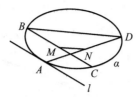

图 40

命题 41 设 A 是椭圆 α 外一点,过 A 作 α 的两条切线,切点分别为 B,C,一直线分别交 AB,AC 于 D,E,BE 交 CD 于 F,AF 交 α 于 M,N,过 M,N 分别作 α 的切线,这两切线相交于 S,如图 41 所示,求证:点 S 在直线 DE 上.

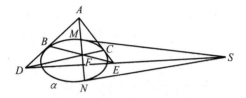

图 41

** 命题 42 设 A,B,C,D 是椭圆 α 上顺次四点,AC 交 BD 于 O,在平面上取一点 M,设 BM 交 CD 于 E,DM 交 BC 于 F,AM 交 α 于 G,EG,FG 分别交 α 于 P,Q,如图 42 所示,求证:O,P,Q 三点共线.

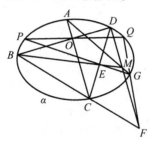

图 42

命题 43 设 A,B 是椭圆 α 外两点,AB 交 α 于 C,D,$AC=BD$,一直线过 A,且交 α 于 E,F,另一直线过 B,且交 α 于 G,H,设 EG,FH 分别交 CD 于 M,N,如图 43 所示,求证:$CM=DN$.

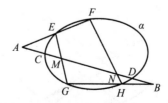

图 43

命题 44 设 A 是椭圆 α 外一点,过 A 作 α 的两条切线,切点分别为 B,C,一

17

直线与 α 相切,且分别交 BC,CA,AB 于 D,E,F,设 BE,CF 分别交 α 于 G,H,如图 44 所示,求证:D,G,H 三点共线.

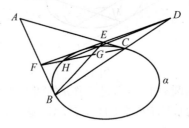

图 44

命题 45　设椭圆 α 的两弦 AB,CD 相交于 Z,E 是 α 外一点,过 B 作 α 的切线,且分别交 EA,EC 于 F,G,EB 交 AG 于 H,DH,DF 分别交 AB 于 A',B',如图 45 所示,求证

$$\frac{AA'}{ZA \cdot ZA'} = \frac{BB'}{ZB \cdot ZB'}$$

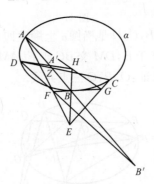

图 45

* 命题 46　设 P,Q 是椭圆 α 内两点,A,B,C 是 α 上三点,在 α 上取三点 A',B',C',使得 QA' 与 PA 平行,但方向相反;QB' 与 PB 平行,但方向相反;QC' 与 PC 平行,但方向相反,如图 46 所示,求证:AA',BB',CC' 三线共点(此点记为 R).

注:下面的命题 46.1 是本命题的"黄表示".

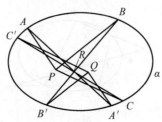

图 46

∗ 命题 46.1 设 O 是椭圆 α 内一点，A,B,C 是 α 外共线三点，过这三点分别作 α 的切线，它们依次记为 l_1,l_2,l_3，设 m_1,m_2,m_3 是 α 的三条切线，且依次平行于 OA,OB,OC，设 m_1 交 l_1 于 P，m_2 交 l_2 于 Q，m_3 交 l_3 于 R，如图 46.1 所示，求证：P,Q,R 三点共线.

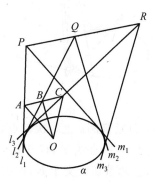

图 46.1

∗∗ 命题 47 设 AD,BE,CF 都是椭圆 α 的弦，它们共点于 O，设 O' 是 α 内一点，AO',BO',CO',DO',EO',FO' 分别交 α 于 A',B',C',D',E',F'，设 $A'D'$ 交 AD 于 P，$B'E'$ 交 BE 于 Q，$C'F'$ 交 CF 于 R，如图 47 所示，求证：P,Q,R 三点共线.

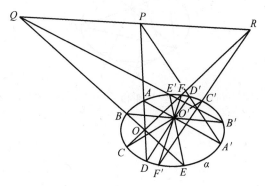

图 47

命题 48 设 A 是椭圆 α 外一点，过 A 作 α 的两条切线，切点分别为 B,C，D 是 BC 上一点（D 在 α 外），过 D 作 α 的两条切线，且分别交 AB 于 E,F，设 G 是 AC 上一点，过 G 作 α 的切线，且交 AB 于 H，FG 交 DE 于 K，HK 交 EG 于 M，如图 48 所示，求证：M 在 DF 上.

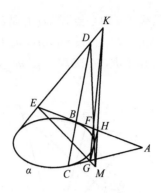

图 48

*命题49 设 A,B,C,D 是椭圆 α 上顺次四点,AB 交 CD 于 E,AC 交 BD 于 F,过 E 作 α 的切线,切点为 G,一直线交 FG 于 M,交 α 于 P,Q,设 EP 交 α 于 R,过 Q,R 分别作 α 的切线,这两条切线交于 K,如图49所示,求证:E,M,K 三点共线.

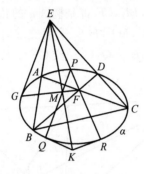

图 49

1.3

命题 50 设椭圆 α 的左、右顶点分别为 A,B,上、下顶点分别为 C,D,P 是 BC 上一点,AP 交 DB 于 E,EC 交 DP 于 F,AP 交 α 于 G,如图 50 所示,求证: F,G,B 三点共线.

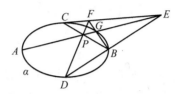

图 50

命题 51 设 A 是椭圆 α 上一点,过 A 且与 α 相切的直线记为 AF,弦 BC 与 AF 平行,过 B 作 α 的切线,且交 AC 于 D,过 D 作 α 的切线,切点记为 E,CE 交 AF 于 F,BF 交 AC 于 G,如图 51 所示,求证:$EG \parallel AF$.

注:下面的命题 51.1 是本命题的"黄表示".

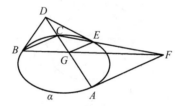

图 51

*命题 51.1 设 $\triangle ABC$ 外切于椭圆 α,BC,AB 上的切点分别为 D,E,CE 交 α 于 F,过 F 作 α 的切线,且交 AC 于 G,GD 交 AB 于 H,CH 交 FG 于 K,如图 51.1 所示,求证:A,D,K 三点共线.

注:在图 51.1 中,AD 上的任何一点均可视为"黄假线".

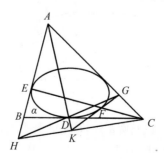

图 51.1

＊命题 52　设 A,B,C 是椭圆 α 内三个定点，它们在一直线上，P 是 α 上一动点，PA,PB 分别交 α 于 Q,R，QC 交 α 于 S，RS 交 AC 于 D，如图 52 所示，求证：D 是定点，与点 P 在 α 上的位置无关．

注：本命题与下面的命题 52.1 是一对对偶命题．

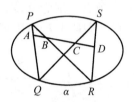

图 52

＊＊命题 52.1　设 O 是椭圆 α 外一定点，过 O 有三条固定的射线，分别记为 l_1,l_2,l_3，它们与 α 都不相交，设 P 是 l_1 上一动点，过 P 作 α 的两条切线，其中一条与 l_2 交于 Q，另一条与 l_3 交于 R，过 Q,R 分别作 α 的切线，这两切线交于 S，OS 记为 l_4，如图 52.1 所示，求证：l_4 是固定的直线（也就是说，当动点 P 在 l_1 上运动时，动点 S 的轨迹是直线 l_4）．

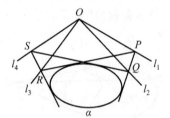

图 52.1

命题 53　设 AB,CD 是椭圆 α 的两条彼此平行的弦，过 A 作弦 AE，该弦与 BC 平行，设 DE 交 AB 于 F，过 A 作 α 的切线，且交 CD 于 G，如图 53 所示，求证：$FG \parallel BC$．

注：本命题与下面的命题 53.1 是一对对偶命题．

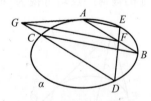

图 53

命题 53.1　设直线 z 在椭圆 α 外，P 是 z 上一点，过 P 作两直线，且分别交 α 于 A,B 和 C,D，BC 交 z 于 Q，AQ 交 α 于 E，DE 交 AB 于 F，FQ 交 CD 于 G，如图 53.1 所示，求证：AG 与 α 相切．

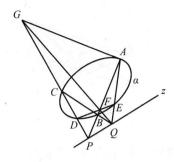

图 53.1

命题 54 设两直线 l_1, l_2 彼此平行,且均与椭圆 α 相切,l_1 上的切点为 P,在 l_1 上另取一点 Q,过 Q 作两直线,且分别交 α 于 A, B 和 C, D,设 PA, PB, PC, PD 分别交 l_2 于 A', B', C', D',如图 54 所示,求证:$A'C' = B'D'$.

注:本命题与下面的命题 54.1 是一对对偶命题.

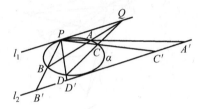

图 54

命题 54.1 设 P 是椭圆 α 上一点,过 P 且与 α 相切的直线记为 l,过 P 任作一直线,并在其上取两点 M, N,过 M, N 分别作 α 的切线,且依次交 l 于 A, B 和 C, D,如图 54.1 所示,求证

$$\frac{AC}{PA \cdot PC} = \frac{BD}{PB \cdot PD}$$

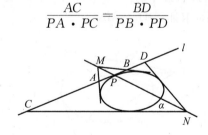

图 54.1

命题 55 设 A 是椭圆 α 外一点,过 A 作 α 的两条切线,切点分别为 B, C,一直线过 A,且交 α 于 D, E,交 BC 于 F,设 G 是 AC 上一点,GF 交 CD 于 H,GE 交 BC 于 K,如图 55 所示,求证:A, H, K 三点共线.

注:本命题与下面的命题 55.1 是一对对偶命题.

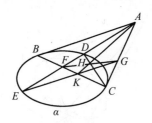

图 55

命题 55.1 设 A 是椭圆 α 外一点,过 A 作 α 的两条切线,切点分别为 B,C,在 BC 上取一点 D(D 在 α 外),过 D 作 α 的两条切线 l_1,l_2,其中 l_1 交 AC 于 E,一直线过 C,且交 AD 于 F,交 l_2 于 G,如图 55.1 所示,求证:AG,BC,EF 三线共点(此点记为 S).

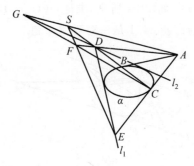

图 55.1

命题 56 设 A 是椭圆 α 外一点,过 A 作 α 的两条切线,切点分别为 B,C,D 是 α 上一点,过 D 作 AB 的平行线,且交 BC 于 E,过 D 作 AC 的平行线,且交 BC 于 F,过 D 作 BC 的平行线,且分别交 AB,AC 于 G,H,设 EG 交 FH 于 M,DM 交 α 于 K,如图 56 所示,求证:$DM = MK$.

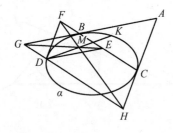

图 56

命题 57 设四边形 $PAQE$ 外切于椭圆 α,C 是 α 外一点,过 C 作 α 的两条切线,一条交 AQ 于 B,另一条交 PE 于 D,设 PA 交 EQ 于 F,如图 57 所示,求证:AD,BE,CF 三线共点(该点记为 S).

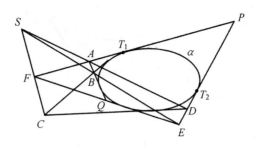

图 57

命题 58 设 A 是椭圆 α 外一点,过 A 作 α 的两条切线,切点分别为 B,C,D 是 BC 上一点(D 在 α 外),过 D 作 α 的两条切线,且分别交 AB 于 E,F,设 G 是 AC 上一点,过 E 作 AC 的平行线,且分别交 GB,GF 于 Z,H,如图 58 所示,求证:$ZE=ZH$.

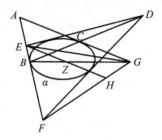

图 58

*命题 59 设 S 是椭圆 α 外一点,过 S 作 α 的两条切线,切点分别为 C,D,一直线过 S,且交 α 于 A,B,设 P 是 α 上一点,PC 交 AD 于 E,PB 交 CD 于 F,如图 59 所示,求证:E,F,S 三点共线.

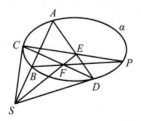

图 59

命题 60 设 A,B,C 是椭圆 α 上三点,过 A 作 α 的切线,且交 BC 于 D,过 C 作 α 的切线,且交 AB 于 E,过 E 作 α 的切线,切点为 F,BF 交 AD 于 G,GC 交 AB 于 P,如图 60 所示,求证:P,D,F 三点共线.

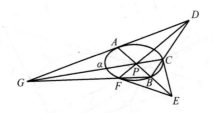

图 60

命题 61 设 A,B,C,D 是椭圆 α 上顺次四点,过 C,D 分别作 α 的切线,这两切线交于 P,PB 交 α 于 E,PA 交 DE 于 F,过 D 作 AB 的平行线,且交 BC 于 G,设 BF 交 DG 于 M,如图 61 所示,求证:点 M 是 DG 的中点.

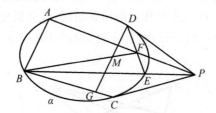

图 61

* **命题 62** 设 A,B,C,D 是椭圆 α 上顺次四点,一直线交 α 于 M,N,且分别交 AB,CD,AC,BD 于 P,Q,R,S,如图 62 所示,求证

$$\frac{PM \cdot QM}{PN \cdot QN} = \frac{RM \cdot SM}{RN \cdot SN}$$

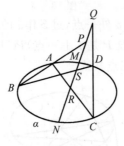

图 62

* **命题 63** 设 A,B,C,D 是椭圆 α 上顺次四点,AB 交 CD 于 E,AC 交 BD 于 F,EF 交 α 于 G,如图 63 所示,设 P 是 α 上一点,PA,PG,PD 分别交 BC 于 H,M,K,求证

$$\frac{1}{MH} - \frac{1}{MK} = \frac{1}{MB} - \frac{1}{MC}$$

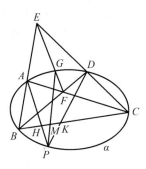

图 63

命题 64 设 A,B 是椭圆 α 外两点,过 A 作 α 的两条切线,切点分别为 C,D,过 B 作 α 的两条切线,切点分别为 E,F,设 AF,BC 分别交 α 于 M,N,如图 64 所示,求证:"A,E,N 三点共线"的充要条件是"B,D,M 三点共线".

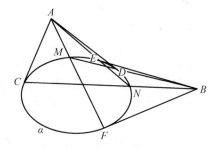

图 64

命题 65 设完全四边形 $ABCD-EF$ 外切于椭圆 α,AC 交 EF 于 P,一直线过 P,且分别交 DC,DA 于 G,H,设 BG 交 AD 于 Q,BH 交 CD 于 R,如图 65 所示,求证:P,Q,R 三点共线.

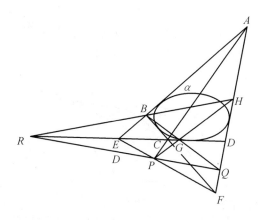

图 65

* 命题 66 设完全四边形 $ABCD-EF$ 内接于椭圆 α, AC 交 BD 于 O, EF 的中点为 M, MO 交 α 于 P, PE, PF 分别交 α 于 G, H, 如图 66 所示, 求证:
① G, O, H 三点共线;
② $OG = OH$.

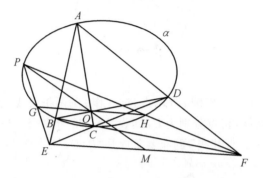

图 66

命题 67 设 AB, CD 是椭圆 α 的两条彼此平行的弦, P 是 α 上一点, 过 P 且与 α 相切的直线记为 l, 弦 EF 与 l 平行, AP 交 CE 于 G, BP 交 DF 于 H, CH 交 DG 于 Q, 设 GH, CD 的中点分别为 M, N, 如图 67 所示, 求证 $MN \parallel PQ$.

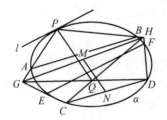

图 67

命题 68 设 AB 是椭圆 α 的弦, 它被 α 的直径 CD 所平分, P 是 AC 上一点, 过 A 作 PB 的平行线, 且交 CB 于 E, 设 PE 交 AB 于 F, DF 交 α 于 G, 如图 68 所示, 求证: $CG \parallel AB$.

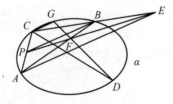

图 68

命题 69 设四边形 $ABCD$ 的三边 AB, BC, CD 均与椭圆 α 相切, 第四边 DA 与 α 不相交, BC 与 α 相切于 E, AC 交 BD 于 F, 过 A, D 分别作 α 的切线, 这

两条切线相交于 G,如图 69 所示,求证:E,F,G 三点共线.

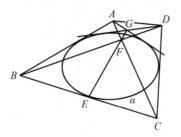

图 69

** 命题 70 设 AB,CD,EF 是椭圆 α 的三条弦,它们的中点分别为 P, Q,R,三直线 AF,BC,DE 两两相交,构成 $\triangle P'Q'R'$,如图 70 所示,求证:PP', QQ',RR' 三线共点(此点记为 S).

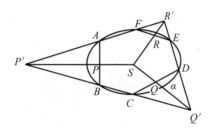

图 70

命题 71 设 P,Q 是椭圆 α 内两定点,PQ 交 α 于 M,N,A 是 α 上一点,一动点自 A 出发沿直线 AP 运动到 B(B 在 α 上),然后沿直线 BQ 运动到 C(C 在 α 上),然后沿 CP 运动到 D(D 在 α 上),然后沿直线 DQ 运动到 E(E 在 α 上),……,此后,动点不断地交替穿越 P,Q 两点,如图 71 所示,求证:动点最终往返于线段 MN 上.

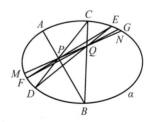

图 71

命题 72 设 $\triangle ABC$ 外切于椭圆 α,BC,CA,AB 上的切点分别为 D,E,F, G 是 BC 上一点,AG 交 DE 于 P,AD 交 FG 于 Q,如图 72 所示,求证:B,P,Q 三点共线.

29

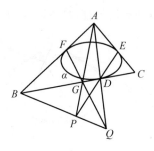

图 72

命题 73 设两直线 l_1, l_2 均与椭圆 α 相切,且彼此平行,另有一直线分别交 l_1, l_2 于 A, B,过 A 作 α 的切线,且交 l_2 于 C,过 B 作 α 的切线,且交 l_1 于 D,AB 交 CD 于 E,过 E 且与 α 相切的直线记为 m_1,与 m_1 平行且与 α 相切的直线记为 m_2,m_2 分别交 AC, BD 于 M, N,如图 73 所示,求证:M 到 l_1 的距离等于 N 到 l_2 的距离.

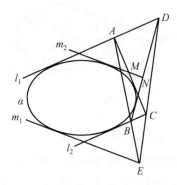

图 73

1.4

** 命题 74 设 A,A',B,B',C,C' 及 M 是椭圆 α 上七点,AA',BB',CC' 共点于 O,MA 交 $B'C'$ 于 P,MB 交 $C'A'$ 于 Q,MC 交 $A'B'$ 于 R,如图 74 所示,求证:O,P,Q,R 四点共线.

注:本命题不妨称为椭圆的"七点定理".它的对偶命题是下面的命题74.1.

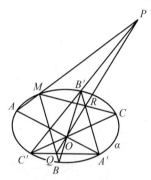

图 74

** 命题 74.1 设直线 z 与椭圆 α 不相交,直线 l 与 α 相切,P,Q,R 是 z 上三点,过这三点各作 α 的一条切线,这些切线依次交 l 于 A,B,C,现在,过 P,Q,R 再分别作 α 的一条切线,这次三条切线构成 $\triangle A'B'C'$,如图 74.1 所示,求证:

① AA',BB',CC' 三线共点(此点记为 S).

② 点 S 在 z 上.

注:本命题不妨称为椭圆的"七线定理".

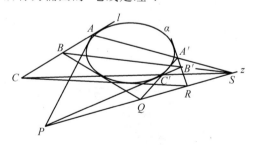

图 74.1

** 命题 75 设椭圆 α 与 $\triangle ABC$ 的三边 BC,CA,AB 分别相交于 A_1,A_2,B_1,B_2,C_1,C_2,如图 75 所示,求证:"AA_1,BB_1,CC_1 三线共点(此点记为 P)"的充要条件是"AA_2,BB_2,CC_2 三线共点(此点记为 Q)".

注:本命题与下面的命题 75.1 是一对对偶命题.

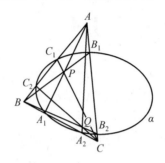

图 75

** 命题 75.1 设 A,B,C 是椭圆 α 外三点,过这三点各作 α 的两条切线,且依次交对边于 A_1,A_2,B_1,B_2,C_1,C_2,如图 75.1 所示,求证:"A_1,B_1,C_1 三点共线" 的充要条件是"A_2,B_2,C_2 三点共线".

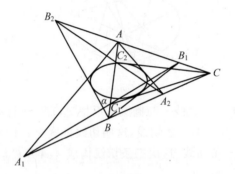

图 75.1

命题 76 设 $\triangle ABC$ 外切于椭圆 α,BC,CA,AB 上的切点分别为 D,E,F,BC 的中点为 M,AM 交 DE 于 G,FG 交 α 于 H,DH 交 EF 于 K,如图 76 所示,求证:

① $AK \mathbin{/\mkern-2mu/} BC$;

② B,G,K 三点共线.

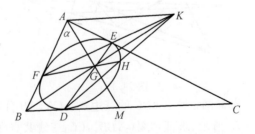

图 76

命题 77 设 A 是椭圆 α 外一点,过 A 作 α 的两条切线,切点分别为 B,C,一直线过 A,且交 α 于 D,E,设 M 是 α 上一点,ME 交 CD 于 P,MB 交 DE 于 Q,MD 交 CE 于 R,如图 77 所示,求证:P,Q,R 三点共线.

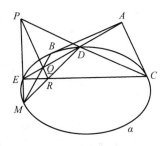

图 77

命题 78 设 P 是椭圆 α 外一点,过 P 作 α 的两条切线,切点分别为 A,B,过 P 作 α 的两条割线,它们分别与 α 相交于 C,D 和 E,F,设 CF 交 DE 于 Q,AF 交 BD 于 R,如图 78 所示,求证:P,Q,R 三点共线.

注:本命题与下面的命题 78.1 是一对对偶命题.

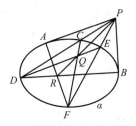

图 78

命题 78.1 设 P 是椭圆 α 外一点,过 P 作 α 的两条切线,切点分别为 A,B,在 AB 上取两点 M,N(M,N 均在 α 外),过 M,N 各作一条与 α 相切的直线,这两条切线相交于 C;过 M,N 再各作一条与 α 相切的直线,这两切线相交于 D,设 PA 交 CN 于 E,PB 交 DM 于 F,如图 78.1 所示,求证:AB,CD,EF 三线共点 (此点记为 S).

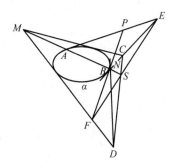

图 78.1

命题 79 设 O 是椭圆 α 外一点,过 O 作 α 的两条切线,切点分别为 A,B,过 O 作 α 的两条割线,其中一条交 α 于 C,C',交 AB 于 E;另一条交 α 于 D,D',交 AB 于 F,设 DE 交 CF 于 P,AC 交 BD 于 Q,如图 79 所示,求证:O,P,Q 三点共线.

注:注意下面的命题 79.1 与本命题的联系.

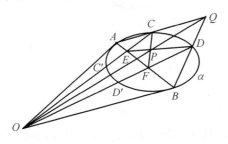

图 79

命题 79.1 设 P 是椭圆 α 外一点,过 P 作 α 的两条切线,切点分别为 A,B,设 C,D 是 AB 上两点(C,D 均在 α 外),过 C 作 α 的切线,且分别交 PA,PD 于 E,H,过 D 作 α 的切线,且分别交 PB,PC 于 F,G,如图 79.1 所示,求证:CD,EF,GH 三线共点(此点记为 S).

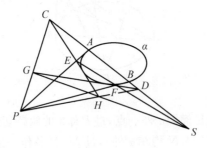

图 79.1

＊命题 80 设 P 是椭圆 α 上一点,过 P 作 α 的切线,并在其上取两点 M,N,使得 $PM=PN$,一直线过 M,且交 α 于 A,B,另有一直线过 N,且交 α 于 C,D,设 AD,BC 分别交 MN 于 M',N',如图 80 所示,求证:$PM'=PN'$.

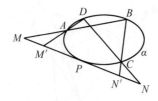

图 80

命题 81 设 A 是椭圆 α 上一点,过 A 作 α 的切线,并在其上取两点 B,C,过 B,C 分别作 α 的切线,切点依次为 D,E,AD,AE 的中点分别为 M,N,过 B 作

AD 的平行线,且交 AE 于 M';过 C 作 AE 的平行线,且交 AD 于 N',如图 81 所示,求证:MN,$M'N'$,BC 三线共点(此点记为 S).

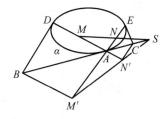

图 81

* 命题 82 设椭圆 α 的两弦 AB,CD 相交于 P,过 A 作 α 的切线,且交 BC 于 Q;过 B 作 α 的切线,且交 AD 于 R,如图 82 所示,求证:P,Q,R 三点共线.

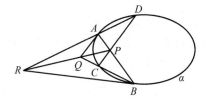

图 82

命题 83 设在梯形 $ABCD$ 中,$AB \parallel CD$,A,B 两点在椭圆 α 上,CD 与 α 相切,AD,BC 分别交 α 于,E,F,如图 83 所示,求证:$EF \parallel AB$.

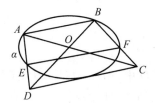

图 83

命题 84 设 A,B,C 是椭圆 α 上三点,AB,AC 的中点分别为 M,N,过 B 作 ON 的平行线,同时,过 C 作 OM 的平行线,这两线交于 H,设 MH,NH 分别交 α 于 D,E,如图 84 所示,求证:BE,CD,AH 三线共点(此点记为 S).

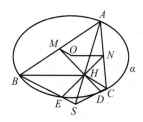

图 84

∗∗ 命题 85 设直线 l 与椭圆 α 相切，M,N 是 α 外两点，过 M,N 各作 α 的两条切线，且分别交 l 于 A,B 和 C,D，设 MA 交 ND 于 P，MC 交 NB 于 Q，PQ 交 l 于 R，如图 85 所示，求证：R 是 l 与 α 的切点.

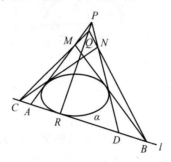

图 85

命题 86 设 A,B,C,D 是椭圆 α 上顺次四点，AC 交 BD 于 O，AB 交 CD 于 P，过 P 作 α 的切线，且分别交 AC,BD 于 E,F，设 AF,BE 分别交 α 于 G,H，如图 86 所示，求证：G,H,P 三点共线.

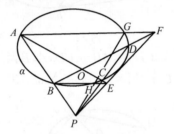

图 86

命题 87 设梯形 $ABCD$ 中，$AD \parallel BC$，AB 交 CD 于 E，椭圆 α 与 AD,BC,AC,BD 均相切，过 E 作 α 的切线，且交 BC 于 F，一直线与 EF 平行，且与 α 相切，该直线分别交 AC,BD 于 M,N，如图 87 所示，求证：点 M 到 AD 的距离等于点 N 到 BC 的距离.

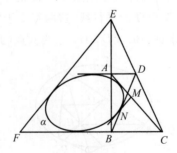

图 87

命题 88 设 A 是椭圆 α 外一点，过 A 作 α 的两条切线，切点分别为 B,C，

M, N 是 α 上两点,过 M 作 α 的切线,且交 AC 于 D;过 N 作 α 的切线,且交 MD 于 E,设 P 是 NA 上一点,PE 交 AB 于 F,PD 交 NE 于 G,如图 88 所示,求证:FG 与 α 相切.

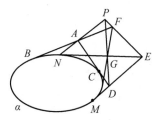

图 88

命题 89 设 A 是 α 外一点,过 A 作 α 的两条切线,切点分别为 B, C, D 是 α 上一点,AD 交 α 于 E,一直线过 E,且分别交 DB, DC 于 F, G,设 BG 交 CF 于 K,如图 89 所示,求证:D, H, K 三点共线.

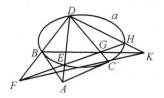

图 89

命题 90 设 AB, CD 是椭圆 α 的两条彼此平行的弦,P, Q 是 α 上两点,AQ 交 PC 于 E,BQ 交 PD 于 F,AF 交 BE 于 G,PG 交 α 于 R,如图 90 所示,求证:$QR \parallel AB$.

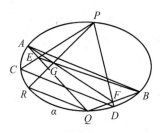

图 90

* **命题 91** 设直线 z 与椭圆 α 不相交,P, Q, R 是 z 上三点,过这三点各作 α 的两条切线,这些切线两两相交构成一个外切于 α 的六边形 $ABCDEF$,如图 91 所示,设 AC 交 DF 于 P',BD 交 AE 于 Q',CE 交 BF 于 R',求证:点 P', Q', R' 都在 z 上.

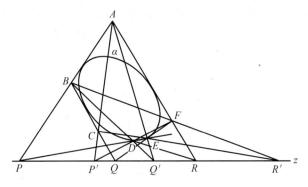

图 91

命题 92　设 z 是椭圆 α 外一直线，A 是 z 上一点，过 A 作 α 的两条切线，并在这两条切线上各取一点，分别记为 B,C，过 B,C 分别作 α 的切线，这两条切线依次交 z 于 D,E，BD 交 CE 于 F，一直线过 F，且分别交 AB,AC 于 G,H，设 EG 交 DH 于 S，如图 92 所示，求证：点 S 在 BC 上.

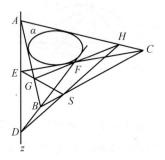

图 92

命题 93　设 A 是椭圆 α 外一点，过 A 作 α 的两条切线，切点分别为 B,C，D 是 α 上一点，一直线过 A，且交 α 于 E,F，CE 交 DF 于 G，BD 交 EF 于 H，BG 交 α 于 K，如图 93 所示，求证：AC,GH,EK 三线共点（此点记为 S）.

注：若 CD 经过椭圆的中心，则结论应当修改成"EK,GH,AC 三线彼此平行"，如图 93.1 所示.

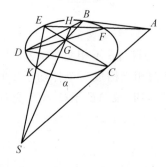

图 93

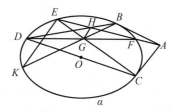

图 93.1

命题 94 设 A,B,C,D 是椭圆 α 上顺次四点,AB 交 CD 于 S,过 S 作 α 的切线,切点为 E,一直线过 S,且分别交 BC,BD,BE 于 P,Q,R,AR 交 α 于 F,FQ 交 α 于 G,EP 交 α 于 H,如图 94 所示,求证:G,H,S 三点共线.

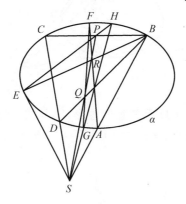

图 94

1.5

＊命题 95 设 AB,CD,EF 是椭圆 α 的三条彼此平行的弦,AD 交 BC 于 M,AC 交 BD 于 N,ME 交 NF 于 P,如图 95 所示,求证:点 P 在 α 上.

注:下面的命题 95.1 是本命题的源命题,至于本命题的"黄表示"和"蓝表示",则分别是下面的命题 95.2 和命题 95.3.

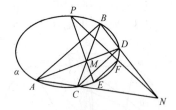

图 95

命题 95.1 设 $ABCD$ 是任意四边形,E,F 两点分别在 BC,CD 上,BF 交 DE 于 M,如图 95.1 所示,求证:"$\angle BAE = \angle DAF$"的充要条件是"$\angle EAM = \angle CAF$".

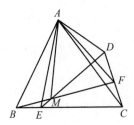

图 95.1

＊命题 95.2 设完全四边形 $ABCD-EF$ 外切于椭圆 α,P 是 α 上一点(P 在 α 外),过 P 作 α 的两条切线,这两条切线之一与 BD 交于 M,另一条与 EF 交于 N,如图 95.2 所示,求证:MN 与 α 相切.

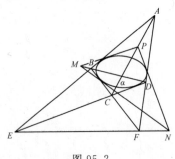

图 95.2

✳✳ 命题 95.3 设完全四边形 $ABCD-EF$ 内接于椭圆 α,AC 交 BD 于 P,M 是 α 上一点,ME,MF 分别交 α 于 Q,R,如图 95.3 所示,求证:P,Q,R 三点共线.

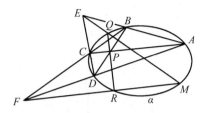

图 95.3

命题 96 设 A 是椭圆 α 外一点,过 A 作 α 的两条切线,切点分别为 B,C,一直线过 A,且交 α 于 D,E,设 F 是 α 上一点,DF 交 BC 于 G,BC 交 EF 于 P,BF 交 EG 于 Q,CE 交 FG 于 R,如图 96 所示,求证:P,Q,R 三点共线.

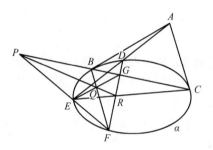

图 96

命题 97 设 A 是椭圆 α 外一点,过 A 作 α 的两条切线,切点分别为 B,C,在 BC 上取一点 D(D 在 α 外),过 D 作 α 的两条切线 l_1,l_2,一直线与 α 相切,且分别交 l_1,l_2 于 E,F,交 AB 于 G,AE 交 l_2 于 H,AC 交 l_2 于 K,如图 97 所示,求证:AF,GH,EK 三线共点(此点记为 S).

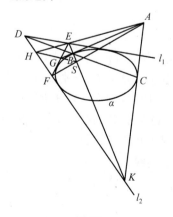

图 97

41

命题 98 设 $\triangle ABC$ 外切于椭圆 α，BC，CA，AB 上的切点分别为 D，E，F，AD 交 α 于 G，CF 分别交 AD，DE 于 H，K，FG 分别交 AC，DE 于 L，M，如图 98 所示，求证：LK，HM，CG，EF 四线共点（此点记为 S）.

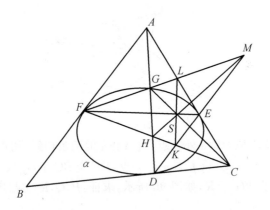

图 98

命题 99 设 A 是椭圆 α 外一点，过 A 作 α 的两条切线，切点分别为 B，C，两条彼此平行的直线均与 α 相切，其中一条分别交 BC，AC 于 D，E，另一条与 α 相切于 M，且分别交 AB，AC 于 F，G，过 D 作 α 的切线，且交 EF 于 H，过 H 作 α 的切线，且交 FG 于 K，如图 99 所示，求证：点 M 为线段 GK 的中点.

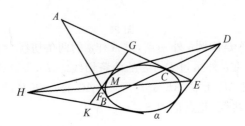

图 99

* **命题 100** 设 A 是椭圆 α 外一点，过 A 作 α 的两条切线，切点分别为 M，N，一直线过 A，且交 α 于 B，C，MB，MC 分别交 AN 于 D，E，过 D，E 分别作 α 的切线，这两切线交于 P，PD，PE 分别交 AM 于 F，G，现在，过 B，C 分别作 α 的切线，这两切线交于 Q，BQ，CQ 分别交 AN 于 H，K，设 FH 交 GK 于 R，MD 交 FH 于 I，ME 交 GK 于 J，如图 100 所示，求证：

① M，N，P，Q，R 五点共线；

② A，I，J 三点共线.

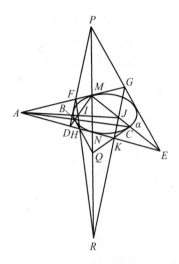

图 100

命题 101 设两直线 l_1,l_2 彼此平行,且均与椭圆 α 相切,一直线与 α 相交,且分别交 l_1,l_2 于 A,B,过 A 作 α 的切线,且交 l_2 于 C;过 B 作 α 的切线,且交 l_1 于 D,AB 交 CD 于 E,过 E 作 α 的切线,切点为 F,一直线与 EF 平行,且分别交 l_1,l_2 于 G,H,GH 分别交 AC,BD 于 M,N,如图 101 所示,求证:$GM = HN$.

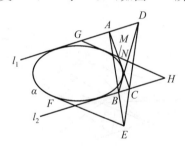

图 101

命题 102 设 A 是椭圆 α 上一点,过 A 作 α 的切线,并在其上取两点 B,C,过 B,C 分别作 α 的切线,切点依次为 D,E,设 BE 交 AD 于 F,CD 交 AE 于 G,如图 102 所示,求证:BC,DE,FG 三线共点(此点记为 S).

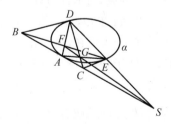

图 102

命题 103 设 A,B,C 是椭圆 α 上三点,过 A,C 分别作 α 的切线,这两条切

线交于 D,CD 交 AB 于 E,过 B 作 α 的切线,且交 AC 于 F,过 E 且与 α 相切的直线交 AD 于 G,过 F 且与 α 相切的直线交 CD 于 H,EG 交 FH 于 K,如图 103 所示,求证:EF,GH,KD 三线共点(此点记为 S).

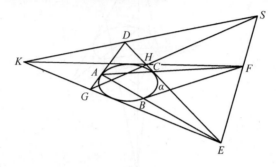

图 103

∗∗命题 104 设直线 z 在椭圆 α 外,P,Q,R 是 z 上三点,过这三点各向 α 作一条切线,这三条切线两两相交构成 $\triangle ABC$,过 P,Q,R 三点再各向 α 作一条切线,新的三条切线两两相交构成 $\triangle A'B'C'$,一直线与 α 相切,且分别交 BC,CA,AB 于 A'',B'',C'',如图 104 所示,求证:

① $A'A''$,$B'B''$,$C'C''$ 三线共点,此点记为 S;

② 点 S 在 z 上.

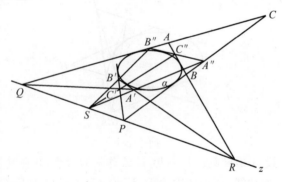

图 104

命题 105 设 BD 是椭圆 α 的弦,过 B,D 分别作 α 的切线,这两切线交于 E,一直线过 E,且交 α 于 A,C,交 BD 于 O,过 O 作 DE 的平行线,且交 AD 于 M,过 M 作 CD 的平行线,且交 AB 于 P,现在,过 O 作 BE 的平行线,且交 AB 于 N,过 N 作 BC 的平行线,且交 AD 于 Q,如图 105 所示,求证:O,P,Q 三点共线.

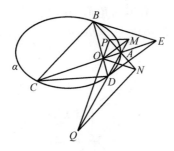

图 105

命题 106 设 A,B,C,D 是椭圆 α 上四点,过 A,B 分别作 α 的切线,这两条切线相交于 P;过 C,D 也分别作 α 的切线,这两条切线相交于 Q,设 AD 交 BC 于 R,CQ 交 PA 于 M,DQ 交 PB 于 N,如图 106 所示,求证:

① P,Q,R 三点共线;
② M,R,N 三点共线;
③ AB,CD,MN 三线共点(图 106 中,这三条直线均未画出).

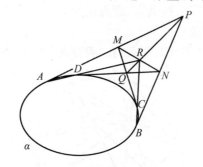

图 106

命题 107 设 Z 是椭圆 α 内一点,A 是 α 外一点,过 A 作 α 的两条切线,切点分别为 B,C,一直线与 α 相切,且分别交 AZ,BZ,CZ 于 P,Q,R,设 BP 交 CQ 于 D,CP 交 BR 于 E,DE 交 PQ 于 F,过 Z 作 DE 的平行线,且交 PQ 于 M,过 F 作 α 的切线,且交 MZ 于 N,如图 107 所示,求证:$ZN = ZM$.

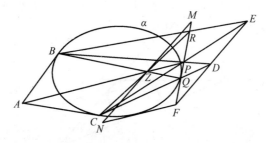

图 107

**命题 108 设 M 是椭圆 α 内一点,A,B,C,D,E,F 是 α 上顺次六点,

45

△MAB,△MCD,△MEF 均为正三角形,这三个正三角形的中心分别为 O_1, O_2,O_3,三直线 AB,CD,EF 构成 △PQR,如图 108 所示,求证:PO_1,QO_2,RO_3 三线共点(此点记为 S).

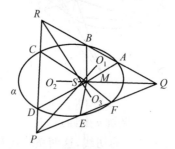

图 108

﹡﹡命题 109　设 P,Q 是椭圆 $α$ 内两点,A,B,C 是 $α$ 上三点,AP,BP,CP 分别交 $α$ 于 A',B',C',$A'Q$,$B'Q$,$C'Q$ 分别交 $α$ 于 A'',B'',C'',设 $A''P$,$B''P$,$C''P$ 分别交 $α$ 于 A''',B''',C''',如图 109 所示,求证:

① AA''',BB''',CC''' 三线共点,此点记为 R;

② P,Q,R 三点共线.

注:若将 P 视为"黄假线",那么,在"黄观点"看来,本命题是明显成立的.

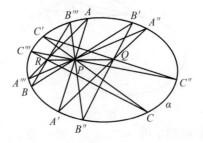

图 109

命题 110　设两直线彼此平行,且均与椭圆 $α$ 相切,在这两直线上各取两点,分别记为 A,D 和 B,C,如图 110 所示,AB 交 CD 于 E(E 在 $α$ 外),过 E 且与 $α$ 相切的直线记为 l,一直线与 l 平行,且与 $α$ 相切,这直线分别交 AD,BC,AC,BD 于 M,N,P,Q,求证:$MP = NQ$.

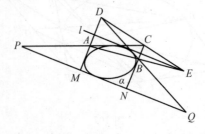

图 110

** 命题111 设 $\triangle ABC$ 内有椭圆 α,过 A,B,C 各作 α 的两条切线,这些切线构成一个外切于 α 的六边形 $DEFGHK$,如图111所示,求证:

① AD,BF,CH 三线共点,此点记为 P;

② AG,BK,CE 三线共点,此点记为 Q;

③ DG,FK,HE 三线共点,此点记为 R;

④ P,Q,R 三点共线.

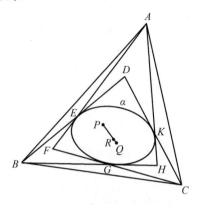

图 111

命题112 设 A,B,C 是椭圆 α 上三定点,P,Q 是 α 上两定点,AP 交 BQ 于 M,AQ 交 CP 于 N,MN 交 BC 于 S,如图112所示,求证:

① S 是定点,与 P,Q 的位置无关;

② AS 是 α 的切线.

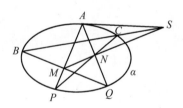

图 112

* 命题113 设 K 是椭圆 α 外一点,过 K 作三条与 α 相交的直线,交点分别为 A,B,C,D,E,F,如图113所示,设 AD 交 CF 于 P;AE 交 BF 于 Q;BD 交 CE 于 R,AB 交 EF 于 M,BC 交 DE 于 N,AC 交 DF 于 O,求证:

① M,N,O,P,Q,R 六点共线,此线记为 z;

② 直线 z 是点 K 关于 α 的极线.

注:在"蓝观点"下(以 z 为"蓝假线"),α 是"蓝双曲线",K 是它的"蓝中心".因而,命题变得明显成立.

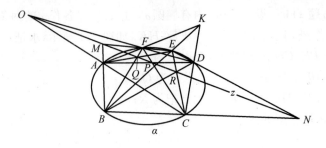

图 113

1.6

命题 114　设 A 是椭圆 α 外一点，B,C 是 α 上两点，AB,AC 分别交 α 于 D,E，O 是 BC 上一点，M 是 DE 上一点，OD 交 CM 于 P，OE 交 BM 于 Q，如图 114 所示，求证：P,A,Q 三点共线.

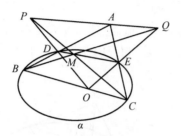

图 114

命题 115　设 A 是椭圆 α 外一点，过 A 作 α 的两条切线，切点分别为 B,C，M 是 BC 上的定点，P 是 α 上的动点，AP 交 α 于 D，MP 交 α 于 E，DE 交 BC 于 S，如图 115 所示，求证：S 是定点，与点 P 的位置无关.

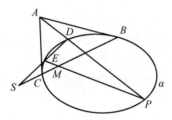

图 115

命题 116　设 A 是椭圆 α 外一点，过 A 作 α 的两条切线，切点分别为 B,C，一直线过 A，且交 α 于 D,E，P 是 α 上一点，PC 分别交 BD,BE 于 F,H，PB 交 EF 于 G，如图 116 所示，求证：D,G,H 三点共线.

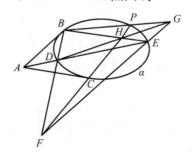

图 116

命题 117 设 T 是 α 外一点，过 T 作 α 的两条切线，切点分别为 P,Q，一直线过 T，且交 α 于 N,N'，过 N,N' 分别作 α 的切线，这两条切线相交于 S，NN' 交 PQ 于 M，在 NN',NP,NQ 上各取一点，分别记为 A,B,C，设 BM 交 AC 于 D，CM 交 AB 于 E，ND,NE 分别交 PQ 于 P',Q'，如图 117 所示，求证：

① 点 S 在 PQ 上；

② $MP' \cdot SQ' = MQ' \cdot SP'$；

③ $\dfrac{PP'}{SP \cdot SP'} = \dfrac{QQ'}{SQ \cdot SQ'}$.

注：在"蓝观点"下（以 S 为"蓝假点"），NN' 是"蓝直径"，MP' 和 MQ' 是"相等的蓝线段"，PP' 和 QQ' 也是"相等的蓝线段"，本命题的结论 ② 和 ③ 就是这样得来的.

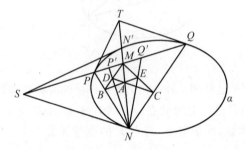

图 117

命题 118 设 A 是椭圆 α 外一点，过 A 作 α 的两条切线，切点分别为 B,C，D 是 α 上一点，BD 交 AC 于 E，过 E 作 α 的切线，切点为 F，过 D 作 α 的切线，且交 EF 于 G，设 BF 交 CD 于 H，如图 118 所示，求证：G,A,H 三点共线.

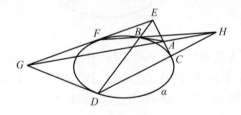

图 118

命题 119 设椭圆 α 的中心为 O，AB,CD 是 α 的一对共轭直径，延长 AC 至 E，使得 $CE=CA$，延长 DB 至 F，使得 $BF=2 \cdot BD$，设 AF 交 DE 于 P，如图 119 所示，求证：点 P 在 α 上.

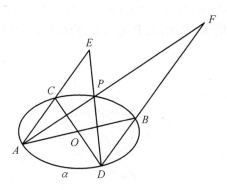

图 119

命题 120 设 A,B 是椭圆 α 上两定点,过 B 且与 α 相切的直线记为 l,P 是 α 外一动点,过 P 作 α 的两条切线,切点分别为 C,D,AC 交 BD 于 E,PE 交 l 于 S,如图 120 所示,求证:S 是 l 上的定点,它与点 P 的位置无关.

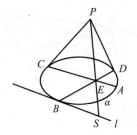

图 120

命题 121 设 A 是椭圆 α 上一点,过 A 作 α 的切线,并在其上取两点 B,C,过 B 作 α 的切线,切点为 Z,设 D,E 是 α 上另外两点,过这两点分别作 α 的切线,且依次交 BZ 于 F,G,CF 交 AD 于 P,CG 交 AE 于 Q,如图 121 所示,求证:Z,P,Q 三点共线.

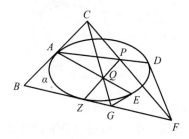

图 121

命题 122 设 Z 是椭圆 α 上一点,过 Z 且与 α 相切的直线记为 ZA,过 Z 作 α 的法线,这法线交 α 于 B,过 B 作 α 的切线,这切线交 ZA 于 A,设 M,N 是 α 上

两动点,过 M 作 α 的切线,且交 BZ 于 C;过 N 作 α 的切线,且交 AB 于 D,CD 交 MN 于 P,如图 122 所示,求证:点 P 的轨迹是直线(这直线记为 l),且该直线经过 B.

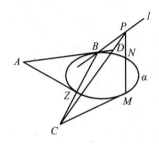

图 122

* **命题 123**　设 A 是椭圆 α 外一点,过 A 作 α 的两条切线,切点分别为 B,C,一直线过 A,且交 α 于 D,E,另有一直线也过 A,且分别交 BD,BE 于 F,G,设 DG 交 EF 于 M,如图 123 所示,求证:点 M 在 BC 上.

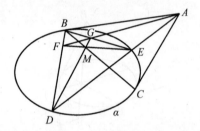

图 123

* **命题 124**　设五角星 $ABCDE$ 内接于椭圆 α,AB 交 DE 于 P,M 是 α 上一点,AM 交 CD 于 Q,EM 交 BC 于 R,如图 124 所示,求证:P,Q,R 三点共线.

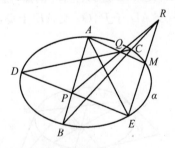

图 124

命题 125　设 A 是椭圆 α 外一点,过 A 作 α 的两条切线,切点分别为 B,C,一直线过 A,且交 α 于 D,E,O 是 DE 上一点,设 P 是 α 上的动点,PC 交 BD 于 F,PE 交 BO 于 G,FG 交 DE 于 S,如图 125 所示,求证:S 是定点,与动点 P 的位置无关.

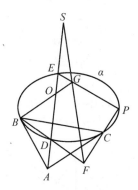

图 125

** **命题 126** 设 Z 是椭圆 α 外一点,过 Z 作 α 的两条切线,切点分别为 T_1, T_2,$\angle T_1 Z T_2$ 的平分线交 α 于 A, B,交 $T_1 T_2$ 于 N,过 A, B 分别作 α 的切线,这两条切线相交于 M,一直线过 N,且分别交 MA, MB 于 C, D,如图 126 所示,求证:

① $ZM \perp ZN$;
② 点 M 在 $T_1 T_2$ 上;
③ ZA 是 $\angle CZD$ 的平分线;
④ $AN \cdot BZ = AZ \cdot BN$.

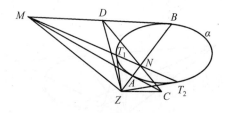

图 126

注:本命题明显成立,因为在"黄观点"下(以 Z 为"黄假线"),α 是"黄双曲线",M 是其"实轴",N 是其"虚轴",T_1, T_2 是其两条"渐近线",MN 是其"中心",MA, MB 都是它的"顶点",所以,把"黄种人"的这些理解,用我们的图形来表现就是图 126.1,命题 126 就对偶成下面的命题 126.1.

命题 126.1 设双曲线 α 的两条渐近线分别为 t_1, t_2,实、虚轴分别为 m, n,m 交 n 于 O,m 交 α 于 A, B,P 是 n 上一点,如图 126.1 所示,求证:

① $m \perp n$;
② t_1, t_2 均过 O;
③ n 平分 $\angle APB$;
④ $OA = OB$.

图 126.1 与图 126 的对偶关系如下

$$t_1, t_2 \leftrightarrow T_1, T_2$$
$$m \leftrightarrow M$$
$$n \leftrightarrow N$$
$$O \leftrightarrow MN$$
$$A, B \leftrightarrow MA, MB$$
$$P \leftrightarrow CD$$

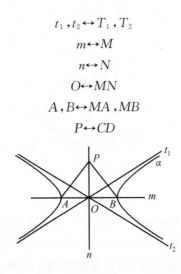

图 126.1

命题 127 设 Z 是椭圆 α 外一点，过 Z 作 α 的两条切线，切点分别为 T_1, T_2，$ZT_1 \perp ZT_2$，$\angle T_1 Z T_2$ 的平分线交 α 于 A，交 $T_1 T_2$ 于 N，过 A 作 α 的切线，且交 $T_1 T_2$ 于 M，一直线过 N，且分别交 MA, MZ 于 B, C，过 C 作 α 的切线，且交 MA 于 D，如图 127 所示，求证：ZD 是 $\angle BZC$ 的平分线.

注：在"黄观点"下（以 Z 为"黄假线"），α 是"黄等轴双曲线". （参阅上册命题 1040）

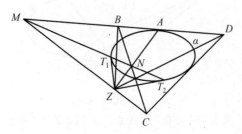

图 127

* **命题 128** 设 Z 是椭圆 α 外一点，过 Z 作 α 的两条切线，切点分别为 T_1, T_2，$ZT_1 \perp ZT_2$，$\angle T_1 Z T_2$ 的平分线交 α 于 A，过 A 作 α 的切线，且交 $T_1 T_2$ 于 M，设 B 是 MZ 上一点，过 B 作 α 的两条切线，且分别交 MA 于 C, D，如图 128 所示，求证：$CZ \perp DZ$. （参阅中册的序第 7 页命题 11）

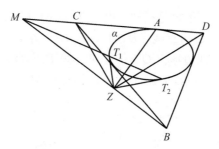

图 128

* 命题 129　设 A,B 是椭圆 α 上两点，C,D 是 AB 上两点（它们均在 α 外），过 C 作 α 的两条切线，切点分别为 E,F，EF 交 AB 于 M，一直线过 M，且分别交 CE,FD 于 G,H，另有一直线也过 M，且分别交 CF,DE 于 K,L，设 GL,KH 分别交 EF 于 P,Q，AP,AQ 分别交 α 于 S,T，ST 交 EF 于 N，如图 129 所示，求证：AN,BN 均与 α 相切.

注：若 AB 经过椭圆 α 的中心，则结论应当修改为"$ST \parallel EF$".

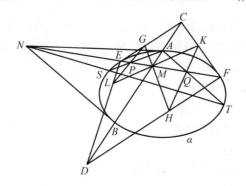

图 129

** 命题 130　设 S 是椭圆 α 内一点，过 S 作三直线，它们分别交 α 于 A，B,C,D,E,F，设三直线 AB,CD,EF 两两相交构成 $\triangle PQR$，另三直线 BC,DE，FA 也两两相交构成 $\triangle P'Q'R'$，如图 130 所示，求证：PP',QQ',RR' 三线均过点 S.

注：注意下面的命题 130.1.

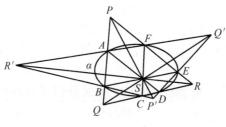

图 130

命题 130.1 设 M 是椭圆 α 内一点,过 M 作四直线,它们分别交 α 于 A,B,C,D,E,F,G,H,设四直线 AB,CD,EF,GH 构成四边形 $PQRS$,四直线 BC,DE,FG,HA 构成四边形 $P'Q'R'S'$,四直线 PP',QQ',RR',SS' 构成四边形 $WXYZ$,如图 130.1 所示,求证:WY,XZ 均过点 M.

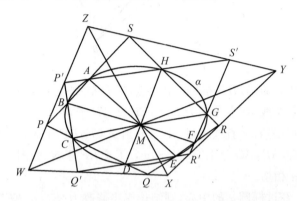

图 130.1

命题 131 设 P 是椭圆 α 外一点,过 P 作 α 的两条切线,切点分别为 Q,R,过 P 作 α 的两条割线,它们分别交 α 于 M,N 和 M',N',交 QR 于 S,S',设 MN' 交 $M'N$ 于 A,MS' 交 $M'S$ 于 B,NS' 交 $N'S$ 于 C,现在,分别过 M,M' 作 α 的切线,这两条切线交于 D;分别过 N,N' 作 α 的切线,这两条切线交于 E,设 MQ 交 $M'R$ 于 F,NQ 交 $N'R$ 于 G,如图 131 所示,求证:

① A,B,C,D,E,F,G,P 八点共线;

② 点 A 在直线 QR 上.

注:本命题的"黄表示"是下面的命题 131.1.

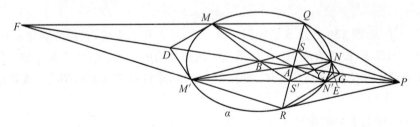

图 131

命题 131.1 设 P 是椭圆 α 外一点,过 P 作 α 的两条切线,切点分别为 Q,R,在直线 QR 上取两点 S,T(这两点均在 α 外),过 S 作 α 的一条切线,切点为 A,且分别交 PR,PT 于 B,C;过 S 作 α 的另一条切线,切点为 A',且分别交 PR,PT 于 B',C';过 T 作 α 的切线,切点为 D,且分别交 PQ,PS 于 E,F;过 T 作 α 的另一条切线,切点为 D',且分别交 PQ,PS 于 E',F',设 TD 交 SA' 于 G,TD' 交 SA 于 G',如图 131.1 所示,求证:

① $AD, A'D', BE, B'E', CF, C'F', GG', ST$ 八线共点；
② 点 P 在直线 GG' 上.

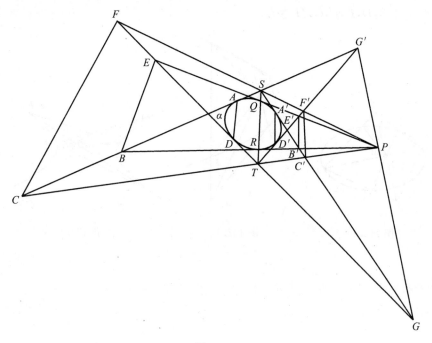

图 131.1

** **命题 132** 设 A,B,C,D,E,F 是椭圆 α 上六点，AD,BE,CF 三线共点，此点记为 P，AB 交 EF 于 Q，BC 交 DE 于 R，如图 132 所示，求证：P,Q,R 三点共线.

注：本命题对抛物线（图 132'）、双曲线（图 132"）均成立. 请注意下面的命题 132.1.

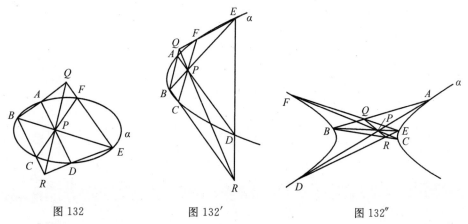

图 132　　　　图 132'　　　　图 132"

命题 132.1　设 A,B,C,D 是平面上四点，其中任三点不共线，AC 交 BD

57

于 M,一直线过 M,且分别交 AB,CD 于 E,F,另有一直线也过 M,且分别交 AD,BC 于 G,H,如图 132.1,132.1′,132.1″ 所示,求证:存在唯一的圆锥曲线 α,它经过 B,D,E,F,G,H 六点.

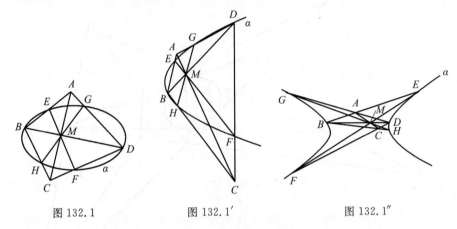

图 132.1   图 132.1′   图 132.1″

1.7

命题 133 设椭圆 α 的中心为 O,AB 是 α 的弦,它的中点为 M,MO 交 α 于 C,AC 的中点为 N,P 是 α 上一点,过 P 作 AB 的平行线,且交 CM 于 E,设 DE 交 AP 于 F,如图 133 所示,求证:F 是线段 AP 的中点.

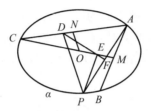

图 133

命题 134 设椭圆 α 的中心为 O',AB 是 α 的弦,它的中点为 P,OP 交 α 于 O,D 是 α 上一点,DO 的中点为 N,过 B 作 $O'N$ 的平行线,且分别交 AD,DO 于 E,M,如图 134 所示,求证:M 是线段 BE 的中点.

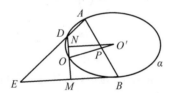

图 134

命题 135 设椭圆 α 的中心为 O,A,B,C 是 α 上三点,AC 是 α 的直径,DE 也是 α 的直径,过 D,E 分别作 BC 的平行线,且依次交 AB 于 F,G,如图 135 所示,求证:$AF = BG$.

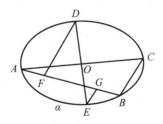

图 135

命题 136 设椭圆 α 的中心为 O,AB 是 α 的直径,P 是 α 上一点,延长 BP 至 C,使得 $PC = PB$,CA 交 α 于 D,DO 交 α 于 E,过 P 作 EA 的平行线,且交 AC 于 F,BF 交 α 于 G,AG 交 PF 于 M,如图 136 所示,求证:点 M 是线段 PF 的中

59

点.

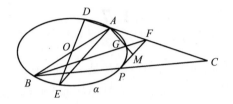

图 136

* **命题 137** 设椭圆 α 的中心为 O,P 是 α 上一点,过 P 且与 α 相切的直线记为 l,AB 是 α 的与 l 平行的直径,在 PA 的延长线上取两点 C,D,使得 $AC = CD = PA$,BD 交 α 于 E,过 E 作 PA 的平行线,且交 α 于 F,如图 137 所示,求证:$AF \parallel BC$.

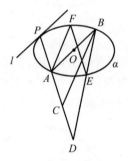

图 137

* **命题 138** 设椭圆 α 的中心为 O,A,B 是 α 上两点,CD,EF 都是 α 的直径,AC 交 BE 于 M,AD 交 BF 于 N,如图 138 所示,求证:$MN \parallel DE$.

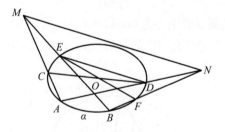

图 138

* **命题 139** 设椭圆 α 的中心为 O,两弦 AB,CD 的中点分别为 M,N,过 B 作 OM 的平行线,该线交 α 于 E,且交 CD 于 G;过 C 作 ON 的平行线,该线交 α 于 F,且交 AB 于 H,如图 139 所示,求证:EF,GH 均与 AD 平行.

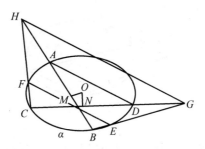

图 139

命题 140　设椭圆 α 的中心为 O，A,B,C,D 是 α 上顺次四点，BC 的中点为 M，AB 交 CD 于 P，过 A,D 分别作 α 的切线，这两条切线交于 Q，如图 140 所示，求证：$PQ \parallel OM$.

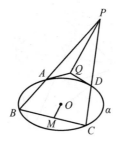

图 140

命题 141　设椭圆 α 的中心为 O，弦 AB 和半径 OD 互相平分，C 是 α 上一点，AC,BC 的中点分别为 M,N，MO 交 CD 于 E，如图 141 所示，求证：$AE \parallel ON$.

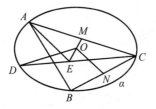

图 141

命题 142　设椭圆 α 的中心为 O，$O'D$ 是 α 的直径，它平分弦 AB，E 是 α 上一点，AE 的中点为 M，过 O' 作 OM 的平行线，且交 AE 于 N，延长 AN 至 C，使得 $NC = NA$，设 CB 交 α 于 F，如图 142 所示，求证：$DF \parallel AC$.

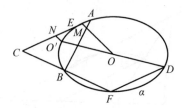

图 142

命题 143 设椭圆 α 的中心为 O,两弦 AB,CD 彼此平行,AD 交 BC 于 P,过 C 作 BD 的平行线,同时,过 D 作 AC 的平行线,这两条线交于 Q,如图 143 所示,求证:O,P,Q 三点共线.

注:本命题明显成立,但其对偶命题 143.1 就不明显了.

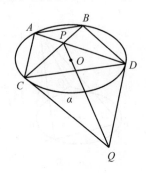

图 143

命题 143.1 设椭圆 α 的中心为 O,完全四边形 $ABCD-EF$ 外切于 α,EO 交 AD 于 M,FO 交 AB 于 N,若 A,O,C 三点共线,如图 143.1 所示,求证:$MN \parallel BD$.

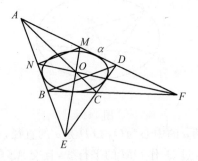

图 143.1

命题 144 设椭圆 α 的中心为 O,A 是 α 外一点,过 A 作 α 的两条切线,切点分别为 B,C,设 P 是 α 上一点,过 P 作 α 的切线,且分别交 AB,AC 于 E,F,OP 交 BC 于 D,如图 144 所示,求证:AD 平分线段 EF.

注:注意下面的命题 144.1 与本命题的联系.

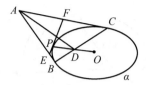

图 144

命题 144.1 设椭圆 α 的中心为 O,A 是 α 外一点,过 A 作 α 的两条切线,切点分别为 B,C,设 P 是 α 上一点,过 P 作 α 的切线,且交 BC 于 D,过 A 作 PD 的平行线,且交 BC 于 E,过 B 作 OP 的平行线,且分别交 PE,PC 于 M,F,如图 144.1 所示,求证:点 M 是线段 BF 的中点.

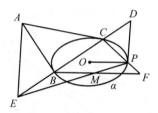

图 144.1

命题 145 设椭圆 α 的中心为 O,A 是 α 外一点,过 A 作 α 的一条切线,切点为 B,一直线过 A,且交 α 于 C,D,过 C 作 AB 的平行线,且交 BD 于 E,交 AO 于 F,BF 交 α 于 G,设 CE 的中点为 M,OM 交 BG 于 N,如图 145 所示,求证:点 N 是线段 BG 的中点.

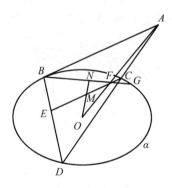

图 145

命题 146 设椭圆 α 的中心为 O,A,B,C 是 α 上三点,AB,AC 的中点分别为 M,N,过 B 作 ON 的平行线,同时,过 C 作 OM 的平行线,这两线交于 H,设 P 是 α 上一点,过 P 作 OM 的平行线,且交 AB 于 D;过 P 作 ON 的平行线,且交 AC 于 E,如图 146 所示,求证:DE 平分线段 PH.

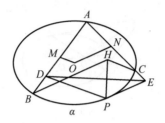

图 146

命题 147 设椭圆 α 的中心为 O，A 是 α 外一点，过 A 作 α 的两条切线，切点分别为 B,C，AO 交 α 于 D，过 D 分别作 AB，AC 的平行线，且依次交 α 于 E,F，如图 147 所示，求证：线段 EF 被 AO 所平分.

注：注意下面的命题 147.1 与本命题的联系.

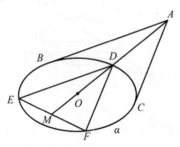

图 147

命题 147.1 设椭圆 α 的中心为 O，AB 是 α 的弦，作 AB 的平行线，且与 α 相切，该切线分别交 AO,BO 于 C,D，过 C,D 分别作 α 的切线，这两条切线与过 O 且平行于 AB 的直线分别交于 M,N，如图 147.1 所示，求证：$OM = ON$.

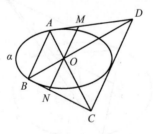

图 147.1

命题 148 设椭圆 α 的中心为 O，AB,CD 都是 α 的直径，过 A 作 α 的切线，且交 CD 于 E，一直线过 E，且交 α 于 F,G，设 BF,BG 分别交 CD 于 M,N，如图 148 所示，求证：$CM = DN$.

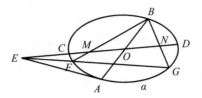

图 148

命题 149 设椭圆 α 的中心为 O,线段 MN 过 O,且 $OM=ON$,A 是 α 上一点,AM,AN 分别交 α 于 B,C,过 A 作 MN 的平行线,且交 BC 于 D,过 D 作 α 的两条切线,它们分别交 AO 于 E,F,过 E,F 分别作 α 的切线,且依次交 BC 于 G,H,设 AG,AH 分别交 MN 于 M',N',如图 149 所示,求证:$MM'=NN'$.

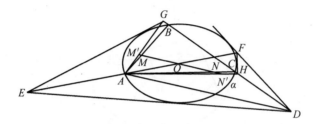

图 149

命题 150 设椭圆 α 的中心为 O,弦 AB 的中点为 M,MO 交 α 于 C,AC 的中点为 N,ON 交 α 于 D,BD 交 MO 于 I,过 I 作 AC 的平行线,且交 α 于 E,设 BO 交 α 于 F,如图 150 所示,求证:$DF \parallel OE$.

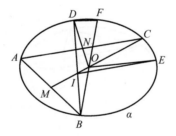

图 150

命题 151 设椭圆 α 的中心为 O,α 的两弦 AB,CD 相交于 P,这两弦的中点分别为 M,N,OM,ON 分别交 BD 于 E,F,若四边形 $OMPN$ 是平行四边形,如图 151 所示,求证:$AE \parallel CF$.

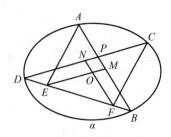

图 151

命题 152 设椭圆 α 的中心为 O,AB 是 α 的直径,C 是 α 上一点,D 是 AC 上一点,过 D 作 AB 的平行线,且交 OC 于 E,设 BD 的中点为 F,如图 152 所示,求证:$EF \mathbin{/\mkern-2mu/} BC$.

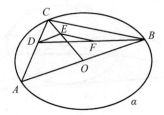

图 152

命题 153 设椭圆 α 的中心为 O,A,B,C 是 α 上三点,AC 的中点为 M,BO 交 α 于 D,OM 交 α 于 E,BE 交 AC 于 F,过 A 作 DE 的平行线,且交 BM 于 G,如图 153 所示,求证:$FG \mathbin{/\mkern-2mu/} OE$.

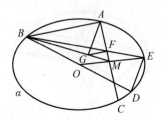

图 153

命题 154 设 AB,CD 是椭圆 α 的两条彼此平行的弦,它们的中点分别为 M,N,MN 交 α 于 E,F,设 BE 交 DF 于 P,BN 交 DM 于 Q,如图 154 所示,求证:$PQ \mathbin{/\mkern-2mu/} AB$.

注:下面的命题 154.1 与本命题有关.

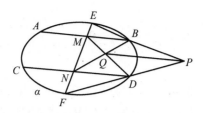

图 154

命题 154.1 设 AB 是椭圆 α 的直径,过 A,B 分别作 α 的切线,并在这两切线上各取一点,分别记为 M,N,这两点位于直线 AB 的同侧,过 M 作 α 的切线,且分别交 AB,BN 于 C,Q;过 N 作 α 的切线,且分别交 AB,AM 于 D,P,PQ 交 MN 于 S,如图 154.1 所示,求证:点 S 在直线 AB 上.

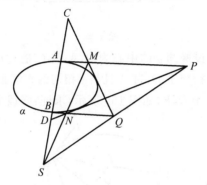

图 154.1

1.8

命题 155　设椭圆 α 的中心为 O，A 是 α 外一点，AO 的延长线交 α 于 M，过 A 作 α 的两条切线，它们分别记为 AB,AC，过 M 且与 α 相切的直线分别交 AB,AC 于 B,C，如图 155 所示，求证：点 M 是线段 BC 的中点.

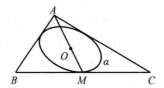

图 155

命题 156　设椭圆 α 的中心为 O，A,B,C 是 α 上三点，过 B,C 分别作 α 的切线，这两条切线相交于 D，过 A 且与 α 相切的直线记为 l，过 O 作 l 的平行线，且分别交 AB,AC 于 E,F，如图 156 所示，求证：线段 EF 被 AD 所平分.

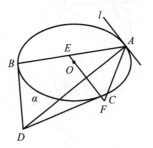

图 156

命题 157　设椭圆 α 的中心为 O，A 是 α 外一点，过 A 作 α 的两条切线，切点分别为 B,C，一直线过 O，且分别交 AB,AC 于 D,E，设 BE 交 CD 于 F，AF 交 α 于 G,H，如图 157 所示，求证：GH 被 DE 所平分.

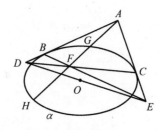

图 157

命题 158　设椭圆 α 的中心为 O，A,B 是 α 内两点，O 是线段 AB 的中点，P

是 α 上一点，PA，PB 分别交 α 于 C，D，过 C，D 分别作 α 的切线，这两条切线相交于 Q，设 PQ 的中点为 M，过 M 作 AB 的平行线，且交 α 于 E，F，如图 158 所示，求证：$ME = MF$.

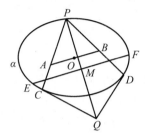

图 158

*命题 159 设椭圆 α 的中心为 O，A 是 α 外一点，过 A 作 α 的两条切线，切点分别为 B，C，D 是 AC 上一点，BD 交 α 于 E，过 C 作 BD 的平行线，且交 AB 于 F，DF 交 BC 于 G，GO 交 BE 于 M，如图 159 所示，求证：M 是 BE 的中点.

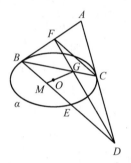

图 159

命题 160 设椭圆 α 的中心为 O，A 是 α 外一点，过 A 作 α 的两条切线，切点分别为 B，C，一直线与 α 相切，切点为 D，且分别交 AB，AC 于 E，F，设 OD 交 BC 于 G，AG 交 EF 于 M，如图 160 所示，求证：$ME = MF$.

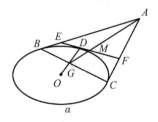

图 160

**命题 161 设椭圆 α 的中心为 O，A 是 α 外一点，过 A 作 α 的两条切线，切点分别为 B，C，一直线与 α 相切，且分别交 BC，OA 于 D，E，过 D，E 分别作 α 的切线，这两条切线交于 F，如图 161 所示，求证：$FA \perp OA$.

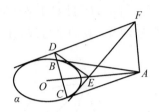

图 161

命题 162 设椭圆 α 的中心为 O,A 是 α 外一点,过 A 作 α 的两条切线,切点分别为 B,C,延长 AC 至 D,DB 交 α 于 E,EB 的中点为 M,OM 交 BC 于 F,AF 交 BD 于 N,如图 162 所示,求证:N 是 BD 的中点.

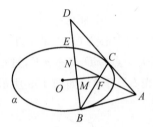

图 162

命题 163 设椭圆 α 的中心为 O,A 是 α 外一点,过 A 作 α 的两条切线,切点分别为 B,C,P 是 BC 延长线上一点,过 P 作 α 的两条切线,其中一条交 AB 于 D,另一条交 BO 于 E,过 A 作 BE 的平行线,且分别交 ED,EP 于 F,G,如图 163 所示,求证:A 是线段 FG 的中点.

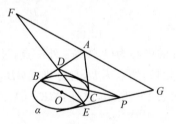

图 163

命题 164 设椭圆 α 的中心为 O,BC 是 α 的直径,A 是 α 外一点,AB,AC 分别交 α 于 D,E,过 D,E 分别作 α 的切线,这两条切线交于 F,设 AF 交 α 于 G,H,交 BC 于 M,如图 164 所示,求证:$MG = MH$.

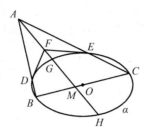

图 164

命题 165 设椭圆 α 的中心为 O，BC 是 α 的直径，A 是 α 外一点，AB，AC 分别交 α 于 D，E，BE 交 CD 于 F，AF 交 α 于 G，GO 交 α 于 H，DH，EH 分别交 BC 于 M，N，如图 165 所示，求证：$OM = ON$.

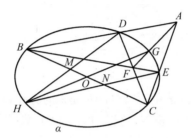

图 165

命题 166 设椭圆 α 的中心为 O，过 O 的直线交 α 于 A，B，过 A 且与 α 相切的直线记为 l，C 是 α 上一点，BC 交 l 于 D，过 C 作 α 的切线，且交 l 于 E，如图 166 所示，求证：$EA = ED$.

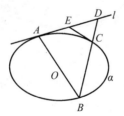

图 166

注：本命题对于双曲线（图 166.1）、抛物线（图 166.2）都成立．其中，对于抛物线的叙述如下：

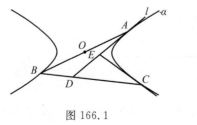

图 166.1 　　　　　　图 166.2

设抛物线 α 的对称轴为 m, A,B 是 α 上两点,过 A 且与 α 相切的直线记为 l,过 B 且与 m 平行的直线交 l 于 D,过 B 且与 α 相切的直线交 l 于 E,如图 166.2 所示,求证:$EA = ED$.

命题 167 设椭圆 α 的中心为 O, AB 是 α 的直径, C 是 α 上一点,过 A 作 α 的切线,并在其上取一点 P,设 PC 交 α 于 D, PO 交 BC 于 E,如图 167 所示,求证:$AE \parallel BD$.

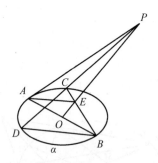

图 167

命题 168 设椭圆 α 的中心为 O, AB 是 α 的直径, P 是 α 上一点,一直线过 O,且交 PA 于 M,延长 MO 至 N,使得 $ON = OM$,设 NA 交 α 于 Q,过 B 作 α 的切线,且交 ON 于 R,如图 168 所示,求证:P,Q,R 三点共线.

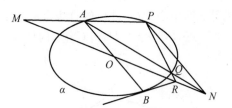

图 168

命题 169 设椭圆 α 的中心为 M,短轴的两端为 T_1, T_2,过 T_2 且与 α 相切的直线记为 t_2, A 是 α 上一点,过 A 且与 α 线切的直线交 t_2 于 B,如图 169 所示,求证:$BM \parallel AT_1$.

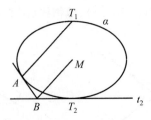

图 169

命题 170 设椭圆 α 的中心为 M,短轴的两端为 T_1, T_2,在过 M 的一直线

上取两点 F,G，使得 $MF = MG$，设 T_1F, T_1G 分别交 α 于 B, C, BC 交 FG 于 E，如图 170 所示，求证：T_2E 与 α 相切.

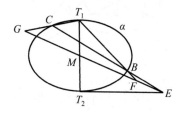

图 170

命题 171 设椭圆 α 的中心为 O, AB, CD 都是 α 的直径，E 是 AC 上一点（E 在 α 外），过 E 作 α 的切线，切点为 F，过 F 作 EO 的平行线，且交 α 于 G，交 CD 于 H，设 FB 交 AG 于 K，如图 171 所示，求证：$HK \parallel AC$.

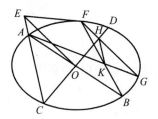

图 171

* * 命题 172 设椭圆 α 的中心为 O，弦 AB 的中点为 M, P 是 MO 上一点，一直线与 α 相切于 C，且分别交 PA, PB 于 D, E，过 D, E 分别作 α 的切线，这两切线交于 F, FP 交 α 于 G，如图 172 所示，求证：$GC \parallel AB$.

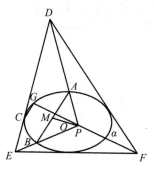

图 172

* 命题 173 设椭圆 α 的中心为 O，平行四边形 $ABCD$ 的对角线 AC 是 α 的直径，AD, AB 分别交 α 于 E, F，设 EF 交 BD 于 G，如图 173 所示，求证：直线 CG 与 α 相切.

注：本命题源于下面的命题 173.1.

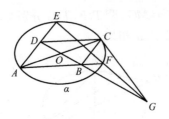

图 173

命题 173.1 设四边形 $ABCD$ 是平行四边形，D 在 AB，BC 上的射影分别为 E，F，设 EF 交 AC 于 G，如图 173.1 所示，求证：$DG \perp DB$.

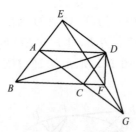

图 173.1

*命题 174 设椭圆 α 的中心为 O，两直线 l_1，l_2 彼此平行，且与点 O 等距，四边形 $ABCD$ 外切于 α，点 A 在 l_1 上，点 C 在 l_2 上，设 BD 分别交 l_1，l_2 于 E，F，如图 174 所示，求证：$BE = DF$.

注：注意下面的命题 174.1.

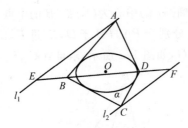

图 174

*命题 174.1 设椭圆 α 的中心为 O，在过 O 的直线上取两点 M，N，使得 $OM = ON$，一直线过 M，且交 α 于 A，B，另一直线过 N，且交 α 于 C，D，设 BD，AC 分别交 MN 于 E，F，如图 174.1 所示，求证：$OE = OF$.

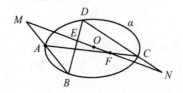

图 174.1

命题175 设椭圆 α 的短轴为 n，P 是 n 上一点，A,B 是 α 外两点，使得 PA，PB 关于 n 对称，过 A,B 各作一条 α 的切线，这两条切线交于 C；现在，过 A,B 再各作一条 α 的切线，这两条切线交于 D，如图175所示，求证：PC,PD 关于 n 对称.

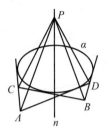

图 175

命题176 设椭圆 α 的中心为 O，A,B 是 α 内两点，使得 A,O,B 三点共线，且 $AO=BO$，设 C 是 α 上一点，CA,CB 分别交 α 于 D,E，过 D,E 分别作 α 的切线，这两切线交于 G，GC 交 α 于 H，设 AE 交 BD 于 K，AB 交 DE 于 F，FH 交 α 于 M，如图176所示，求证：C,K,M 三点共线.

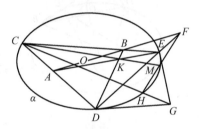

图 176

**命题177 设椭圆 α 的中心为 O，AB,CD 是 α 的两条平行弦，AC 交 BD 于 E，PE,PF 分别交 α 于 G,H，如图177所示，求证：

① E,F,O 三点共线；

② $GH \parallel AB$.

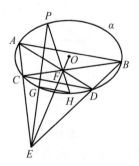

图 177

命题 178 设椭圆 α 的中心为 O，AB 是 α 的直径，M, N, M', N' 是 AB 上四点，M, M' 关于 O 对称，N, N' 也关于 O 对称，P 是 α 上一点，PM, PN 分别交 α 于 Q, R，设 QN' 交 RM' 于 P'，如图 178 所示，求证：P' 在 α 上.

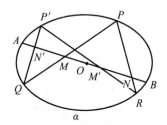

图 178

命题 179 设椭圆 α 的中心为 O，AB 是 α 的直径，C 是 α 外一点，AC, BC 分别交 α 于 D, E，AE 交 BD 于 F，CF 交 α 于 G，GO 交 α 于 H，DH, EH 分别交 AB 于 M, N，如图 179 所示，求证：$OM = ON$.

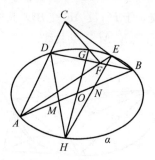

图 179

命题 180 设椭圆 α 的中心为 O，弦 AB 的中点为 M，MO 交 α 于 C, D，P 是 AB 上一点，PC, PD 分别交 α 于 E, F，AO 交 α 于 G，GE, GF 分别交 CD 于 H, K，如图 180 所示，求证：$OH = OK$.

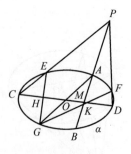

图 180

命题 181 设 AB, CD 都是椭圆 α 的直径，过 B 作 α 的切线，且交 CD 于 E，一直线过 E，且交 α 于 F, G，设 AF, AG 分别交 CD 于 M, N，如图 181 所示，求证：

$CM = DN$.

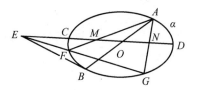

图 181

* **命题 182**　设椭圆 α 的中心为 O，AB 是 α 的直径，过 B 作 α 的切线，并在其上取一点 C，一直线过 C，且交 α 于 D，E，设 OC 分别交 AD，AE 于 M，N，如图 182 所示，求证：$OM = ON$.

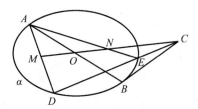

图 182

命题 183　设椭圆 α 的中心为 O，AB 是 α 的直径，C 是 α 外一点，CA，CB 分别交 α 于 D，E，AE 交 BD 于 H，现在，在平面上取三点 G，P，Q，使得 $GP \parallel BD$，$GQ \parallel AE$，且 GP 被 AC 所平分，GQ 被 BC 所平分，如图 183 所示，求证：P，H，Q 三点共线.

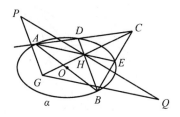

图 183

命题 184　设椭圆 α 的中心为 O，弦 AB 与半径 OM 互相平分，弦 AC 与半径 ON 互相平分，延长 OM 一倍至 D，延长 ON 一倍至 E，设 DN 交 EM 于 P，BC 的中点为 Q，如图 184 所示，求证：

① A，O，P，Q 四点共线；

② MN 和 AO 互相平分.

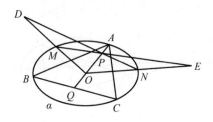

图 184

命题 185 设平行四边形 $ABCD$ 的中心为 O,椭圆 α 的中心也为 O, α 与 AD, BC 均相切,切点分别为 E, F,过 B, C 分别作 α 的切线,这两切线交于 G,如图 185 所示,求证: $GE \parallel AB$.

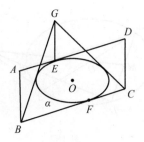

图 185

命题 186 设椭圆 α 的中心为 O, A, B, C, D, E 是 α 上五点,其中 E, C 两点联线过 O, AB 交 EC 于 F, AO 交 DE 于 G, FG 交 BD 于 H,如图 186 所示,求证: $CH \parallel AE$.

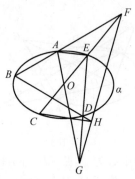

图 186

命题 187 设椭圆 α 的中心为 O, AC, BD 均为 α 的直径, M 是平面上一点, MB 交 AC 于 E, MC 交 BD 于 F, AF 交 DE 于 N,如图 187 所示,求证: $MN \parallel AB$.

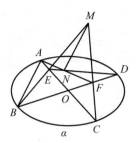

图 187

命题 188 设椭圆 α 的中心为 O, △ABC 的顶点 A 在 α 上, BC 的中点 M 也在 α 上, 且 AM 是 α 的直径, 设 AB, AC 分别交 α 于 D, E, 过 D, E 分别作 α 的切线, 这两切线交于 F, FM 交 α 于 G, 如图 188 所示, 求证: AG ∥ BC.

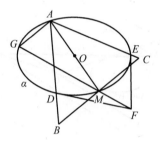

图 188

命题 189 设椭圆 α 的中心为 O, AB, CD 是 α 的两弦, 它们相交于 E, 过 E 作 AC 的平行线, 且交 BD 于 F, 过 F 作 α 的切线, 切点记为 G, GE 交 α 于 H, 设 EG, HG 的中点分别为 M, N, 如图 189 所示, 求证: FM ∥ ON.

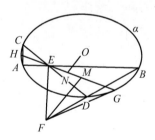

图 189

命题 190 设 AB, CD 都是椭圆 α 的直径, 弦 EF 与 BC 平行, 且交 AC 于 G, 设 AE 的中点为 H, 如图 190 所示, 求证: DF ∥ GH.

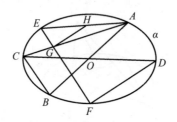

图 190

** 命题 191　设椭圆 α 的中心为 O，四直线 l_1,l_2,l_3,l_4 彼此平行，且 l_1，l_4 与 O 等距，l_2,l_3 与 O 也等距，一直线与 α 相切，且分别交 l_1,l_2 于 A,B，过 A 作 α 的切线，且交 l_3 于 C；过 B 作 α 的切线，且交 l_4 于 D，如图 191 所示，求证：直线 CD 与 α 相切.

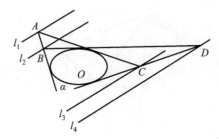

图 191

1.9

命题 192 设椭圆 α 的中心为 O,A 是 α 外一点,过 A 作 α 的两条切线,切点分别为 B,C,在 OB 的延长线上取一点 D,使得 $DA \parallel BC$,设 CD 交 α 于 E,BE 交 AD 于 F,OF 交 AB 于 G,如图 192 所示,求证:$DG \parallel BF$.

注:注意下面的命题 192.1 与本命题的联系.

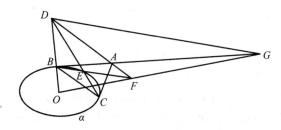

图 192

命题 192.1 设椭圆 α 的中心为 O,A 是 α 外一点,过 A 作 α 的两条切线,切点分别为 B,C,OA 交 BC 于 D,过 D 作 AB 的平行线,且交 AC 于 E,过 E 作 α 的切线,且交 AB 于 F,过 B 作 DF 的平行线,且交 DE 于 G,如图 192.1 所示,求证:F,G,O 三点共线.

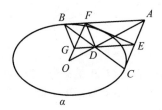

图 192.1

命题 193 设椭圆 α 的中心为 O,A 是 α 外一点,过 A 作 α 的两条切线,切点分别为 B,C,延长 AC 至 D,DB 交 α 于 E,EB 的中点为 M,OM 交 BC 于 F,AF 交 BD 于 N,如图 193 所示,求证:N 是 BD 的中点.

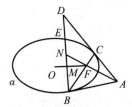

图 193

命题 194 设椭圆 α 的中心为 O, A 是 α 外一点, 过 A 作 α 的两条切线, 切点分别为 B,C,D 是 BC 上一点, OD 交 α 于 E, 过 E 作 α 的切线, 且分别交 AB,AC 于 F,G, 设 AD 交 FG 于 M, 如图 194 所示, 求证: 点 M 是线段 FG 的中点.

注: 注意下面的命题 194.1 与本命题的联系.

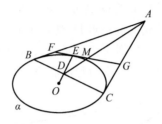

图 194

命题 194.1 设椭圆 α 的中心为 O, A 是 α 外一点, 过 A 作 α 的两条切线, 切点分别为 B,C,D 是 CB 延长线上一点, 直线 l 与 AD 平行, 且与 α 相切, 切点为 E, 过 O 作 DE 的平行线, 且分别交 EB,EC 于 M,N, 如图 194.1 所示, 求证: 点 O 是线段 MN 的中点.

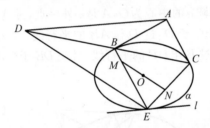

图 194.1

命题 195 设椭圆 α 的中心为 O, A 是 α 外一点, 过 A 作 α 的两条切线, 切点分别为 B,C, 过 A 作 BC 的平行线, 并在此线上取一点 D, 过 D 作 α 的一条切线, 且交 BC 于 E, 过 D,E 分别作 α 的切线, 这两切线交于 F, 如图 195 所示, 求证: A,F,O 三点共线.

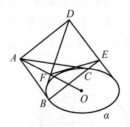

图 195

命题 196 设椭圆 α 的中心为 O, 两直线 l_1,l_2 彼此平行, 且均与 α 相切, l_1 上的切点为 A, 一直线过 A, 且交 α 于 B, 交 l_2 于 C, 过 B 作 α 的切线, 且交 l_2 于

M,过 C 作 α 的切线,且交 BM 于 D,设 OB 交 l_1 于 E,交 l_2 于 P,DE 交 l_2 于 N,如图 196 所示,求证:$PM = PN$.

注:注意下面的命题 196.1 与本命题的联系.

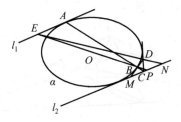

图 196

命题 196.1　设椭圆 α 的中心为 O,A 是 α 外一点,过 A 作 α 的两条切线,切点分别为 B,C,在 BC 上取一点 P(P 在 α 外),过 P 作 α 的两条切线,且分别交 AB 于 D,E,设 BO 交 AC 于 F,过 O 作 AC 的平行线,且分别交 FD,FE 于 M,N,如图 196.1 所示,求证:$OM = ON$.

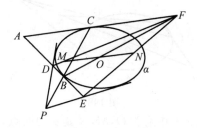

图 196.1

*命题 197　设椭圆 α 的中心为 O,A 是 α 外一点,过 A 作 α 的两条切线,切点分别为 B,C,AO 交 α 于 D(D 与 A 两点分处于 BC 的两侧),一直线与 α 相切,且分别交 AB,AC 于 E,F,设 DE,DF 分别交 BC 于 G,H,如图 197 所示,求证

$$GH = \frac{1}{2} \cdot BC$$

注:注意下面的命题 197.1 与本命题的联系.

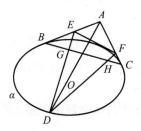

图 197

命题 197.1 设椭圆 α 的中心为 O, A 是 α 外一点,过 A 作 α 的两条切线,切点分别为 B,C,AO 交 α 于 D(D,A 两点分处于 O 的两侧),设 E 是弧 BC 上一点,过 D 作 α 的切线,且分别交 EB,EC 于 F,G,FO 交 AG 于 H,DH 交 AC 于 K,如图 197.1 所示,求证:$OK \parallel FG$.

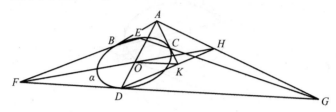

图 197.1

命题 198 设椭圆 α 的中心为 O,AB 是 α 的直径,过 A 作 α 的切线,并在此切线上取一点 P,一直线过 P,且交 α 于 C,D,设 BC,BD 分别交 OP 于 M,N,如图 198 所示,求证:$OM=ON$.

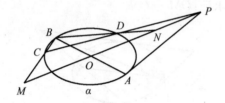

图 198

命题 199 设椭圆 α 的中心为 O,M,N 是 α 内两点,M,O,N 三点共线,且 $MO=NO$,A 是 α 上一点,AM,AN 分别交 α 于 B,C,过 B 作 MN 的平行线,且交 OC 于 D,过 D 作 AC 的平行线,且交 AB 于 E,EO 交 BC 于 F,如图 199 所示,求证:点 F 是 BC 的中点.

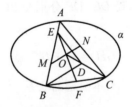

图 199

命题 200 设椭圆 α 的中心为 O,AB 是 α 的直径,C,D 是 α 上两点,它们位于 AB 的同侧,过 A 作 α 的切线,且交 CD 于 E,EO 分别交 CB,BD 于 M,N,如图 200 所示,求证:$OM=ON$.

注:注意下面的命题 200.1 与本命题的联系.

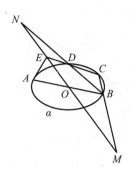

图 200

命题 200.1 设椭圆 α 的中心为 O,AB 是 α 的直径,过 B 且与 α 相切的直线记为 l,设 C,D 是 α 上两点,它们位于 AB 的同侧,过 C,D 分别作 α 的切线,这两切线交于 E,CE,DE 分别交 l 于 F,G,过 O 作 AE 的平行线,且交 l 于 M,如图 200.1 所示,求证:点 M 是线段 FG 的中点.

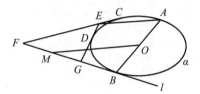

图 200.1

命题 201 设椭圆 α 的中心为 O,弦 AB 的中点为 M,MO 交 α 于 C,D,过 A 且与 α 相切的直线记为 l,过 C 作 l 的平行线,且分别交 AB,AD 于 N,E,如图 201 所示,求证:点 N 是线段 CE 的中点.

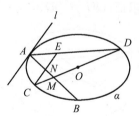

图 201

命题 202 设椭圆 α 的中心为 O,A 是 α 外一点,过 A 作 α 的两条切线,切点分别为 B,C,一直线过 O,且分别交 AB,AC 于 D,E,CD 交 BE 于 F,AF 交 α 于 G,H,如图 202 所示,求证:线段 GH 被 DE 所平分.

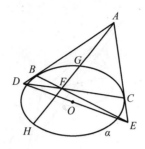

图 202

命题 203 设椭圆 α 的虚轴为 z，A,B 是 α 外两点，过 A,B 分别作 α 的切线，它们交于 C；过 A,B 再分别作 α 的切线，它们交于 D，如图 203 所示，求证："线段 AB 被 z 所平分"的充要条件是"线段 CD 被 z 所平分".

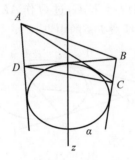

图 203

命题 204 设椭圆 α 的中心为 O，AB,CD 都是 α 的直径，E 是 BD 上一点，AE 交 CD 于 F，过 F 且平行于 BD 的直线交 AD 于 G，过 B 作 EG 的平行线，且交 CG 于 H，如图 204 所示，求证：$OH \parallel BD$.

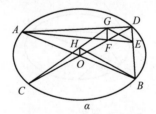

图 204

命题 205 设椭圆 α 的中心为 O，AB,CD 都是 α 的直径，在 CD 上取两点 E，F，使得 $OE = OF$，设 BE,BF 分别交 α 于 G,H，GH 交 CD 于 K，如图 205 所示，求证：KA 是 α 的切线.

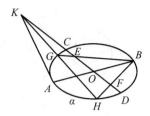

图 205

命题 206　设椭圆 α 的中心为 O，A,B 是 α 上两点，AB 的中点为 M，MO 交 α 于 C，AC 的中点为 N，过 M 作 ON 的平行线，且交 AC 于 D，设 MD,BD 的中点分别为 F,G，CG 交 α 于 H，CH 的中点为 K，如图 206 所示，求证：$OK \parallel EF$.

注：本命题源于下面的命题 206.1.

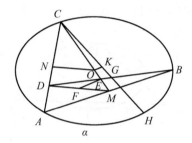

图 206

命题 206.1　设 $\triangle ABC$ 中，$AC=BC$，M 是 AB 的中点，M 在 AC 上的射影为 D，BD 交 CM 于 E，DM 的中点为 F，如图 206.1 所示，求证：$EF \perp CG$.

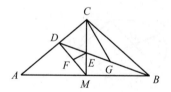

图 206.1

命题 207　设椭圆 α 的中心为 O，AB 是椭圆 α 的直径，一直线过 B，且与 α 交于 E，在这直线上取两点 C,D，使得 $BC=BD$，设 AC,AD 分别交 α 于 F,G，OE 交 FG 于 H，CG 交 DF 于 K，如图 207 所示，求证：A,H,K 三点共线.

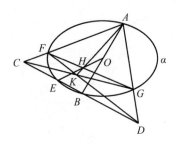

图 207

命题 208 设椭圆 α 的中心为 O,A,B,C 是 α 上三点,一直线与 BC 平行,且交 α 于 D,E,AD,AE 分别交 BC 于 F,G,设 AD,AF,AE,AG 的中点分别为 M,M',N,N',过 M' 作 OM 的平行线,同时,过 N' 作 ON 的平行线,这两线交于 O',如图 208 所示,求证:A,O,O' 三点共线.

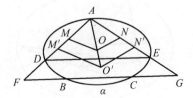

图 208

** 命题 209 设椭圆 α 的中心为 O,AB,CD 是 α 的两条彼此平行的弦,AB 的中点为 M,OM 交 α 于 E,一直线平行于 AC,且分别交 EA,EC,BD 于 F,G,H,如图 209 所示,求证:DG 和 EH 互相平分.

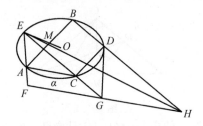

图 209

命题 210 设椭圆 α 的中心为 O,AB 是 α 的直径,P 是 α 上一点,过 P 且与 α 相切的直线记为 l,在 PO 的延长线上取一点 C,CA,CB 分别交 α 于 D,E,过 C 作 l 的平行线,且交 DE 于 F,设 FO 交 α 于 G,如图 210 所示,求证:$AG \parallel CF$.

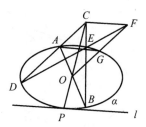

图 210

命题 211 设椭圆 α 的中心为 O,AB 是 α 的直径,线段 CD 过 B,且被 B 所平分,C,D 均在 α 外,CD 交 α 于 E,AC,AD 分别交 α 于 F,G,过 F,G 分别作 α 的切线,这两切线相交于 H,如图 211 所示,求证:$BH \parallel AE$.

注:本命题与下面的命题 211.1 是一对对偶命题(例如:图 211.1 的 CD,CE 分别对偶于图 211 的 C,D).

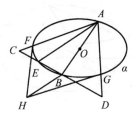

图 211

命题 211.1 设椭圆 α 的中心为 O,两直线 l_1,l_2 彼此平行,且均与 α 相切,线段 AB 与 l_1 平行,且被 O 所平分,设 C 是 l_2 上一点,过 C 作 α 的切线,且交 l_1 于 P,设 CA,CB 分别就 l_1 于 D,E,过 D,E 分别作 α 的切线,切点分别为 F,G,FG 交 l_2 于 Q,如图 211.1 所示,求证:O,P,Q 三点共线.

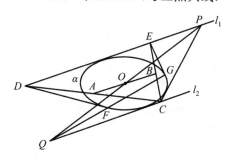

图 211.1

命题 212 设 AB 是椭圆 α 的直径,C 是 α 外一点,CA,CB 分别交 α 于 D,E,AE 交 BD 于 H,CH 交 AB 于 F,FD 交 AE 于 G,设 CH 的中点为 M,EM 交 CA 于 K,如图 212 所示,求证:$KG \parallel CH$.

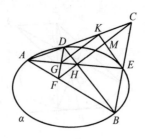

图 212

命题 213 设椭圆 α 的中心为 O,AB 是 α 的直径,CD 是 α 的弦,CD 交 AB 于 E,在 α 上取一点 F,使得 CF 被 AB 所平分,设 EF 交 α 于 G,GO 交 α 于 H,如图 213.1 所示,求证:$HD \parallel AB$.

注:注意下面的命题 213.1 与本命题的联系.

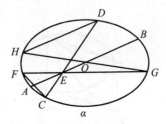

图 213

命题 213.1 设椭圆 α 的中心为 O,A 是 α 上一点,过 A 且与 α 相切的直线记为 t,B 是 α 外一点,过 B 作 α 的两条切线 l_1,l_2,设 AO 交 l_2 于 C,过 C 作 α 的切线,同时,过 B 作 t 的平行线,这两线交于 D,过 D 作 α 的切线,此切线与 α 相切于 E,现在,作 α 的与 DE 平行的切线,且交 l_1 于 F,如图 213.1 所示,求证:$FO \parallel t$.

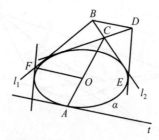

图 213.1

命题 214 设椭圆 α 的中心为 O,AB 是 α 的弦,它的中点为 M,MO 交 α 于 C,BC 的中点为 N,过 M 作 ON 的平行线,且交 BC 于 D,AD 交 α 于 E,EO 交 α 于 F,过 C 作 AF 的平行线,且交 MD 于 G,如图 214 所示,求证:$MG = GD$.

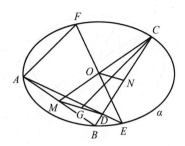

图 214

命题 215 设椭圆 α 的中心为 O，AM 是 α 的直径，F 是 α 上一点，在 FM 上取两点 C，使得 $MB = MC$，AB，AC 分别交 α 于 D，E，过 D，E 分别作 α 的切线，这两切线交于 G，GM 交 α 于 H，如图 215 所示，求证：F，O，H 三点共线.

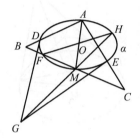

图 215

命题 216 设 AB 是椭圆 α 的直径，过 B 作 α 的切线，并在此切线上取两点 C，D，设 AC，AD 分别交 α 于 E，F，CD，CB，BD 的中点分别为 P，Q，R，CF 交 DE 于 M，QF 交 RE 于 N，如图 216 所示，求证：M，N，P 三点共线.

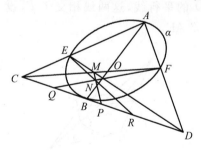

图 216

命题 217 设椭圆 α 的中心为 O，AB，CD 都是 α 的直径，P 是 α 上一点，PB 交 AD 于 E，过 A 作 CD 的平行线，且交 PB 于 F，如图 217 所示，求证：CF 平分线段 AE.

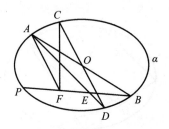

图 217

命题 218 设椭圆 α 的中心为 O, A 是 α 外一点, 过 A 作 α 的两条切线, 切点分别为 B,C,D 是 α 上一点, 过 D 作 α 的切线, 且交 AB 于 E, EO 交 BC 于 F, 过 F 作 AO 的平行线, 且交 CD 于 G, 如图 218 所示, 求证: $EG \parallel OC$.

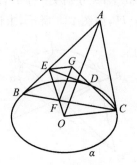

图 218

注: 注意下面的命题 218.1 与本命题的联系.

命题 218.1 设椭圆 α 的中心为 O, A 是 α 外一点, 过 A 作 α 的两条切线, 切点分别为 B,C,D 是 α 上一点, 过 O 作 α 的切线, 且交 AC 于 E, 过 O 作 DE 的平行线, 同时, 过 A 作 BD 的平行线, 这两线相交于 F, 设 EF 交 BD 于 G, 如图 218.1 所示, 求证: $GO \parallel AE$.

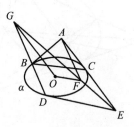

图 218.1

1.10

命题 219 设椭圆 α 的中心为 O，A，B 是 α 的直径，P，Q 是 AB 的三等分点，一直线过 Q，且交 α 于 C，D，过 B 作 α 的切线，且交 AD 于 E，设 EO 交 AC 于 M，如图 219 所示，求证：点 M 平分线段 AC.

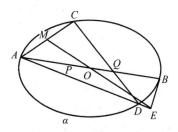

图 219

命题 220 设椭圆 α 的中心为 O，AB 是 α 的直径，C 是 α 外一点，CA，CB 分别交 α 于 D，E，AE 交 BD 于 H，CH 交 α 于 F，FO 交 α 于 G，DG，EG 分别交 AB 于 M，N，如图 220 所示，求证：$OM = ON$.

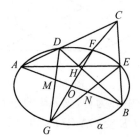

图 220

命题 221 设椭圆 α 的中心为 O，弦 PQ 的中点为 M，MO 交 α 于 N，点 A，B，C 分别在 NM，NP，NQ 上，AC 交 BM 于 D，AB 交 CM 于 E，设 ND，NE 分别交 PQ 于 P'，Q'，如图 221 所示，求证：$MP' = MQ'$.

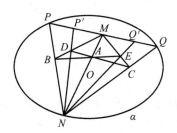

图 221

命题 222 设椭圆 α 的中心为 O,A,C 是 α 上两点,M 是 AO 的中点,弦 BD 过 M,且被 M 所平分,N 是 BC 的中点,过 C 作 OM 的平行线,同时,过 D 作 ON 的平行线,这两线交于 H,如图 222 所示,求证:线段 AC 被 OH 所平分.

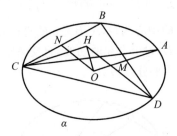

图 222

命题 223 设椭圆 α 的中心为 O,线段 AB 过 O,且使得 $AO=BO$,C 是 α 上一点,CA,CB 分别交 α 于 D,E,过 D,E 分别作 α 的切线,这两切线交于 F,设 CF 的中点为 M,过 M 作 AB 的平行线,且交 α 于 G,H,如图 223 所示,求证:点 M 是线段 GH 的中点.

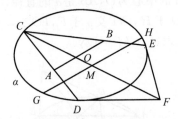

图 223

命题 224 设椭圆 α 的中心为 O,弦 AB 的中点为 M,MO 交 α 于 C,D,AC 的中点为 N,BN 交 α 于 E,DE 交 OA 于 P,如图 224 所示,求证:点 P 是 AO 的中点.

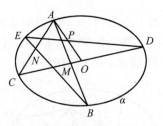

图 224

命题 225 设椭圆 α 的中心为 O,AB 是 α 的直径,C 是 α 外一点,CA,CB 分别交 α 于 D,E,AE 交 BD 于 H,DE 交 AB 于 F,FH 交 α 于 M,N,如图 225 所示,求证:线段 MN 被 OC 所平分.

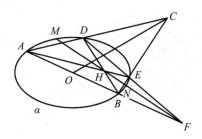

图 225

命题 226 设椭圆 α 的中心为 O,两直线 l_1,l_2 彼此平行,且均与 α 相切,一直线交 α 于 A,B,且分别交 l_1,l_2 于 C,D,过 C,D 分别作 α 的切线,这两切线交于 E,设 CE 交 l_2 于 F,DE 交 l_1 于 G,过 E 作 l_1 的平行线,且交 FG 于 H,如图 226 所示,求证:

① HA,HB 均与 α 相切;

② 线段 AB 被 OH 所平分.

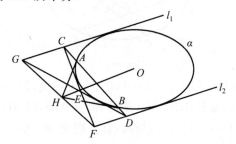

图 226

命题 227 设椭圆 α 的中心为 O,一直线过 O,A,B 是这直线上两点(A,B 均在 α 外),过 A,B 分别作 α 的切线,切点依次为 C,D,AD 交 BC 于 E,一直线过 E,且交 α 于 F,G,还交 AB 于 M,过 E 作 AB 的平行线,且分别交 MC,MD 于 H,K,如图 227 所示,求证:$EH = EK$.

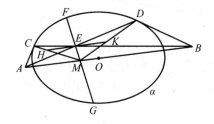

图 227

命题 228 设椭圆 α 的中心为 O,AB 是 α 的直径,C 是 α 上一点,弦 $DE \parallel BC$,AE 交 CD 于 P,AD,CE 的中点分别为 M,N,如图 228 所示,求证:$MN \parallel OP$.

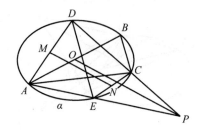

图 228

命题 229 设椭圆 α 的中心为 O,弦 AB 的中点为 M,OM 交 α 于 C,设 P 是 α 上一点,PC 的中点为 N,过 B 作 ON 的平行线,且交 PM 于 D,设 PC 交 AB 于 E,如图 229 所示,求证:$DE \parallel PB$.

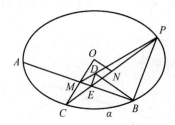

图 229

命题 230 设椭圆 α 的中心为 O,A,B 是 α 上两点,M 是 α 内一点,延长 MA 至 C,使得 $AC = MA$,延长 MB 至 D,使得 $BD = MB$,设 AD 交 BC 于 E,ME 交 AB 于 F,OF 交 α 于 G,过 G 作 α 的切线,且分别交 AC,BD 于 P,Q,如图 230 所示,求证:$PQ \parallel AB$.

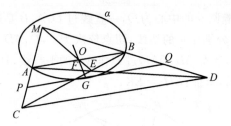

图 230

命题 231 设椭圆 α 的中心为 O,弦 AB 的中点为 M,MO 交 α 于 C,D,P 是 α 上一点,PC 交 AD 于 E,PB 交 CD 于 F,如图 231 所示,求证:$EF \parallel AB$.

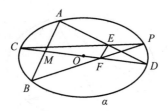

图 231

命题 232 设椭圆 α 的中心为 O，AB 是 α 的直径，过 B 作 α 的切线，并在其上取一点 C，一直线过 C，且交 α 于 D,E，设 AD 交 CO 于 F，如图 232 所示，求证：$AE \parallel BF$.

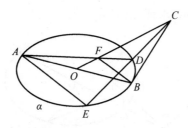

图 232

注：注意下面的命题 232.1 与本命题的联系.

命题 232.1 设椭圆 α 的中心为 O，AB 是 α 的直径，过 A,B 且与 α 相切的直线分别记为 l_1, l_2，在 AB 上取一点 C（C 在 α 外），过 C 作 α 的两条切线，且分别交 l_1 于 D,E，过 D 作 AB 的平行线，且交 l_2 于 F，如图 232.1 所示，求证：直线 EF 经过点 O.

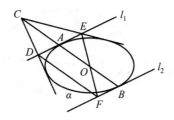

图 232.1

* **命题 233** 设椭圆 α 的中心为 O，弦 AB 的中点为 M，OM 交 α 于 C,D，P 是 α 上一点，PD 交 OA 于 E，PB 交 AC 于 F，如图 233 所示，求证：$EF \parallel CD$.

注：下面的命题 233.1 是本命题的"蓝表示".

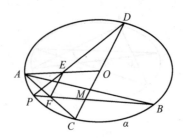

图 233

命题 233.1 设 O 是椭圆 α 内一点，O 关于 α 的极线记为 z，弦 AB 的中点为 M，OM 交 α 于 C,D，P 是 α 上一点，PD 交 OA 于 E，PB 交 AC 于 F，设 EF 交 CD 于 S，如图 233.1 所示，求证：点 S 在 z 上.

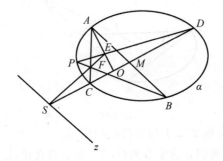

图 233.1

命题 234 设椭圆 α 的两条相交弦 AB,CD 相交于 O，E 是 α 外一点，EB，EC 分别交 α 于 F,G，设 AG 交 DF 于 H，如图 234 所示，求证：O,H,E 三点共线.

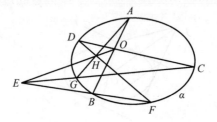

图 234

命题 235 设椭圆 α 的中心为 O，A 是 α 外一点，过 A 作 α 的两条切线，切点分别为 B,C，设 D 是 α 上一点，过 D 作 α 的切线，同时，过 B 作 AC 的平行线，这两线交于 E，EA 交 BD 于 P，一直线与 α 相切，且与 AC 平行，这直线交 AB 于 Q，如图 235 所示，求证：O,P,Q 三点共线.

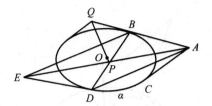

图 235

＊命题 236 设椭圆 α 的中心为 O,弦 AB 的中点为 M,BO 交 α 于 C,D 是 OM 上一点(D 在 α 外),BD,CD 分别交 α 于 E,F,过 D 作 AB 的平行线,且交 OA 于 G,如图 236 所示,求证:E,F,G 三点共线.

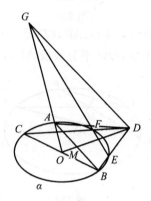

图 236

＊命题 237 设椭圆 α 的中心为 O,线段 MN 在 α 内,且被 O 所平分,A 是 α 上一点,AM,AN 分别交 α 于 B,C,过 A 作 α 的切线,且交 MN 于 M',设 BC 交 MN 于 N',如图 237 所示,求证:$OM' = ON'$.

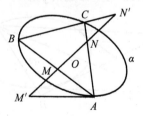

图 237

命题 238 设椭圆 α 的中心为 O,AB,CD 都是 α 的直径,一直线与 CD 相交,在其上取三点 P,E,F,使得 PE 被 BD 所平分,PF 被 AC 所平分,设 DE 交 CF 于 Q,如图 238 所示,求证:线段 PQ 被 AB 所平分.

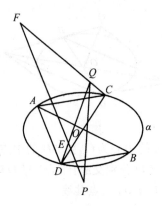

图 238

命题 239 设椭圆 α 的中心为 O,AB,CD 是 α 的两条互相平行的弦,AD 交 BC 于 M,如图 239 所示,求证:OM 平分线段 AB,也平分线段 CD.

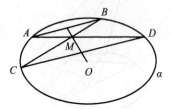

图 239

命题 240 设椭圆 α 的中心为 O,AB 是 α 的直径,过 B 作 α 的切线,并在其上取两点 C,D,AC,AD 分别交 α 于 E,F,过 E,F 分别作 α 的切线,这两切线交于 G,如图 240 所示,求证:AG 平分线段 CD.

注:注意下面的命题 240.1 与本命题的联系.

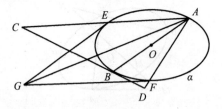

图 240

命题 240.1 设椭圆 α 的中心为 O,A 是 α 外一点,过 A 作 α 的两条切线,切点分别为 B,C,CO 交 α 于 D,$CD \parallel AB$,设 E 是 AC 延长线上一点,ED 交 AB 于 H,过 E 作 α 的切线,切点为 F,FB 交 AC 于 G,如图 240.1 所示,求证:DG 平分线段 AH.

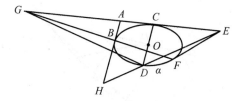

图 240.1

命题 241　设椭圆 α 的中心为 O，A 是 α 外一点，过 A 作 α 的两条切线，切点分别为 B,C，一直线过 C，且交 AB 于 D，交 α 于 E，设 M 是 CD 上一点，AM 交 BC 于 F，FO 交 CD 于 N，如图 241 所示，求证："$CM = DM$" 的充要条件是 "$CN = EN$"。

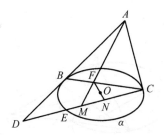

图 241

命题 242　设椭圆 α 的中心为 O，AB 是 α 的直径，过 B 作 α 的切线，并在其上取一点 C，过 C 作 AB 的平行线，且交 α 于 D，CD 交 α 于 E，设 AD，AE 分别交 OC 于 M,N，如图 242 所示，求证：$OM = ON$。

注：注意下面的命题 242.1 与本命题的联系.

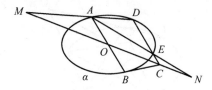

图 242

命题 242.1　设椭圆 α 的中心为 O，AB 是 α 的直径，过 A 且与 α 相切的直线记为 t，C 是 α 外一点，过 C 作 α 的两条切线，且依次交 t 于 D,E，过 O 作 BC 的平行线，且交 t 于 M，如图 242.1 所示，求证：点 M 是线段 DE 的中点。

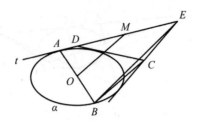

图 242.1

*命题 243　设椭圆 α 的中心为 O，AB 是 α 的直径，C 是 α 内一点，AC，BC 分别交 α 于 D，E，AE 交 BD 于 H，设 AC，BC 的中点分别为 F，G，过 F 作 BD 的平行线，同时，过 G 作 AE 的平行线，这两线交于 O'，如图 243 所示，求证：

① $OO' \parallel CH$；

② $CH = 2 \cdot OO'$.

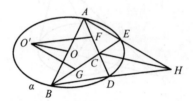

图 243

命题 244　设椭圆 α 的中心为 O，AB 是 α 的直径，C 是 α 外一点，AC，BC 分别交 α 于 D，E，AE 交 BD 于 H，HC 交 α 于 F，FO 交 α 于 G，GD，GE 分别交 AB 于 M，N，如图 244 所示，求证：$OM = ON$.

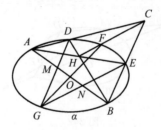

图 244

命题 245　设椭圆 α 的中心为 O，A 是 α 外一点，过 A 作 α 的两条切线，切点分别为 B，C，BO 交 α 于 D，过 C 作 AB 的平行线，且分别交 BD，AD 于 E，M，如图 245 所示，求证：$ME = MC$.

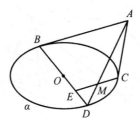

图 245

命题 246 设椭圆 α 的中心为 O,A 是 α 外一点,过 A 作 α 的两条切线,切点分别为 B,C,DE 是 α 的直径,AD 交 α 于 F,BD 交 CE 于 G,FG 交 α 于 H,如图 246 所示,求证:线段 BH 被 DE 所平分.

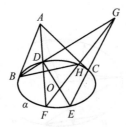

图 246

命题 247 设椭圆 α 的中心为 O,AB 是 α 的弦,其中点为 C,CO 交 α 于 D、E,P 是 α 上一点,过 A 作 DP 的平行线,且交 EP 于 F,CF 交 AP 于 G,如图 247 所示,求证:$AG = GP$.

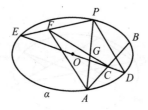

图 247

命题 248 设椭圆 α 的中心为 O,AB 是 α 的直径,C 是 α 上一点,过 C 作 α 的切线,并在其上取一点 D,过 D 作 BC 的平行线,且交 AC 于 M,在 CM 的延长线上取一点 E,使得 $EM = MC$,设 BE 交 α 于 F,如图 248 所示,求证:
① OD 平分线段 CF;
② DF 是 α 的切线.

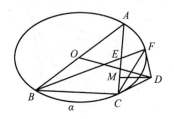

图 248

命题 249 设椭圆 α 的中心为 O,弦 AB 的中点为 M,OM 交 α 于 O',P 是 α 上一点,PO 交 α 于 D,过 O' 作 AD 的平行线,且交 AP 于 N,在 AN 的延长线上取一点 E,使得 $EN=AN$,设 $O'E$ 交 α 于 C,如图 249 所示,求证:线段 BC 被 PD 所平分.

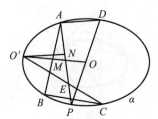

图 249

命题 250 设椭圆 α 的中心为 O,AB,CD 都是 α 的直径,E 是 α 上一点,过 A,B 分别作 CE 的平行线,且依次交 DE 于 M,N,如图 250 所示,求证:$EM=DN$.

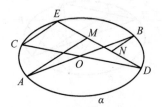

图 250

命题 251 设椭圆 α 的中心为 O,A 是 α 外一点,过 A 作 α 的两条切线,切点分别为 B,C,在 BC 上取一点 D(D 在 α 外),过 D 作 α 的两条切线,这两条切线分别交 AB 于 E,F,BO 交 AC 于 G,过 O 作 AC 的平行线,且分别交 GE,GF 于 M,N,如图 251 所示,求证:点 O 是线段 MN 的中点.

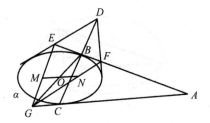

图 251

命题 252 设椭圆 α 的中心为 O，AB，CD 都是 α 的直径，过 A 且与 α 相切的直线记为 l，过 O 作 l 的平行线，且交 α 于 E，DE 交 AC 于 F，设 DF 的中点为 M，如图 252 所示，求证：$AM \parallel CE$.

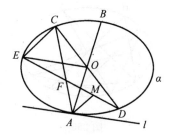

图 252

** 命题 253 设椭圆 α 的中心为 O，四边形 $ABCD$ 是平行四边形，AB 的中点为 M，DM 交 α 于 E，F，EF 的中点为 N，过 C 作 ON 的平行线，且交 DM 于 G，设 CG 的中点为 P，如图 253 所示，求证：$BP \parallel DM$.

注：在这里，椭圆的作用就是引进"垂直"的定义.

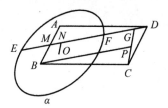

图 253

命题 254 设椭圆 α 的中心为 O，A，B，C 是 α 上三点，AB，AC 的中点分别为 M，N，过 B 作 ON 的平行线，同时，过 C 作 OM 的平行线，这两线交于 H，以 HB，HC 为邻边作平行四边形 $BHCD$，如图 254 所示，求证：

① 点 D 在 α 上；

② A，O，D 三点共线.

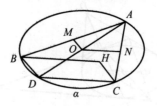

图 254

命题 255 设椭圆 α 的中心为 O,AB,CD 都是 α 的直径,P 是 α 内一点,AP 交 BD 于 E,BP 交 AD 于 F,CP 交 α 于 G,FG 交 α 于 H,HO 交 α 于 K,如图 255 所示,求证:K,E,G 三点共线.

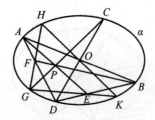

图 255

1.11

命题 256 设椭圆 α 的中心为 O, AB 是 α 的直径, 线段 MN 过点 B, 且 $BM = BN$, AM, BN 分别交 α 于 D, E, 过 D, E 分别作 α 的切线, 这两切线相交于 F, 设 MN 与 α 的另一个交点为 C, 如图 256 所示, 求证: $AC \parallel BF$.

注: 注意下面的命题 256.1 与本命题的联系.

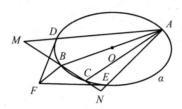

图 256

命题 256.1 设椭圆 α 的中心为 O, AB 是 α 的直径, 两直线 l_1, l_2 都与 AB 平行, 且均与 α 相切, P 是 l_2 上一点, PA, PB 分别交 l_1 于 C, D, 过 C, D 分别作 α 的切线, 切点分别为 E, F, EF 交 l_2 于 G, 过 P 作 α 的切线, 且交 l_1 于 H, 如图 256.1 所示, 求证: G, O, H 三点共线.

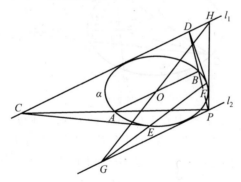

图 256.1

命题 257 设椭圆 α 的中心为 O, 完全四边形 $ABCD-EF$ 内接于 α, EF 的中点为 G, AG 交 α 于 H, 设 CB, CD, CE, CF 的中点分别为 K, L, M, N, 过 M 作 OL 的平行线, 同时, 过 N 作 OK 的平行线, 这两线相交于 P, 如图 257 所示, 求证: OP 平分 CH.

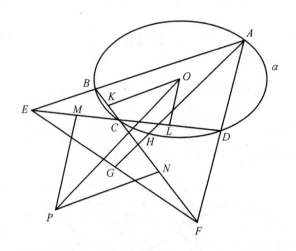

图 257

*命题 258 设椭圆 α 的中心为 O,AB 是 α 的弦,它的中点为 M,过 A 作 α 的切线,且交 OM 于 P,一直线过 P,且交 α 于 C,D,CM 交 AD 于 Q,DM 交 AC 于 R,如图 258 所示,求证:P,Q,R 三点共线.

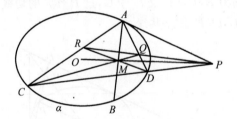

图 258

命题 259 设椭圆 α 的中心为 O,AB,CD 是 α 的两弦,它们的中点分别为 M,N,AD 交 BC 于 P,过 P 作 OM 的平行线,且交 AB 于 E;过 P 作 ON 的平行线,且交 CD 于 F,EF 交 α 于 G,H,设 BF 交 DE 于 Q,AF 交 CE 于 R,如图 259 所示,求证:

① P,Q,R 三点共线;

② 直线 QR 平分线段 GH.

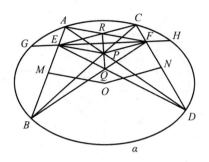

图 259

命题 260 设椭圆 α 的中心为 O,AB,CD 是 α 的两弦,AD 交 CB 于 P,AB,CD 的中点分别为 M,N,取两点 Q,R,使得 AQ,BR 均与 OM 平行,且 CQ,DR 均与 ON 平行,如图 260 所示,求证:O,P,Q,R 四点共线.

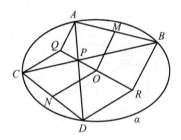

图 260

命题 261 设椭圆 α 的中心为 O,A 是 α 外一点,过 A 作 α 的两条切线,切点分别为 B,C,延长 AO 使交 α 于 D,过 D 作 AB 的平行线,且交 AC 于 E;过 D 作 AC 的平行线,且交 AB 于 F,过 E,F 分别作 α 的切线,这两切线相交于 G,如图 261 所示,求证:点 G 在 AO 上.

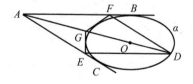

图 261

命题 262 设椭圆 α 的中心为 O,A,B,C 是 α 上三点,AB,AC 的中点分别为 M,N,过 B 作 ON 的平行线,同时,过 C 作 OM 的平行线,这两线相交于 H,一直线过 H,且分别交 AB,AC 于 D,E,过 D 作 ON 的平行线,且交 AC 于 F,延长 DF 至 P,使得 $FP = DF$;现在,过 E 作 OM 的平行线,且交 AB 于 G,延长 EG 至 Q,使得 $GQ = EG$,设 PE 交 QD 于 S,如图 262 所示,求证:点 S 在 α 上.

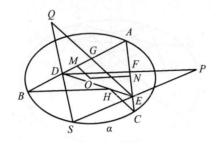

图 262

命题 263 设 AB 是椭圆 α 的直径,C 是 α 外一点,AC,BC 分别交 α 于 D,E,AE 交 BD 于 H,一直线过 H,且分别交 AC,BC 于 F,G,设 FG 交 α 于 M,N,如图 263 所示,求证:"$HM = HN$" 的充要条件是"$HF = HG$".

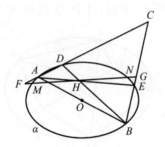

图 263

命题 264 设椭圆 α 的中心为 O,A,B,C,P 是 α 上四点,AO 交 α 于 D,过 P 作 CD 的平行线,且交 α 于 B',过 P 作 BD 的平行线,且交 α 于 C',如图 264 所示,求证:$BB' \parallel CC'$.

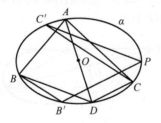

图 264

命题 265 设椭圆 α 的中心为 O,$\triangle ABC$ 的两个顶点 B,C 在 α 上,D,E 两点分别在 AB,AC 上,BE 交 CD 于 F,AF 交 DE 于 G,OG 交 BC 于 M,MD,ME 分别交 α 于 P,Q,若 M 是 BC 的中点,如图 265 所示,求证:OM 平分线段 PQ.

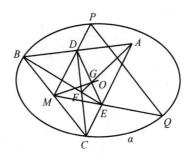

图 265

命题 266 设椭圆 α 的中心为 O,A,B,C,M,N 是 α 上五点,OM 和 AB 互相平分,ON 和 AC 互相平分,BC 的中点为 D,MD 交 α 于 E,延长 ON 一倍至 F,MF 交 α 于 G,如图 266 所示,求证:$BG \mathbin{/\mkern-5mu/} CE$.

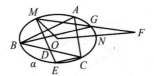

图 266

* **命题 267** 设椭圆 α 的中心为 O,AB,CD 都是 α 的直径,E 是 AC 上一点,F 是 AD 上一点,DE 交 CF 于 M,BM 交 α 于 G,GE,GF 分别交 α 于 P,Q,如图 267 所示,求证:O,P,Q 三点共线.

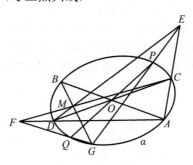

图 267

命题 268 设椭圆 α 的中心为 O,AB 是 α 的直径,C 是 α 外一点,CA,CB 分别交 α 于 D,E,CA,CB 的中点分别为 M,N,,过 M 作 BD 的平行线,同时,过 N 作 AE 的平行线,这两线交于 O',设 DO 交 α 于 F,如图 268 所示,求证:$EF \mathbin{/\mkern-5mu/} CO'$.

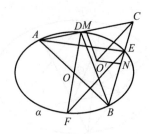

图 268

命题 269 设椭圆 α 的中心为 O,A 是 α 外一点,过 A 作 α 的两条切线,切点分别为 B,C,AB,AC 的中点分别为 D,E,BE 交 CD 于 F,如图 269 所示,求证:A,F,O 三点共线.

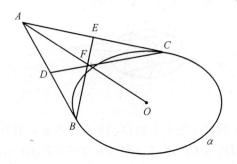

图 269

命题 270 设 O 是椭圆 α 内一点,O 关于 α 的极线为 z,$\triangle ABC$ 内接于 α,AB,AC 分别交 z 于 P,Q,过 P,Q 分别作 α 的切线,切点依次为 D,E,OD 交 AB 于 F,OE 交 AC 于 G,如图 270 所示,求证:"$BC \parallel z$"的充要条件是"$FG \parallel z$".

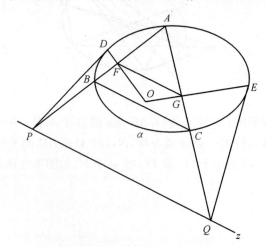

图 270

命题 271 设椭圆 α 的中心为 O，AB，CD 都是 α 的直径，在 BC，BD 上各取一点，分别记为 E，F，DE 交 CF 于 G，AG 交 α 于 H，HE，HF 分别交 α 于 M，N，如图 271 所示，求证：

① M，O，N 三点共线；

② $DM \parallel CN$.

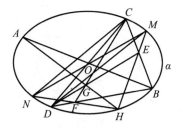

图 271

命题 272 设椭圆 α 的中心为 O，AB 是 α 的直径，C 是 α 外一点，AC，BC 分别交 α 于 D，E，AE 交 BD 于 H，HO 交 α 于 F，设 AC，BC 之中点分别为 M，N，过 M 作 BD 的平行线，同时，过 N 作 AE 的平行线，这两线交于 G，如图 272 所示，求证：C，F，G 三点共线.

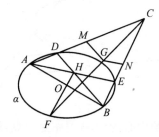

图 272

* **命题 273** 设椭圆 α 的中心为 O，A，B，C 是 α 上三点，AB，AC 的中点分别为 M，N，OM，ON 分别交 α 于 D，E，BE 交 CD 于 I，AO，AI 分别交 α 于 F，G，过 I 作 FG 的平行线，且分别交 AB，AC 于 P，Q，DP 交 EQ 于 S，如图 273 所示，求证：点 S 在 α 上.

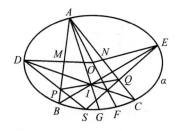

图 273

命题 274 设椭圆 α 的中心为 O,$\triangle ABC$ 的顶点 B,C 均在 α 上,AB,AC 分别交 α 于 D,E,BC,CE,BD 的中点分别为 F,G,H,AD,AE 的中点分别为 M,N,过 M 作 OH 的平行线,同时,过 N 作 OG 的平行线,这两线交于 O',如图 274 所示,求证:$AO' \parallel FO$.

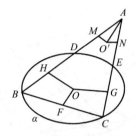

图 274

命题 275 设椭圆 α 的中心为 O,A 是 α 上一点,过 A 且与 α 相切的直线记为 l,延长 OA 至 B,直线 l' 过 B 且与 l 平行,一直线过 B 且交 α 于 C,D,过 C 作 α 的切线,且交 l' 于 E,另有一直线过 E 且交 α 于 P,Q,设 PD,QD 分别交 l' 于 M,N,如图 275 所示,求证:点 B 是线段 MN 的中点.

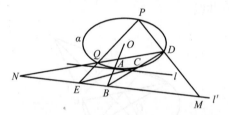

图 275

命题 276 设椭圆 α 的中心为 O,A 是 α 上一点,过 A 且与 α 相切的直线记为 l,延长 OA 至 B,直线 l' 过 B 且与 l 平行,直线 m 与 OA 平行,且与 α 相切,这直线交 l' 于 C,过 C 作 α 切线,切点为 D,在 BD 上取一点 P,过 P 作 α 的两条切线,且分别交 m 于 M,N,如图 276 所示,求证:点 C 是线段 MN 的中点.

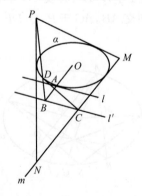

图 276

命题 277　设椭圆 α 的中心为 O,P 是 α 外一点,过 P 的两直线分别交 α 于 A,B 和 C,D,BC,AD 的中点分别为 M,N,过 E 作 OM 的平行线且交 BC 于 G,PG 交 AD 于 H,如图 277 所示,求证:P,G,H 三点共线.

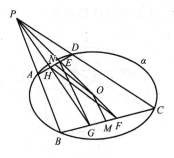

图 277

** 命题 278　设椭圆 α 的中心为 O,α 的两弦 AB,CD 彼此平行,K 是 α 上一点,KA,KB 的中点分别为 M,N,过 A 作 OM 的平行线,且交 KC 于 E;过 B 作 ON 的平行线,且交 KD 于 F,设 AB,EF 的中点分别为 P,Q,如图 278 所示,求证:O,P,Q 三点共线.

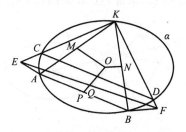

图 278

命题 279　设椭圆 α 的中心为 O,AB 是 α 的直径,C 是 α 外一点,CA,CB 分别交 α 于 D,E,BD 交 AE 于 H,设 AC,BC 的中点分别为 M,N,过 M 作 DH 的平行线,同时,过 N 作 EH 的平行线,这两线相交于 Q,DN 交 EM 于 P,如图 279 所示,求证:P,Q,H 三点共线.

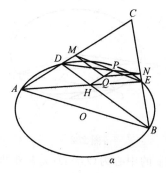

图 279

命题 280 设椭圆 α 的中心为 O,A,B,C,D 是 α 上顺次四点,AC 交 BD 于 E,AC,BD 的中点分别为 M,N,EB,EC 的中点分别为 F,G,过 F 作 ON 的平行线,同时,过 G 作 OM 的平行线,这两线交于 O',过 O 作 $O'E$ 的平行线,且交 AD 于 P,如图 280 所示,求证:点 P 是 AD 的中点.

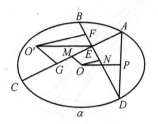

图 280

命题 281 设椭圆 α 的中心为 O,P 是 α 外一点,过 P 作 α 的两条切线,切点分别为 A,B,在 OP 的延长线上取一点 O',过 O' 作 OA 的平行线,且交 AP 于 C,过 O' 作 OB 的平行线,且交 BP 于 D,设 OB 交 $O'C$ 于 Q,过 Q 作 CD 的平行线,且交 OO' 于 M,如图 281 所示,求证:点 M 是线段 OO' 的中点.

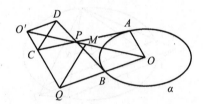

图 281

* **命题 282** 设椭圆 α 的中心为 O,AB,CD 是一对平行弦,过 B 作 α 的切线,且交 OD 于 P;过 C 作 α 的切线,且交 OA 于 Q,PQ 交 BC 于 M,如图 282 所示,求证:$MP = MQ$.

注:注意下面的命题 282.1 与本命题的联系.

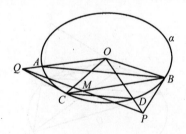

图 282

命题 282.1 设椭圆 α 的中心为 O,A,B 是 α 外两点,A,B,O 三点共线,过 A,B 各作 α 的两条切线,切点分别为 C,D 和 E,F,AD 交 BF 于 G,过 D 作 BE

的平行线,同时,过 F 作 AC 的平行线,这两线交于 P,过 O 作 PG 的平行线,且分别交 PD,PF 于 M,N,如图 282.1 所示,求证:$OM = ON$.

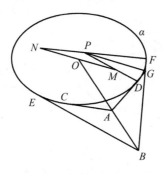

图 282.1

命题 283　设椭圆 α 的中心为 O,A,B,C 是 α 上三点,AB,AC 的中点分别为 M,N,OM,ON 分别交 α 于 D,E,CD 交 AB 于 F,BE 交 AC 于 G,过 C 作 BG 的平行线,且交 AB 于 P,过 B 作 CF 的平行线,且交 AC 于 Q,如图 283 所示,求证:$PQ \parallel FG$.

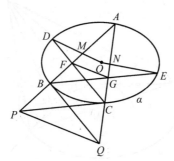

图 283

命题 284　设椭圆 α 的中心为 O,A,B,C 是 α 上三点,AB,AC 的中点分别为 M,N,OM,ON 分别交 α 于 D,E,BE 交 CD 于 I,设 F 是 α 上一点,FD 交 AB 于 P,FE 交 AC 于 Q,如图 284 所示,求证 P,I,Q 三点共线.

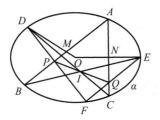

图 284

命题 285　设椭圆 α 的中心为 O,$\triangle ABC$ 外切于 α,BC,CA,AB 上的切点分别为 D,E,F,EF 的中点为 M,过 D 作 OM 的平行线,且交 EF 于 G,BG 交 DF

于 H,CG 交 DE 于 K,如图 285 所示,求证:DG,EH,FK 三线共点(此点记为 S).

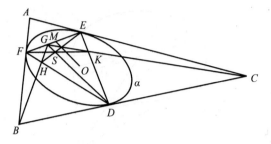

图 285

命题 286 设椭圆 α 的中心为 O,AB 是 α 的直径,C 是 α 外一点,AC,BC 分别交 α 于 D,E,AE 交 BD 于 H,CH 交 AB 于 M,过 M 作 BD 的平行线,且交 AD 于 F,过 M 作 AE 的平行线,且交 BE 于 G,FG 交 CM 于 K,AK 交 MF 于 I,BK 交 MG 于 J,CI,CJ 分别交 AB 于 P,Q,如图 286 所示,求证:$MP = MQ$.

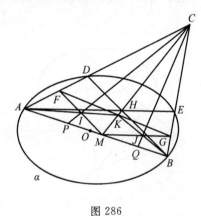

图 286

1.12

** 命题 287 设椭圆 α 的中心为 O,$\triangle ABC$ 内接于 α,BC,CA,AB 上的中点分别为 D,E,F,设 OE 交 AD 于 P,OF 交 AD 于 Q,BQ 交 CP 于 M,AM 交 α 于 G,如图 287 所示,求证:M 是 AG 的中点.

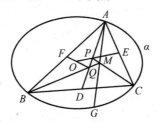

图 287

命题 288 设 $\triangle ABC$ 内接于椭圆 α,AB,AC 的中点分别为 D,E,BE 交 CD 于 M,BE,CD 分别交 α 于 F,G,过 F 作 α 的切线,且交 AC 于 H;过 G 作 α 的切线,且交 AB 于 K,过 M 作 HK 的平行线,且交 α 于 P,Q,如图 288 所示,求证:点 M 平分线段 PQ.

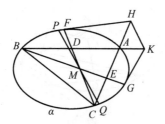

图 288

命题 289 设椭圆 α 的中心为 O,$\triangle ABC$ 内接于 α,AB,AC 的中点分别为 M,N,OM,ON 分别交 α 于 D,E,BE 交 CD 于 I,设 P 是弧 BC 上一点,PI 交 DE 于 F,PE 分别交 AC,CD 于 G,H,过 I 作 FH 的平行线,且交 PE 于 K,如图 289 所示,求证:$HK = HG$.

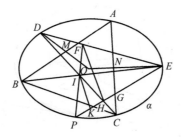

图 289

命题 290　设椭圆 α 的中心为 O，$\triangle ABC$ 内接于 α，过 A 作 α 的切线，且交 BC 于 D，过 O 作 BC 的平行线，且交 AD 于 E，过 O 作 AD 的平行线，且交 BC 于 F，过 O 作 EF 的平行线，且分别交 AB，AC 于 M，N，如图 290 所示，求证：$OM = ON$。

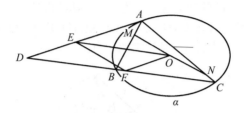

图 290

命题 291　设椭圆 α 的中心为 O，$\triangle ABC$ 内接于 α，AB，AC 的中点分别为 M，N，过 B 作 ON 的平行线，且交 AC 于 E；过 C 作 OM 的平行线，且交 AB 于 F，BE 交 CF 于 H，AH 交 BC 于 D，DE 交 α 于 P，设 BP 的中点为 G，BP 交 DF 于 Q，过 C 作 OG 的平行线，且交 PQ 于 R，如图 291 所示，求证：点 R 是线段 PQ 的中点。

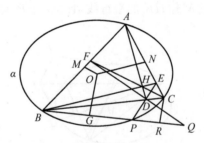

图 291

*命题 292　设椭圆 α 的中心为 O，$\triangle ABC$ 内接于 α，直线 l 与 BC 平行，且与 α 相切，切点为 D（D 与 O 位于 BC 的两侧），一直线过 O，且分别交 AB，AC 于 E，F，设 BF，CE 的中点分别为 M，N，OM，ON 分别交 α 于 G，H，如图 292 所示，求证：$DH \parallel CG$。

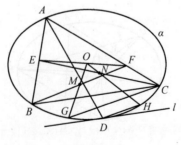

图 292

命题 293　设椭圆 α 的中心为 O，$\triangle ABC$ 内接于 α，BC,CA,AB 上的中点分别为 D,E,F，AD 交 α 于 G，AG 的中点记为 M，过 B 作 OE 的平行线，同时，过 C 作 OF 的平行线，这两线交于 H，AH 的中点记为 N，过 A 作 α 的切线，且交 BC 于 P，如图 293 所示，求证：$NP \mathbin{/\mkern-6mu/} OM$.

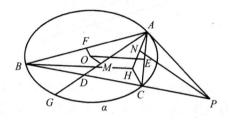

图 293

命题 294　设椭圆 α 的中心为 O，$\triangle ABC$ 内接于 α，BC,CA,AB 上的中点分别为 D,E,F，OD 交 α 于 G，AG 交 BC 于 H，过 H 作 OF 的平行线，且交 AB 于 K；过 H 作 OE 的平行线，且交 AC 于 L，BL 交 CK 于 M，如图 294 所示，求证：$AM \mathbin{/\mkern-6mu/} OG$.

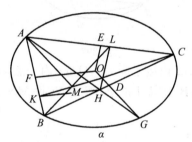

图 294

命题 295　设椭圆 α 的中心为 O，$\triangle ABC$ 内接于 α，一直线过 O，且分别交 AB,AC 于 D,E，设 BE,CD,BC 的中点分别为 F,G,H，OF,OG,OH 分别交 α 于 K,M,N，如图 295 所示，求证：$MN \mathbin{/\mkern-6mu/} CK$.

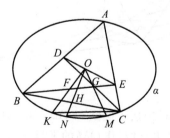

图 295

命题 296　设椭圆 α 的中心为 O，$\triangle ABC$ 内接于 α，一直线过 O，且分别交 AB,AC 于 M,N，$OM=ON$，MN 交 BC 于 D，过 A 作 MN 的平行线，且交 α 于

E,如图 296 所示,求证:DE 与 α 相切.

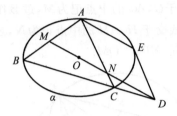

图 296

命题 297 设 $\triangle ABC$ 内接于椭圆 α,D,E 两点分别在 AB,AC 上,过 B,C 分别作 DE 的平行线,且依次交 α 于 G,H,设 GE 交 HD 于 S,如图 297 所示,求证:点 S 在 α 上.

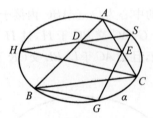

图 297

命题 298 设 $\triangle ABC$ 内接于椭圆 α,O 是 α 内一点,AO 交 α 于 D,BO,CO 分别交 α 于 E,F,DF 交 AB 于 M,DE 交 AC 于 N,设 MN 交 BC 于 G,如图 298 所示,求证:

① 点 O 在 MN 上;

② 直线 DG 与 α 相切;

③ $MO \cdot NG = MG \cdot NO$.

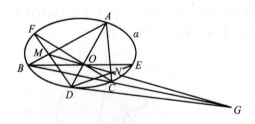

图 298

命题 299 设 $\triangle ABC$ 内接于椭圆 α,AB,AC 的中点分别为 M,N,过 B 作 ON 的平行线,且交 AC 于 E;过 C 作 OM 的平行线,且交 AB 于 D,BE 交 CD 于 F,DN 交 EM 于 G,如图 299 所示,求证:O,F,G 三点共线.

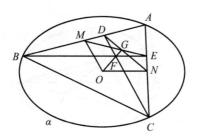

图 299

** 命题 300 设椭圆 α 的中心为 O，$\triangle ABC$ 内接于 α，AB，AC 的中点分别为 M，N，过 C 作 OM 的平行线，且交 α 于 D；过 B 作 ON 的平行线，且交 α 于 E；过 D，E 分别作 α 的切线，这两切线交于 A'，如图 300 所示，求证：A，A'，O 三点共线．

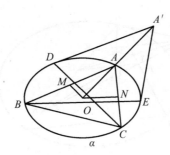

图 300

命题 301 设 $\triangle ABC$ 内接于椭圆 α，过 C 作 α 的切线，且交 AB 于 D，一直线过 D 且分别交 CA，CB 于 E，F，过 E 作 α 的切线，且交 BC 于 G；过 F 作 α 的切线，且交 AC 于 H，如图 301 所示，求证：H，G，D 三点共线．

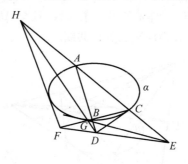

图 301

命题 302 设椭圆 α 的中心为 O，$\triangle ABC$ 内接于 α，过 A，B 分别作 α 的切线，这两切线交于 D，CD 交 α 于 E，一直线过 O，且分别交 AC，BC 于 M，N，且 $OM = ON$，设 AN 交 BM 于 F，CF 交 α 于 G，如图 302 所示，求证：EG，AB，MN 三线共点（此点记为 S）．

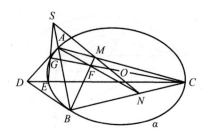

图 302

＊命题 303 设 $\triangle ABC$ 内接于椭圆 α，D,E 两点分别在 AB,AC 上，且使得 $DE \parallel BC$，过 A 作 α 的切线，且交 DE 于 M，过 M 作两直线，它们分别交 AB，AC 于 F,G 和 H,K，设 DG 交 EF 于 P，FK 就 GH 于 Q，如图 303 所示，求证：A,P,Q 三点共线.

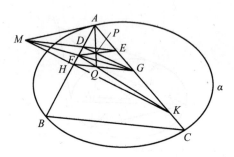

图 303

命题 304 设 $\triangle ABC$ 内接于椭圆 α，过 A 且与 α 相切的直线交 BC 于 D，过 D 作一条与 α 没有公共点的直线，它分别交 AB,AC 于 E,F，过 E 作 α 的一条切线，且交 AC 于 P；过 F 作 α 的一条切线，且交 AB 于 Q，现在，过 E 作 α 的另一条切线，且交 AC 于 M；过 F 作 α 的另一条切线，且交 AB 于 N，如图 304 所示，求证：D,P,Q 三点共线，D,M,N 三点也共线.

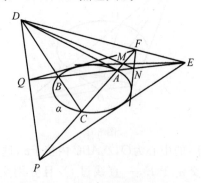

图 304

命题 305 设椭圆 α 的中心为 O, $\triangle ABC$ 内接于 α, BC, CA, AB 上的中点分别为 D, E, F, 过 B 作 OE 的平行线, 同时, 过 C 作 OF 的平行线, 这两线交于 H, 设 HD 交 α 于 G, 如图 305 所示, 求证: A, O, G 三点共线.

注: 在这里, 若视 O 为 $\triangle DEF$ 的"外心", 那么, H 就是 $\triangle ABC$ 的"垂心".

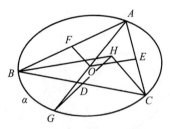

图 305

命题 306 设 $\triangle ABC$ 和 $\triangle A'B'C'$ 都内接于椭圆 α, BC 交 $B'C'$ 于 D; CA 交 $C'A'$ 于 E; AB 交 $A'B'$ 于 F, 设 AA' 交 EF 于 P; BB' 交 FD 于 Q; CC' 交 DE 于 R, 如图 306 所示, 求证: P, Q, R 三点共线(此线记为 z).

注: 注意下面的命题 306.1 与本命题的联系.

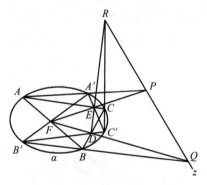

图 306

** **命题 306.1** 设 $\triangle ABC$ 和 $\triangle A'B'C'$ 都内接于椭圆 α, BC 交 $A'B'$ 于 E; CA 交 $B'C'$ 于 F; AB 交 $C'A'$ 于 D, 设 AA' 交 EF 于 P; BB' 交 FD 于 Q; CC' 交 DE 于 R, 如图 306.1 所示, 求证: P, Q, R 三点共线(此线记为 z).

注: 在图 306.1 中, 类似于 P, Q, R 这样的三点共线还有一次.

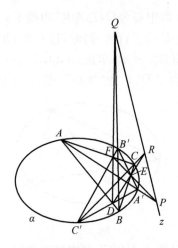

图 306.1

** **命题 307** 设椭圆 α 的中心为 O,$\triangle ABC$ 内接于 α,过 A,B,C 且与 α 相切的直线分别记为 l_1,l_2,l_3,另有一椭圆 β,它与 α 有着相同的中心,相同的离心率,以及相同的长、短轴,一直线与 l_1 平行,且与 β 相切,这切线交 BC 于 P;一直线与 l_2 平行,且与 β 相切,这切线交 CA 于 Q;一直线与 l_3 平行,且与 β 相切,这切线交 AB 于 R,如图 307 所示,求证:P,Q,R 三点共线.

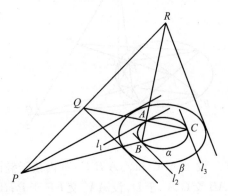

图 307

** **命题 308** 设 $\triangle ABC$ 内接于椭圆 α,M 是 α 上一点,MA 交 BC 于 A',MB 交 CA 于 B',MC 交 AB 于 C',设 BC 交 $B'C'$ 它 P,CA 交 $C'A'$ 于 Q,AB 交 $A'B'$ 于 R,如图 308 所示,求证:P,Q,R 三点共线.

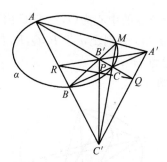

图 308

命题 309 设椭圆 α 的中心为 O,$\triangle ABC$ 内接于 α,BC,CA,AB 的中点分别为 D,E,F,设 P 是 α 上一点,在平面上取三点 A',B',C',使得 $PA' \parallel OD$, $PB' \parallel OE$, $PC' \parallel OF$,且 PA' 被直线 BC 所平分,PB' 被 CA 所平分,PC' 被 AB 所平分,设 Q 是 α 上另一点,QA' 交 BC 于 A'',QB' 交 CA 于 B'',QC' 交 AB 于 C'',如图 309 所示,求证:

① A',B',C' 三点共线;

② A'',B'',C'' 三点共线.

注:此乃椭圆的"清宫定理".

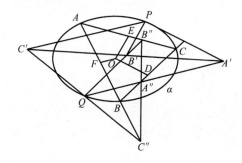

图 309

**命题 310 设 $\triangle ABC$ 内接于椭圆 α,BC,CA,AB 上的中点分别为 D,E,F,O 是 $\triangle ABC$ 内一点,OD,OE,OF 分别交 α 于 A',B',C',如图 310 所示,求证:AA',BB',CC' 三线共点(此点记为 S).

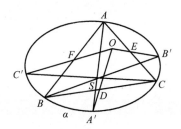

图 310

＊＊命题 311　设椭圆 α 的中心为 O，$\triangle ABC$ 内接于 α，BC,CA,AB 的中点分别为 D,E,F，AO,BO,CO 分别交 α 于 P,Q,R，如图 311 所示，求证：PD，QE,RF 三线共点（此点记为 H）.

注：H 是 $\triangle ABC$ 的"垂心".

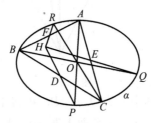

图 311

1.13

命题 312 设椭圆 α 的中心为 O，$\triangle ABC$ 内接于 α，AB，AC 的中点分别为 D，E，OD，OE 分别交 α 于 F，G，FG 交 AC 于 H，BG 交 CF 于 I，过 G 作 HI 的平行线，且交 α 于 K，FK 交 HI 于 L，BL 交 α 于 M，如图 312 所示，求证：BM 被 OK 所平分.

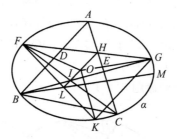

图 312

命题 313 设椭圆 α 的中心为 O，$\triangle ABC$ 内接于 α，AB，AC 的中点分别为 D，E，过 B 作 OE 的平行线，同时，过 C 作 OD 的平行线，这两线交于 H，AH 交 α 于 G，如图 313 所示，求证：线段 GH 被 BC 所平分.

注：注意下面的命题 313.1 与本命题的联系.

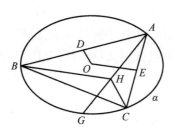

图 313

命题 313.1 设椭圆 α 的中心为 O，$\triangle ABC$ 内接于 α，BC，CA，AB 的中点分别为 D，E，F，过 B 作 OE 的平行线，同时，过 C 作 OF 的平行线，这两线交于 H，设 P 是 α 上一点，取一点 A'，使得 $PA' \parallel OD$，且 PA' 被 BC 所平分；又取一点 B'，使得 $PB' \parallel OE$，且 PB' 被 CA 所平分；再取一点 C'，使得 $PC' \parallel OF$，且 PC' 被 AB 所平分，如图 313.1 所示，求证：A'，B'，C'，H 四点共线.

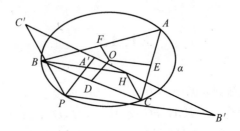

图 313.1

命题 314 设椭圆 α 的中心为 O，$\triangle ABC$ 内接于 α，AB,AC 的中点分别为 M,N，OM,ON 分别交 α 于 D,E，BE 交 CD 于 I，CD 交 AB 于 F，BE 交 AC 于 G，一直线过 I，且分别交 FG,BC 于 P,Q，AP,AQ,AI 分别交 α 于 H,K,L，如图 314 所示，求证：HK 被 AI 所平分.

注：本命题源于下面的命题 314.1.

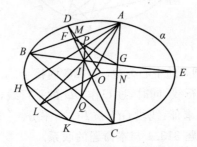

图 314

命题 314.1 设 $\triangle ABC$ 内接于圆 O，I 是 $\triangle ABC$ 的内心，BI 交 AC 于 E，CI 交 AB 于 D，一直线过 I，且分别交 DE,BC 于 P,Q，如图 314.1 所示，求证：AI 平分 $\angle PAQ$.

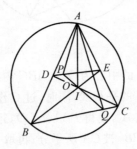

图 314.1

命题 315 设椭圆 α 的中心为 O，$\triangle ABC$ 内接于 α，一直线过 O，且分别交 AB,AC 于 D,E，设 BE,CD,BC 的中点分别为 M,N,P，OM,ON,OP 分别交 α 于 F,G,H，如图 315 所示，求证：$GH \parallel FC$.

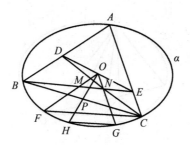

图 315

命题 316 设椭圆 α 的中心为 O,$\triangle ABC$ 内接于 α,BC,CA,AB 的中点分别为 D,E,F,OD 交 α 于 G,AG 交 BC 于 H,过 H 作 OF 的平行线,且交 AB 于 M;过 H 作 OE 的平行线,且交 AC 于 N,设 BN 交 CM 于 K,如图 316 所示,求证:$AK \parallel OD$.

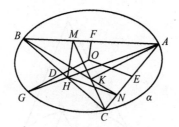

图 316

命题 317 设 $\triangle ABC$ 内接于椭圆 α,过 A 且与 α 相切的直线,分别交过 B,C 的切线于 D,E,CD 交 AB 于 F,BE 交 AC 于 G,设 BG,CF 的中点分别为 M,N,BN,CM 分别交 α 于 Q,P,如图 317 所示,求证:$PQ \parallel BC$.

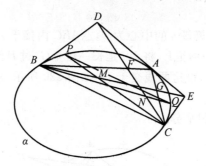

图 317

命题 318 设椭圆 α 的中心为 O,$\triangle ABC$ 内接于 α,M 是 BC 的中点,OM 交 α 于 E,AE 交 BC 于 F,过 F 作 AC 的平行线,且交 AM 于 G,设 AO 交 α 于 D,如图 318 所示,求证:$DE \parallel CG$.

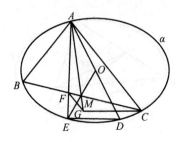

图 318

命题 319 设椭圆 α 的中心为 O,$\triangle ABC$ 内接于 α,$\triangle A'B'C'$ 外切于 α,且 $A'B' \parallel AB$,$B'C' \parallel BC$,$C'A' \parallel CA$,$B'C'$,$C'A'$,$A'B'$ 上的切点分别为 D,E,F,BE 交 CF 于 I,IO 的中点为 N,设 CF 交 AB 于 G,BE 交 AC 于 H,GH 交 α 于 K,L,KL 的中点为 M,如图 319 所示,求证:$OM \parallel ND$.

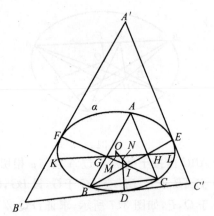

图 319

* 命题 320 设椭圆 α 的中心为 O,$\triangle ABC$ 内接于 α,AB,AC 的中点分别为 D,E,将 OD 延长一倍至 F,将 OE 延长一倍至 G,过 B 作 OE 的平行线,同时,过 C 作 OD 的平行线,设这两线交于 H,如图 320 所示,求证:

① $FG \parallel BC$;

② AH 和 FG 互相平分.

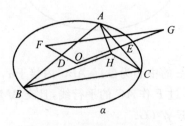

图 320

命题 321 设椭圆 α 的中心为 O,$\triangle ABC$ 内接于 α,BC 的中点为 M,N 是 BC 上任意一点,BN,CN 的中点分别为 D,E,过 D 作 OM 的平行线,且交 AB 于 F;过 E 作 OM 的平行线,且交 AC 于 G,现在,分别延长 FO,OG,它们依次交 α 于 P,Q,过 O 分别作 AB,AC 的平行线,且依次交 α 于 R,S,如图 321 所示,求证:$PS \parallel QR$.

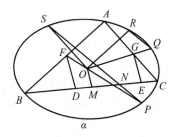

图 321

* 命题 322 设椭圆 α 的中心为 O,$\triangle ABC$ 内接于 α,BC,CA,AB 的中点分别为 D,E,F,K 是 α 上一点,M,M' 是射线 OK 上两点,使得 $OM \cdot OM' = OK^2$,取一点 A',使得 $MA' \parallel OD$,且 MA' 被 BC 所平分,这时,我们就说点 A' 是点 M 关于 BC 的"对称点". 设 M 关于 CA,AB 的"对称点"分别为 B',C',$M'A'$ 交 BC 于 P;$M'B'$ 交 CA 于 Q,$M'C'$ 交 AB 于 R,如图 322 所示,求证:P,Q,R 三点共线.

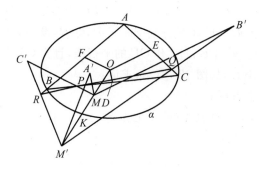

图 322

* 命题 323 设椭圆 α 的中心为 O,$\triangle ABC$ 内接于 α,AB,AC 的中点分别为 M,N,过 B 作 ON 的平行线,且交 AC 于 D;过 C 作 OM 的平行线,且交 AB 于 E,BD 交 CE 于 H,EN 交 DM 于 P,如图 323 所示,求证:O,H,P 三点共线.

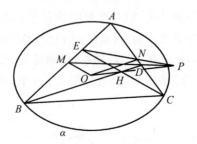

图 323

* **命题 324** 设椭圆 α 的中心为 O,$\triangle ABC$ 内接于 α,BC,CA,AB 的中点分别为 D,E,F,OE,OF 分别交 α 于 G,H,BG 交 CH 于 I,BG 交 AC 于 K,CH 交 AB 于 L,LG 交 KH 于 M,如图 324 所示,求证:M,I,D 三点共线.

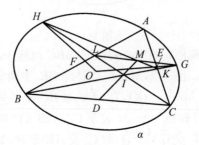

图 324

* **命题 325** 设椭圆 α 的中心为 O,$\triangle ABC$ 内接于 α,BC,CA,AB 上的中点分别为 D,E,F,OD,OE,OF 分别交 α 于 P,Q,R,设 BQ 交 CR 于 I,过 I 作 OD 的平行线,且交 BC 于 G;过 I 作 OE 的平行线,且交 CA 于 H;过 I 作 OF 的平行线,且交 AB 于 K,如图 325 所示,求证:

① A,I,P 三点共线;

② PG,QH,RK 三线共点(此点记为 S).

③ O,I,S 三点共线.

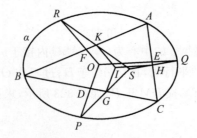

图 325

* **命题 326** 设椭圆 α 的中心为 O,$\triangle ABC$ 内接于 α,BC,CA,AB 的中点分别为 D,E,F,过 A,B 分别作 α 的切线,这两切线相交于 M,过 A,C 分别作 α

的切线,这两切线相交于 N,过 M 作 AB 的平行线,同时,过 N 作 AC 的平行线,这两线相交于 Q,设 ME 交 NF 于 P,如图 326 所示,求证:

① P,A,Q 三点共线;
② D,O,Q 三点共线.

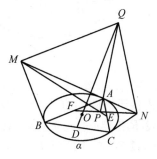

图 326

命题 327 设椭圆 α 的中心为 O,$\triangle ABC$ 内接于 α,BC,CA,AB 上的中点分别为 D,E,F,在 BC,CA,AB 上各取一点,分别记为 D',E',F',使得 $AD' \parallel OD$,$BE' \parallel OE$,$CF' \parallel OF$,若 EF' 交 $E'F$ 于 P;FD 交 $F'D'$ 于 Q;DE 交 $D'E'$ 于 R;如图 327 所示,求证:A,P,Q,R 四点共线.

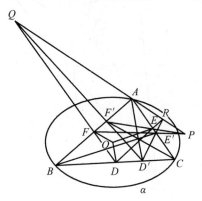

图 327

命题 328 设椭圆 α 的中心为 O,$\triangle ABC$ 内接于 α,BC,AC 的中点分别为 M,N,过 A 作 OM 的平行线,且交 BC 于 D;过 B 作 ON 的平行线,且交 AC 于 E,AD 交 BE 于 H,CH 交 AB 于 F,DF 交 AC 于 P,EF 交 BC 于 Q,设直线 l 与 PQ 平行,且与 α 相切,切点为 G,如图 328 所示,求证:G,O,H 三点共线.

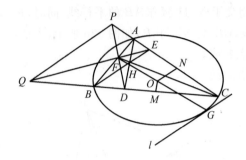

图 328

命题329 设 △ABC 内接于椭圆α,直线 l 分别交 △ABC 三边 BC,CA,AB 的延长线于 P,Q,R,过 P,Q,R 各作 α 的一条切线,这三条切线上的切点依次记为 A',B',C',如图 329 所示,设 BC 交 B'C' 于 P',CA 交 C'A' 于 Q',AB 交 A'B' 于 R',求证:P',Q',R' 三点共线.

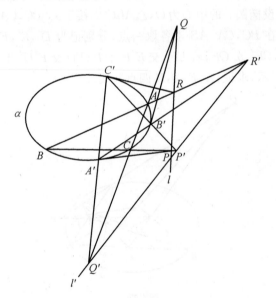

图 329

命题330 设椭圆 α 的中心为 O,△ABC 内接于 α,AB,AC 的中点分别为 D,E,过 C 作 OD 的平行线,且交 AB 于 F,过 B 作 OE 的平行线,且交 AC 于 G,BG 交 CF 于 H,AH 交 BC 于 K,FG 交 α 于 L,BL 交 KF 于 M,设 LM 的中点为 N,过 B 作 AN 的平行线,且交 α 于 P,如图 330 所示,求证:P,O,L 三点共线.

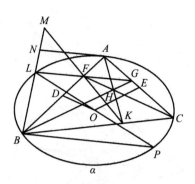

图 330

命题 331 设椭圆 α 的中心为 O,$\triangle ABC$ 内接于 α,BC,CA,AB 上的中点分别为 D,E,F,分别将 OD,OE,OF 延长一倍至 P,Q,R,如图 331 所示,求证:AP,BQ,CR 三线共点(此点记为 S).

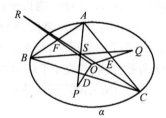

图 331

命题 332 设椭圆 α 的中心为 O,$\triangle ABC$ 内接于 α,$\triangle A'B'C'$ 外切于 α,$B'C',C'A',A'B'$ 上的切点分别为 D,E,F,且 $B'C' \parallel BC, C'A' \parallel CA, A'B' \parallel AB$,$BC,CA,AB$ 上的中点分别为 P,Q,R,设 BE 交 CF 于 I,在 BC,CA,AB 上各取一点 D',E',F',使得 $ID' \parallel OP, IE' \parallel OQ, IF' \parallel OR$,如图 332 所示,求证:

① A,I,D 三点共线;

② DD',EE',FF' 三线共点(此点记为 S).

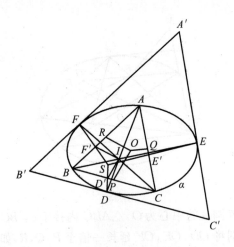

图 332

命题 333 设椭圆 α 的中心为 O,$\triangle ABC$ 内接于 α,过 O 作三直线,它们与 $\triangle ABC$ 的三边分别相交于 D,E,F,G,H,K,且使得 O 是 DG,EH,FK 的共同的中点,如图 333 所示,过 A 作 DG 的平行线,且交 α 于 A';过 B 作 FK 的平行线,且交 α 于 B';过 C 作 EH 的平行线,且交 α 于 C',设三直线 AA',BB',CC' 两两相交,构成 $\triangle PQR$,求证:PA',QB',RC' 三线共点(此点记为 S).

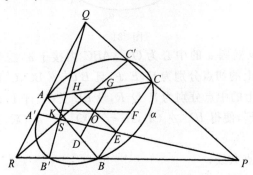

图 333

*命题 334 设椭圆 α 的中心为 O,$\triangle ABC$ 内接于 α,一直线与 AB 平行,且与 α 相切,切点为 D;另有一直线与 AC 平行,且与 α 相切,切点为 E,CD 交 BE 于 I,AI,AO 分别交 α 于 F,G,过 I 作 FG 的平行线,且分别交 AB,AC 于 H,K,设 DH 交 EK 于 M,如图 334 所示,求证:点 M 在 α 上.

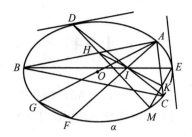

图 334

命题 335 设椭圆 α 的中心为 O,△ABC 内接于 α,AB,AC 的中点分别为 M,N,OM,ON 分别交 α 于 D,E,BE 交 CD 于 I,CO 交 α 于 G,过 I 作 DG 的平行线,且分别交 BC,CA 于 H,K,设 AI 交 α 于 F,FH 交 EK 于 P,如图 335 所示,求证:点 P 在 α 上.

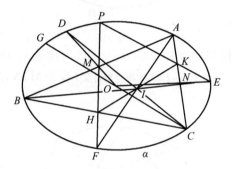

图 335

1.14

命题336 设椭圆 α 的中心为 O,$\triangle ABC$ 内接于 α,AO 交 α 于 D,过 D 作 α 的切线,且交 BC 于 E,设 EO 分别交 AB,AC 于 M,N,如图336所示,求证:$OM = ON$.

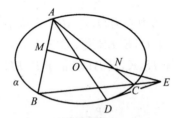

图336

命题337 设椭圆 α 的中心为 O,$\triangle ABC$ 内接于 α,BC,CA,AB 上的中点分别为 D,E,F,OF 交 α 于 G,OD,OE 分别交 CG 于 M,N,如图337所示,求证:$MC = NG$.

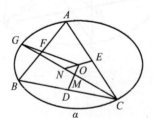

图337

命题338 设椭圆 α 的中心为 O,$\triangle ABC$ 内接于 α,AB 的中点为 M,OM 交 α 于 D,E,CD 交 AB 于 F,过 F 作 BC 的平行线,且分别交 CA,CE 于 G,H,如图338所示,求证:点 G 是 FH 的中点.

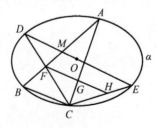

图338

命题339 设 $\triangle ABC$ 外切于椭圆 α,BC,CA,AB 上的切点分别为 D,E,F,AD 交 α 于 G,CF 分别交 AD,DE 于 H,K,FG 分别交 AC,DE 于 L,M,如图339

所示,求证:LK,HM,CG,EF 四线共点(此点记为 S).

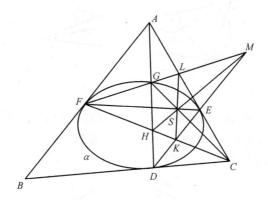

图 339

＊命题 340 设椭圆 α 的中心为 O,$\triangle ABC$ 内接于 α,O 在 $\triangle ABC$ 外,AB,AC 的中点分别为 M,N,现在,取一点 H,使得 $BH \parallel ON$,$CH \parallel OM$,如图 340 所示,求证:点 H 在 α 外.

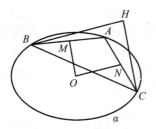

图 340

＊命题 341 设椭圆 α 的中心为 O,$\triangle ABC$ 内接于 α,BC 的中点为 M,OM 交 α 于 D,一直线与 BC 平行,且分别交 AD,AC 于 E,F,设 BE 交 DF 于 P,如图 341 所示,求证:点 P 在 α 上.

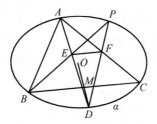

图 341

命题 342 设椭圆 α 的中心为 O,$\triangle ABC$ 内接于 α,BC,CA,AB 上的中点分别为 D,E,F,过 C 作 OD 的平行线,且交 OE 于 P;过 B 作 OD 的平行线,且交 OF 于 Q,设 PQ 交 BC 于 R,如图 342 所示,求证:直线 AR 与 α 相切.

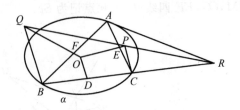

图 342

* 命题 343 设椭圆 α 的中心为 O,$\triangle ABC$ 内接于 α,BC,CA,AB 上的中点分别为 D,E,F,延长 OF 且交 α 于 M,分别延长 OD 和 EO,且依次交 α 于 G,H,如图 343 所示,求证:$GH \parallel CM$.

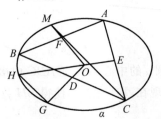

图 343

命题 344 设椭圆 α 的中心为 O,$\triangle ABC$ 内接于 α,AB,AC 的中点分别为 M,N,在 OM 的延长线上取一点 D,OD 的中点为 O',过 O' 作 ON 的平行线,且交 AC 于 P,在 AC 上取一点 E,使得 $PE=PA$,如图 344 所示,求证:$DE \parallel BC$.

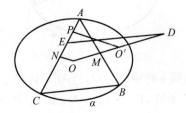

图 344

命题 345 设 $\triangle ABC$ 内接于椭圆 α,P 是 α 上一点,过 P 作 BC 的平行线,且交 α 于 A';过 P 作 CA 的平行线,且交 α 于 B';过 P 作 AB 的平行线,且交 α 于 C',如图 345 所示,求证:$AA' \parallel BB' \parallel CC'$(参阅上册命题 1428).

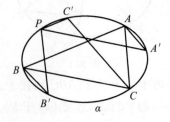

图 345

命题 346 设 △ABC 内接于椭圆 α，P 是 α 外一点，PB，PC 分别交 α 于 D，E，一直线过 P，且分别交 AB，AC 于 F，G，设 EF 交 DG 于 S，如图 346 所示，求证：点 S 在 α 上．

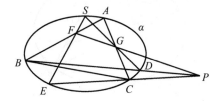

图 346

命题 347 设椭圆 α 的中心为 O，△ABC 内接于椭圆 α，BC，CA，AB 的中点分别为 D，E，F，OD 交 α 于 G，AG 交 BC 于 H，过 H 作 OF 的平行线，且交 AB 于 I；过 H 作 OE 的平行线，且交 AC 于 J，设 BJ 交 CI 于 K，如图 347 所示，求证：AK ∥ OD．

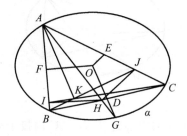

图 347

命题 348 设椭圆 α 的中心为 O，△ABC 内接于椭圆 α，BC，CA，AB 的中点分别为 D，E，F，过 B 作 OE 的平行线，且交 AC 于 P；过 C 作 OF 的平行线，且交 AB 于 Q，BP 交 CQ 于 H，设 PQ 交 BC 于 R，AR 交 α 于 G，GO 交 α 于 K，如图 348 所示，求证：AK ∥ DH．

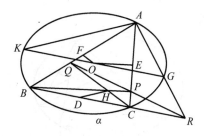

图 348

命题 349 设椭圆 α 的中心为 O，△ABC 内接于椭圆 α，BC，CA，AB 的中点分别为 D，E，F，过 B 作 OE 的平行线，同时，过 C 作 OF 的平行线，这两线相交于 H，设 BH 交 AC 于 L，CH 交 AB 于 K，KL 交 AH 于 M，AO 交 BC 于 G，

143

如图 349 所示,求证:$MG \parallel DH$.

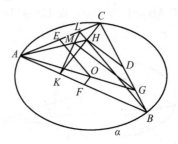

图 349

命题 350 设椭圆 α 的中心为 O,$\triangle ABC$ 内接于椭圆 α,BC,CA,AB 的中点分别为 D,E,F,OF,OE 分别交 AD 于 B',C',设 BB' 交 CC' 于 G,AD,AG 分别交 α 于 M,N,如图 350 所示,求证:$MN \parallel BC$.

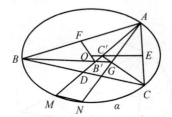

图 350

* 命题 351 设椭圆 α 的中心为 O,$\triangle ABC$ 内接于 α,AB,AC 的中点分别为 M,N,过 B 作 ON 的平行线,且交 AC 于 D,过 C 作 OM 的平行线,且交 AB 于 E,BD 交 CE 于 H,作平行四边形 $EHDF$ 及平行四边形 $MONG$,设 AO,AH 分别交 α 于 P,Q,如图 351 所示,求证:

① A,F,O 三点共线,A,G,H 三点也共线;

② $PQ \parallel BC$.

③ $GA = GH$.

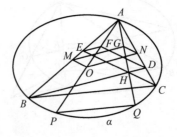

图 351

命题 352 设椭圆 α 的中心为 O,$\triangle ABC$ 内接于 α,BC 是 α 的直径,$\triangle A'B'C'$ 外切于 α,且使得 $B'C' \parallel BC$,$C'A' \parallel CA$,$A'B' \parallel AB$,设 $B'C'$,$C'A'$,

$A'B'$ 上的切点分别为 D,E,F，EF 分别交 AB,AC 于 G,H，现在，以 AG,AH 为邻边作平行四边形 $AGIH$，如图 352 所示，求证：A,I,D 三点共线.

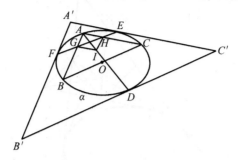

图 352

* 命题 353 设椭圆 α 的中心为 O，$\triangle ABC$ 内接于 α，BC 的中点为 M，OM 交 α 于 D，AD 交 BC 于 E，P 是 AC 上一点，PE 交 AB 于 F，CF 交 PB 于 G，GA 交 α 于 H，如图 353 所示，求证：H,O,M 三点共线.

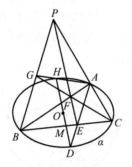

图 353

命题 354 设 $\triangle ABC$ 的三边（或三边的延长线）均与椭圆 α 相切，BC,CA,AB 的中点分别为 D,E,F，过 D 作 α 的切线，且交 EF 于 P；过 E 作 α 的切线，且交 FD 于 Q；过 F 作 α 的切线，且交 DE 于 R，如图 354 所示，求证：P,Q,R 三点共线.

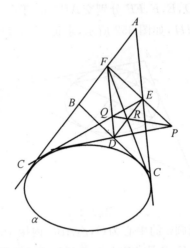

图 354

命题 355 设椭圆 α 的中心为 O,$\triangle ABC$ 内接于椭圆 α,BC,CA,AB 的中点分别为 D,E,F,DO 交 CA 于 G,EO 交 CB 于 H,设 AG,BH 的中点分别为 M,N,过 M 作 OE 的平行线,同时,过 N 作 OD 的平行线,这两线交于 O',如图 355 所示,求证:O',F,O 三点共线.

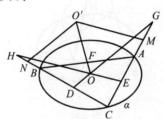

图 355

命题 356 设 $\triangle ABC$ 内接于椭圆 α,A',B',C' 是 α 上三点,过 A' 作 α 的切线,且交 BC 于 P,过 B' 作 α 的切线,且交 CA 于 Q,过 C' 作 α 的切线,且交 AB 于 R,如图 356 所示,求证:"AA',BB',CC' 三线共点(此点记为 O)"的充要条件是"P,Q,R 三点共线".

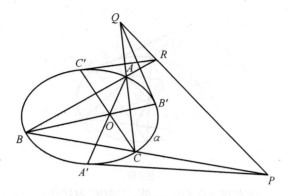

图 356

命题 356.1 设 $\triangle ABC$ 外切于椭圆 α，A', B', C' 是 α 上三点，过 A' 作 α 的切线，且交 BC 于 P，过 B' 作 α 的切线，且交 CA 于 Q，过 C' 作 α 的切线，且交 AB 于 R，如图 356.1 所示，求证："AA', BB', CC' 三线共点（此点记为 O）"的充要条件是"P, Q, R 三点共线".

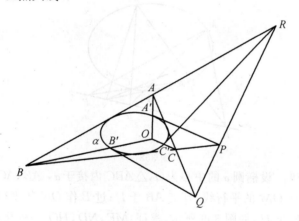

图 356.1

命题 357 设 $\triangle ABC$ 内接于椭圆 α，M 是 $\triangle ABC$ 内一点，AM, BM, CM 分别交 α 于 A', B', C'，设 N 是 α 上一点，NA' 交 BC 于 P；NB' 交 CA 于 Q；NC' 交 AB 于 R，如图 357 所示，求证：M, P, Q, R 四点共线.

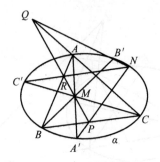

图 357

*命题 358 设直线 z 在椭圆 α 外，$\triangle ABC$ 内接于 α，BC,CA,AB 分别交 z 于 P,Q,R，M 是 α 上一点，MP,MQ,MR 分别交 α 于 A',B',C'，如图 358 所示，求证：

① AA',BB',CC' 三线共点，此点记为 S；

② 点 S 在 z 上．

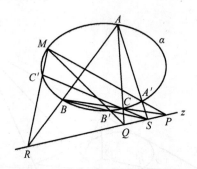

图 358

*命题 359 设椭圆 α 的中心为 O，$\triangle ABC$ 内接于 α，AB,AC 的中点分别为 M,N，过 C 作 OM 的平行线，且交 AB 于 D；过 B 作 ON 的平行线，且交 AC 于 E，CD 交 BE 于 H，如图 359 所示，求证：ME,ND,HO 三线共点（此点记为 S）．

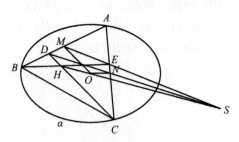

图 359

*命题 360 设 $\triangle ABC$ 内接于椭圆 α，过 A,C 分别作 α 的切线，这两切线

交于 D,设 P 是 BC 上一点,过 B 作 α 的切线,且交 DP 于 E,过 E 作 α 的切线,且交 BC 于 F,AD 交 BC 于 G,DE 分别交 AF,AB,AC 于 H,K,M,如图 360 所示,求证:DF,GH,BM,CK 四线共点(此点记为 S).

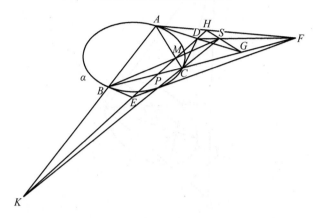

图 360

命题 361 设 $\triangle ABC$ 内接于椭圆 α,过 BC 分别作 α 的切线,这两切线相交于 D,E 是 BC 上一点,P 是 AC 上一点,PE 交 AB 于 F,CF 交 PB 于 G,AG 交 α 于 H,设 AE 交 α 于 K,如图 361 所示,求证:D,H,K 三点共线.

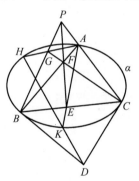

图 361

命题 362 设椭圆 α 的中心为 O,$\triangle ABC$ 内接于 α,BC,CA,AB 上的中点分别为 P,Q,R,延长 OR 至 O',过 O' 作 OP 的平行线,且交 BC 于 M,延长 BM 至 D,使得 $MD = MB$;过 O' 作 OQ 的平行线,且交 AC 于 N,延长 AN 至 E,使得 $NE = NA$,设 DE 交 AB 于 F,FC 交 α 于 G,GO' 交 α 于 H,如图 362 所示,求证:HC 是 α 的直径.

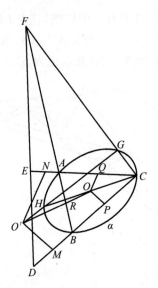

图 362

1.15

命题363 设椭圆 α 的中心为 O,$\triangle ABC$ 外切于 α,AB,AC 上的切点分别为 D,E,DE 交 BC 于 F,过 F 作 α 的切线,且交 AB 于 G,DO 交 AC 于 H,过 O 作 AC 的平行线,且分别交 HB,HG 于 M,N,如图363所示,求证:$OM = ON$.

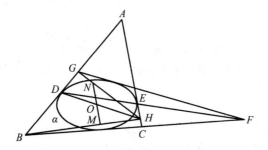

图 363

命题364 设椭圆 α 的中心为 O,$\triangle ABC$ 外切于 α,BC,CA,AB 上的切点分别为 D,E,F,过 C 作 AB 的平行线,且交 DE 于 G,过 O 作 FG 的平行线,且分别交 FD,FE 于 M,N,如图364所示,求证:$OM = ON$.

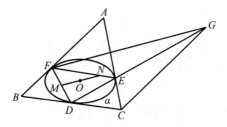

图 364

命题365 设 $\triangle ABC$ 外切于椭圆 α,BC 上的切点为 D,AD 交 α 于 E,过 E 作 α 的切线,且交 AC 于 F,设 CE 交 AB 于 G,过 G 作 α 的切线,切点为 H,如图365所示,求证:F,H,D 三点共线.

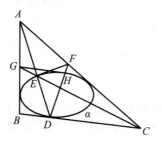

图 365

命题 366 设 $\triangle ABC$ 外切于椭圆 α，BC，CA，AB 上的切点分别为 D，E，F，过 F 作 BC 的平行线，且交 DE 于 G，如图 366 所示，求证：AD 平分 FG.

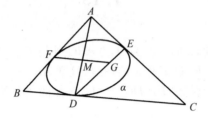

图 366

命题 367 设 $\triangle ABC$ 外切于椭圆 α，三边 BC，CA，AB 上的切点分别为 Z，E，F，P 是 α 上一点，PZ 交 EF 于 D，BD 交 AC 于 G，如图 367 所示，求证：GP 与 α 相切.

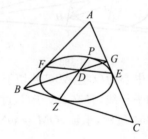

图 367

命题 368 设 $\triangle ABC$ 外切于椭圆 α，一直线过 A，且交 α 于 D，E，交 BC 于 P，BE 交 α 于 F，交 AC 于 Q，若 C，F，D 三点共线，且 CD 交 AB 于 R，如图 368 所示，求证

$$\frac{BP \cdot CQ \cdot AR}{PC \cdot QA \cdot RB} = (\frac{\sqrt{5}-1}{2})^6$$

注：若改椭圆为圆，本命题当然成立，这时称为"Sejfried 定理".

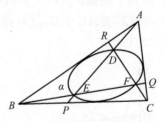

图 368

命题 369 设 $\triangle ABC$ 外切于椭圆 α，AB，AC 上的切点为 D，E 是 AD 上一点，BE，CE 分别交 α 于 F，G，设 BG 交 CF 于 H，如图 369 所示，求证：点 H 在 AD 上.

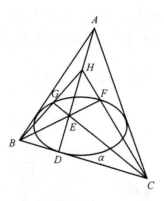

图 369

命题370 设△ABC外切于椭圆α，BC，CA，AB上的切点分别为D，E，F，AD交α于G，在AD上取一点H，使得AH = DG，设BH，CH分别交α于M，N，如图370所示，求证：FM ∥ EN ∥ AD.

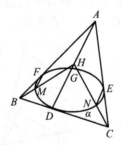

图 370

命题371 设△ABC外切于椭圆α，AB，AC上的切点分别为D，E，M是BC的中点，P是AM上一动点，PD，PE分别交α于F，G，FG交DE于S，如图371所示，求证：

① 点S是定点，与P在AM上的位置无关；

② SA ∥ BC.

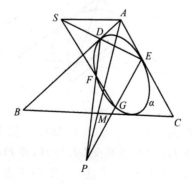

图 371

命题 372 设椭圆 α 的中心为 O,$\triangle ABC$ 外切于 α,BC,CA,AB 上的切点分别为 D,E,F,设 CO 交 DF 于 G,BO 交 DE 于 H,如图 372 所示,求证:$GH \parallel BC$.

注:注意下面的命题 372.1 与本命题的联系.

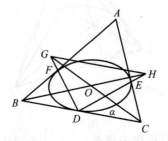

图 372

命题 372.1 设椭圆 α 的中心为 O,$\triangle ABC$ 外切于 α,BC,CA,AB 上的切点分别为 D,E,F,过 B 作 DE 的平行线,同时,过 C 作 DF 的平行线,这两线交于 G,如图 372.1 所示,求证:G,O,D 三点共线.

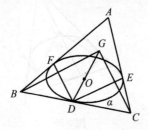

图 372.1

***命题 373** 设椭圆 α 的中心为 O,$\triangle ABC$ 外切于 α,BC,CA 上的切点分别为 D,E,设 AB,BC 的中点分别为 M,N,MN 交 DE 于 S,如图 373 所示,求证:A,O,S 三点共线.

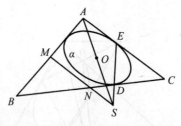

图 373

***命题 374** 设椭圆 α 的中心为 O,$\triangle ABC$ 外切于 α,BC,CA,AB 上的切点分别为 D,E,F,BE 交 DF 于 G,CF 交 DE 于 H,设 EG,FH 的中点分别为 M,N,FM 交 EN 于 K,如图 374 所示,求证:A,K,O 三点共线.

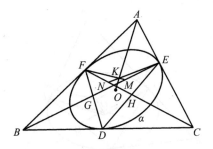

图 374

命题 375 设 △ABC 外切于椭圆 α，BC 上的切点为 D，AD 交 α 于 E，过 E 作 α 的切线，且交 BC 于 F，过 C 作 EF 的平行线，且交 AD 于 G，交 α 于 H，设 BG 交 α 于 K，如图 375 所示，求证：K，H，F 三点共线．

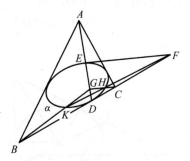

图 375

命题 376 设椭圆 α 的中心为 O，△ABC 外切于 α，BC，CA，AB 上的切点分别为 D，E，F，M 是 BC 的中点，P 是 AM 上一点，PB 交 DF 于 G，PC 交 DE 于 H，FH 交 EG 于 K，如图 376 所示，求证：K，O，D 三点共线．

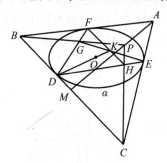

图 376

* **命题 377** 设椭圆 α 的中心为 O，△ABC 外切于 α，BC，CA，AB 上的切点分别为 D，E，F，AB，AC 的中点分别为 M，N，DE，DF 的中点分别为 G，H，取一点 P，使得 MP // OF，且 NP // OE，又取一点 Q，使得 EQ // OH，且 FQ // OG，如图 377 所示，求证：O，P，Q 三点共线．

155

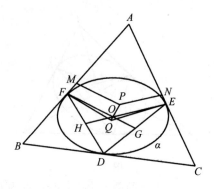

图 377

命题 378 设椭圆 α 的中心为 O,$\triangle ABC$ 外切于 α,AB,AC 上的切点分别为 D,E,过 B 作 OE 的平行线,同时,过 C 作 OD 的平行线,这两线交于 H,设 BC 的中点为 M,MH 交 AO 于 N,N 在 AB,AC 上的射影分别为 F,G,如图 378 所示,求证:F,G,H 三点共线.

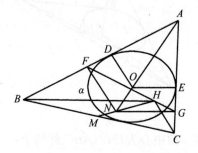

图 378

命题 379 设椭圆 α 的中心为 O,$\triangle ABC$ 外切于 α,AB,AC 的切点分别为 E,F,BC 的中点为 M,P 是 AM 上一点,PB 交 ME 于 G,PC 交 MF 于 H,设 EH 交 FG 于 N,如图 379 所示,求证:M,O,N 三点共线.

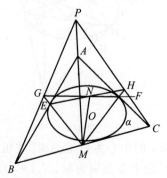

图 379

命题 380 设椭圆 α 的中心为 O,$\triangle ABC$ 外切于 α,BO 交 AC 于 D,CO 交

AB 于 E,AB,AC 的中点分别为 M,N,CM 交 BN 于 G,DM 交 EN 于 P,如图 380 所示,求证:O,G,P 三点共线.

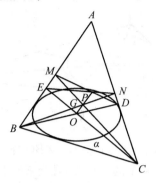

图 380

命题 381 设 $\triangle ABC$ 外切于椭圆 α,一直线分别交 BC,CA,AB 于 A',B',C',过 A',B',C' 分别作 α 的切线,这三条切线两两相交构成 $\triangle DEF$,如图 381 所示,求证:AD,BE,CF 三线共点(此点记为 S).

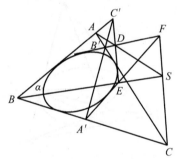

图 381

* 命题 382 设 $\triangle ABC$ 外切于椭圆 α,BC 边上的切点为 D,P 是 AD 上一点,PB,PC 分别交 α 于 E,F 和 G,H,如图 382 所示,求证:EH,FG,BC 三线共点(此点记为 S).

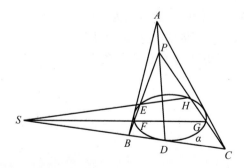

图 382

命题 383 设椭圆 α 的中心为 O,$\triangle ABC$ 外切于 α,BC,CA,AB 上的中点

分别为 D,E,F,OA,OB,OC 分别交 α 于 A',B',C',如图 383 所示,求证:$A'D$,$B'E,C'F$ 三线共点(此点记为 S).

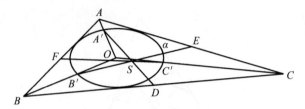

图 383

* 命题 384 设椭圆 α 的中心为 O,$\triangle ABC$ 外切于 α,BC,CA,AB 上的切点分别为 D,E,F,过 D 作 OA 的平行线,且交 EF 于 P;过 E 作 OB 的平行线,且交 FD 于 Q;过 F 作 OC 的平行线,且交 DE 于 R,如图 384 所示,求证:

① DP,EQ,FR 三线共点,此点记为 H;

② AP,BQ,CR 三线共点,此点记为 S.

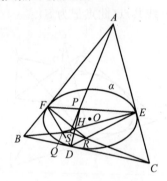

图 384

** 命题 385 设 $\triangle ABC$ 外切于椭圆 α,BC,CA,AB 上的切点分别为 D,E,F,A 在 EF 上的射影为 A';B 在 FD 上的射影为 B';C 在 DE 上的射影为 C',如图 385 所示,求证:

① AA',BB',CC' 三线共点(此点记为 S);

② DA',EB',FC' 三线共点,此点记为 T.

注:注意下面三道命题与本命题的联系.

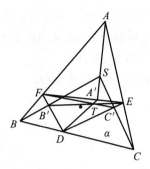

图 385

** 命题 385.1 设 △ABC 外切于椭圆 α，BC, CA, AB 上的切点分别为 D, E, F，D 在 EF 上的射影为 P；E 在 FD 上的射影为 Q；F 在 DE 上的射影为 R，如图 385.1 所示，求证：

① DP, EQ, FR 三线共点，此点记为 H；

② AP, BQ, CR 三线共点，此点记为 S.

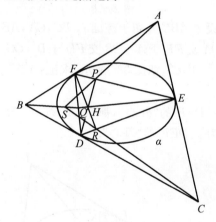

图 385.1

** 命题 385.2 设 △ABC 外切于椭圆 α，BC, CA, AB 上的切点分别为 D, E, F，BC, CA, AB, EF, FD, DE 的中点分别为 P, Q, R, P', Q', R'，如图 385.2 所示，求证：PP', QQ', RR' 三线共点（此点记为 S）.

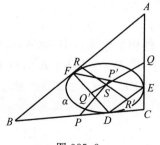

图 385.2

159

＊＊命题 385.3　设 $\triangle ABC$ 外切于椭圆 α，BC,CA,AB 上的切点分别为 D,E,F，BC,CA,AB 的中点分别为 P,Q,R，AP 交 EF 于 D'，BQ 交 DF 于 E'，CR 交 DE 于 F'，如图 385.3 所示，求证：

① DD',EE',FF' 三线共点，此点记为 O；

② 点 O 是 α 的中心．

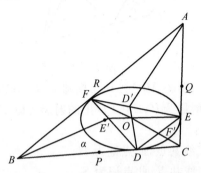

图 385.3

＊＊命题 386　设 $\triangle ABC$ 外切于椭圆 α，BC,CA,AB 上的切点分别为 D，E,F，O 是 α 内一点，OA 交 EF 于 A'，OB 交 FD 于 B'，OC 交 DE 于 C'，设 OD，OE,OF 分别交 α 于 A'',B'',C''，如图 386 所示，求证：$A'A'',B'B'',C'C''$ 三线共点（此点记为 S）．

注：若将 O 视为 $\triangle DEF$ 的"外心"，那么，A',B',C' 分别是 EF,FD,DE 的"中点"，因而，S 可视为 $\triangle DEF$ 的"垂心"．

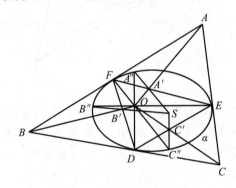

图 386

命题 387　设 $\triangle ABC$ 外切于椭圆 α，BC,CA,AB 上的切点分别为 D,E,F，O 是 α 内一点，AO 交 EF 于 D'，BO 交 FD 于 E'，CO 交 DE 于 F'，EF 交 $E'F'$ 于 P，FD 交 $F'D'$ 于 R，DE 交 $D'E'$ 于 Q，如图 387 所示，求证：P,Q,R 三点共线．

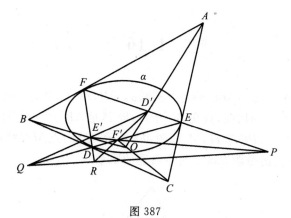

图 387

1.16

命题388 设 $\triangle ABC$ 外切于椭圆 α，AB，AC 的中点分别为 D，E，DE 交 BC 于 F，过 F 作 α 的切线，且交 AC 于 G，设 P 是 AB 上一点，过 G 作 AB 的平行线，且分别交 PC，PE 于 H，M，如图388所示，求证：点 M 是线段 GH 的中点.

注：注意下面的命题388.1与本命题的联系.

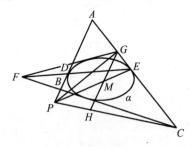

图 388

命题388.1 设 $\triangle ABC$ 外切于椭圆 α，AB，AC 的切点分别为 D，E，DE 交 BC 于 F，过 F 作 α 的切线，且交 AC 于 G，过 G 作 AB 的平行线，且交 BC 于 H，如图388.1所示，求证：线段 GH 被 BE 所平分.

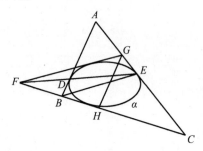

图 388.1

命题389 设椭圆 α 的中心为 O，$\triangle ABC$ 外切于 α，BC 上的切点为 D，过 A 作 OD 的平行线，且交 BC 于 E，AE 的中点为 M，MD 交 α 于 F，FB，FC 分别交 α 于 G，H，GH 交 OD 于 N，如图389所示，求证：

① $GH \parallel BC$；

② 点 N 是线段 GH 的中点.

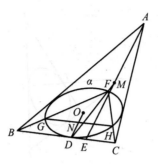

图 389

命题 390　设 $\triangle ABC$ 外切于椭圆 α，BC 的中点为 M，AM 交 α 于 D,E，过 D,E 分别作 BC 的平行线，且依次交 α 于 F,G，设 AF,AG 分别交 BC 于 P,Q，如图 390 所示，求证：$BP = CQ$.

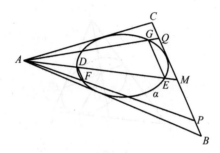

图 390

* 命题 391　设 $\triangle ABC$ 外切于椭圆 α，BC,CA,AB 上的切点分别为 D,E,F，若 $EF \parallel BC$，如图 391 所示，求证：D 是 BC 边的中点.

注：注意下面的命题 391.1 与本命题的联系.

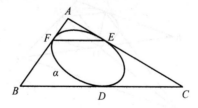

图 391

* 命题 391.1　设 $\triangle ABC$ 外切于椭圆 α，BC,CA,AB 上的切点分别为 D，E,F，EF 交 BC 于 G，如图 391.1 所示，求证
$$\frac{BG \cdot CD}{BD \cdot CG} = 1$$

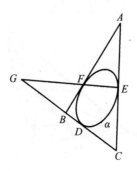

图 391.1

命题 392　设椭圆 α 的中心为 O，$\triangle ABC$ 外切于 α，BC,CA,AB 上的切点分别为 D,E,F，DO 交 EF 于 G，AG 交 BC 于 M，如图 392 所示，求证：点 M 是线段 BC 的中点.

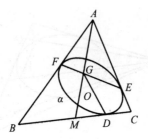

图 392

命题 393　设椭圆 α 的中心为 O，$\triangle ABC$ 外切于 α，BC,CA,AB 上的切点分别为 D,E,F，过 C 作 AB 的平行线，且交 DE 于 G，过 O 作 FG 的平行线，且分别交 FD,FE 于 M,N，如图 393 所示，求证：$OM=ON$.

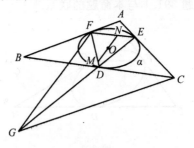

图 393

命题 394　设 $\triangle ABC$ 的三边（或三边的延长线）均与椭圆 α 相切，BC,CA，AB 上的切点分别为 D,E,F，设 AD 交 α 于 G，GB,GC 分别交 α 于 H,K，DK 交 HE 于 M，如图 394 所示，求证：MG 是 α 的切线.

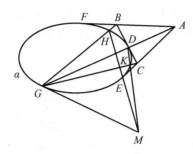

图 394

命题 395 设 $\triangle ABC$ 外切于椭圆 α,BC,CA,AB 上的切点分别为 D,E,F,G 是 BC 上一点,GE 交 AD 于 H,CH 交 EF 于 K,AG 交 α 于 M,如图 395 所示,求证:KM 与 α 相切.

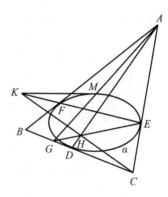

图 395

命题 396 设椭圆 α 的中心为 O,$\triangle ABC$ 外切于 α,BC,CA,AB 上的切点分别为 D,E,F,AD 交 α 于 P,PB,PC 分别交 α 于 G,H,DF 交 PB 于 M,CM 交 DG 于 Q,DH 交 GE 于 R,如图 396 所示,求证:P,Q,R 三点共线,且直线 QR 与 α 相切.

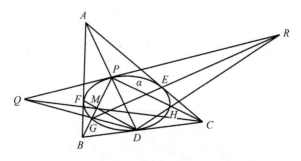

图 396

命题 397 设 $\triangle ABC$ 外切于椭圆 α,BC,CA,AB 上的切点分别为 D,E,F,

这三边的中点分别为 G,H,K,过 G 作 α 的切线,且交 EF 于 P;过 H 作 α 的切线,且交 FD 于 Q;过 K 作 α 的切线,且交 DE 于 R,如图397所示,求证:P,Q,R 三点共线.

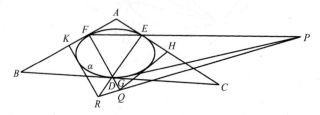

图 397

※ 命题398 设 $\triangle ABC$ 外切于椭圆 α,BC,CA,AB 上的切点分别为 D,E,F,在 $\triangle DEF$ 中,顶点 D,E,F 在对边上的射影分别为 A',B',C',设 BC 交 $B'C'$ 于 P;CA 交 $C'A'$ 于 Q;AB 交 $A'B'$ 于 R,如图398所示,求证:P,Q,R 三点共线.

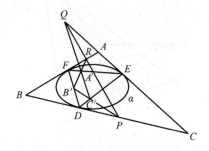

图 398

※ 命题399 设 $\triangle ABC$ 外切于椭圆 α,BC,CA,AB 上的切点分别为 D,E,F,A 在 EF 上的射影为 A'';B 在 FD 上的射影为 B'';C 在 DE 上的射影为 C'',在 $\triangle DEF$ 中,三顶点 D,E,F 在对边上的射影分别为 A',B',C',设 $B'C''$ 交 $B''C'$ 于 P,$C'A''$ 交 $C''A'$ 于 Q,$A'B''$ 交 $A''B'$ 于 R,如图399所示,求证:P,Q,R 三点共线.

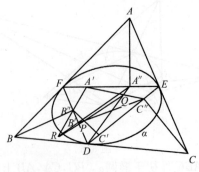

图 399

* **命题 400** 设椭圆 α 的中心为 O，$\triangle ABC$ 外切于 α，BC,CA,AB 上的切点分别为 D,E,F，过 O 作 OA 的垂线，且交 BC 于 A'；过 O 作 OB 的垂线，且交 CA 于 B'；过 O 作 OC 的垂线，且交 AB 于 C'，设 AA' 交 EF 于 P；BB' 交 FD 于 Q；CC' 交 DE 于 R，如图 400 所示，求证：P,Q,R 三点共线.

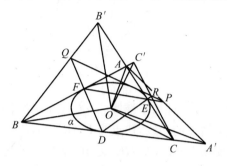

图 400

** **命题 401** 设椭圆 α 的中心为 O，$\triangle ABC$ 外切于 α，BC,CA,AB 上的切点分别为 D,E,F，过 A 作 OA 的垂线，且交 EF 于 P；过 B 作 OB 的垂线，且交 FD 于 Q；过 C 作 OC 的垂线，且交 DE 于 R，如图 401 所示，求证：P,Q,R 三点共线.

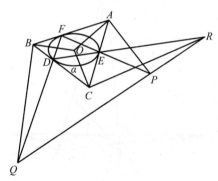

图 401

** **命题 402** 设椭圆 α 的中心为 O，$\triangle ABC$ 外切于 α，BC,CA,AB 上的切点分别为 D,E,F，另有 $\triangle A'B'C'$ 也外切于 α，且 $B'C' \parallel BC$，$C'A' \parallel CA$，$A'B' \parallel AB$，设 EF 交 $B'C'$ 于 P；FD 交 $C'A'$ 于 Q；DE 交 $A'B'$ 于 R，如图 402 所示，求证：P,Q,R 三点共线.

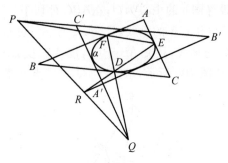

图 402

命题 403 设 $\triangle ABC$ 外切于椭圆 α，BC，CA，AB 上的切点分别为 D，E，F，EF 交 BC 于 G，过 G 作 α 的切线，切点为 P，DF 交 GP 于 H，HB 交 DE 于 L，过 H 作 α 的切线，且交 BC 于 K，设 HK 交 AC 于 R，DE 交 GP 于 M，过 M 作 α 的切线，且交 BC 于 Q，如图 403 所示，求证：

① L，K，P 三点共线；

② P，Q，R 三点共线.

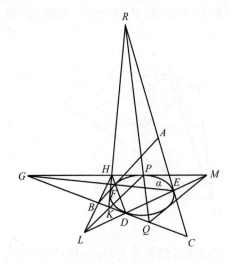

图 403

命题 404 设 $\triangle ABC$ 外切于椭圆 α，BC，CA，AB 上的切点分别为 D，E，F，在 $\triangle DEF$ 中，三顶点 D，E，F 在对边上的射影分别为 A'，B'，C'，如图 404 所示，求证：AA'，BB'，CC' 三线共点（此点记为 S）.

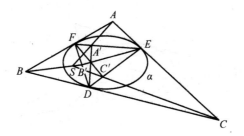

图 404

**命题 405　设椭圆 α 的中心为 O，$\triangle ABC$ 外切于椭圆 α，BC,CA,AB 上的切点分别为 D,E,F，O 在 EF,FD,DE 上的射影分别为 A',B',C'，如图 405 所示，求证：AA',BB',CC' 三线共点(此点记为 S).

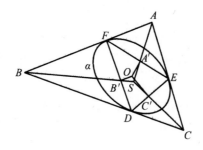

图 405

命题 406　设 P 是椭圆 α 内任意一点，$\triangle ABC$ 外切于 α，BC,CA,AB 上的切点分别为 D,E,F，DP,EP,FP 分别交 α 于 A',B',C'，如图 406 所示，求证：AA',BB',CC' 三线共点(此点记为 Q).

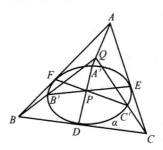

图 406

命题 407　设椭圆 α 的中心为 O，$\triangle ABC$ 外切于 α，BC,CA,AB 上的切点分别为 D,E,F，EF 交 BC 于 G，DG 的中点为 H，设 AB,AC 的中点分别为 M，N，MN 交 EF 于 K，KH 交 α 于 L，BL 交 α 于 P，CL 交 α 于 Q，如图 407 所示，求证：O,P,Q 三点共线.

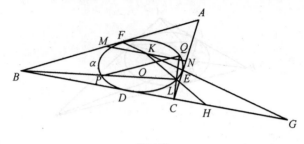

图 407

1.17

*命题408 设椭圆α的中心为O,△ABC外切于α,OA交α于D,过D作α的切线,且交BC于E,在OA的延长线上取一点F,设EF交AC于G,BF交DE于H,如图408所示,求证:直线GH与α相切.

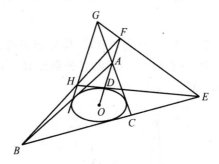

图408

命题409 设△ABC和△$A'B'C'$均外切于椭圆α,CC'交AB于D,BB'交CA于E,DE交$B'C'$于P,设AA'交BC于Q,如图409所示,求证:直线PQ与α相切.

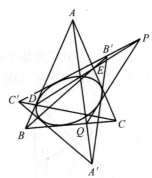

图409

命题410 设△ABC外切于椭圆α,BC,CA,AB上的切点分别为D,E,F,AD交α于G,GF交BC于H,EH交BG于K,如图410所示,求证:点K在α上.

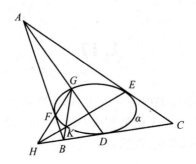

图 410

** 命题 411 设 $\triangle ABC$ 和 $\triangle A'B'C'$ 均外切于椭圆 α，且 $B'C' \parallel BC$，$C'A' \parallel CA$，$A'B' \parallel AB$，一直线与 α 相切，且分别交 $B'C'$，$C'A'$，$A'B'$ 于 P，Q，R，如图 411 所示，求证：$AP \parallel BQ \parallel CR$.

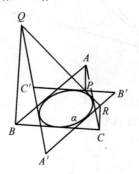

图 411

命题 412 设椭圆 α 的中心为 O，$\triangle ABC$ 外切于 α，AB 的中点为 M，过 M 作 α 的切线，切点为 D，如图 412 所示，求证：$CD \parallel OM$.

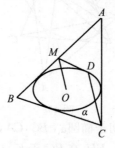

图 412

命题 413 设椭圆 α 的中心为 O，$\triangle ABC$ 外切于 α，AO 交 BC 于 D，BC 的中点为 M，过 D 作 AC 的平行线，且交 AM 于 E，设 CE 交 α 于 F，G，如图 413 所示，求证：线段 FG 被 AD 所平分.

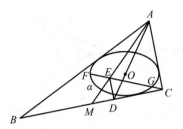

图 413

命题 414 设椭圆 α 的中心为 O,$\triangle ABC$ 外切于 α,BC,CA,AB 上的切点分别为 D,E,F,AD 交 α 于 G,DG 的中点为 M,过 G 作 OM 的平行线,且交 EF 于 H,设 DE,DF 分别交 AH 于 P,Q,如图 414 所示,求证:$AP = AQ$.

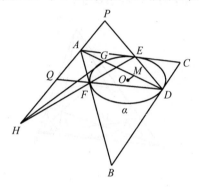

图 414

命题 415 设椭圆 α 的中心为 O,$\triangle ABC$ 外切于 α,BC,CA,AB 上的切点分别为 D,E,F,过 B 作 OE 的平行线,同时,过 C 作 OF 的平行线,这两线交于 H,设 EF 的中点为 M,过 D 作 OM 的平行线,且交 EF 于 G,过 O 作 EF 的平行线,且交 GH 于 K,如图 415 所示,求证:DG 平分 OK.

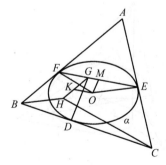

图 415

命题 416 设 $\triangle ABC$ 外切于椭圆 α,一直线分别交 AB,AC 于 D,E,在 DE 上取一点 P,过 D 作 α 的切线,且交 PC 于 M,过 E 作 α 的切线,且交 PB 于 N,如图 416 所示,求证:MN 是 α 的切线.

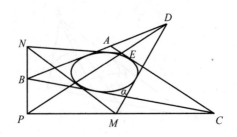

图 416

命题 417 设 $\triangle ABC$ 外切于椭圆 α, BC 上的切点为 D, M 是 AD 上一点(M 在 α 内), BM 交 α 于 E,F, CM 交 α 于 G,H, 如图 417 所示, 设 BH 交 CE 于 P, BG 交 CF 于 Q, 求证: P,Q 两点均在 AD 上.

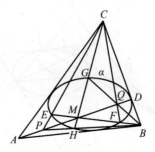

图 417

命题 418 设 $\triangle ABC$ 外切于椭圆 α, AB,AC 上的切点分别为 D,E, BE 交 CD 于 F, BF,CF 分别交 α 于 G,H, AG 交 CD 于 I, AH 交 BE 于 J, 设 P 是 AF 上一点, BP,CP 分别交 α 于 K,L, JK 交 IL 于 Q, 如图 418 所示, 求证: 点 Q 在 AF 上.

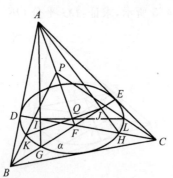

图 418

命题 419 设椭圆 α 的中心为 O, $\triangle ABC$ 外切于 α, BC,CA 上的切点分别为 D,E, AD 交 α 于 F, FO 交 α 于 G, AO 交 BC 于 H, HE 交 DF 于 K, 如图 419 所示, 求证: $KC \parallel DG$.

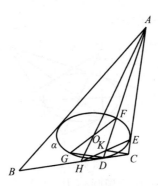

图 419

命题 420 设 $\triangle ABC$ 外切于椭圆 α,BC,CA,AB 上的切点分别为 D,E,F,一直线与 EF 平行,且与 α 相切,该直线交 BC 于 P,一直线与 FD 平行,且与 α 相切,该直线交 CA 于 Q;另一直线与 DE 平行,且与 α 相切,该直线交 AB 于 R,如图 420 所示,求证:P,Q,R 三点共线.

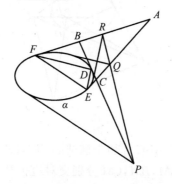

图 420

命题 421 设 $\triangle ABC$ 外切于椭圆 α,BC,CA,AB 上的切点分别为 D,E,F,EF 交 BC 于 P,过 P 作 α 的切线,切点为 G,设 GB 交 DF 于 Q,GC 交 DE 于 R,如图 421 所示,求证:P,Q,R 三点共线.

注:注意下面的命题 421.1 与本命题的联系.

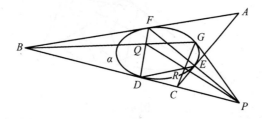

图 421

命题 421.1 设 $\triangle ABC$ 外切于椭圆 α,BC,CA,AB 上的切点分别为 D,E,F,AD 交 α 于 G,过 G 作 α 的切线,且分别交 DE,DF 于 P,Q,设 BP 交 CQ 于 S,

如图 421.1 所示,求证:点 S 在 AD 上.

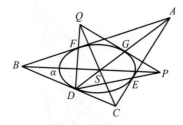

图 421.1

命题 422 设 $\triangle ABC$ 外切于椭圆 α,BC,CA,AB 上的切点分别为 D,E,F,DE,DF 的中点分别为 M,N,BM 交 CN 于 P,过 B 作 DF 的平行线,同时,过 C 作 DE 的平行线,这两线交于 Q,如图 422 所示,求证:P,D,Q 三点共线.

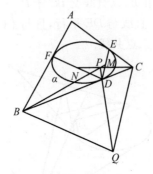

图 422

∗ ∗ 命题 423 设 $\triangle ABC$ 外切于椭圆 α,BC,CA,AB 上的切点分别为 D,E,F,M 是平面上一点,AM,BM,CM 分别交对边于 P,Q,R,设 ER 交 FQ 于 X,DR 交 FP 于 Y,DQ 交 EP 于 Z,如图 423 所示,求证:M,X,Y,Z 四点共线.

注:本命题不妨称为"五·九定理".

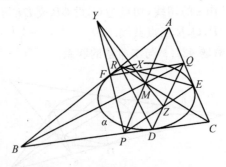

图 423

命题 424 设 $\triangle ABC$ 外切于椭圆 α,BC,CA,AB 上的切点分别为 D,E,F,Z 是 α 内一点,AZ,BZ,CZ 分别交 α 于 D',E',F',如图 424 所示,求证:DD',EE',FF' 三线共点(此点记为 S).

注:下面的命题424.1是本命题的对偶命题(即"黄表示"),例如图424.1的 $PQ,P'Q'$ 分别对偶于图424的 Z,S.

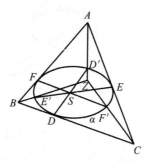

图 424

命题 424.1 设 $\triangle ABC$ 外切于椭圆 α,BC,CA,AB 上的切点分别为 D,E,F,一直线分别交 EF,FD,DE 于 P,Q,R,过 P 作 α 的切线,且交 BC 于 P';过 Q 作 α 的切线,且交 CA 于 Q';过 R 作 α 的切线,且交 AB 于 R',如图 424.1 所示,求证:P',Q',R' 三点共线.

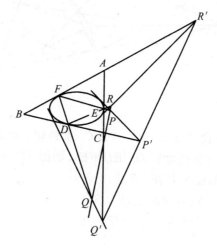

图 424.1

**命题 425 设 $\triangle ABC$ 外切于椭圆 α,一直线与 α 相切,且分别交 BC,CA,AB 于 A',B',C',BB' 交 CC' 于 P,CC' 交 AA' 于 Q,AA' 交 BB' 于 R,如图 425 所示,求证:PA,QB,RC 三线共点(此点记为 S).

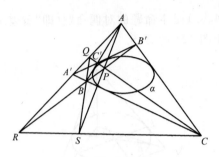

图 425

* 命题 426 设 $\triangle ABC$ 外切于椭圆 α，BC，CA，AB 上的切点分别为 D，E，F，这三点处的法线共点于 M，AM，BM，CM 的中点分别为 P，Q，R，如图 426 所示，求证：DP，EQ，FR 三线共点（此点记为 N）.

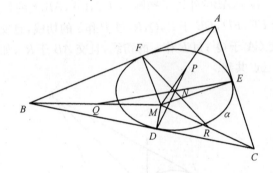

图 426

** 命题 427 设 $\triangle ABC$ 和 $\triangle A'B'C'$ 都外切于椭圆 α，这两个三角形的三边两两相交，构成一个六边形 $DF'ED'FE'$，如图 427 所示，设三直线 AA'，BB'，CC' 两两相交，构成 $\triangle PQR$，求证：

① PD，QE，RF 三线共点（此点记为 S）；

② PD'，QE'，RF' 三线共点（此点记为 S'）.

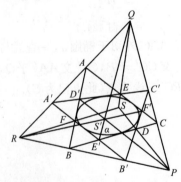

图 427

1.18

命题 428 设椭圆 α 的中心为 O,梯形 $ABCD$ 外切于 α,AD // BC,BC 与 α 相切于 E,AB 交 CD 于 F,DO 交 BC 于 G,如图 428 所示,求证:AG // EF.

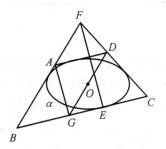

图 428

命题 429 设椭圆 α 的中心为 O,$\triangle ABC$ 外切于 α,BC 上的切点为 D,BC 的中点为 M,过 A 作 OD 的平行线,且交 MO 于 E,如图 429 所示,求证:$AE = OD$.

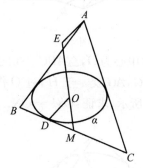

图 429

命题 430 设椭圆 α 的中心为 O,$\triangle ABC$ 外切于 α,BC 上的切点为 D,过 A 作 OD 的平行线,且交 BC 于 E,设 AE 的中点为 M,DM 交 α 于 F,FB,FC 分别交 α 于 G,H,如图 430 所示,求证:线段 GH 被 OD 所平分.

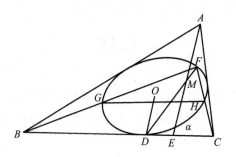

图 430

命题 431 设椭圆 α 的中心为 O,$\triangle ABC$ 外切于 α,BC,CA,AB 上的切点分别为 D,E,F,EF 交 BC 于 G,P 是 OD 延长线上一点,一直线与 PG 平行,且分别交 PB,PC,PD 于 H,K,M,如图 431 所示,求证:点 M 是线段 HK 的中点.

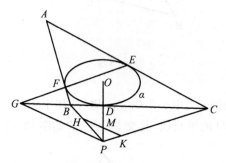

图 431

命题 432 设椭圆 α 的中心为 O,$\triangle ABC$ 外切于 α,BC,CA,AB 上的切点分别为 D,E,F,DO 交 α 于 G,AG 交 α 于 H,过 O 作 DH 的平行线,且分别交 DE,DF 于 M,N,如图 432 所示,求证:$OM = ON$.

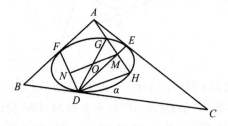

图 432

命题 433 设椭圆 α 的中心为 O,$\triangle ABC$ 外切于 α,BC,CA,AB 上的切点分别为 D,E,F,过 O 作 BC 的平行线,且分别交 DF,DE 于 G,H,过 G 作 OE 的平行线,同时,过 H 作 OF 的平行线,这两线交于 K,如图 433 所示,求证:$AK \parallel OD$.

注:注意下面的命题 433.1.

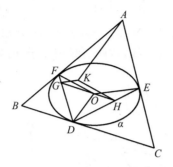

图 433

命题 433.1　设椭圆 α 的中心为 O，$\triangle ABC$ 外切于 α，BC,CA,AB 上的切点分别为 D,E,F，过 A 作 OF 的平行线，同时，过 O 作 BC 的平行线，这两线交于 G，现在，过 B 作 OF 的平行线，同时，过 O 作 AC 的平行线，这两线交于 H，设 GH 交 DE 于 K，如图 433.1 所示，求证：$OK \parallel AB$.

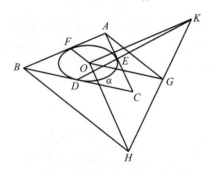

图 433.1

命题 434　设 $\triangle ABC$ 外切于椭圆 α，BC,CA,AB 上的切点分别为 D,E,F，DE,DF 的中点分别为 M,N，BM 交 CN 于 G，过 B 作 DF 的平行线，同时，过 C 作 DE 的平行线，这两线相交于 H，如图 434 所示，求证：G,D,H 三点共线.

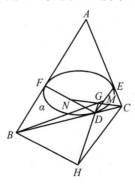

图 434

命题 435 设 $\triangle ABC$ 外切于椭圆 α，一直线与 α 相切，且分别交 AB, AC 于 D, E, CD, BE 分别交 α 于 M, N 和 P, Q，过 M, N 分别作 α 的切线，这两切线相交于 S，过 P, Q 分别作 α 的切线，这两切线相交于 T，如图 435 所示，求证：

① S, A, T 三点共线；

② 点 S 在 PQ 上，点 T 在 MN 上.

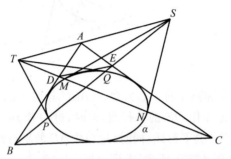

图 435

命题 436 设 $\triangle ABC$ 外切于椭圆 α，D, E 两点分别在 AB, AC 上，M 是 DE 上一点，过 D 作 α 的切线，且交 CM 于 P，过 E 作 α 的切线，且交 BM 于 Q，如图 436 所示，求证：PQ 与 α 相切.

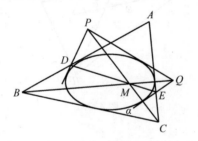

图 436

**命题 437 设 $\triangle ABC$ 外切于椭圆 α，BC, CA, AB 上的切点分别为 D, E, F，$\triangle ABC$ 的重心记为 Z，BZ 交 DF 于 M，CZ 交 DE 于 N，过 B 作 AC 的平行线，且交 DE 于 P；过 C 作 AB 的平行线，且交 DF 于 Q，如图 437 所示，求证：MN, BC, PQ 三线共点（此点记为 S）.

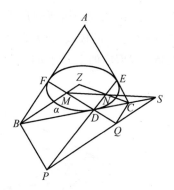

图 437

命题 438　设 $\triangle ABC$ 外切于椭圆 α，BC,CA,AB 上的切点分别为 D,E,F，一直线分别交三边 BC,CA,AB 于 A',B',C'，过 A' 作 α 的切线，且交 EF 于 A''；过 B' 作 α 的切线，且交 FD 于 B''；过 C' 作 α 的切线，且交 DE 于 C''，如图 438 所示，求证：A'',B'',C'' 三点共线.

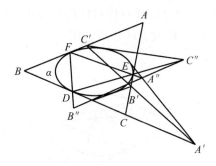

图 438

** 命题 439　设 $\triangle ABC$ 外切于椭圆 α，BC,CA,AB 上的切点分别为 D,E,F,O 是 α 内一点，AO,BO 分别交 α 于 G,H，DG 交 EH 于 K，一直线过 K，且分别交 DF,EF 于 M,N，设 MH 交 NG 于 P，如图 439 所示，求证：点 P 在 α 上.

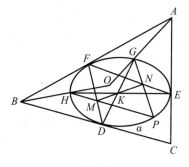

图 439

** 命题 440　设 $\triangle ABC$ 外切于椭圆 α，BC,CA,AB 上的切点分别为 D,E,F,O 是 α 内一点，OA 交 EF 于 A'；OB 交 FD 于 B'；OC 交 DE 于 C'，如图 440

所示,求证:$A'D,B'E,C'F$ 三线共点(此点记为 M).

注:在"蓝观点"下(以 O 关于 α 的极线为"蓝假线"),O 是 $\triangle ABC$ 的"蓝内心",因而,A',B',C' 分别是 $\triangle DEF$ 的三边上的"蓝中点",M 则是 $\triangle DEF$ 的"蓝重心".

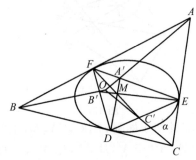

图 440

命题 441 设椭圆 α 的中心为 O,$\triangle ABC$ 外切于 α,BC,CA,AB 上的切点分别为 D,E,F,EF 的中点为 M,过 D 作 OM 的平行线,且交 EF 于 G,设 BG 交 DF 于 H,CG 交 DE 于 K,FK 交 EH 于 S,如图 441 所示,求证:点 S 在 DG 上.

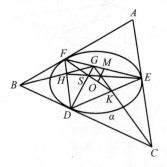

图 441

** 命题 442 设椭圆 α 的中心为 O,$\triangle ABC$ 外切于 α,BC,CA,AB 上的切点分别为 D,E,F,OB,OC 分别交 α 于 M,N,EM 交 FN 于 I,过 E 作 OM 的平行线,同时,过 F 作 ON 的平行线,这两线相交于 H,MH 交 DF 于 K,如图 442 所示,求证:

① O,I,H 三点共线;

② $KI \parallel MO$.

注:对于 $\triangle DEF$ 来说,O 是其"外心",I 是其"内心",H 是其"垂心".

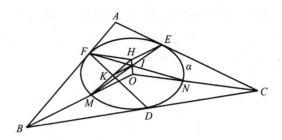

图 442

命题 443 设 $\triangle ABC$ 外切于椭圆 α，BC,CA,AB 上的切点分别为 D,E,F，AD 交 α 于 G，DE 交 FG 于 H，DF 交 EG 于 K，BE 交 DF 于 M，DE 交 CF 于 N，MN 交 KH 于 P，如图 443 所示，求证：

① K,A,H 三点共线；

② GP 是 α 的切线.

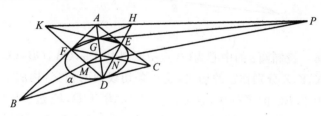

图 443

命题 444 设 $\triangle ABC$ 外切于椭圆 α，一直线与 BC 平行，且与 α 相切，该直线分别交 AC,AB 于 D,E；一直线与 CA 平行，且与 α 相切，该直线分别交 BA，BC 于 F,G；一直线与 AB 平行，且与 α 相切，该直线分别交 CB,CA 于 H,K，设 DF 交 EK 于 P；EG 交 FH 于 Q；GK 交 HD 于 R，如图 444 所示，求证：

① 四边形 $DEGH,FGKD,HKEF$ 都是平行四边形；

② AP,BQ,CR 三线共点(此点记为 S).

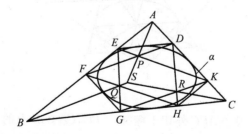

图 444

命题 445 设 $\triangle ABC$ 外切于椭圆 α，BC,CA,AB 上的切点分别为 D,E,F，DE 交 AB 于 G，过 G 作 α 的切线，切点为 P，GP 分别交 CA,CB 于 H,K，AK 交

BH 于 Q，设 DF 交 CA 于 M，EF 交 BC 于 N，AN 交 BM 于 R，如图 445 所示，求证：

① Q 在 DE 上；
② P,Q,R 三点共线.

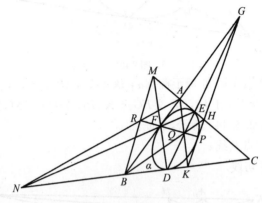

图 445

命题 446 设椭圆 α 的中心为 O，$\triangle ABC$ 外切于 α，OA，OB，OC 分别交 α 于 X,Y,Z，过 X,Y,Z 分别作 α 的切线，这三条切线两两相交，构成 $\triangle A'B'C'$，过 OA 的中点 P 作 BC 的平行线，且分别交 AC,AB 于 D,E；过 OB 的中点 Q 作 $C'A'$ 的平行线，且分别交 AB,BC 于 F,G；过 OC 的中点 R 作 $A'B'$ 的平行线，且分别交 BC,CA 于 H,K，如图 446 所示，求证：有三次三点共线，它们分别是 (D,O,G)，(E,O,H)，(F,O,K).

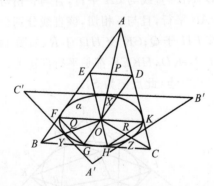

图 446

* **命题 447** 设 $\triangle ABC$ 外切于椭圆 α，BC,CA,AB 上的切点分别为 D,E,F，BE 交 CF 于 G，过 G 分别作 EF,FD,DE 的平行线，这些平行线与 $\triangle ABC$ 的三边相交，产生六个交点 H,I,J,K,L,M，如图 447 所示，求证：

① A,G,D 三点共线（点 G 称为 $\triangle ABC$ 关于椭圆 α 的"热尔岗点"）；
② H,I,J,K,L,M 六点共一个椭圆 β，β 的中心就是 α 的中心，且 β 的离心率

也与 α 的相同.

注:注意下面的命题 447.1.

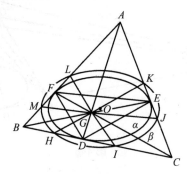

图 447

命题 447.1 设 $\triangle ABC$ 外切于圆 O,BC,CA,AB 上的切点分别为 D,E,F,BE 交 CF 于 G,过 G 分别作 EF,FD,DE 的平行线,这些平行线与 $\triangle ABC$ 的三边相交,产生六个交点 H,I;J,K;L,M,如图 447.1 所示,求证:

① A,G,D 三点共线(点 G 称为 $\triangle ABC$ 关于圆 O 的热尔岗(Gergonne,1771—1859)点);

② H,I,J,K,L,M,六点共圆,且此圆圆心就是 O.

注:本命题的结论 ② 称为"Adams 定理"(1843 年).

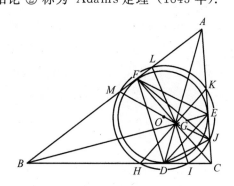

图 447.1

命题 448 设椭圆 α 的中心为 O,$\triangle ABC$ 外切于 α,BC 边上的切点为 D,P 是 OA 上一点,在 DP 上取两点 Q,R,(P,Q,R 均在 α 外)联 QB,QC,RB,RC,并与 PB,PC 相交,产生四个交点:E,F,G,H,另外,BQ 交 CR 于 K,BR 交 CQ 于 L,如图 448 所示,求证:EF,GH,KL,BC 四线共点(此点记为 S).

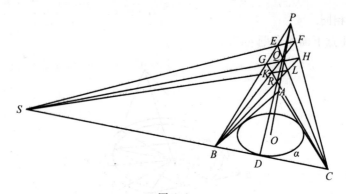

图 448

1.19

命题 449　设椭圆 α 的中心为 O，$\triangle ABC$ 外切于 α，BC 上的切点为 D，BC 的中点为 M，MO 交 AD 于 N，如图 449 所示，求证：$AN = ND$.

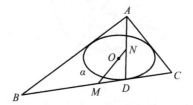

图 449

* **命题 450**　设 $\triangle ABC$ 外切于椭圆 α，BC,CA,AB 上的切点分别为 D,E,F，DE 交 AB 于 G，DF 交 AC 于 H，BE 交 CF 于 P，过 P 作 GH 的平行线，且交 α 于 M,N，如图 450 所示，求证：P 是 MN 的中点.

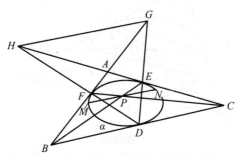

图 450

* **命题 451**　设椭圆 α 的中心为 O，$\triangle ABC$ 外切于 α，BC 上的切点为 D，DO 交 α 于 E，AE 交 BC 于 F，过 O 作 AF 的平行线，且交 BC 于 M，如图 451 所示，求证：点 M 是线段 BC 的中点.

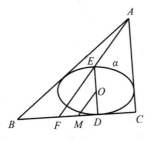

图 451

* * **命题 452**　设椭圆 α 的中心为 O，$\triangle ABC$ 外切于 α，BC,CA 上的切点

分别为 D,E,AB,AC 的中点分别为 M,N,CO 交 MN 于 P，过 N 作 BO 的平行线，且交 EO 于 Q，如图 452 所示，求证：$PQ \parallel OD$.

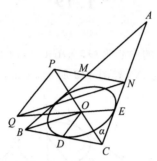

图 452

命题 453 设 $\triangle ABC$ 外切于椭圆 α，BC,CA,AB 上的切点分别为 D,E,F，BE 交 DF 于 G，CF 交 DE 于 H，EG,FH 的中点分别为 M,N，EN,FM 分别交 α 于 E',F'，如图 453 所示，求证：$EF \parallel E'F'$.

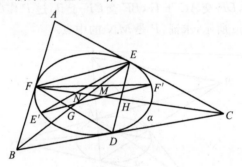

图 453

命题 454 设 $\triangle ABC$ 外切于椭圆 α，AB,AC 上的切点分别为 D,E，BC 的中点为 M，P 是 AM 上一动点，PD,PE 分别交 α 于 G,H，GH 交 DE 于 K，设 DH 交 EG 于 Q，AP 交 α 于 L，如图 454 所示，求证：

① 点 K 是定点，与 P 在 AM 上的位置无关；

② $AK \parallel BC$；

③ 点 Q 在 AM 上；

④ 直线 KL 与 α 相切.

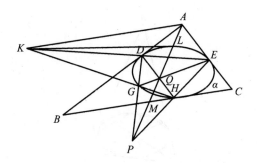

图 454

命题 455 设 $\triangle ABC$ 外切于椭圆 α，BC,CA,AB 上的切点分别为 D,E,F，AD 交 α 于 G，FG 交 DE 于 H，BH 交 AC 于 K，如图 455 所示，求证：直线 GK 与 α 相切.

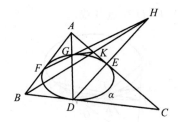

图 455

命题 456 设椭圆 α 的中心为 O，$\triangle ABC$ 外切于 α，BC,CA,AB 上的切点分别为 D,E,F，AO 交 EF 于 G，AD 交 α 于 H，DG,HG 分别交 α 于 I,J，如图 456 所示，求证：A,I,J 三点共线.

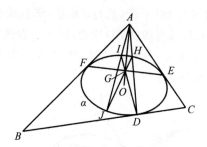

图 456

命题 457 设椭圆 α 的中心为 O，$\triangle ABC$ 外切于 α，BC,CA,AB 上的切点分别为 D,E,F，BO 交 AC 于 P，CO 交 AB 于 Q，在 α 上取两点 E',F'，使得 EE' 被 BP 所平分，FF' 被 CQ 所平分，设 $E'F'$ 的中点为 M，如图 457 所示，求证：M,O,D 三点共线.

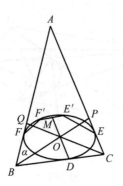

图 457

命题458 设 $\triangle ABC$ 的三边(或三边的延长线)均与椭圆 α 相切,BC,CA,AB 上的切点分别为 D,E,F,DE 交 AF 于 G,DF 交 AE 于 H,设 BH 交 CG 于 K,如图 458 所示,求证:A,K,D 三点共线.

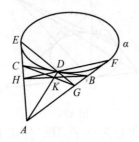

图 458

* **命题459** 设椭圆 α 的中心为 O,$\triangle ABC$ 外切于 α,BC,CA,AB 上的切点分别为 D,E,F,一直线与 BC 平行,且与 α 相切,该直线交 EF 于 P;另有一直线与 CA 平行,且与 α 相切,该直线交 FD 于 Q;还有一直线与 AB 平行,且与 α 相切,该直线交 DE 于 R,如图 459 所示,求证:P,Q,R 三点共线.

注:注意下面的命题 459.1.

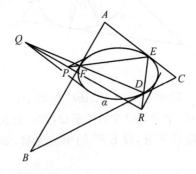

图 459

* **命题459.1** 设椭圆 α 的中心为 O,$\triangle ABC$ 外切于 α,BC,CA,AB 上的

切点分别为 D,E,F，过 A 作 BC 的平行线，且交 EF 于 P'；过 B 作 CA 的平行线，且交 FD 于 Q'；过 C 作 AB 的平行线，且交 DE 于 R'，如图 459.1 所示，求证：P'，Q',R' 三点共线.

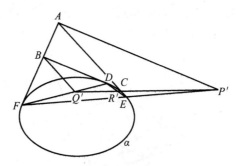

图 459.1

命题 460　设椭圆 α 的中心为 O，$\triangle ABC$ 外切于 α，直线 DE 与 BC 平行，且与 α 相切于 D，过 C 作 AD 的平行线，且交 DE 于 E，如图 460 所示，求证：B，O,E 三点共线.

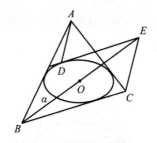

图 460

命题 461　设 $\triangle ABC$ 外切于椭圆 α，BC,CA,AB 上的中点分别为 D,E,F，过 D 作 α 的切线，且交 EF 于 P；过 E 作 α 的切线，且交 FD 于 Q；过 F 作 α 的切线，且交 DE 于 R，如图 461 所示，求证：P,Q,R 三点共线.

注：本命题的对偶命题是下面的命题 461.1.

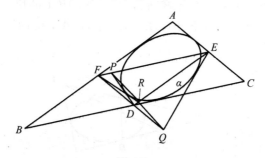

图 461

**　**命题 461.1**　设 $\triangle ABC$ 内接于椭圆 α，过 A,B,C 分别作对边的平行

193

线,这些直线构成 $\triangle A'B'C'$,设 $B'C'$,$C'A'$,$A'B'$ 分别交 α 于 P,Q,R,如图 461.1 所示,求证:PA',QB',RC' 三线共点(此点记为 S).

注:设图 461.1 中 $\triangle ABC$ 的重心为 Z,那么,在"黄观点"下(以 Z 为"黄假线"),$B'C'$,$C'A'$,$A'B'$ 分别是"黄三角形"ABC 中,三条"黄边"的"黄中点",因而,命题 461.1 是命题 461 的"黄表示".

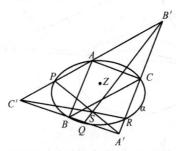

图 461.1

命题 462 设椭圆 α 的中心为 O,$\triangle ABC$ 外切于 α,BC,CA,AB 上的切点分别为 D,E,F,AB,AC 的中点分别为 M,N,过 M 作 OF 的平行线,同时,过 N 作 OE 的平行线,这两线交于 O',设 $\triangle DEF$ 的重心为 G,如图 462 所示,求证 G,O,O' 三点共线.

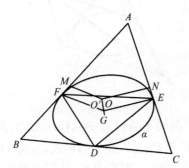

图 462

命题 463 设 $\triangle ABC$ 外切于椭圆 α,BC,CA,AB 上的切点分别为 D,E,F,过 A 作 BC 的平行线,且交 DF 于 G,EG 交 α 于 H,AH 交 BC 于 K,如图 463 所示,求证:$BK = CD$.

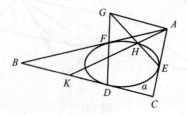

图 463

命题 464 设 $\triangle ABC$ 外切于椭圆 α，P,Q 是 BC 上两点，使得 $BP=CQ$，AP,AQ 分别交 α 于 D,E 和 F,G，设 DG 交 EF 于 M，AM 交 BC 于 N，如图 464 所示，求证：N 是 BC 的中点.

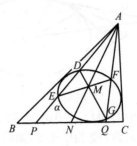

图 464

命题 465 设椭圆 α 的中心为 O，$\triangle ABC$ 外切于 α，AC 上的切点为 D，在 AC 上取一点 E，使得 $AE=CD$，过 B 作 OD 的平行线，且交 AC 于 F，设 EO 交 BF 于 M，如图 465 所示，求证：点 M 是 BF 的中点.

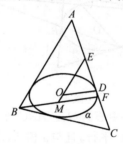

图 465

命题 466 设椭圆 α 的中心为 O，$\triangle ABC$ 外切于 α，BC 上的切点为 D，BC 的中点为 M，过 A 作 OD 的平行线，且交 MO 于 E，如图 466 所示，求证：$AE=OD$.

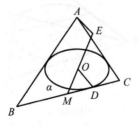

图 466

命题 467 设椭圆 α 的中心为 O，$\triangle ABC$ 的三边（或三边的延长线）均与 α 相切，AC,BC 上的切点分别为 D,E，在 BC 上取一点 F，使得 $BF=CE$，过 F 作 OE 的平行线，且交 OA 于 O'，过 O' 作 OD 的平行线，且交 AC 于 G，如图 467 所示，求证：线段 FG 被 CO' 所平分.

注:在这里,O 是 $\triangle ABC$ 的"旁心",O' 是 $\triangle ABC$ 的"内心",因而,本命题明显成立.

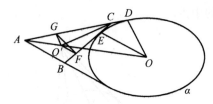

图 467

命题 468 设椭圆 α 的中心为 O,$\triangle ABC$ 外切于 α,BC,CA,AB 上的切点分别为 D,E,F,DO 交 α 于 G,FG 交 DE 于 S,如图 468 所示,求证:$AS \parallel BC$.

注:注意下面的命题 468.1 与本命题的联系.

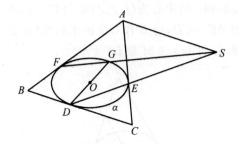

图 468

命题 468.1 设椭圆 α 的中心为 O,$\triangle ABC$ 外切于 α,BC,CA,AB 上的切点分别为 D,E,F,一直线与 BC 平行,且与 α 相切,该直线交 AC 于 G,GB 交 EF 于 P,如图 468.1 所示,求证:P,O,D 三点共线.

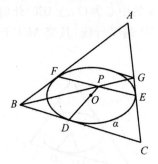

图 468.1

* 命题 469 设椭圆 α 的中心为 O,$\triangle ABC$ 外切于 α,BC,CA,AB 上的切点分别为 D,E,F,过 A 作 DE 的平行线,且交 CO 于 P,过 A 作 DF 的平行线,且交 BO 于 Q,如图 469 所示,求证:$PQ \parallel BC$.

注:注意下面的命题 469.1 与本命题的联系.

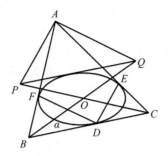

图 469

命题 469.1 设椭圆 α 的中心为 O，$\triangle ABC$ 外切于 α，BC,CA,AB 上的切点分别为 D,E,F，BO,CO 分别交 EF 于 G,H，过 G 作 DF 的平行线，同时，过 H 作 DE 的平行线，这两线交于 P，如图 469.1 所示，求证：P,O,D 三点共线.

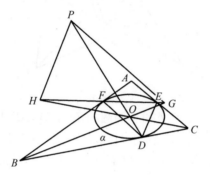

图 469.1

命题 470 设椭圆 α 的中心为 O，$\triangle ABC$ 外切于 α，BC,CA,AB 上的切点分别为 D,E,F，这三边的中点分别为 P,Q,R，在这三边上各取一点，它们分别记为 D',E',F'，使得 $D'P=DP,E'Q=EQ,F'R=FR$，过 D' 作 OA 的平行线，同时，过 E' 作 OB 的平行线，过 F' 作 OC 的平行线，如图 470 所示，求证：这三次平行线共点（此点记为 S）.

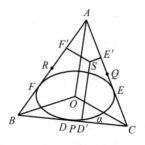

图 470

命题 471 设椭圆 α 的中心为 O，$\triangle ABC$ 外切于 α，BC,CA,AB 上的切点分别为 D,E,F，一直线与 EF 平行，且与 α 相切，该直线交 BC 于 P；另一直线与

FD 平行,且与 α 相切,该直线交 CA 于 Q;还有一直线与 DE 平行,且与 α 相切,该直线交 AB 于 R,如图 471 所示,求证:P,Q,R 三点共线.

注:若过 A 作 EF 的平行线,且交 BC 于 P';过 B 作 FD 的平行线,且交 CA 于 Q';过 C 作 DE 的平行线,且交 AB 于 R',那么,可以证明:P',Q',R' 三点共线.

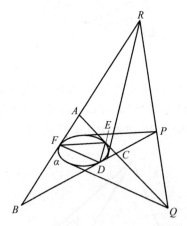

图 471

* **命题 472** 设 $\triangle ABC$ 外切于椭圆 α,BC,CA,AB 上的切点分别为 D,E,F,AD 交 α 于 G,BG,CG 分别交 α 于 H,K,DF 交 BG 于 L,DH 交 CL 于 M,DK 交 HE 于 N,如图 472 所示,求证:M,G,N 三点共线,且此线与 α 相切.

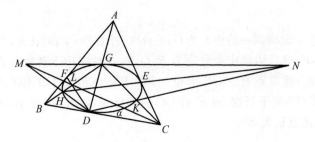

图 472

** **命题 473** 设 $\triangle ABC$ 的三边 BC,CA,AB(或三边的延长线)均与椭圆 α 相切,切点分别为 D,E,F,AD,BE,CF 分别交 α 于 A',B',C',过 A' 作 α 的切线,且交 BC 于 P;过 B' 作 α 的切线,且交 CA 于 Q;过 C' 作 α 的切线,且交 AB 于 R,如图 473 所示,求证:

① P,Q,R 三点共线,此线记为 z;

② 若直线 z 关于 α 的极点记为 O,则 O 是 $\triangle ABC$ 的热尔岗点(即 AD,BE,CF 三线共点于 O).

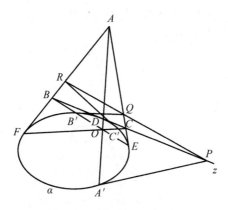

图 473

命题 474 设椭圆 α 的中心为 O,$\triangle ABC$ 外切于 α,BC,CA,AB 上的中点分别为 D,E,F,AO,BO,CO 分别交对边于 A',B',C',过 A',B',C' 分别作 α 的切线,切点依次记为 P,Q,R,如图 474 所示,求证:DP,EQ,FR 三线共点(此点记为 S).

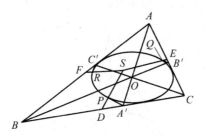

图 474

* **命题 475** 设 $\triangle ABC$ 外切于椭圆 α,BC,CA,AB 上的切点分别为 D,E,F,O 是 α 内一点,AO,BO,CO 分别交 α 于 D',E',F',如图 475 所示,求证:DD',EE',FF' 三线共点(此点记为 S).

注:注意下面的命题 475.1 与本命题的联系.

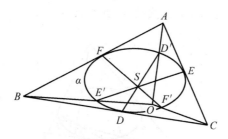

图 475

* **命题 475.1** 设 $\triangle ABC$ 外切于椭圆 α,BC,CA,AB 上的切点分别为 D,E,F,一直线与 EF,FD,DE 分别相交于 P,Q,R,过 P 作 α 的切线,且交 BC 于

199

P'；过 Q 作 α 的切线，且交 CA 于 Q'；过 R 作 α 的切线，且交 AB 于 R'，如图 475.1 所示，求证：P',Q',R' 三点共线．

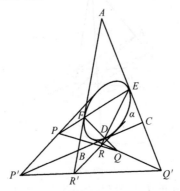

图 475.1

命题 476　设 $\triangle ABC$ 外切于椭圆 α，一直线分别交 BC,CA,AB 于 P，Q,R，过 P,Q,R 分别作 α 的切线，切点依次为 A',B',C'，如图 476 所示，求证：AA',BB',CC' 三线共点（此点记为 S）．

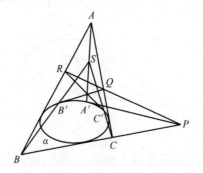

图 476

命题 477　设 $\triangle ABC$ 外切于椭圆 α，一直线过 A，且交 α 于 D,E，过 D，E 分别作 α 的切线，这两切线交于 F，设 DF 交 AB 于 G，FH 交 BC 于 H，如图 477 所示，求证：CF,DE,GH 三线共点（此点记为 S）．

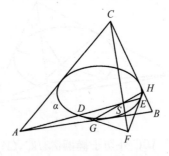

图 477

* 命题 478　设 $\triangle ABC$ 外切于椭圆 α, BC,CA,AB 上的切点分别为 D,E,F, AD 交 α 于 G, FG 交 DE 于 H, AH 交 BC 于 S, GS 分别交 AB,AC 于 K,L, 如图 478 所示,求证:

① S,E,F 三点共线;

② SG 是 α 的切线;

③ BL,CK,DG,EF 四线共点(此点记为 M).

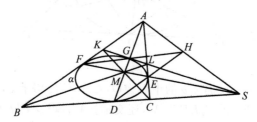

图 478

命题 479　设椭圆 α 的中心为 O, $\triangle ABC$ 外切于 α, BC,CA,AB 上的切点分别为 D,E,F, DO,EO,FO 分别交 α 于 D',E',F', 设 OA,OB,OC 的中点分别为 A',B',C', 如图 479 所示,求证: $A'D',B'E',C'F'$ 三线共点(此点记为 S).

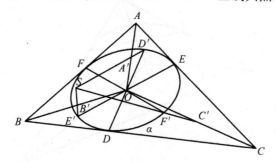

图 479

** 命题 480　设椭圆 α 的中心为 O, $\triangle ABC$ 外切于 α, BC,CA,AB 上的切点分别为 D,E,F, DO 交 EF 于 A', 还交 α 于 A''; EO 交 FD 于 B', 还交 α 于 B''; FO 交 DE 于 C', 还交 α 于 C'', 如图 480 所示,求证:

① AA',BB',CC' 三线共点,此点记为 P;

② AA'',BB'',CC'' 三线共点,此点记为 Q;

③ O,P,Q 三点共线.

注:注意下面的命题 480.1 与本命题的联系.

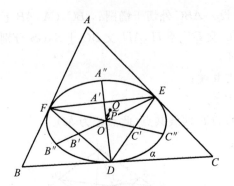

图 480

* 命题 480.1 设椭圆 α 的中心为 O,$\triangle ABC$ 外切于 α,BC,CA,AB 上的切点分别为 D,E,F,AO 交 EF 于 A',还交 α 于 A'';BO 交 FD 于 B',还交 α 于 B'';CO 交 DE 于 C',还交 α 于 C'',如图 480.1 所示,求证:

① $A'D$,$B'E$,$C'F$ 三线共点(此点记为 P);

② $A''D$,$B''E$,$C''F$ 三线共点(此点记为 Q).

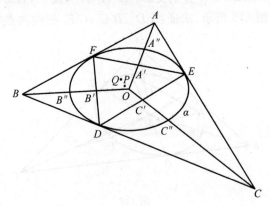

图 480.1

** 命题 481 设 $\triangle ABC$ 外切于椭圆 α,一直线 m 与 α 没有公共点,它分别交 BC,CA,AB 于 A',B',C',另有一直线 n,它与 α 相切,过 A',B',C' 分别作 α 的切线,且依次交 n 于 P,Q,R,如图 481 所示,求证:AP,BQ,CR 以及 m 四线共点(此点记为 S).

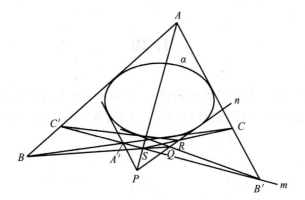

图 481

1.20

命题 482 设 $\triangle ABC$ 外切于椭圆 α,BC,CA,AB 上的切点分别为 D,E,F,BE,CF 分别交 α 于 B',C',如图 482 所示,求证:BC,$B'C'$,EF 三线共点(此点记为 S).

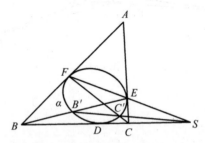

图 482

注:注意下面的命题 482.1 与本命题的联系.

命题 482.1 设 $\triangle ABC$ 外切于椭圆 α,BC,CA,AB 上的切点分别为 D,E,F,DE 交 AB 于 M,EF 交 BC 于 N,过 M,N 分别作 α 的切线,这两切线相交于 P,如图 482.1 所示,求证:P,E,B 三点共线.

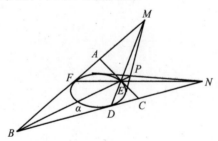

图 482.1

* **命题 483** 设 $\triangle ABC$ 外切于椭圆 α,BC,CA,AB 上的切点分别为 D,E,F,AB,BC 的中点分别为 M,N,设 MN 分别交 DE,EF 于 G,H,如图 483 所示,求证:四边形 $BGEH$ 是平行四边形.

注:注意下面两命题 483.1,483.2 与本命题的联系.

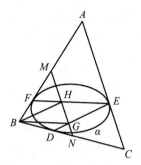

图 483

** 命题 483.1 设 $\triangle ABC$ 外切于椭圆 α，BC,CA,AB 上的切点分别为 D,E,F，Z 是 α 内一点，AZ,BZ 分别交 DE 于 G,H，AH 交 BG 于 K，如图 483.1 所示，求证：K,Z,F 三点共线.

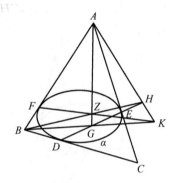

图 483.1

** 命题 483.2 设 $\triangle ABC$ 外切于椭圆 α，BC,CA,AB 上的切点分别为 D,E,F，M,N 两点分别在 DE,DF 上，AM 交 DF 于 P，AN 交 DE 于 Q，如图 483.2 所示，求证：MN,BC,PQ 三线共点（此点记为 S）.

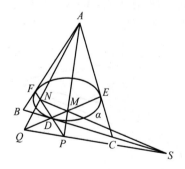

图 483.2

命题 484 设 $\triangle ABC$ 外切于椭圆 α，BC,CA,AB 上的切点分别为 D,E,F，过 E 作 BC 的平行线，且交 DF 于 G；过 F 作 BC 的平行线，且交 DE 于 H，设 EF

交 GH 于 K,如图 484 所示,求证:A,K,D 三点共线.

注:注意下面的命题 484.1 与本命题的联系.

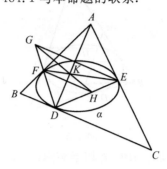

图 484

命题 484.1 设 $\triangle ABC$ 外切于椭圆 α,BC,CA,AB 上的切点分别为 D,E,F,$P \perp BC$ 是一点,DF 交 EP 于 G,DE 交 FP 于 H,GH 交 EF 于 K,如图 484.1 所示,求证:A,K,D 三点共线.

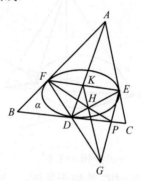

图 484.1

命题 485 设 $\triangle ABC$ 外切于椭圆 α,BC,CA,AB 上的切点分别为 D,E,F,一直线过 E,且分别交 AB,BC 于 I,G,AG 交 CI 于 H,设 DF 交 AC 于 K,如图 485 所示,求证:K,B,H 三点共线.

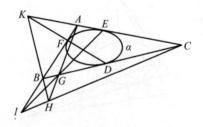

图 485

命题 486 设 $\triangle ABC$ 外切于椭圆 α,O 是 α 内一点,一直线与 α 相切,且分别交 AO,BO,CO 于 A',B',C',过 A' 作 α 的切线,且交 BC 于 P;过 B' 作 α 的切

线,且交 CA 于 Q;过 C' 作 α 的切线,且交 AB 于 R,如图 486 所示,求证:O,P,Q,R 四点共线.

注:本命题源于下面的命题 486.1.

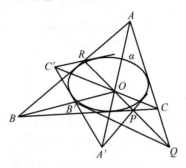

图 486

命题 486.1 设 $\triangle ABC$ 内接于椭圆 α,P 是 α 上一点,过 P 作 BC 的平行线,且交 α 于 A';过 P 作 CA 的平行线,且交 α 于 B';过 P 作 AB 的平行线,且交 α 于 C',如图 486.1 所示,求证:$AA' \parallel BB' \parallel CC'$.

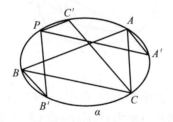

图 486.1

命题 487 设椭圆 α 的中心为 O,$\triangle ABC$ 外切于 α,BC 边上的切点为 P,BC,CA,AB 的中点分别为 D,E,F,如图 487 所示,求证:AP,DO,EF 三线共点(此点记为 S).

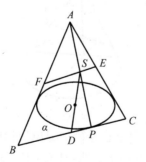

图 487

命题 488 设椭圆 α 的中心为 O,$\triangle ABC$ 外切于 α,AC 上的切点为 D,DO 交 α 于 E,过 O 作 BE 的平行线,且交 AC 于 M,如图 488 所示,求证:点 M 是 AC

的中点.

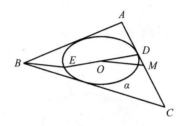

图 488

命题 489 设椭圆 α 的中心为 O,$\triangle ABC$ 的各边都与 α 相切,BC 上的切点为 D,AD 交 α 于 E,DE 的中点为 M,过 D 分别作 MB,MC 的平行线,且依次交 α 于 P,Q,如图 489 所示,求证:线段 PQ 被 OE 所平分.

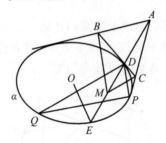

图 489

命题 490 设椭圆 α 的中心为 O,$\triangle ABC$ 的三边(或三边的延长线)均与 α 相切,BC,CA,AB 上的切点分别为 D,E,F,设 OD 交 EF 于 G,AG 交 BC 于 M,如图 490 所示,求证:$BM = CM$.

注:注意下面的命题 490.1 与本命题的联系.

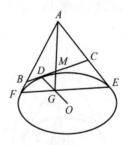

图 490

命题 490.1 设椭圆 α 的中心为 O,$\triangle ABC$ 外切于 α,BC,CA,AB 上的切点分别为 D,E,F,过 C 作 AB 的平行线,且交 DE 于 G,过 O 作 FG 的平行线,且分别交 FD,FE 于 M,N,如图 490.1 所示,求证:点 O 是线段 MN 的中点.

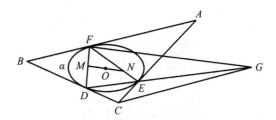

图 490.1

命题 491 设椭圆 α 的中心为 O,$\triangle ABC$ 外切于 α,AB 上的切点为 D,过 C 作 OD 的平行线,且交 AB 于 E,M 是 CE 的中点,DM 交 α 于 F,FA,FB 分别交 α 于 G,H,如图 491 所示,求证:GH 被 OD 所平分.

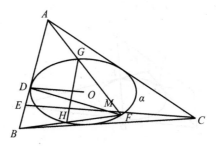

图 491

命题 492 设椭圆 α 的中心为 O,$\triangle ABC$ 外切于 α,BC,CA,AB 上的切点分别为 D,E,F,EF 的中点为 M,过 D 作 OM 的平行线,且交 EF 于 G,过 B 作 EF 的平行线,且交 CG 于 H,如图 492 所示,求证:线段 BH 被 DG 所平分.

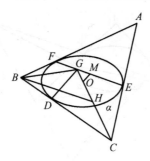

图 492

* **命题 493** 设椭圆 α 的中心为 O,$\triangle ABC$ 外切于 α,BC 的中点为 M,MO 交 AB 于 D,AO 交 α 于 E,过 E 且与 α 相切的直线记为 l,过 B 作 l 的平行线,且交 OC 于 F,如图 493 所示,求证:$DF \parallel AC$.

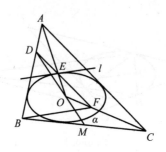

图 493

命题 494 设 △ABC 外切于椭圆 α，BC，CA，AB 上的切点分别为 D，E，F，DE 交 AB 于 G，过 F 作 DE 的平行线，且交 AC 于 H，GH 交 EF 于 K，如图 494 所示，求证：BK ∥ DE．

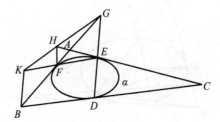

图 494

命题 495 设 △ABC 外切于椭圆 α，BC，CA，AB 上的切点分别为 D，E，F，P 是 BE 上一点，PC 交 DF 于 G，PD 交 AC 于 H，HB 交 α 于 K，如图 495 所示，求证：GK 是 α 的切线．

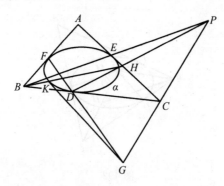

图 495

命题 496 设椭圆 α 的中心为 O，△ABC 外切于 α，AB，AC 的切点分别为 D，E，AB，BC 的中点分别为 F，G，设 DE 交 FG 于 S，如图 496 所示，求证：S，O，C 三点共线．

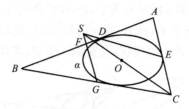

图 496

命题 497 设 $\triangle ABC$ 外切于椭圆 α,BC,CA,AB 上的切点分别为 D,E,F,这三边的中点分别记为 M_1,M_2,M_3,过 M_1 作 α 的切线,且交 EF 于 P;过 M_2 作 α 的切线,且交 FD 于 Q;过 M_3 作 α 的切线,且交 DE 于 R,如图 497 所示,求证:P,Q,R 三点共线.

注:下面的命题 497.1 与本命题相近.

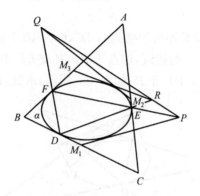

图 497

命题 497.1 设 $\triangle ABC$ 外切于椭圆 α,三边 BC,CA,AB 的中点分别记为 M_1,M_2,M_3,过 M_1 作 α 的切线,且交 M_2M_3 于 P;过 M_2 作 α 的切线,且交 M_3M_1 于 Q;过 M_3 作 α 的切线,且交 M_1M_2 于 R,如图 497.1 所示,求证:P,Q,R 三点共线.

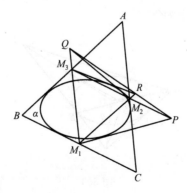

图 497.1

* 命题 498　设椭圆 α 的中心为 O，$\triangle ABC$ 外切于 α，OA，OB，OC 分别交 α 于 A'，B'，C'，如图 498 所示，过 A' 作 α 的切线，且交 BC 于 P；过 B' 作 α 的切线，且交 CA 于 Q；过 C' 作 α 的切线，且交 AB 于 R，求证：P,Q,R 三点共线.

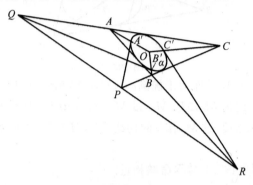

图 498

命题 499　设 $\triangle ABC$ 外切于椭圆 α，BC，CA，AB 上的切点分别为 D,E,F，DE 交 AB 于 G，过 G 作 α 的切线，切点为 P，GP 交 EF 于 H，过 H 作 α 的切线，且交 AB 于 Q，设 HA 交 DF 于 R，如图 499 所示，求证：P,Q,R 三点共线.

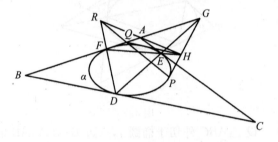

图 499

命题 500　设椭圆 α 的中心为 O，$\triangle ABC$ 外切于 α，BC，CA，AB 上的切点分别为 D,E,F，OA，OB，OC 的中点分别为 P,Q,R，如图 500 所示，求证：DP，EQ，CF 三线共点（此点记为 S）.

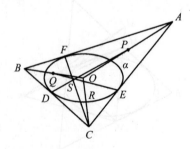

图 500

命题 501　设椭圆 α 的中心为 O，$\triangle ABC$ 外切于 α，BC，CA，AB 上的中点

分别为 D,E,F,OA,OB,OC 分别交 α 于 A',B',C',如图 501 所示,求证:AD,BE,CF 三线共点(此点记为 S).

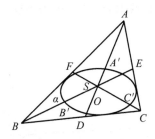

图 501

* 命题 502　设 $\triangle ABC$ 外切于椭圆 α,BC,CA,AB 上的切点分别为 D,E,F,Z 是 $\triangle DEF$ 内一点,DZ,EZ,FZ 分别交 $\triangle DEF$ 的对边于 A',B',C',如图 502 所示,求证:AA',BB',CC' 三线共点(此点记为 S).

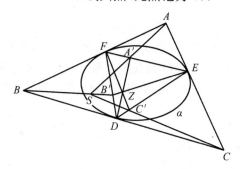

图 502

* 命题 503　设椭圆 α 的中心为 O,$\triangle ABC$ 外切于 α,AO,BO,CO 分别交对边于 D,E,F,过 D,E,F 分别作 α 的切线,切点依次为 P,Q,R,设 BC,CA,AB 的中点分别为 P',Q',R',如图 503 所示,求证:

① PP',QQ',RR' 三线共点,此点记为 S;

② 点 S 在 α 上.

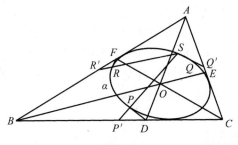

图 503

* 命题 504　设 $\triangle ABC$ 外切于椭圆 α,BC,CA,AB 上的切点分别为 D,E,

F,AD 交 α 于 G,GB,GC 分别交 α 于 H,K,GF 交 DH 于 M,GE 交 DK 于 N,如图 504 所示,求证：

① BC,EF,HK,MN 四线共点（此点记为 S）；

② 直线 GS 与 α 相切.

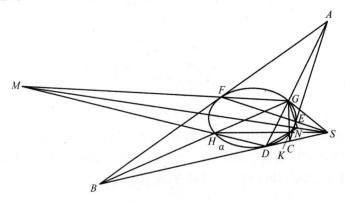

图 504

命题 505 设 $\triangle ABC$ 的三边（或三边的延长线）均与椭圆 α 相切,BC 上的切点为 D,设 P 是 AD 上一点,Q,R 是 α 上两点,PQ,PR 分别交 α 于 E,F,BE,CF 分别交 α 于 M,N,如图 505 所示,求证:BC,EF,MN,QR 四线共点（此点记为 S）.

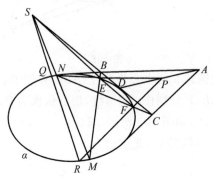

图 505

* **命题 506** 设椭圆 α 的中心为 O,$\triangle ABC$ 外切于 α,BC,CA,AB 上的切点分别为 D,E,F,OB,OC 分别交 α 于 G,H,过 G,H 分别作 α 的切线,且依次交 BC 于 K,L,过 E 作 GK 的平行线,且交 α 于 P;过 F 作 HL 的平行线,且交 α 于 Q,PQ 的中点记为 M,如图 506 所示,求证：

① $PQ \parallel BC$；

② M,O,D 三点共线.

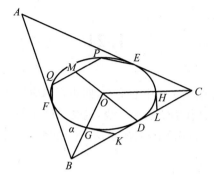

图 506

1.21

* **命题 507** 设椭圆 α 的中心为 O,四边形 $ABCD$ 内接于 α,AC 是 α 的直径,P 是 α 上一点,过 P 作 BC 的平行线,且交 AD 于 Q,过 P 作 CD 的平行线,且交 AB 于 R,设 BC,CD 分别交 QR 于 M,N,如图 507 所示,求证:$MQ = NR$.

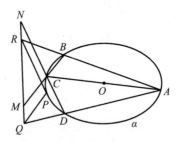

图 507

** **命题 508** 设四边形 $ABCD$ 内接于椭圆 α,AC 交 BD 于 O,P 是 EF 上一点,过 P 作 α 的两条切线,这两切线与过 O 且与 EF 平行的直线分别交于 M,N,如图 508 所示,求证:点 O 平分线段 MN.

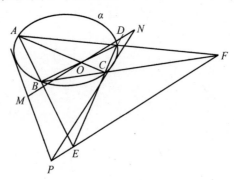

图 508

* **命题 509** 设椭圆 α 的中心为 O,四边形 $ABCD$ 内接于 α,AB,BC,CD 的中点分别为 R,P,Q,现在,取两点 M,N,使得 $AM \parallel DN \parallel OP$,$BN \parallel OQ$,$CM \parallel OR$,如图 509 所示,求证:$MN = AD$,且 $MN \parallel AD$.

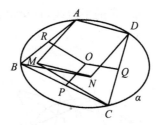

图 509

命题 510 设椭圆 α 的中心为 O,梯形 $ABCD$ 内接于 α,$AB \parallel CD$,CO 交 α 于 E,EB 交 AD 于 F,FO 交 CD 于 G,如图 510 所示,求证:$BG \parallel DE$.

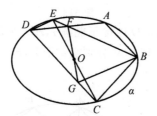

图 510

命题 511 设四边形 $ABCD$ 内接于椭圆 α,A',B',C',D' 是 α 上另外四点,使得 $A'B' \parallel AB$,$B'C' \parallel BC$,$C'D' \parallel CD$,如图 511 所示,求证:$D'A' \parallel DA$.

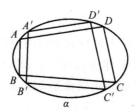

图 511

命题 512 设椭圆 α 的中心为 O,四边形 $ABCD$ 内接于 α,在 AB,BC,CD,DA 上各取一点,分别记为 E,F,G,H,使得 $OE \parallel CD$,$OF \parallel AD$,$OG \parallel AB$,$OH \parallel BC$,如图 512 所示,求证:$EG \parallel FH$.

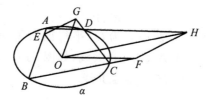

图 512

命题 513 设四边形 $ABCD$ 内接于椭圆 α,$AD \parallel BC$,E 是 AD 上一点,过 E 作 AB 的平行线,且交 CD 于 F,FB 交 AD 于 G,设 CE 交 AB 于 H,过 A 作 GH

的平行线,且交 α 于 N,过 D 作 EF 的平行线,且交 α 于 M,如图 513 所示,求证:

① $GH \parallel CD$;

② $MN \parallel BC$.

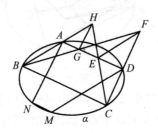

图 513

命题 514 设梯形 $ABCD$ 内接于椭圆 α,$AD \parallel BC$,AC 交 BD 于 M,AB 交 CD 于 N,P 是 α 上一点,PM,PN 分别交 α 于 E,F,如图 514 所示,求证:$EF \parallel BC$.

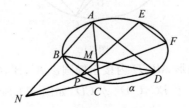

图 514

命题 515 设平行四边形 $ABCD$ 和平行四边形 $A'B'C'D'$ 均内接于椭圆 α,若 $A'B' \parallel AB$,如图 515 所示,求证:$B'C' \parallel BC$,$C'D' \parallel CD$,$D'A' \parallel DA$.

注:本命题的"黄表示"是下面的命题 515.1.

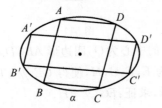

图 515

命题 515.1 设椭圆 α 的中心为 O,平行四边形 $ABCD$ 和平行四边形 $A'B'C'D'$ 均外切于 α,若 A,A',O 三点共线,如图 515.1 所示,求证:A,A',O,C,C' 五点共线,B,B',O,D,D' 五点也共线.

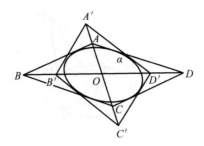

图 515.1

命题 516 设椭圆 α 的中心为 O，四边形 $ABCD$ 内接于 α，AB,BC,CD 上的中点分别为 P,Q,R，过 A 作 OQ 的平行线，同时，过 C 作 OP 的平行线，这两线交于 M，现在，过 D 作 OQ 的平行线，同时，过 B 作 OR 的平行线，这两线交于 N，如图 516 所示，求证：四边形 $AMND$ 是平行四边形.

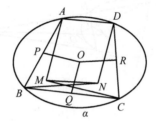

图 516

命题 517 设四边形 $ABCD$ 内接于椭圆 α，AC 交 BD 于 Z，M 是弧 CD 上一点，过 A 作 α 的切线，且交 MB 于 P，MC 交 AD 于 Q，如图 517 所示，求证：Z，P,Q 三点共线.

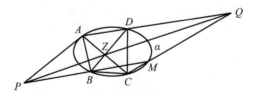

图 517

命题 518 设四边形 $ABCD$ 内接于椭圆 α，AB 交 CD 于 P，在 AD 上取一点 M，在 BC 上取一点 N，设 NA 交 MC 于 Q，ND 交 MB 于 R，如图 518 所示，求证：P,Q,R 三点共线.

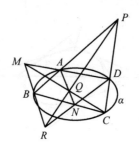

图 518

命题 519　设四边形 $ABCD$ 内接于椭圆 α，AD 交 BC 于 P，点 M,N 分别在 AB,CD 上，设 AN 交 CM 于 Q，BN 交 DM 于 R，如图 519 所示，求证：P,Q,R 三点共线.

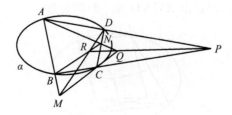

图 519

命题 520　设椭圆 α 的中心为 O，梯形 $ABCD$ 内接于 α，$AD \parallel BC$，作平行于 AB 且与 α 相切的直线，同时，作平行于 CD 且与 α 相切的直线，这两线相交于 P，过 B,C 分别作 α 的切线，这两线交于 Q，如图 520 所示，求证：O,P,Q 三点共线.

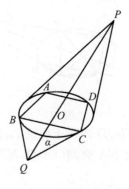

图 520

命题 521　设椭圆 α 的中心为 O，四边形 $ABCD$ 内接于 α，AB 交 CD 于 P，PO 分别交 AD,BC 于 E,F，设 AD,BC 的中点分别为 M,N，过 F 作 OM 的平行线，且交 AD 于 G，过 E 作 ON 的平行线，且交 BC 于 H，如图 521 所示，求证：P,G,H 三点共线.

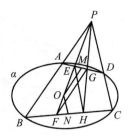

图 521

** 命题 522　设四边形 $ABCD$ 内接于椭圆 α，AC 交 BD 于 M，AB 交 CD 于 N，一直线过 N，且分别交 AD，BC 于 A'，B'，设 MA' 交 BC 于 C'，MB' 交 AD 于 D'，如图 522 所示，求证：N，C'，D' 三点共线.

注：下面的命题 522.1 是本命题的特例.

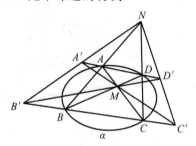

图 522

** 命题 522.1　设四边形 $ABCD$ 内接于椭圆 α，AC 交 BD 于 M，AB 交 CD 于 N，过 N 作 α 的两条切线，且分别交 AD，BC 于 A'，D' 和 B'，C'，如图 522.1 所示，求证：$A'C'$，$B'D'$ 均经过 M.

注：下面的命题 522.2 和命题 522.3 都是命题 522.1 的"黄表示".

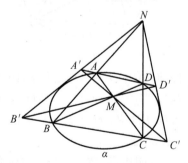

图 522.1

** 命题 522.2　设完全四边形 $ABCD-EF$ 外切于椭圆 α，BD 交 α 于 B'，D'，AB' 交 CD' 于 G，AD' 交 $B'C$ 于 H，如图 522.2 所示，求证：E，F，G，H 四点共线.

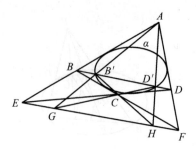

图 522.2

**命题 522.3 设完全四边形 $ABCD-EF$ 外切于椭圆 α,过 A 作两直线,它们分别交 BD,EF 于 M,N 和 P,Q,如图 522.3 所示,求证:"M,C,Q 三点共线"的充要条件是"N,C,P 三点共线".

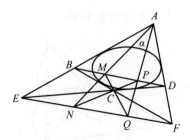

图 522.3

命题 523 设椭圆 α 的中心为 O,四边形 $ABCD$ 内接于 α,CO 交 AD 于 E,交 α 于 F;DO 交 BC 于 G,EG 交 AB 于 H,如图 523 所示,求证:$FH \mathbin{/\mkern-5mu/} CD$.

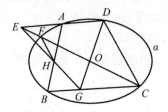

图 523

*命题 524 设四边形 $ABCD$ 内接于椭圆 α,四边形 $A'B'C'D'$ 外切于 α,且 $A'B' \mathbin{/\mkern-5mu/} AB$,$B'C' \mathbin{/\mkern-5mu/} BC$,$C'D' \mathbin{/\mkern-5mu/} CD$,$D'A' \mathbin{/\mkern-5mu/} DA$,设 $A'B'$,$B'C'$,$C'D'$,$D'A'$ 上的切点分别为 E,F,G,H,ED 交 BH 于 P,AF 交 EC 于 Q,BG 交 DF 于 R,AG 交 CH 于 S,如图 524 所示,求证:

① 四边形 $PQRS$ 是平行四边形,PQ 与 RS 关于 α 是共轭的,PS 与 QR 关于 α 也是共轭的;

② $FH \mathbin{/\mkern-5mu/} PQ$,$EG \mathbin{/\mkern-5mu/} PS$;

③ PR,QS,EG,FH 四线共点(此点记为 M).

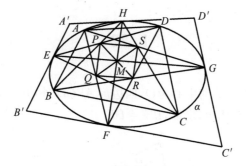

图 524

1.22

命题 525 设椭圆 α 的中心为 O，四边形 $ABCD$ 外切于 α，BD 交 α 于 E,F，若 AC 过 O，如图 525 所示，求证：$BE=DF$.

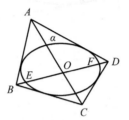

图 525

命题 526 设平行四边形 $ABCD$ 外切于椭圆 α，AB 上的切点为 E，过 E 作 AD 的平行线，且在其上取一点 P（P 在 α 外），过 P 作 α 的两条切线，且分别交 CD 于 M,N，如图 526 所示，求证：$DM=CN$.

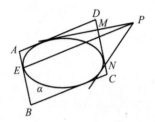

图 526

** 命题 527 设椭圆 α 的中心为 O，四边形 $ABCD$ 外切于 α，AD 上的切点为 M，在 AM 上取一点 D'，使得 $MD'=MD$，设 BD' 交 OM 于 P，PC 交 AD 于 A'，如图 527 所示，求证：$MA'=MA$.

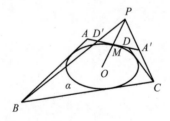

图 527

命题 528 设椭圆 α 的中心为 O，四边形 $ABCD$ 外切于 α，$AD \parallel BC$，AB，CD 上的切点分别为 E,F，AC 交 BD 于 M，过 O 作 EF 的平行线，且分别交 AB，CD，BD，AC 于 G,H,K,L，如图 528 所示，求证：

① E,M,F 三点共线,且 $ME = MF$；
② $OG = OH$, $OK = OL$.

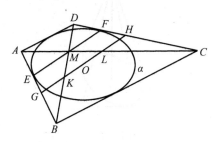

图 528

命题 529 设四边形 $ABCD$ 外切于椭圆 α, AB,AD 上的切点分别为 E,F, EF 交 BC 于 G, 过 G 作 α 的切线,且交 CD 于 H, 设 EF 交 AC 于 Z, 过 Z 且与 AH 平行的直线分别交 AB,AD 于 M,N, 如图 529 所示,求证: $ZM = ZN$.

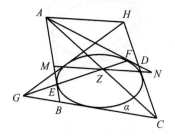

图 529

**命题 530 设四边形 $ABCD$ 外切于椭圆 α, AC 交 BD 于 O, P 是 EF 上一点,过 P 作 α 的两条切线,这两切线与过 O 且与 EF 平行的直线分别交于 M, N, 如图 530 所示,求证: 点 O 平分线段 MN.

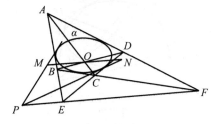

图 530

命题 531 设椭圆 α 的中心为 O, 四边形 $ABCD$ 外切于 α, P 是这个四边形外一点, 如图 531 所示, 求证: "$\angle OPA = \angle OPC$" 的充要条件是 "$\angle OPB = \angle OPD$".

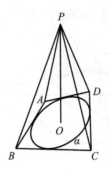

图 531

命题 532 设平行四边形 $ABCD$ 外切于椭圆 α，AB 上的切点为 E，F 是 DC 延长线上一点，过 F 作 α 的切线，这切线交 BC 于 G，如图 532 所示，求证：$EG \parallel AF$.

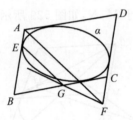

图 532

命题 533 设椭圆 α 的中心为 O，四边形 $ABCD$ 外切于 α，AD，CD 上的切点分别为 E，F，OA，OC 分别交 α 于 G，H，若 O 在 BD 上，如图 533 所示，求证：$EF \parallel GH$.

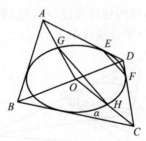

图 533

命题 534 设椭圆 α 的中心为 O，平行四边形 $ABCD$ 外切于 α，AD 上的切点为 E，一直线与 OE 平行，且与 α 相切，该切线分别交 AB，CD 于 F，G，设 OF 交 AD 于 H，如图 534 所示，求证：$GH \parallel AC$.

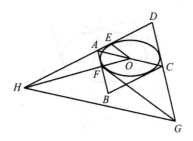

图 534

命题 535　设平行四边形 $ABCD$ 外切于椭圆 α，一直线分别交 AB, BC, AD 于 E, F, G，过 E 作 α 的切线，且交 DF 于 H，EH 交 CG 于 K，过 H, K 分别作 α 的切线 l, l'，如图 535 所示，求证：$l \parallel l'$.

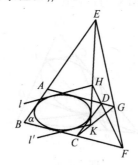

图 535

命题 536　设平行四边形 $ABCD$ 外切于椭圆 α，点 E, F 分别在 AD, BC 上，EF 交 AB 于 G，过 G 作 α 的切线，且分别交 EC, DF 于 M, N，过 M, N 分别作 α 的切线 l_1, l_2，如图 536 所示，求证：$l_1 \parallel l_2$.

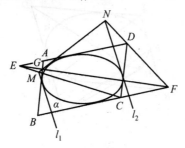

图 536

命题 537　设平行四边形 $ABCD$ 外切于椭圆 α，一直线分别交 AB, BC 于 E, F，过 E 作 α 的切线，且交 AD 于 G，过 F 作 α 的切线，且交 CD 于 H，如图 537 所示，求证：$GH \parallel EF$.

注：在"蓝几何"里，本命题应叙述成下面的命题 537.1.

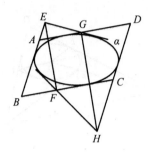

图 537

命题 537.1 设完全四边形 $ABCD-EF$ 外切于椭圆 α,一直线与 α 相切,且分别交 AB,AD 于 G,H,设 P 是 EF 上一点,PG 交 BC 于 M,PH 交 CD 于 N,如图 537.1 所示,求证:直线 MN 与 α 相切.

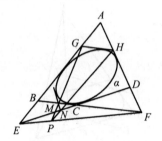

图 537.1

命题 538 设椭圆 α 的中心为 O,平行四边形 $ABCD$ 外切于 α,一直线与 α 相交,且与 AC 平行,该直线分别交 AB,CD,DO 于 E,F,G,过 E,F 分别作 α 的切线,这两切线交于 H,如图 538 所示,求证:$GH \parallel AD$.

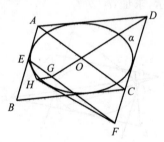

图 538

命题 539 设椭圆 α 的中心为 O,四边形 $ABCD$ 外切于 α,OA,OB,OC,OD 分别交 α 于 A',B',C',D',过 A',B',C',D' 分别作 α 的切线,这四条切线构成四边形 $EFGH$,过 A 作 EH 的平行线,同时,过 O 作 FG 的平行线,这两线交于 P;现在,过 B 作 EF 的平行线,同时,过 O 作 GH 的平行线,这两线交于 Q;过 C 作 FG 的平行线,且交 PQ 于 R;过 D 作 GH 的平行线,且交 PQ 于 S,如图 539 所示,求证:$OR \parallel EH$,$OS \parallel EF$.

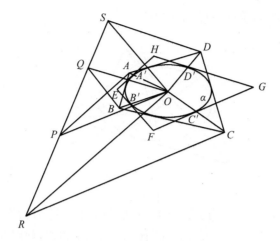

图 539

** 命题 540 设椭圆 α 的中心为 O,四边形 $ABCD$ 外切于 α,BD 交 α 于 E,F,EF 的中点为 M,过 O 作 OA 的平行线,且交 α 于 G;过 O 作 OC 的平行线,且交 α 于 H,如图 540 所示,求证:$GH \perp BD$.

注:本命题源于下面的命题 540.1.

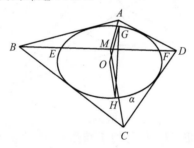

图 540

命题 540.1 设四边形 $ABCD$ 外切于圆 O,O 在 BD 上的射影为 M,如图 540.1 所示,求证:$\angle AMD = \angle CMD$.

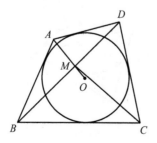

图 540.1

** 命题 541 设 O 是椭圆 α 内一点,四边形 $ABCD$ 外切于 α,BO,CO,DO 分别交 α 于 B',C',D',AO 的延长线交 α 于 A',设 BD 交 $B'D'$ 于 P,AC 交 $A'C'$

于 Q，如图 541 所示，求证：PQ 与 α 相切.

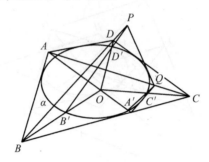

图 541

** 命题 542 设四边形 $ABCD$ 外切于椭圆 α，A'，B'，C'，D' 四点分别位于 OA，OB，OC，OD 上，若 $A'B'$，$B'C'$，$C'D'$ 均与 α 相切，如图 542 所示，求证：直线 $D'A'$ 也与 α 相切.

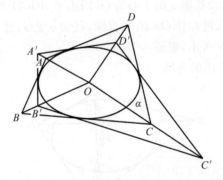

图 542

命题 543 设四边形 $ABCD$ 外切于椭圆 α，AC 交 α 于 E，F，过 E，F 分别作 α 的切线，这两切线交于 P，如图 543 所示，求证：点 P 在 BD 上.

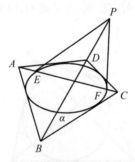

图 543

* 命题 544 设四边形 $ABCD$ 外切于椭圆 α，M 是 AC 与 α 的交点之一，过 M 作 α 的切线，这切线交 BD 于 P，一直线过 P，且分别交 AB，AD 于 E，F，过 E，F 分别作 α 的切线，这两切线交于 N，如图 544 所示，求证：点 N 在 AC 上.

注：在图544中，若将AC视为"蓝假线"，那么，在"蓝观点"下，α就是"蓝双曲线"，A,C,M,N均为"蓝假点"，AB,AD是"蓝平行线"，CB,CD也是"蓝平行线"，PM是α的"蓝渐近线"，P是α的"蓝中心"，也是"蓝平行四边形"ABCD的"蓝中心"，因此，把"蓝观点"下，对命题544的理解，改用我们的语言陈述，就成了下面的命题544.1.

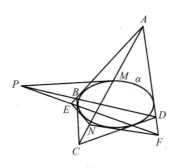

图544

命题544.1 设直线t是双曲线α的渐近线之一（t上的无穷远点记为M，见图544.2，以下，凡直线上的无穷远点，均以箭头显示），α的中心为P，平行四边形$BB'DD'$的四边均与α相切（因而，这个平行四边形的中心也是P），一直线过P，且分别交BB',DD'于E,F，过E,F分别作α的切线，如图544.1所示，求证：这两切线彼此平行（即它们有着共同的无穷远点）．

图544.2是图544.1的复制品，只是把各直线上的无穷远点均以箭头逐一显示，例如，BB'和DD'上的无穷远点记为A，BD'和$B'D$上的无穷远点记为C. 所标示的字母都与图544一致．

由于图544.1是对称图形，所以，命题544.1的结论明显成立，因而，它的对偶命题也"明显成立"，即命题544"明显成立"．

通过命题的对偶关系，用简易的命题544.1替代困难的命题544，这就是"对偶法"．

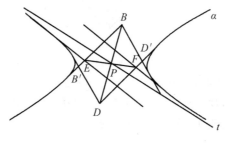

图544.1

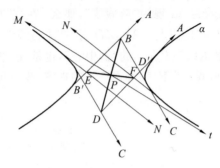

图 544.2

命题 545 设四边形 $ABCD$ 外切于椭圆 α, BC 上的切点为 E, 一直线与 α 相切, 且分别交 BC, CD 于 F, G, 设 BG 交 DE 于 H, 如图 545 所示, 求证: 点 H 在 AF 上.

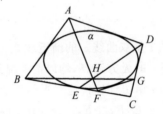

图 545

** 命题 546 设椭圆 α 的中心为 O, 四边形 $ABCD$ 外切于 α, 以 OA, OC 为邻边作平行四边形 $APCO$, 以 OB, OD 为邻边作平行四边形 $BQDO$, 如图 546 所示, 求证: O, P, Q 三点共线.

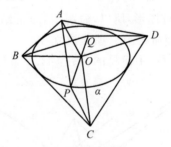

图 546

命题 547 设椭圆 α 的中心为 O, 平行四边形 $ABCD$ 外切于 α, 一直线与 α 相切, 且分别交 AD, BC 于 M, N, NO 交 AB 于 E, 过 E 作 α 的切线, 且交 CD 于 F, 如图 547 所示, 求证: O, F, M 三点共线.

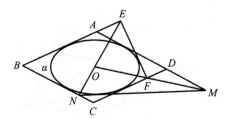

图 547

命题 548　设四边形 $ABCD$ 外切于椭圆 α，AC 交 BD 于 M，AD 交 BC 于 E，AB 与 α 相切于 F，EF 交 α 于 G，过 G 作 α 的切线，且交 CD 于 H，如图 548 所示，求证：E,M,H 三点共线.

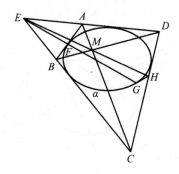

图 548

*命题 549　设四边形 $ABCD$ 外切于椭圆 α，Z 是 α 内一点，AD 交 BC 于 E，EZ 交 AB 于 F，过 F 作 α 的切线，且交 CD 于 G，设 DZ 交 AB 于 H，过 H 作 α 的切线，且交 BC 于 K，如图 549 所示，求证：Z,K,G 三点共线.

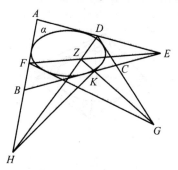

图 549

命题 550　设四边形 $ABCD$ 外切于椭圆 α，AC 交 BD 于 O，一直线与 α 相切，且分别交 AD,BC 于 M,N，NO 交 AB 于 E，过 E 作 α 的切线，且交 CD 于 F，如图 550 所示，求证：O,F,M 三点共线.

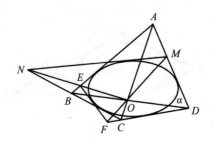

图 550

命题 551 设椭圆 α 的中心为 O,四边形 $ABCD$ 外切于 α,BC 上的切点为 E,EO 交 α 于 F,以 CB,CD 为邻边作平行四边形 $BCDG$,过 F 作 α 的切线,且交 AG 于 H,如图 551 所示,求证:H,O,C 三点共线.

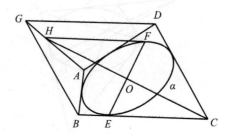

图 551

命题 552 设椭圆 α 的中心为 O,平行四边形 $ABCD$ 外切于 α,一直线与 α 相切,且分别交 OA,OD 于 E,F,设 BE 交 AF 于 P,DE 交 CF 于 Q,如图 552 所示,求证:OP,OQ 的方向关于 α 共轭.

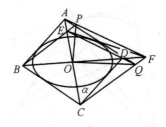

图 552

命题 553 设四边形 $ABCD$ 外切于椭圆 α,AB 上的切点为 E,AB 交 CD 于 F,一直线与 α 相切,且分别交 BC,AD 于 M,N,如图 553 所示,求证:BD,FM,EN 三线共点(此点记为 S).

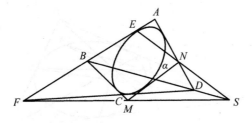

图 553

＊命题 554 设平行四边形 $ABCD$ 外切于椭圆 α，一直线与 α 相切，且分别交 AB,CD 于 E,F，另有一直线也与 α 相切，且分别交 AD,BC 于 G,H，如图 554 所示，求证：BD,EG,FH 三线共点（此点记为 S）.

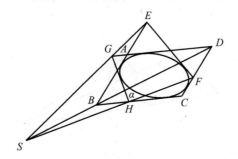

图 554

＊命题 555 设四边形 $ABCD$ 外切于椭圆 α，AB,BC,CD,DA 上的切点分别为 E,F,G,H，如图 555 所示，求证：AC,EF,GH 三线共点（此点记为 P），BD,EH,FG 三线也共点（此点记为 Q）.

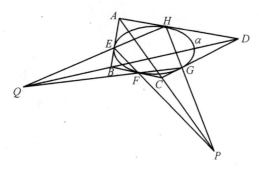

图 555

＊命题 556 设四边形 $ABCD$ 外切于椭圆 α，AB,BC,CD,DA 上的切点分别为 E,F,G,H，AD 交 BC 于 P，PE,PG 分别交 α 于 K,L，如图 556 所示，求证：AC,BD,EG,FH,KL 五线共点（此点记为 S）.

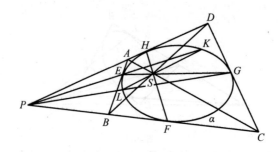

图 556

命题557 设四边形 $ABCD$ 外切于椭圆 α，BC 上的切点为 Z，一直线与 α 相切，且分别交 AD，CD，BC 于 E，F，G，如图 557 所示，求证：AG，BF，DZ 三线共点（此点记为 S）．

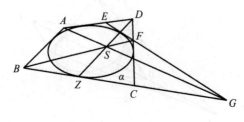

图 557

1.23

命题 558   设完全四边形 $ABCD-EF$ 内接于椭圆 α,过 A,C 分别作 α 的切线,这两切线交于 G;过 B,D 分别作 α 的切线,这两切线交于 H,如图 558 所示,求证:E,F,G,H 四点共线.

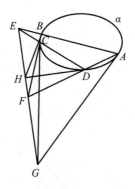

图 558

** 命题 559   设完全四边形 $ABCD-EF$ 内接于椭圆 α,AC 交 BD 于 M,一直线过 M,且交 α 于 G,H,设 EG 交 FH 于 P,如图 559 所示,求证:点 P 在 α 上.

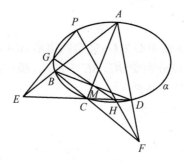

图 559

注:本命题的"黄表示"是下面的命题 559.1.

命题 559.1   设完全四边形 $ABCD-EF$ 外切于椭圆 α,M 是 EF 上一点,过 M 作 α 的两条切线,其中一条交 AC 于 P,另一条交 BD 于 Q,如图 559.1 所示,求证:直线 PQ 与 α 相切.

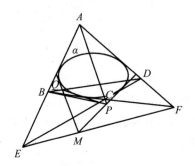

图 559.1

** 命题 560 设完全四边形 $ABCD-EF$ 内接于椭圆 α,一条与 EF 平行的直线分别交 AB,AD 于 G,H,设 BH 交 DG 于 K,CK 交 α 于 M,MG,MH 分别交 α 于 P,Q,如图 560 所示,求证:

① P,Q 都是定点,与直线 GH 的位置无关;

② $BQ \parallel DP \parallel EF$.

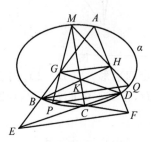

图 560

命题 561 设椭圆 α 的中心为 O,完全四边形 $ABCD-EF$ 内接于 α,BO 分别交 CD,AF 于 G,H;DO 分别交 BC,AE 于 K,L,BD 分别交 GL,HK 于 M,N,如图 561 所示,求证:$ME \parallel NF$.

注:本命题源于下面的命题 561.1.

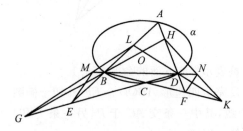

图 561

命题 561.1 设四边形 $ABCD$ 外切于圆 O,AC,BD 的中点分别为 M,N,如图 562 所示,求证:M,O,N 三点共线.

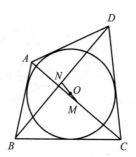

图 561.1

命题 562 设完全四边形 $ABCD-EF$ 内接于椭圆 α,AC 交 BD 于 M,P 是 α 上一点,PF,PM 分别交 α 于 G,H,如图 562 所示,求证:E,G,H 三点共线.

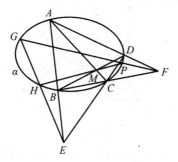

图 562

命题 563 设椭圆 α 的中心为 O,完全四边形 $ABCD-EF$ 内接于 α,AC 交 BD 于 M,EM 交 α 于 P,Q,如图 563 所示,求证:PQ 被 OF 平分.

注:注意下面两命题与本命题的联系.

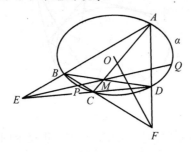

图 563

* * 命题 563.1 设完全四边形 $ABCD-EF$ 内接于椭圆 α,AC 交 BD 于 M,过 M 作 EF 的平行线,且交 α 于 P,Q,如图 563.1 所示,求证:M 平分线段 PQ.

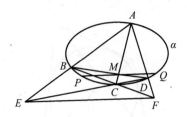

图 563.1

命题 563.2 设完全四边形 $ABCD-EF$ 内接于圆 O,AC 交 BD 于 M,如图 563.2 所示,求证:点 M 是 $\triangle OEF$ 的垂心.

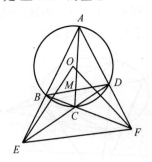

图 563.2

命题 564 设椭圆 α 的中心为 O,$\triangle ABC$ 的各边都与 α 相切,BC 上的切点为 D,AD 交 α 于 E,DE 的中点为 M,过 D 分别作 MB,MC 的平行线,且依次交 α 于 P,Q,如图 564 所示,求证:线段 PQ 被 OE 所平分.

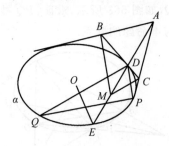

图 564

* 命题 565 设完全四边形 $ABCD-EF$ 和完全四边形 $A'B'C'D'-E'F'$ 均内接于椭圆 α,AC 交 BD 于 O,$A'C'$ 交 $B'D'$ 于 O',若点 E 与点 E' 重合,如图 565 所示,求证:

① 点 F 与点 F' 重合;

② 点 O 与点 O' 重合.

注:本命题的"黄表示"是下面的命题 565.1.

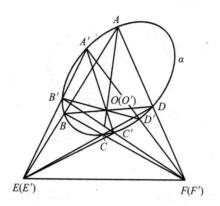

图 565

* 命题 565.1 设完全四边形 $ABCD-EF$ 和完全四边形 $A'B'C'D'-E'F'$ 均外切于椭圆 α,若直线 AC 与 $A'C'$ 重合,如图 565.1 所示,求证:

① 直线 BD 与直线 $B'D'$ 重合;

② E, E', F, F' 四点共线.

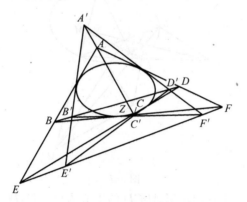

图 565.1

命题 566 设完全四边形 $ABCD-EF$ 内接于椭圆 α, AC 是 α 的直径, O' 是 EF 的中点, OO' 交 BD 于 M,如图 566 所示,求证:

① 点 M 是 BD 的中点;

② $O'B, O'D$ 都是 α 的切线.

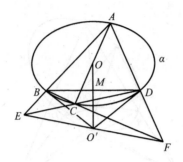

图 566

* 命题 567　设完全四边形 $ABCD-PQ$ 内接于椭圆 α，AC 交 BD 于 O，PO 分别交 AD，BC 于 M，N，R 是 PQ 上一点，RN 交 CD 于 E，RM 交 OQ 于 F，如图 567 所示，求证：AC，ME，NF 三线共点（此点记为 S）.

注：本命题源于下面的命题 567.1.

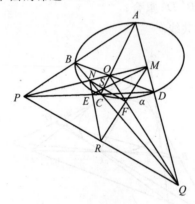

图 567

命题 567.1　设平行四边形 $ABCD$ 的中心为 O，AD，BC 的中点分别为 M，N，E 是 CD 上一点，EM 交 AC 于 S，过 O 作 BC 的平行线，且交 SN 于 F，如图 567.1 所示，求证：FM // EN.

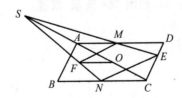

图 567.1

命题 568　设完全四边形 $ABCD-EF$ 外切于椭圆 α，AB，BC，CD，DA 上的切点分别为 G，H，K，L，如图 568 所示，求证：BD，EF，HK，GL 四线共点（此点记为 S）.

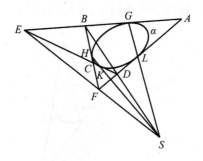

图 568

* **命题 569** 设椭圆 α 的中心为 O,完全四边形 $ABCD-EF$ 外切于 α, AC, BD 分别交 α 于 G,H 和 K,L, EF 分别交 AC,BD 于 P,Q,如图 569 所示,求证: OP 平分 KL, OQ 平分 GH.

注:注意下面两命题与本命题的联系.

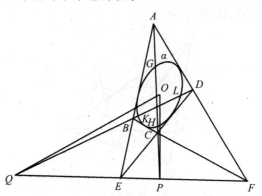

图 569

** **命题 569.1** 设完全四边形 $ABCD-EF$ 外切于椭圆 α, AC 交 BD 于 M,过 M 作 EF 的平行线,且交 α 于 P,Q,如图 569.1 所示,求证: M 平分线段 PQ.

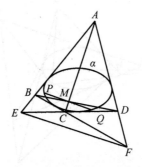

图 569.1

命题 569.2 设完全四边形 $ABCD-EF$ 外切于圆 O, BD 交 EF 于 Q, AC

分别交 BD,EF 于 P,R，如图 569.2 所示，求证：点 O 是 $\triangle PQR$ 的垂心.

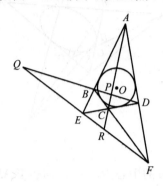

图 569.2

* **命题570**　设完全四边形 $ABCD-EF$ 外切于椭圆 α，AC 交 EF 于 P，过 P 作 α 的两条切线 l_1,l_2，一直线与 EF 平行，且分别交 l_1,l_2 于 M,N，如图 570 所示，求证：线段 MN 被 AC 所平分.

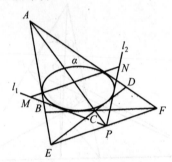

图 570

** **命题571**　设完全四边形 $ABCD-PQ$ 外切于椭圆 α，一直线分别交 AD,BC,AB 于 E,F,G，过 G 作 α 的切线，且分别交 CE,DF 于 M,N，过 M,N 分别作 α 的切线，这两切线相交于 R，如图 571 所示，求证：P,Q,R 三点共线.

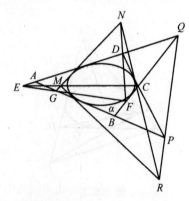

图 571

命题 572 设椭圆 α 的中心为 O，完全四边形 $ABCD-EF$ 外切于 α，OE，OF 的方向关于 α 共轭，OB，OD 分别交 α 于 P，Q，过 P，Q 分别作 α 的切线，这两切线交于 G，过 B 作 PG 的平行线，同时，过 D 作 QG 的平行线，这两线交于 H，如图 572 所示，求证：$OH \parallel AC$。

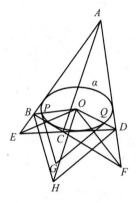

图 572

命题 573 设完全四边形 $ABCD-EF$ 外切于椭圆 α，AC 交 BD 于 O，Q 是 EF 上一点，QB，QD 分别交 α 于 B'，C' 和 A'，D'，设 $A'B'$ 交 $C'D'$ 于 P，如图 573 所示，求证：

① 点 P 在 EF 上；
② $A'C'$，$B'D'$ 均过 O。

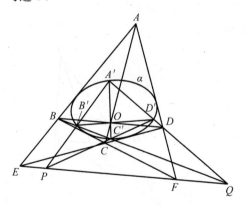

图 573

命题 574 设完全四边形 $ABCD-EF$ 外切于椭圆 α，AB 上的切点为 E，AC 交 BD 于 O，OE 交 PQ 于 R，过 R 作 α 的切线，切点为 F，FR 交 AD 于 G，OF 交 AB 于 H，如图 574 所示，求证：BD，GH，PQ 三线共点（此点记为 S）。

注：本命题源于下面的命题 574.1。

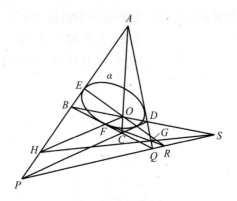

图 574

命题 574.1 设平行四边形 $ABCD$ 中,E,F 两点分别在 AB,BC 上;AF 交 CE 于 P,如图 574.1 所示,求证:DP 平分 $\angle ADC$.

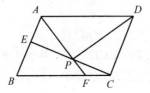

图 574.1

命题 575 设完全四边形 $ABCD-EF$ 外切于椭圆 α,一直线与 α 相切,且分别交 BD,EF 于 M,N,过 M,N 分别作 α 的切线,这两切线相交于 P,如图 575 所示,求证:点 P 在 AC 上.

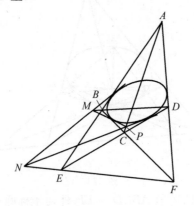

图 575

命题 576 设椭圆 α 的中心为 O,梯形 $ABCD$ 内接于 α,$AD \parallel BC$,AB 交 CD 于 E,AB,CD 的中点分别为 M,N,DE,BE 的中点分别为 F,G,过 F 作 ON 的平行线,同时,过 G 作 OM 的平行线,这两线交于 O',如图 576 所示,求证:OO' 平分线段 BD.

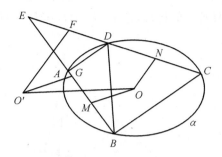

图 576

＊命题 577 设完全四边形 $ABCD-PQ$ 内接于椭圆 α，A' 是 α 上一点，$A'P, A'Q$ 分别交 α 于 B', D'，设 PD' 交 QB' 于 C'，如图 577 所示，求证：点 C' 在 α 上.

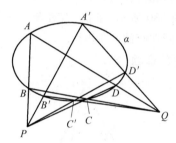

图 577

＊命题 578 设完全四边形 $ABCD-EF$ 外切于椭圆 α，一直线与 α 相切，且分别交 BD, EF 于 M, N，过 M, N 分别作 α 的切线，这两切线交于 P，如图 578 所示，求证：点 P 在 AC 上.

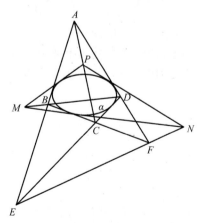

图 578

命题 579 设完全四边形 $ABCD-EF$ 外切于椭圆 α，AB 上的切点为 G，H 是 BC 边上一点，过 H 作 α 的切线，且交 CD 于 K，AK 交 GH 于 P，如图 579 所示，求证：P 在 EF 上.

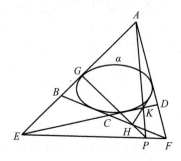

图 579

命题 580 设 P,Q 是完全四边形 $ABCD-EF$ 中 EF 上两点，PB 交 QC 于 G，PD 交 QA 于 H，如图 580 所示，求证：存在唯一的圆锥曲线 α，它与六边形 $ABGCDH$ 的各边（或边所在直线）都相切.

注：本命题源于下面的命题 580.1.

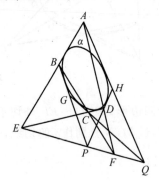

图 580

命题 580.1 设六边形 $ABCDEF$ 外切于椭圆 α，AB 交 DE 于 P，BC 交 EF 于 Q，CD 交 FA 于 R，AE 交 BD 于 S，若 P,Q,R 三点共线，如图 580.1 所示，求证：点 S 也在这直线上.

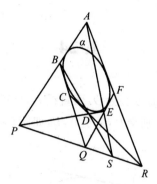

图 580.1

1.24

命题 581 设椭圆 α 的中心为 O,两直线 l_1,l_2 彼此平行,且均与 α 相切,另有一直线也与 α 相切,且分别交 l_1,l_2 于 A,B,如图 581 所示,求证:OA,OB 的方向关于 α 共轭.

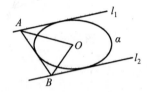

图 581

命题 582 设椭圆 α 的中心为 O,完全四边形 $ABCD-EF$ 内接于 α,AC 交 BD 于 M,如图 582 所示,求证:OM 与 EF 的方向关于 α 共轭,OE 与 MF 的方向关于 α 共轭,OF 与 ME 的方向关于 α 共轭.

注:请注意下面两道命题.

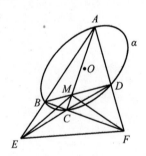

图 582

命题 582.1 设椭圆 α 的中心为 O,完全四边形 $ABCD-EF$ 外切于 α,AC 交 BD 于 M,AC 交 EF 于 N,BD 交 EF 于 P,如图 582.1 所示,求证:OM 与 NP 的方向关于 α 共轭,ON 与 MP 的方向关于 α 共轭,OP 与 MN 的方向关于 α 共轭.

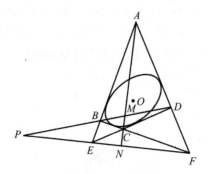

图 582.1

命题 582.2　设椭圆 α 的中心为 O，α 与完全四边形 $ABCD-EF$ 的 BC，AD 均相切，切点分别为 B，D，若 A，O，C 三点共线，如图 582.2 所示，求证：直线 AC 的方向与直线 EF 的方向关于 α 共轭.

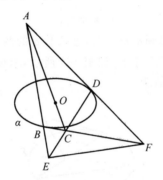

图 582.2

命题 583　设椭圆 α 的中心为 O，$\triangle ABC$ 外切于 α，一直线与 α 相切，且分别交 $\triangle ABC$ 的三边 BC，CA，AB 于 P，Q，R，在这三边上各取一点 P'，Q'，R'，使得 OP' 与 OP 共轭，OQ' 与 OQ 共轭，OR' 与 OR 共轭，如图 583 所示，求证：

① P'，Q'，R' 三点共线；

② $P'Q'$ 与 α 相切.

注：下面的命题 583.1 与本命题相近.

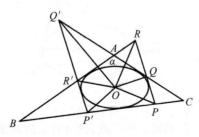

图 583

命题 583.1 设 $\triangle ABC$ 外切于椭圆 α，BC，CA，AB 上的切点分别为 D，E，F，在 EF，FD，DE 上各有一点，分别记为 A'，B'，C'，使得 DA' 与 EF 共轭，EB' 与 FD 共轭，FC' 与 DE 共轭，如图 583.1 所示，求证：

① $A'D$，$B'E$，$C'F$ 三线共点（此点记为 S）.

② $A'B' \parallel AB$，$B'C' \parallel BC$，$C'A' \parallel CA$.

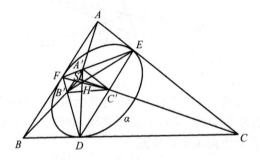

图 583.1

命题 584 设 A 是椭圆 α 外一点，过 A 作 α 的两条切线，切点分别为 B，C，D，E 是 α 上两点，BE 交 CD 于 F，如图 584 所示，求证：AF 和 DE 关于 α 共轭.

注：请注意下面两道命题.

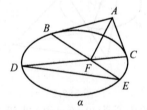

图 584

命题 584.1 设 A 是椭圆 α 外一点，过 A 作 α 的两条切线，切点分别为 B，C，一直线分别交 AB，AC 于 D，E，BE 交 CD 于 F，如图 584.1 所示，求证：AF 和 DE 关于 α 共轭.

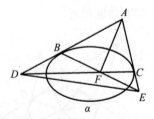

图 584.1

命题 584.2 设 A 是椭圆 α 外一点，过 A 作 α 的两条割线，它们分别交 α 于 B，D 和 C，E，过 B，C 分别作 α 的切线，这两切线交于 F，如图 584.2 所示，求证：

AF 和 DE 关于 α 共轭.

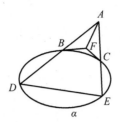

图 584.2

命题 585 设 O 是椭圆 α 内一点,O 关于 α 的极线记为 z,A,B 是 α 上两点,$AB \parallel z$,在 AB 上取两点 C,D(C,D 在 α 外),过 C,D 各作 α 的两条切线,切点分别为 E,F 和 G,H,EF 交 GH 于 P,设 OP 交 AB 于 M,如图 585 所示,求证:$MA = MB$.

注:下面四命题与本命题相近.

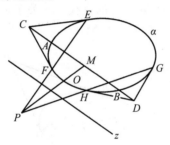

图 585

命题 585.1 设 O 是椭圆 α 内一点,O 关于 α 的极线记为 z,AB,CD 都是 α 的弦,它们都经过 O,E 是 α 上一点,使得 $DE \parallel z$,EC 交 z 于 P,PA,PB 分别交 DE 于 M,N,如图 585.1 所示,求证:$DM = EN$.

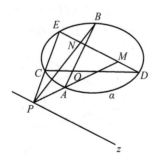

图 585.1

命题 585.2 设椭圆 α 的中心为 O,Z 是 α 内一点,Z 关于 α 的极线为 m,OZ 交 m 于 M,过 O 作 m 的平行线,且交 α 于 A,B,过 A,B 分别作 α 的切线,且交 m 于 C,D,过 C 作 α 的切线,切点为 F;过 D 作 α 的切线,切点为 E,如图 585.2 所

示,求证:
① $MC = MD$;
② A, E, M 三点共线, B, F, M 三点也共线;
③ CF 和 DE 的交点在 OM 上.

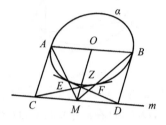

图 585.2

命题 585.3 设 A 是椭圆 α 外一点, 过 A 作 α 的两条切线, 切点分别为 B, C, 一直线过 C, 且交 AB 于 D, 交 α 于 E, 设 CD 的中点为 M, AM 交 BC 于 F, 今取一条与 α 不相交但是与 CD 平行的直线 z, z 关于 α 的极点记为 O, FO 交 CD 于 N, 如图 585.3 所示, 求证: $EN = NC$.

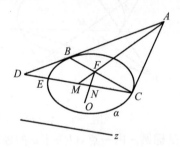

图 585.3

命题 585.4 设 Z 是椭圆 α 内一点, Z 关于 α 的极线为 m, 过 m 上一点 P 作 α 的两条切线, 它们分别记为 l_1, l_2, l_1 上的切点为 A, 一直线与 ZA 平行且与 α 相切, 切点为 M, 这切线还分别交 l_1, l_2 于 B, C, 如图 585.4 所示, 求证: $MB = MC$.

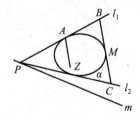

图 585.4

命题 586 设 O 是椭圆内一点, O 关于该椭圆的极线为 z, P 是 z 上一点, 过 P 且与椭圆相切的两直线分别记为 l_1, l_2, 过 O 作 z 的平行线 l_3, 它与椭圆交于

C,D,还分别与 l_1,l_2 交于 A,B,如图 586 所示,求证:$AC=BD$.

注:本命题源于下面的命题 586.1.

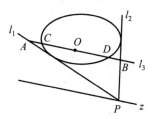

图 586

命题 586.1 设两直线 l_1,l_2 都与圆 O 相切,且彼此平行,一直线 l_3 过 O 且与圆 O 交于 C,D,还分别交 l_1,l_2 于 A,B,如图 586.1 所示,求证:$AC=BD$.

注:下面的命题 586.2 也源于命题 586.1,图 586.2 中带括号的字母是为了说明它与图 586.1 中相应字母的对偶关系.

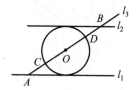

图 586.1

命题 586.2 设 Z 是椭圆内一点,它关于该椭圆的极线为 m,Z 在 m 上的射影为 P,过 P 且与椭圆相切的两直线分别记为 l_1,l_2,一直线 l_3 过 Z 且交椭圆于 C,D,l_3 还分别交 l_1,l_2 于 A,B,如图 586.2 所示,求证:ZP 既是 $\angle APB$ 的平分线,也是 $\angle CPD$ 的平分线.

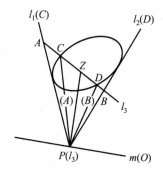

图 586.2

命题 587 设椭圆 α 的中心为 O,Z 是 α 内一点,Z 关于 α 的极线为 m,OZ 交 m 于 P,过 P 作 α 的两条切线,切点分别为 A,B,如图 587 所示,求证:

① A,Z,B 三点共线,且 $ZA=ZB$;

② $AB \parallel m$.

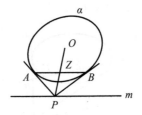

图 587

命题 588 设 O 是椭圆 α 内一点，O 关于 α 的极线记为 z，A 是 α 上一点，过 A 作 α 的切线，且交 z 于 P，延长 AP 至 B，使得 $PB = PA$，过 B 作 α 的切线，切点为 C，BC 交 z 于 Q，CP 交 α 于 D，QD 交 α 于 E，如图 588 所示，求证：$CE \parallel AB$.

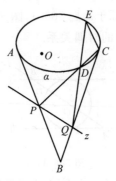

图 588

命题 589 设 O 是椭圆 α 内一点，O 关于 α 的极线记为 z，$\triangle ABC$ 外切于 α，$BC \parallel z$，BC 的中点为 M，过 M 作 α 的切线，切点为 D，AD 交 OM 于 P，如图 589 所示，求证：点 P 在 z 上.

注：下面两命题与本命题相近.

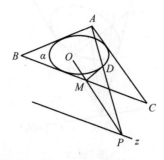

图 589

命题 589.1 设 Z 是椭圆内一点，它的极线为 l，过 l 上一点 P 作椭圆的两条切线 l_1, l_2，过 Z 作一直线，且分别交 l_1, l_2 于 A, B，过 A, B 分别作椭圆的切线,且二者交于 Q,如图 589.1 所示,求证:点 Q 一定在 l 上.

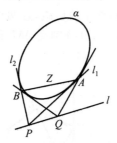

图 589.1

命题 589.2 设 O 是椭圆 α 内一点,它关于 α 的极线为 z,四边形 $ABCD$ 外切于 α,B,O,D 三点共线,AD,CD 上的切点分别为 E,F,AO,CO 分别交 α 于 G,H,GH 交 EF 于 P,如图 589.2 所示,求证:点 P 在 z 上.

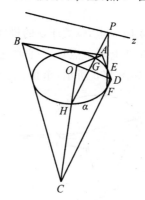

图 589.2

命题 590 设完全四边形 $ABCD-EF$ 外切于椭圆 α,AC 交 BD 于 O,EO 交 AD 于 M,FO 交 AB 于 N,MN 交 BD 于 P,设 O 关于 α 的极线为 z,如图 590 所示,求证:点 P 在 z 上.

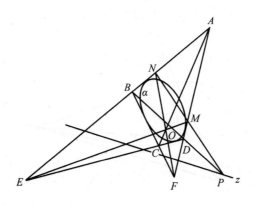

图 590

命题 591 设 O 是椭圆 α 内一点,O 关于 α 的极线为 z,一直线过 O,且交 α 于 A,B,交 z 于 P,过 A,B 分别作 α 的切线,这两切线交于 M,在 OA 的延长线上取一点 C,过 C 作 α 的两条切线,且分别交 AM 于 D,E,设 DP 交 MB 于 F,如图 591 所示,求证:直线 EF 经过点 O.

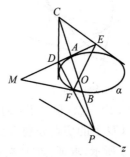

图 591

命题 592 设 O 是椭圆 α 内一点,O 关于 α 的极线为 z,一直线过 O,且交 α 于 A,B,过 B 作 α 的切线,并在其上取一点 C,一直线过 C,且交 α 于 D,E,设 AD 交 CO 于 F,AE 交 BF 于 P,如图 592 所示,求证:点 P 在 z 上.

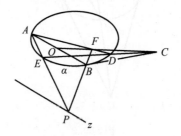

图 592

* 命题 593 设椭圆 α 与完全四边形 $ABCD-EF$ 的 BC,AD 均相切,切点分别为 B,D,AC 交 α 于 M,N,设 O 是线段 MN 上一点,O 关于 α 的极线为 z,z 交 EF 于 P,如图 593 所示,求证:PM,PN 均与 α 相切.

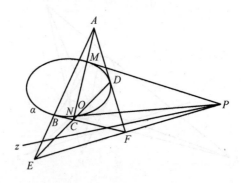

图 593

命题 594　设 Z 是椭圆 α 内一点，Z 关于 α 的极线记为 m，AB 是 α 的弦，它的中点为 M，MZ 交 α 于 C，过 C 作 AB 的平行线，该线交 α 于 D，交 m 于 Q，过 D 作 α 的切线，且交 AB 于 P，如图 594 所示，求证：P,Z,Q 三点共线．

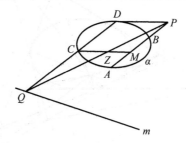

图 594

命题 595　设四边形 $ABCD$ 外切于椭圆 α，AC 交 BD 于 O，AB,BC,CD,DA 上的切点分别为 E,F,G,H，设 EF 交 GH 于 P，EH 交 FG 于 Q，过 P,Q 的直线记为 z，如图 595 所示，求证：

① A,C,P 三点共线，B,D,Q 三点也共线；

② 点 O 关于 α 的极线为 z．

注：这是一幅红、黄自对偶图形，例如：P 对偶于 AC；Q 对偶于 BD，等等．

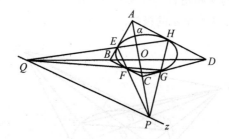

图 595

命题 596　设直线 z 与椭圆 α 不相交，P,Q,R 是 z 上三点，过这三点各作 α 的两条切线，其中过 P,Q 所作的切线构成完全四边形 $ABCD-PQ$，类似地，还有完全四边形 $EFGH-PR$ 和完全四边形 $IRJQ-MN$，如图 596 所示，求证：

① AC,BD,EG,FH,MN,IJ 六线共点，此点记为 O；

② 点 O 是 z 关于 α 的极点．

注：在"蓝观点"下（以 z 为"蓝假线"），α 是"蓝椭圆"，O 是它的"蓝中心"．

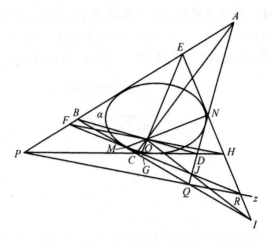

图 596

命题 597 设 P 是 α 外一点,过 P 作 α 的两条切线,切点分别为 M,N,O 是 MN 上一点,一直线过 O,且交 α 于 A,C,PA,PC 分别交 α 于 B,D,设 PO 交 α 于 M',N',如图 597 所示,求证:

① AD,BC,MN 三线共点,此点记为 Q;
② QM',QN' 均与 α 相切;
③ 直线 PQ 是点 O 关于 α 的极线.

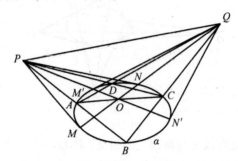

图 597

命题 598 设 $\triangle A'B'C'$ 外切于椭圆 α,$B'C,C'A',A'B'$ 上的切点分别为 A,B,C,O 是 $\triangle ABC$ 内一点,OA' 交 BC 于 A'',OB' 交 CA 于 B'',OC' 交 AB 于 C'';设 BC 交 $B''C''$ 于 P,CA 交 $C''A''$ 于 Q,AB 交 $A''B''$ 于 R,如图 598 所示,求证:

① P,Q,R 三点共线,此线记为 z;
② 直线 z 是 O 关于 α 的极线.

注:本命题是"中位线定理"的"蓝表示",因而,明显成立.

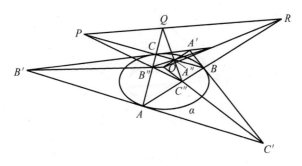

图 598

* 命题 599 设 △ABC 外切于椭圆 α，BC，CA，AB 上的切点分别为 D，E，F，O 是 α 内一点，DO 交 α 于 G，BO 交 FG 于 P，CO 交 EG 于 Q，如图 599 所示，求证：PQ 是 O 关于 α 的极线．

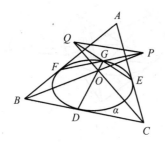

图 599

命题 600 设五角星 ABCDE 内接于椭圆 α，AC 交 BD 于 P，AD 交 CE 于 Q，PQ 交 BE 于 R，过 B，E 分别作 α 的切线，这两切线相交于 F，FA 交 α 于 G，如图 600 所示，求证：R 是 AG 关于 α 的极线（也就是说，RA，RG 都是 α 的切线）．

注：请注意下面两命题．

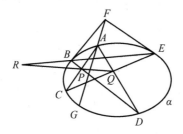

图 600

命题 600.1 设五角星 ABCDE 外切于椭圆 α，AC 交 BD 于 F，AD 交 CE 于 G，FG 交 AB 于 H，AC 与 α 相切于 K，如图 600.1 所示，求证：E，K，H 三点共线．

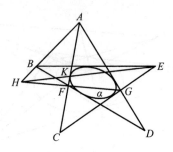

图 600.1

命题 600.2 设五角星 $ABCDE$ 内接于椭圆 α,AC 交 BD 于 F,AD 交 BE 于 G,过 C,E 分别作 α 的切线,这两切线相交于 H,O 是 HD 上一点(O 在 α 内),它关于 α 的极线记为 z,设 FG 交 CE 于 S,如图 600.2 所示,求证:点 S 在 z 上.

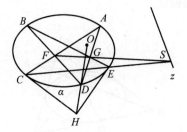

图 600.2

第 2 章 抛物线

2.1

命题 601 设抛物线 α 的焦点为 O，准线为 f，A 是 α 上一点，过 A 作 α 的切线，并在其上取一点 B，B 在 f 上的射影为 P，BP 交 α 于 C，延长 PC 至 M，使得 $CM = CP$，过 A 作 f 的垂线，且交 MO 于 D，如图 601 所示，求证：$AD = BP$.

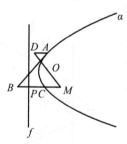

图 601

命题 602 设抛物线 α 的焦点为 O，准线为 f，A 是 α 外一点，过 A 作 α 的两条切线，切点分别为 B,C，AB,AC 分别交 f 于 P,Q，PQ 的中点为 M，AM 交 BC 于 D，如图 602 所示，求证：$OD \perp f$.

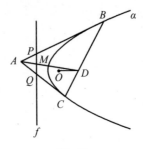

图 602

命题 603 设抛物线 α 的焦点为 O,准线为 f,A 是 α 外一点,过 A 作 α 的两条切线,且依次交 f 于 P,Q,PQ 的中点为 M,A 在 f 上的射影为 B,过 O 作 MA 的平行线,且交 AB 于 C,如图 603 所示,求证:$AB = AC$.

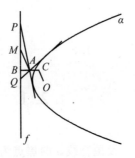

图 603

命题 604 设抛物线 α 的焦点为 O,准线为 f,顶点为 P,A 是 α 外一点,过 A 作 α 的两条切线,且依次交 f 于 B,C,BC 的中点为 M,AP 交 f 于 Q,如图 604 所示,求证:$AM \parallel OQ$.

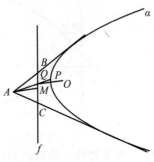

图 604

命题 605 设抛物线 α 的焦点为 O,准线为 f,弦 AB 过 O,过 A 作 α 的切线,且交 f 于 P,在 AP 上取两点 M,N,使得 $PM = PN$,过 M,N 分别作 α 的切线,这两切线相交于 C,BC 交 f 于 Q,如图 605 所示,求证:$OQ \parallel MN$.

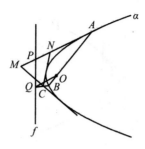

图 605

命题 606 设抛物线 α 的焦点为 O,准线为 f,弦 AB 过 O,过 A 作 α 的切线,且交 f 于 D,在 AD 的延长线上取一点 E,过 E 作 α 的切线,切点为 F,过 B 作 EF 的平行线,且交 f 于 G,OG 交 AE 于 M,如图 606 所示,求证:$EM = ED$.

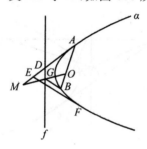

图 606

* **命题 607** 设抛物线 α 的焦点为 O,准线为 f,O 在 f 上的射影为 Z,A 是 f 上一点,过 A 作 α 的切线,切点为 B,如图 607 所示,求证:AB 是 $\angle OAZ$ 的平分线(或者,AB 是 $\angle OAZ$ 的补角的平分线).

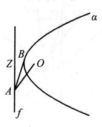

图 607

注:考查图 607.1,设抛物线 α 的焦点为 O,准线为 f,O 在 f 上的射影为 Z,过 Z 作 α 的两条切线,切点分别为 T_1, T_2,那么,在"黄观点"下(以 Z 为"黄假线"),α 是"黄等轴双曲线",$T_1 T_2$ 是其"黄中心",T_1 和 T_2 都是其"黄渐近线",O 是其"黄虚轴",$T_1 T_2$ 上的无穷远点是其"黄实轴".因而,本命题是上册命题 1040 的"黄表示".

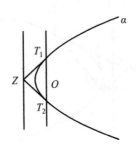

图 607.1

命题 608　设抛物线 α 的焦点为 O，准线为 f，A 是 f 上一点，过 A 作 α 的两条切线，切点分别为 B,C，M 是 α 上一点，过 M 作 f 的垂线，且交 AC 于 D，OD 交 f 于 E，EB 交 DM 于 F，OB 交 DM 于 G，如图 608 所示，求证：$MF = MG$.

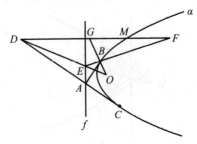

图 608

命题 609　设抛物线 α 的焦点为 O，准线为 f，与 f 平行且与 α 相切的直线记为 l，一直线交 α 于 A,B，且交 l 于 C，OC 交 f 于 D，过 D 作 f 的垂线，且分别交 OA,OB,AB 于 E,F,M，如图 609 所示，求证：$ME = MF$.

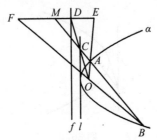

图 609

命题 610　设抛物线 α 的焦点为 Z，准线为 f，A 是 α 外一点，过 A 作 α 的两条切线，切点分别为 B,C，BC 交 f 于 D，E 是 α 上一点，过 E 作 α 的切线，且交 BC 于 F，交 f 于 G，设 FZ 交 DE 于 H，如图 610 所示，求证：A,G,H 三点共线.

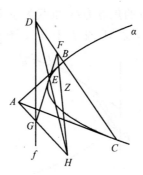

图 610

命题 611 设抛物线 α 的焦点为 O,准线为 z,对称轴为 m,m 交 z 于 N,设 A 是 α 上一点,使得 $AO \perp m$,一直线过 A 且交 α 于 B,交 m 于 E,M 是 m 上一点,使得 $ME = NE$,过 B 作 AM 的平行线 l,如图 611 所示,求证:l 是 α 的切线.

注:本命题源于下面的命题 611.1.

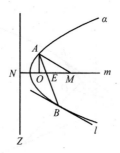

图 611

命题 611.1 设 $\triangle ABC$ 内接于圆 O,过 B,C 分别作圆 O 的切线,且二者交于 P,过 O 作 AO 的垂线,且分别交 AB,AC 于 E,F,设 AP 交 EF 于 M,如图 611.1 所示,求证:$ME = MF$.

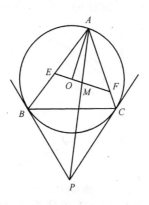

图 611.1

命题 612 设抛物线 α 的焦点为 O,准线为 f,顶点为 P,A 是 α 上一点,过 A 且与 α 相切的直线记为 l,设 AP 交 f 于 B,如图 612 所示,求证:$OB \parallel l$.

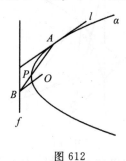

图 612

注:注意下面的命题 612.1.

* 命题 612.1 设抛物线 α 的焦点为 O,准线为 f,A 是 α 外一点,过 A 作 α 的两条切线,切点分别为 B,C,CO 交 α 于 D,AO 交 f 于 E,如图 612.1 所示,求证:B,D,E 三点共线.

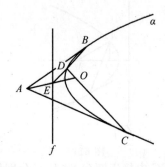

图 612.1

命题 613 设抛物线 α 的焦点为 O,准线为 f,A 是 α 外一点,过 A 作 α 的两条切线,切点分别为 B,C,AC 交 f 于 M,过 B 作 f 的垂线,且交 OC 于 D,过 D 作 AB 的平行线,且交 AC 于 N,如图 613 所示,求证:$AM = AN$.

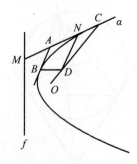

图 613

命题 614 设抛物线 α 的焦点为 O,准线为 f,A 是 α 上一点,A 在 f 上的射

影为 B,过 B 作 α 的切线,且交 OA 于 C,过 C 作 α 的切线,这切线交 f 于 D, DA 交 α 于 E, E 在 f 上的射影为 F, EF 交 AO 于 G,如图 614 所示,求证: $EF = EG$.

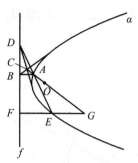

图 614

命题 615　设抛物线 α 的焦点为 O,准线为 f,顶点为 P, A 是 α 外一点,过 A 作 α 的两条切线,且依次交 f 于 B, C, BC 的中点为 M,过 O 作 AM 的平行线,且交 f 于 N,一直线与 ON 平行,且与 α 相切,切点为 D,如图 615 所示,求证: A, N, D 三点共线.

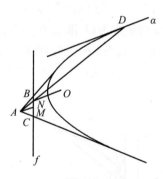

图 615

命题 616　设抛物线 α 的焦点为 O,准线为 f,顶点为 P,过 P 且与 α 相切的直线记为 l, A 是 α 外一点,过 A 作 α 的两条切线,切点分别为 B, C, AP 交 f 于 D,过 O 作 AC 的平行线,且交 l 于 E,如图 616 所示,求证: $DE \parallel AB$.

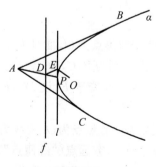

图 616

命题 617 设抛物线 α 的焦点为 O,准线为 f,顶点为 P,过 P 且与 α 相切的直线记为 l,A 是 α 外一点,过 A 作 α 的两条切线,切点分别为 B,C,AB 交 l 于 Q,AP 交 α 于 D,DQ 交 α 于 E,DB 交 l 于 R,如图 617 所示,求证:C,E,R 三点共线.

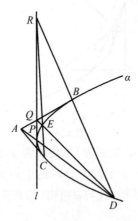

图 617

命题 618 设抛物线 α 的焦点为 O,准线为 f,顶点为 P,过 P 且与 α 相切的直线记为 l,A 是 α 上一点,过 A 且与 α 相切的直线交 l 于 B,AP 交 f 于 C,交 OB 于 D,设 E 是 α 上一点,EB,ED 分别交 α 于 F,G,如图 618 所示,求证:C,F,G 三点共线.

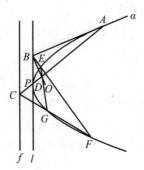

图 618

* **命题 619** 设抛物线 α 的焦点为 O,准线为 f,对称轴为 m,A 是 α 外一点,过 A 作 α 的两条切线,切点分别为 B,C,AC 交 f 于 D,过 D 作 AB 的平行线,同时,过 B 作 m 的平行线,这两线相交于 E,设 BC,EC 分别交 m 于 P,Q,如图 619 所示,求证:$PO = PQ$.

注:在图 619.1 中,设抛物线 α 的焦点为 O,准线为 f,对称轴为 m,与 f 平行且与 α 相切的直线记为 l,m 上的无穷远点("红假点")记为 Z,f 上的无穷远点("红假点")记为 M,现在,我们以 Z 为"黄假线",那么,在"黄观点"下,图 619.1

的 α 是黄抛物线，f 是其黄焦点，O 是其黄准线，l 是其黄顶点，M 是其黄对称轴，这时，值得注意的是，红、黄两种几何关于长度的度量，在 m 上是一样的，这一点很重要，本命题的结论"$PO = PQ$"就是这样得来的.

以上我们用无穷远点（"红假点"）Z 作为"黄假线"，这样建立的"黄几何"，是一种特殊的"黄几何"，不妨称为"异形黄几何".

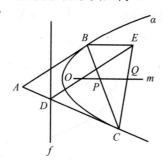

图 619

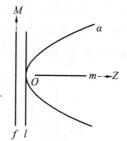

图 619.1

2.2

命题 620 设抛物线 α 的焦点为 O,准线为 f, A 是 f 上一点,过 A 作 α 的切线,切点为 B,过 O 作 AB 的垂线,且交 f 于 C,如图 620 所示,求证:$AO = AC$.

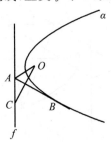

图 620

命题 621 设抛物线 α 的焦点为 O,准线为 f, A 是 α 外一点,过 A 作 α 的两条切线,切点分别为 B,C, M 是 α 上一点,过 M 作 α 的切线,且交 OA 于 P, AM 交 f 于 Q, OM 交 BC 于 R,如图 621 所示,求证:P,Q,R 三点共线.

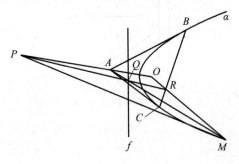

图 621

命题 622 设抛物线 α 的焦点为 O,准线为 f, A 是 α 外一点,过 A 作 α 的两条切线,切点分别为 B,C, AC 交 f 于 D,过 D 作 α 的切线,且交 AB 于 E,如图 622 所示,求证:$OA \perp OE$.

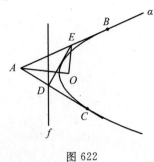

图 622

命题 623 设抛物线 α 的焦点为 O,准线为 f,顶点为 M,过 M 且与 α 相切的直线记为 l,A,B 是 α 上两点,AB 交 l 于 P,A 在 f 上的射影为 C,过 B 作 f 的垂线,且交 CM 于 Q,如图 623 所示,求证:O,P,Q 三点共线.

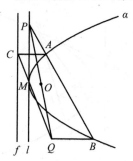

图 623

命题 624 设抛物线 α 的焦点为 O,准线为 f,直线 l 与 f 平行,且与 α 相切,A 是 α 上一点,直线 m 与 OA 平行,且与 α 相切,设 m 交 f 于 P,PA 交 α 于 B,BO 交 m 于 C,过 C 作 α 的切线,且交 l 于 Q,如图 624 所示,求证:O,P,Q 三点共线.

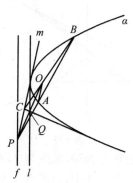

图 624

命题 625 设抛物线 α 的焦点为 O,准线为 f,A 是 α 外一点,过 A 作 α 的两条切线,切点分别为 B,C,AB 交 f 于 D,过 D 作 α 的切线,且交 AC 于 E,设 BC 交 f 于 F,如图 625 所示,求证:E,O,F 三点共线.

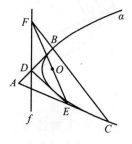

图 625

命题 626 设抛物线 α 的焦点为 O, 准线为 f, A 是 α 外一点, 过 A 作 α 的两条切线, 切点分别为 B,C, AB 交 f 于 D, 过 D 作 AC 的平行线, 且交 BC 于 E, 设 BO 交 α 于 F, 如图 626 所示, 求证: $EF \perp f$.

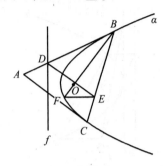

图 626

命题 627 设抛物线 α 的焦点为 O, 准线为 f, A 是 α 外一点, 过 A 作 α 的两条切线, 切点分别为 B,C, CO 交 α 于 D, 过 C 作 f 的垂线, 且交 BD 于 E, 过 E 作 AB 的平行线, 且交 AC 于 F, 如图 627 所示, 求证: 点 F 在 f 上.

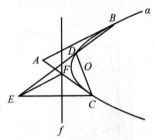

图 627

命题 628 设抛物线 α 的焦点为 O, 准线为 f, A 是 α 外一点, 过 A 作 α 的两条切线, 切点分别为 B,C, AC 交 f 于 P, 过 C 作 f 的垂线, 此线交 AO 于 D, DP 交 BC 于 E, 如图 628 所示, 求证: $OE \parallel AC$.

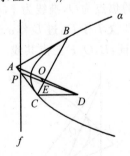

图 628

命题 629 设抛物线 α 的焦点为 O, 准线为 f, A 是 α 外一点, 过 A 作 α 的两条切线, 切点分别为 B,C, 设 B,C 在 f 上的射影分别为 D,E, 过 D 作 AC 的平行

线,同时,过 E 作 AB 的平行线,这两线相交于 F,如图 629 所示,求证:$OF \perp f$.

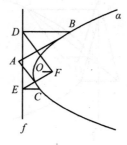

图 629

命题 630　设抛物线 α 的焦点为 O,准线为 f,A 是 α 外一点,过 A 作 α 的两条切线,切点分别为 B,C,设 BC 交 f 于 D,B 在 f 上的射影为 E,EA 交 BO 于 F,如图 630 所示,求证:$DF \parallel AB$.

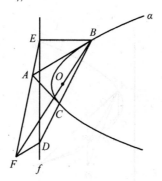

图 630

命题 631　设抛物线 α 的焦点为 O,准线为 f,$\triangle ABC$ 的三边 BC,CA,AB 均与 α 相切,过 B 作 AC 的平行线,同时,过 C 作 AB 的平行线,这两线交于 D,现在,过 A 作 BC 的平行线,且交 f 于 E,如图 631 所示,求证:$OE \perp OD$.

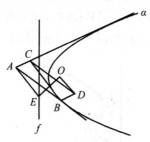

图 631

命题 632　设抛物线 α 的焦点为 O,准线为 f,$\triangle ABC$ 内接于 α,过 B 作 f 的垂线,且交 AC 于 D,过 C 作 f 的垂线,且交 AB 于 E,过 A 作 f 的垂线,且交 BC 于 F,设 DE 交 f 于 G,如图 632 所示,求证:$OG \perp OF$.

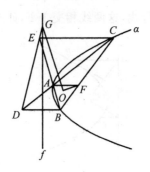

图 632

命题 633 设抛物线 α 的焦点为 O,准线为 f,一直线过 O,且交 α 于 A,B,过 B 作 f 的平行线,并在其上取两点 C,D,使得 $BC=BD$,设 AC,AD 分别交 α 于 E,F,过 E,F 分别作 α 的切线,这两切线交于 G,GB 交 α 于 H,如图 633 所示,求证:$AH \parallel f$.

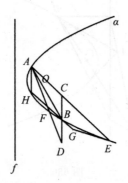

图 633

命题 634 设抛物线 α 的焦点为 O,准线为 f,A,B 是 α 外两点,直线 AB 与 α 相切,过 A,B 分别作 α 的切线,它们依次记为 l_1,l_2,过 A 作 l_2 的平行线,且交 f 于 P,延长 PA 至 C,使得 $AC=AP$;现在,过 B 作 l_1 的平行线,且交 f 于 Q,延长 QB 至 D,使得 $BD=BQ$,如图 634 所示,求证:C,O,D 三点共线.

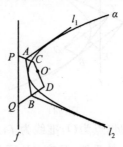

图 634

命题 635 设抛物线 α 的焦点为 O,准线为 f,顶点为 A,P 是 α 外一点,过

P 作 α 的两条切线,切点分别为 B,C,过 O 分别作 PB,PC 的平行线,且依次交 f 于 D,E,设 PA 交 f 于 M,如图 635 所示,求证:点 M 是 DE 的中点.

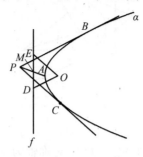

图 635

命题 636 设抛物线 α 的焦点为 O,准线为 f,对称轴为 m,A 是 m 上一点 (A 在 α 外),过 A 作 α 的两条切线 t_1,t_2,设 t_1 交 f 于 P,过 P 作 α 的切线,且交 t_2 于 B,如图 636 所示,求证:$OB \parallel f$.

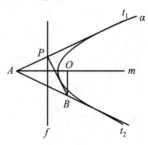

图 636

命题 637 设抛物线 α 的焦点为 O,准线为 f,A 是 α 外一点,过 A 作 α 的两条切线,切点分别为 B,C,AB 交 f 于 P,延长 PA 至 M,使得 $AM=AP$,MO 交 f 于 Q,设 BO 交 α 于 D,如图 637 所示,求证:$DQ \parallel AC$.

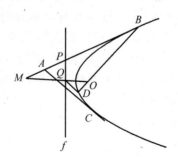

图 637

* 命题 638 设抛物线 α 的焦点为 O,准线为 f,A 是 α 外一点,过 A 作 α 的两条切线,切点分别为 B,C,过 C 作 f 的垂线,且交 AO 于 D,过 D 作 AC 于平行线,且交 BC 于 E,设 BC 交 f 于 F,如图 638 所示,求证:$CE=CF$.

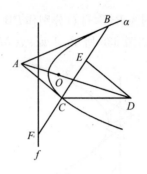

图 638

命题 639 设抛物线 α 的焦点为 O，对称轴为 m，顶点为 Z，在 m 上取两点 F,G，使得 $ZF=ZG=4\cdot ZO$，如图 639 所示，过 G 且与 m 垂直的直线记为 f，A，B 是 α 上两点，过 F 作 AB 的平行线，且交 f 于 C，ZC 交 AB 于 D，过 A 作 m 的平行线，且分别交 BF，DF 于 E，M，求证：M 是 AE 的中点．

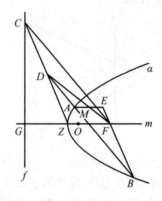

图 639

注：在图 $639'$ 中，设抛物线 α 的焦点为 O，对称轴为 m，顶点为 Z，在 m 上取两点 F,G，使得 $ZF=ZG=4\cdot ZO$，过 G 且与 m 垂直的直线记为 f，过 Z 且与 α 相切的直线记为 l，设 l 上的无穷远点（"红假点"）记为 M，平面上的无穷远直线（"红假线"）记为 z，那么，在"黄观点"下（以 Z 为"黄假线"），图 $639'$ 的 α 是"黄抛物线"，f 是其"黄焦点"，F 是其"黄准线"，z 是其"黄顶点"，M 是其"黄对称轴"．所以，本命题源于命题 604．

以下四命题与本命题相近．

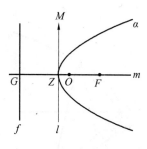

图 639′

命题 639.1 设抛物线 α 的焦点为 O，对称轴为 m，顶点为 Z，在 m 上取两点 F,G，使得 ZF=ZG=4·ZO，过 G 且与 m 垂直的直线记为 f，A 是 α 上一点，过 A 作 m 的平行线，且交 f 于 C，过 A 作 α 的切线，且交 m 于 D，如图 639.1 所示，求证：CD ∥ AF.

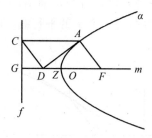

图 639.1

命题 639.2 设抛物线 α 的焦点为 O，对称轴为 m，顶点为 Z，在 m 上取两点 F,G，使得 ZF=ZG=4·ZO，过 G 且与 m 垂直的直线记为 f，A,B 是 α 上两点，BF 交 α 于 C，CA 交 f 于 D，BA 交 f 于 E，如图 639.2 所示，求证：DZ ⊥ EZ.

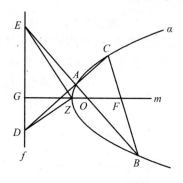

图 639.2

命题 639.3 设抛物线 α 的焦点为 O，对称轴为 m，顶点为 Z，在 m 上取一点 F，使得 ZF=4·ZO，一直线过 F，且交 α 于 A,B，设 C 是 α 上一点，AZ 交 BC 于 D，BZ 交 AC 于 E，过 C 作 α 的切线，且交 DE 于 G，如图 639.3 所示，求证：

$ZG \perp ZF$.

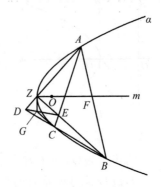

图 639.3

命题 639.4 设抛物线 α 的焦点为 O,对称轴为 m,顶点为 Z,在 m 上取两点 F,G,使得 $ZF=ZG=4 \cdot ZO$,过 G 且与 m 垂直的直线记为 f,A 是 α 上一点,过 A 且与 α 相切的直线记为 l,过 F 作 l 的平行线,且交 f 于 H,如图 639.4 所示,求证:A,Z,H 三点共线.

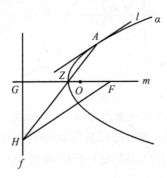

图 639.4

命题 640 设抛物线 α 的焦点为 O,对称轴为 m,过 B 作 m 的平行线,同时,过 O 作 AC 的平行线,这两线相交于 D;现在,过 C 作 m 的平行线,同时,过 O 作 AB 的平行线,这两线相交于 E,如图 640 所示,求证:$DE \perp m$.

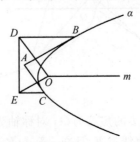

图 640

命题 641 设抛物线 α 的焦点为 O,对称轴为 m,AB 是过 O 的焦点弦,C 是

α 上一点,过 B 作 AC 的平行线,且交 α 于 D, DA 交 BC 于 E,一直线与 AC 平行,且与 α 相切,切点为 F,如图 641 所示,求证: $EF \parallel m$.

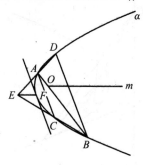

图 641

命题 642 设抛物线 α 的焦点为 O,对称轴为 m,顶点为 P, A 是 α 外一点,AP 交 α 于 B,过 A 作 m 的平行线,且交 α 于 C, CO 交 α 于 D,如图 642 所示,求证: $BD \parallel AO$.

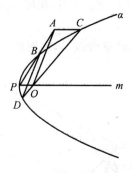

图 642

* **命题 643** 设抛物线 α 的焦点为 O,对称轴为 m, A 是 α 外一点,过 A 作 α 的两条切线,切点分别为 B, C, CO 交 α 于 D,过 B 作 m 的平行线且交 CD 于 E,过 E 作 AC 的平行线,且交 AB 于 F,如图 643 所示,求证: $FD \perp FE$.

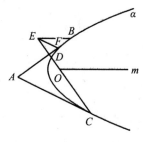

图 643

命题 644 设抛物线 α 的焦点为 O,对称轴为 m, A 是 α 外一点,过 A 作 α 的两条切线,切点分别为 B, C,过 A 作 m 的垂线,且交 BC 于 D,现在,过 A 作 m

的平行线,且分别交 OB,OC,OD 于 E,F,M,如图 644 所示,求证:$ME = MF$.

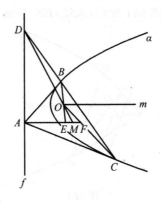

图 644

命题 645 设抛物线 α 的焦点为 O,直线 z 与 α 相切于 P,A 是 α 上一点,过 A 且与 α 相切的直线交 PO 于 B,一直线过 B,且交 α 于 C,D,过 O 作 OP 的垂线,且交 z 于 Q,QA 交 OP 于 E,CE 交 α 于 F,如图 645 所示,求证:D,F,Q 三点共线.

注:在"蓝观点"下(以 z 为"蓝假线"),本图的 α 是"蓝抛物线",OP 是"蓝对称轴".

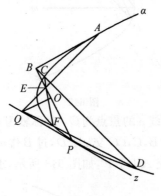

图 645

2.3

命题 646 设抛物线 α 的准线为 f，A 是 α 上一点，过 A 且与 α 相切的直线记为 l，一直线与 l 平行，且交 α 于 D,E，A 在 f 上的射影为 B，延长 BA 至 C，使得 $AC=AB$，设 CD 交 α 于 F，如图 646 所示，求证：B,E,F 三点共线.

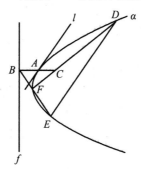

图 646

命题 647 设抛物线 α 的准线为 z，A,B,C 是 α 上三点，$AB \parallel z$，过 A,B 分别作 α 的切线，这两切线相交于 D，过 C 作 α 的切线，且分别交 AD,BD 于 E,F，AC,BC 分别交 z 于 P,Q，过 P 作 α 的一条切线，且交 BD 于 G；过 Q 作 α 的一条切线，且交 AD 于 H，如图 647 所示，求证：$GH \parallel EF$.

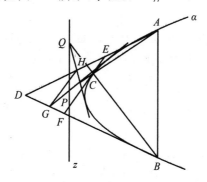

图 647

命题 648 设抛物线 α 的准线为 f，P 是 f 上一点，过 P 作 α 的两条切线，切点分别为 A,B，一直线与 α 相切于 M，且分别交 PA,PB 于 C,D，过 C 作 PB 的平行线，同时，过 D 作 PA 的平行线，这两线相交于 N，如图 648 所示，求证：$MN=f$.

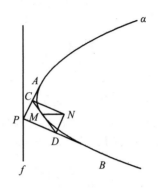

图 648

命题 649 设抛物线 α 的准线为 f,A,D 是 α 外两点,过 A 作 α 的两条切线,切点分别为 B,C,$AD \perp f$,过 D 作 AC 的平行线,且交 BC 于 E,过 A 作 DC 的平行线,且交 α 于 F,如图 649 所示,求证 EF 与 α 相切.

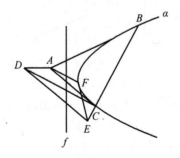

图 649

命题 650 设抛物线 α 的准线为 f,A 是 α 上一点,过 A 且与 α 相切的直线记为 l,一直线与 l 平行,且交 α 于 B,C,A 在 f 上的射影为 P,延长 PA 至 D,使得 $AD = AP$,设 CD 交 α 于 E,如图 650 所示,求证:B,E,P 三点共线.

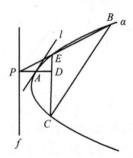

图 650

命题 651 设抛物线 α 的准线为 f,A 是 α 上一点,过 A 且与 α 相切的直线交 f 于 P,一直线与 AP 平行,且交 α 于 B,C,过 P 作 f 的垂线,且分别交 AB,AC 于 D,E,如图 651 所示,求证:$PD = PE$.

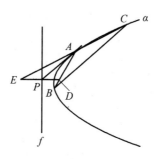

图 651

命题 652 设抛物线 α 的准线为 f, A,B,C 是 α 上三点,其中 A 是 α 的顶点,BA, CA 分别交 f 于 P,Q,过 B,C 分别作 α 的切线,这两切线交于 D, DA 交 f 于 M,如图 652 所示,求证: M 是 PQ 的中点.

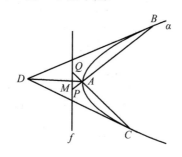

图 652

命题 653 设抛物线 α 的准线为 f, A,B,C,D 是 α 上四点,过 A,B 且与 f 垂直的直线分别记为 l_1 和 l_2,设 l_2 交 AC 于 E, l_1 交 BD 于 F,如图 653 所示,求证: EF 与 CD 平行.

注:本命题源于下面的命题 653.1.

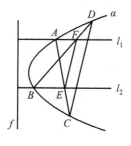

图 653

命题 653.1 设 A,B,C,D,P 是圆上五点,过 P 的切线为 z,设 AC 交 BP 于 E, BD 交 AP 于 F, EF 交 CD 于 Q,如图 653.1 所示,求证: Q 在 z 上.

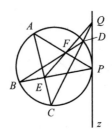

图 653.1

命题 654 设抛物线 α 的准线为 z，A 是 α 外一点，过 A 作 α 的两条切线，切点分别为 B,C，设 AC 交 z 于 P，在 AC 上取一点 M，使得 $AM=AP$，过 M 作 AB 的平行线，并在其上取一点 D，设 DB 交 α 于 E，过 D 作 z 的垂线，且交 α 于 F，过 B 作 z 的垂线，且交 EF 于 G，如图 654 所示，求证：$GP \parallel AB$.

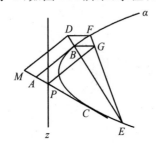

图 654

命题 655 设抛物线 α 的准线为 z，A 是 α 外一点，过 A 作 α 的两条切线，切点分别为 B,C，AB,AC 分别交 z 于 P,Q，PQ 的中点为 M，D 是 AM 上一点，BD,CD 分别交 α 于 E,F，EF 交 BC 于 G，如图 655 所示，求证：$AG \parallel z$.

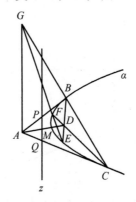

图 655

命题 656 设抛物线 α 的准线为 f，A 是 α 外一点，过 A 作 α 的两条切线，切点分别为 B,C，过 B 作 f 的垂线，同时，过 C 作 f 的平行线，这两线交于 D，CD 交 AB 于 E，A 在 CD 上的射影为 M，如图 656 所示，求证：M 是 CE 的中点.

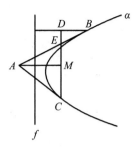

图 656

命题 657 设抛物线 α 的准线为 f，A 是 α 外一点，过 A 作 α 的两条切线，切点分别为 B,C，过 D 作 f 的垂线，同时，过 C 作 AB 的平行线，这两线交于 E，如图 657 所示，求证：DE 被 BC 所平分.

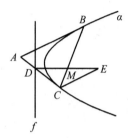

图 657

命题 658 设抛物线 α 的准线为 f，A,B 是 α 上两点，A 在 f 上的射影为 C，延长 CA 至 D，使得 $AD=AC$，设 BD 交 α 于 E，CE 交 α 于 F，过 A 且与 α 相切的直线记为 l，如图 658 所示，求证：$l \parallel BF$.

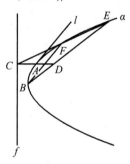

图 658

命题 659 设抛物线 α 的对称轴为 m，AB 是 α 的弦，过 A 且与 α 相切的直线记为 l，一直线与 m 平行，且交 l 于 C，交 α 与 D，交 AB 于 E，如图 659 所示，求证

$$\frac{CD}{DE}=\frac{AE}{EB}$$

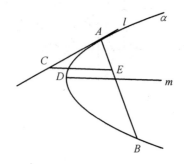

图 659

命题 660　设抛物线 α 的准线为 f，平行四边形 $ABCD$ 的两个顶点 C,D 均在 α 上，$AD \perp f$，过 A 作 α 的切线，且交 BC 于 E，过 B 作 α 的切线，且交 AD 于 F，如图 660 所示，求证：$EF \parallel CD$.

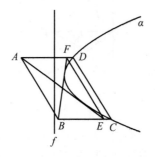

图 660

命题 661　设抛物线 α 的准线为 f，A,B 是 α 上两点，C,D 是 α 内两点，AC，BD 均与 f 垂直，BC,AD 分别交 α 于 E,F，如图 661 所示，求证：$EF \parallel CD$.

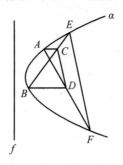

图 661

命题 662　设抛物线 α 的准线为 z，A 是 α 上一点，A 在 z 上的射影为 P，延长 PA 至 M，使得 $AM = AP$，过 A 且与 α 相切的直线记为 l，一直线与 l 平行，且交 α 于 B,C，BM 交 α 于 D，如图 662 所示，求证：C,D,P 三点共线.

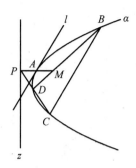

图 662

* 命题 663 设抛物线 α 的准线为 f,M,N 是 f 上两点,在 α 上取一点 A,使得 $AM = AN$,一直线与 AM 平行,且交 α 于 C,D,另有一直线与 AN 平行,且交 α 于 E,F,设 CE,DF 相交于 G,且 CE,DF 依次交 f 于 P,Q,如图 663 所示,求证:$GP = GQ$.

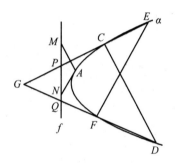

图 663

命题 664 设抛物线 α 的准线为 f,A 是 α 上一点,过 A 且与 α 相切的直线记为 l,A 在 f 上的射影为 B,延长 BA 至 C,使得 $AC = AB$,设 D 是 α 上另一点,DC 交 α 于 E,过 D 作 l 的平行线,且交 α 于 F,如图 664 所示,求证:B,E,F 三点共线.

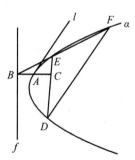

图 664

命题 665 设抛物线 α 的准线为 f,弦 AB 与 f 平行,过 A 作 α 的切线,并在此切线上取一点 C,过 C 作 α 的切线,切点记为 D,BD,BC 分别交 f 于 E,F,过

B 作 α 的切线,且交 f 于 G,如图 665 所示,求证:E 是 FG 的中点.

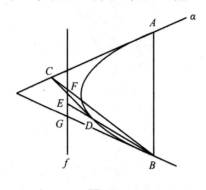

图 665

2.4

命题 666 设抛物线 α 的对称轴为 m，A 是 α 上一点，过 A 作 α 的切线，并在其上取两点 B,C，过这两点分别作 α 的切线，切点依次为 D,E，过 B 作 CE 的平行线，同时，过 C 作 BD 的平行线，这两线相交于 F，如图 666 所示，求证：
① D,E,F 三点共线；
② $AF \parallel m$.

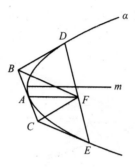

图 666

命题 667 设抛物线 α 的对称轴为 m，A 是 α 上一点，过 A 且与 α 相切的直线记为 l，一直线与 l 平行，且交 α 于 B,C，过 A 作 m 的平行线，且交 BC 于 D，现在，取一点 E，使得 BE 平行于 m，过 E 作 l 的平行线，同时，过 C 作 DE 的平行线，这两线相交于 S，如图 667 所示，求证：点 S 在 AD 上.

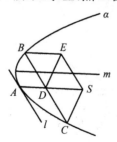

图 667

命题 668 设抛物线 α 的对称轴为 m，A,B,C,D 是 α 上四点，过 B 作 m 的平行线，且交 AD 于 E，过 D 作 m 的平行线，且交 BC 于 F，如图 668 所示，求证：$EF \parallel AC$.

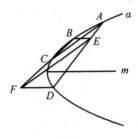

图 668

命题 669 设抛物线 α 的对称轴为 m，A,B 是 α 上两点，过 A 作 α 的切线，同时，过 B 作 m 的平行线，这两线相交于 C，现在，过 B 作 α 的切线，同时，过 A 作 m 的平行线，这次这两线相交于 D，过 C,D 分别作 α 的切线，这两切线相交于 F，设 AC 交 BD 于 E，如图 669 所示，求证 $EF \parallel m$.

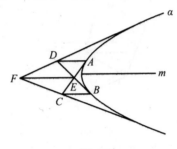

图 669

命题 670 设抛物线 α 的对称轴为 m，A,B 是 α 外两点，AB 与 α 相切，过 A，B 分别作 α 的切线，切点依次为 C,D，一直线与 α 相切，且分别交 AB,AC 于 E，F，过 B 作 EF 的平行线，同时，过 F 作 BD 的平行线，这两线相交于 G，如图 670 所示，求证：$AG \parallel m$.

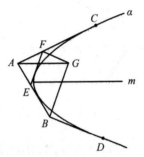

图 670

命题 671 设抛物线 α 的对称轴为 m，A,B 是 α 上两点，$AB \perp m$. 过 B 作 α 的切线，同时，过 A 作 m 的平行线，这两线相交于 C，过 C 作 α 的切线，切点为 D，D 在 AC 上的射影为 E，如图 671 所示，求证：$DE = AB$.

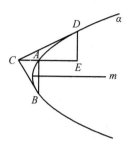

图 671

命题 672 设抛物线 α 的对称轴为 m,A 是 α 外一点,过 A 作 α 的两条切线,切点分别为 B,C,过 A 作 m 的平行线,且交 α 于 D,过 B 作 m 的平行线,且交 CD 于 E,过 E 作 AC 的平行线,且交 AB 于 F,如图 672 所示,求证:DF 与 α 相切.

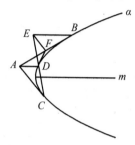

图 672

命题 673 设抛物线 α 的对称轴为 m,A 是 α 外一点,过 A 作 α 的两条切线,切点分别为 B,C,过 C 作 AB 的平行线,且交 α 于 D,过 D 作 α 的切线,且交 AB 于 E,过 E 作 AC 的平行线,且交 BC 于 F,如图 673 所示,求证:$DF \parallel m$.

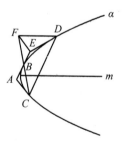

图 673

命题 674 设抛物线 α 的对称轴为 m,顶点为 P,A 是 α 上一点,过 A 且与 α 相切的直线记为 l,A 在 m 上的射影为 B,AB 的中点为 M,如图 674 所示,求证:$PM \parallel l$.

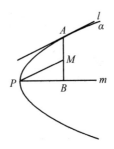

图 674

命题 675 设抛物线 α 的对称轴为 m, A 是 α 外一点, 过 A 作 α 的两条切线, 切点分别为 B,C, 过 A 作 m 的平行线, 且交 α 于 D, 作平行于 CD 且与 α 相切的直线, 这直线交 AB 于 E, 如图 675 所示, 求证: $DE \parallel AC$.

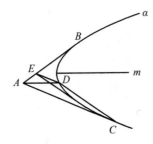

图 675

命题 676 设抛物线 α 的对称轴为 m, 顶点为 P, A 是 α 外一点, 过 A 作 α 的两条切线, 切点分别为 B,C, 过 B 作 m 的平行线, 且交 CP 于 D, 如图 676 所示, 求证: $AD \perp m$.

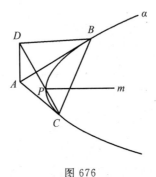

图 676

命题 677 设抛物线 α 的对称轴为 m, AB,CD,EF 是 α 的互相平行的弦, AD 交 BC 于 M, CF 交 DE 于 N, 如图 677 所示, 求证: $MN \parallel m$.

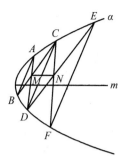

图 677

命题 678　设抛物线 α 的对称轴为 m, A 是 α 外一点, 过 A 作 α 的两条切线, 切点分别为 B,C, 过 A 作 m 的平行线, 且交 α 于 D, 过 B 作 CD 的平行线, 且交 α 于 E, 如图 678 所示, 求证: $DE \mathbin{/\mkern-6mu/} AC$.

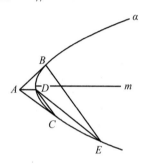

图 678

命题 679　设抛物线 α 的对称轴为 m, A 是 α 外一点, 过 A 作 α 的两条切线, 切点分别为 B,C, 过 C 作 AB 的平行线, 且交 α 于 D, DB 交 AC 于 E, DA 交 α 于 F, 如图 679 所示, 求证: $EF \mathbin{/\mkern-6mu/} m$.

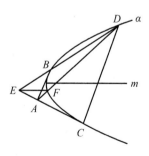

图 679

命题 680　设抛物线 α 的对称轴为 m, A,B,C,D 是 α 上四点, 过 D 作 m 的平行线, 且交 BC 于 E, 过 B 作 m 的平行线, 且交 AD 于 F, 如图 680 所示, 求证: $EF \mathbin{/\mkern-6mu/} AC$.

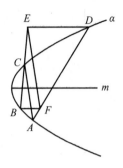

图 680

命题 681 设抛物线 α 的对称轴为 m,A,B 是 α 外两点,过 A,B 各作 α 的两条切线,切点分别为 C,D 和 E,F,AC 交 BF 于 M,过 A 作 BE 的平行线,同时,过 B 作 AD 的平行线,这两线相交于 N,如图 681 所示,求证:$MN \parallel m$.

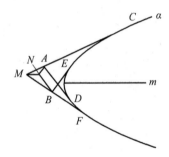

图 681

命题 682 设抛物线 α 的对称轴为 m,A,B 是 α 上两点,与 AB 平行且与 α 相切的直线记为 l,过 A 作 α 的切线,且交 l 于 C,过 A 作 m 的平行线,且交 l 于 D,过 B 作 α 的切线,同时,过 C 作 m 的平行线,这两线交于 E,如图 682 所示,求证:DE 与 α 相切.

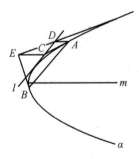

图 682

命题 683 设抛物线 α 的对称轴为 m,完全四边形 $ABCD-EF$ 的四边 AB,BC,CD,DA 均与 α 相切,过 B 作 AD 的平行线,同时,过 D 作 BC 的平行线,这两线相交于 G,如图 683 所示,求证:$EG \parallel m$.

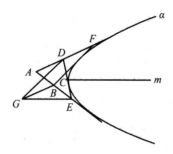

图 683

命题 684 设抛物线 α 的对称轴为 m, A,B,C 是 α 外三点, AB,AC 均与 α 相切, 过 B,C 分别作 α 的切线, 这两切线相交于 D, AC 交 BD 于 E, 过 A 作 CD 的平行线, 同时, 过 D 作 AB 的平行线, 在两线相交于 F, 如图 684 所示, 求证: $EF \mathbin{/\mkern-4mu/} m$.

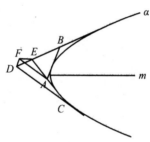

图 684

命题 685 设抛物线 α 的对称轴为 m, AB,CD 是 α 的两条相交的弦, 过 C 作 m 的平行线, 且交 AB 于 E, 过 B 作 m 的平行线, 且交 CD 于 F, 如图 685 所示, 求证: $EF \mathbin{/\mkern-4mu/} AD$.

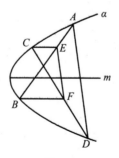

图 685

命题 686 设抛物线 α 的对称轴为 m, A,B 是 α 上两点, 过 B 作 α 的切线, 同时, 过 A 作 m 的平行线, 这两线相交于 C, 过 C 作 α 的切线, 且交 AB 于 D, 过 D 作 α 的切线, 切点为 E, 过 A 作 α 的切线, 且交 CD 于 F, 如图 686 所示, 求证: $BF \mathbin{/\mkern-4mu/} DE$.

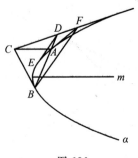

图 686

命题 687 设抛物线 α 的对称轴为 m，A,B 是 α 上两点，直线 l 与 AB 平行，且与 α 相切，过 B 作 α 的切线，且交 l 于 C，过 B 作 m 的平行线，且交 l 于 D，过 D 作 α 的切线，同时，过 A 作 α 的切线，这两切线相交于 E，如图 687 所示，求证：$EC \parallel m$.

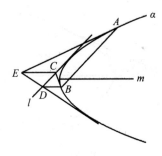

图 687

命题 688 设抛物线 α 的对称轴为 m，一直线与 m 平行，A,B,C 是这直线上三点（这三点均在 α 外），过 A,B 各作 α 的一条切线，这两切线相交于 D，现在，过 A,B 再各作 α 的一条切线，这两切线相交于 E，把上述对 A,B 两点的作图，同样地对 B,C 两点也进行一次，所得类似于 D,E 的两点分别记为 F,G，如图 688 所示，求证：$FG \parallel DE$.

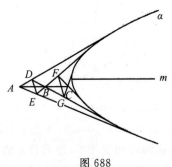

图 688

命题 689 设抛物线 α 的对称轴为 m，直线 l 与 m 垂直，且与 α 相切，A 是 α 外一点，过 A 作 α 的两条切线，切点分别为 B,C，AC 交 l 于 D，过 D 作 AB 的平

行线,且交 BC 于 E,如图 689 所示,求证:点 E 在 m 上.

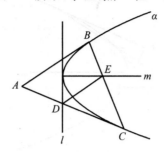

图 689

命题 690　设抛物线 α 的对称轴为 m,A 是 α 外一点,过 A 作 α 的两条切线,切点分别为 M,N,B,D 两点分别在 AN,AM 上,以 AB,AD 为邻边作平行四边形 $ABCD$,如图 690 所示,求证:"$AC \parallel m$" 的充要条件是"$BD \parallel MN$".

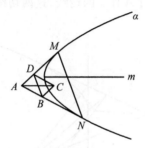

图 690

命题 691　设抛物线 α 的对称轴为 m,A 是 α 外一点,过 A 作 α 的两条切线,切点分别为 B,C,一直线与 BC 平行,且与 α 相切,切点为 E,该直线交 AC 于 D,过 D 作 m 的平行线,且交 α 于 F,BF 交 DE 于 G,如图 691 所示,求证:$GC \parallel m$.

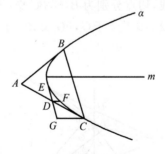

图 691

命题 692　设抛物线 α 的对称轴为 m,A 是 α 外一点,过 A 作 α 的两条切线,切点分别为 B,C,过 B 作 m 的平行线,且交 AC 于 D,过 D 作 α 的切线,切点为 E,过 C 作 m 的平行线,且交 BE 于 F,如图 692 所示,求证 $AF \parallel DE$.

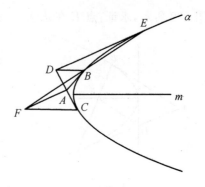

图 692

命题 693 设抛物线的顶点为 M,过 M 且与 α 相切的直线记为 l,A,B 是 α 上两点,AB 交 l 于 C,过 B,C 分别作 α 的切线,这两切线相交于 D,BM 交 CD 于 E,过 E 作 α 的切线,同时,过 A 作 α 的切线,这两切线相交于 F,如图 693 所示,求证:D,F,M 三点共线.

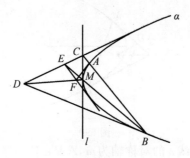

图 693

命题 694 设抛物线 α 的顶点为 Z,过 Z 且与 α 相切的直线记为 l,A 是 α 外一点,过 A 作 α 的两条切线,切点分别为 B,C,BC 交 l 于 D,过 D 作 α 的切线,切点为 E,DE 交 AC 于 F,设 AB 交 l 于 G,FG 交 ZC 于 H,如图 694 所示,求证:H,B,E 三点共线.

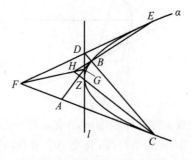

图 694

命题 695 设抛物线 α 的顶点为 Z,过 Z 且与 α 相切的直线记为 l,A 是 α 外一

点,过 A 作 α 的两条切线,切点分别为 B,C,BZ 交 AC 于 D,过 D 作 α 的切线,切点为 E,DE 交 l 于 F,设 BE 交 CZ 于 G,如图 695 所示,求证:A,G,F 三点共线.

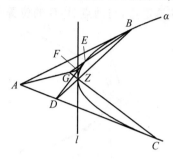

图 695

命题 696　设抛物线 α 的顶点为 Z,过 Z 且与 α 相切的直线记为 l,A,B 是 α 上两点,AB 交 l 于 C,过 B,C 分别作 α 的切线,这两切线相交于 D,DZ 交 α 于 E,EA 交 CD 于 F,如图 696 所示,求证:F,Z,B 三点共线.

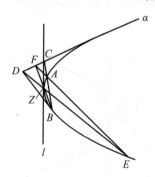

图 696

命题 697　设抛物线 α 的顶点为 Z,过 Z 且与 α 相切的直线记为 l,A 是 α 外一点,过 A 作 α 的两条切线,切点分别为 B,C,AB,AC 分别交 l 于 D,E,设 F 是 AZ 上一点,FD 交 AC 于 G,FE 交 AD 于 H,GH 交 BC 于 S,如图 697 所示,求证:点 S 在 l 上.

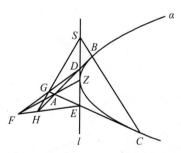

图 697

命题 698　设抛物线 α 的顶点为 Z,过 Z 且与 α 相切的直线记为 l,直线 t 过

Z,A,B 是 t 上两动点(A,B 均在 α 外),过 A,B 各作 α 的一条切线,这两切线交于 C,现在,过 A,B 再各作 α 的一条切线,这次这两切线相交于 D,设 CD 交 l 于 S,如图 698 所示,求证:S 是定点,与动点 A,B 的位置无关.

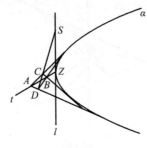

图 698

命题 699 设抛物线 α 的顶点为 Z,过 Z 且与 α 相切的直线记为 l,A,B 是 α 外两点,过 A,B 各作 α 的一条切线,且依次交 l 于 C,D,现在,过 A,B 再各作 α 的一条切线,这次这两切线相交于 E,设 AD 交 BC 于 F,如图 699 所示,求证:E,Z,F 三点共线.

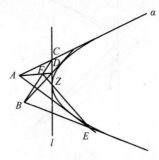

图 699

命题 700 设抛物线 α 的顶点为 Z,过 Z 且与 α 相切的直线记为 l,一直线交 α 于 A,B,交 l 于 C,过 C 作 α 的切线,切点为 D,DZ 交 AB 于 M,如图 700 所示,求证

$$AM \cdot BC = AC \cdot BM$$

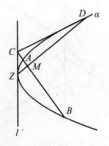

图 700

双曲线

第 3 章

3.1

***命题 701** 设双曲线 α 的右焦点为 O,右准线为 f,t 是 α 的一条渐近线,P 是 f 上一点,过 P 作 α 的两条切线,且分别交 t 于 A,B,设 PO 交 t 于 C,如图 701 所示,求证:$\angle BAO = \angle BOC$.

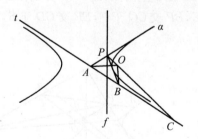

图 701

命题 702 设双曲线 α 的右焦点为 O,右准线为 z,P 是 z 上一点,过 P 作两直线,它们分别交 α 于 A,B 和 C,D,CO 交 α 于 E,BE 交 AD 于 F,FO 交 CD 于 G,GB 交 DE 于 Q,如图 702 所示,求证:点 Q 在 z 上.

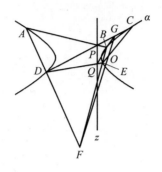

图 702

命题 703 设双曲线 α 的右焦点为 O,右准线为 f,直线 z 与 α 相切,O 在 z 上的射影为 P,A,B 是 α 上两点,过 A,B 分别作 α 的切线,且依次交 z 于 C,D,AP,BP 分别交 f 于 E,F,CF 交 DE 于 S,如图 703 所示,求证:点 S 在 OP 上.

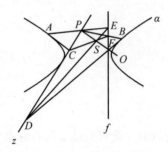

图 703

命题 704 设双曲线 α 的右焦点为 O,右准线为 f,直线 z 与 α 相切,O 在 z 上的射影为 P,A,B 是 α 上两点,过 A,B 分别作 α 的切线,且依次交 z 于 C,D,设 AP 交 DO 于 E,BP 交 CO 于 F,EF 交 CD 于 S,如图 704 所示,求证:点 S 在 f 上.

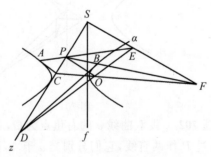

图 704

** 命题 705 设双曲线 α 的右焦点为 O,右准线为 f,P 是 f 上一点,过 P 作两直线,它们分别与 α 相交于 A,B 和 C,D,设 AC 交 BD 于 M,AD 交 BC 于 N,如图 705 所示,求证:

① M,O,N 三点共线；
② $OP \perp MN$.

注：若将 P 视为"蓝假点"，那么，在"蓝观点"下，α 是"蓝抛物线"，f 是其"蓝准线"，O 是其"蓝焦点"，也是其"蓝标准点"，MN 是其"蓝对称轴"，于是，本命题对偶于下面的命题 705.1. 因而，本命题的正确性就显而易见了.

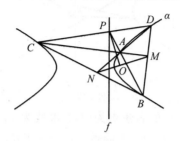

图 705

命题 705.1 设抛物线的准线为 f，AB,CD 是 α 的两条均与 f 平行的弦，设 AC 交 BD 于 M，AD 交 BC 于 N，如图 705.1 所示，求证：M,N 两点均在 α 的对称轴上.

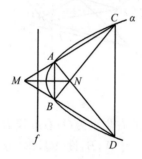

图 705.1

命题 706 设双曲线 α 的右焦点为 O，右准线为 f，右顶点为 A，左顶点为 B，C,D 是 α 上两点，设 AC 交 f 于 E，BE 交 AD 于 F，过 B 作 α 的切线（此线记为 z），且交 DC 于 G，如图 706 所示，求证：O,F,G 三点共线.

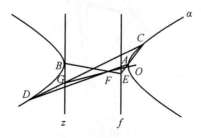

图 706

命题 707 设双曲线 α 的右焦点为 O，右准线为 f，一条渐近线为 z，过 O 且

与 z 平行的直线交 α 于 A,设 B,C 是 α 上两点,AB,BC 分别交 f 于 D,E,过 D 作 z 的平行线,且交 AC 于 F,如图 707 所示,求证:E,O,F 三点共线.

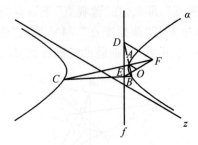

图 707

命题 708　设双曲线 α 的右焦点为 O,右准线为 f,直线 z 与 α 相切于 Q,且交 f 于 P,OQ 交 α 于 A,B,C 是 α 上两点,BC 交 z 于 R,AB 交 f 于 D,DQ 交 AC 于 E,如图 708 所示,求证:E,O,R 三点共线.

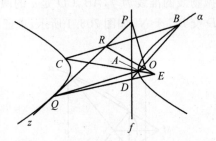

图 708

命题 709　设双曲线 α 的右焦点为 O,右准线为 f,直线 z 与 α 相切于 Q,且交 f 于 P,一直线过 O,且交 α 于 A,B,设 AQ,BQ 分别交 f 于 C,D,如图 709 所示,求证:$OC \perp OD$.

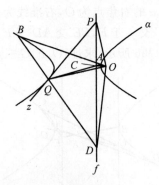

图 709

命题 710　设双曲线 α 的右焦点为 O,右准线为 f,直线 z 与 α 相切于 Q,且交 f 于 P,如图 710 所示,求证:$OP \perp OQ$.

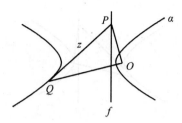

图 710

命题 711 设双曲线 α 的右焦点为 O,右准线为 f,两渐近线为 t_1, t_2,中心为 M,A 是 α 上一点,过 A 且与 α 相切的直线记为 l,AM 交 f 于 B,过 O 作 l 的平行线,且交 AB 于 C,过 C 作 t_1 的平行线,且交 α 于 D,如图 711 所示,求证:$BD \parallel t_2$.

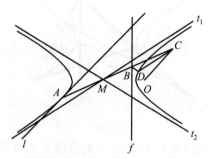

图 711

* 命题 712 设双曲线 α 的右焦点为 O,右准线为 f,一条渐近线为 t,t 交 f 于 M,A 是 α 外一点,过 A 作 α 的两条切线,切点分别为 B, C,过 A 作 f 的平行线,且交 BC 于 D,如图 712 所示,求证:$OD \perp OM$.

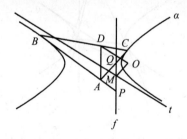

图 712

命题 713 设双曲线 α 的右焦点为 O,右准线为 f,A 是 α 上一点,过 A 且与 α 相切的直线交 f 于 P,设 OA 交 α 于 B,如图 713 所示,求证:BP 与 α 相切.

注:若以 AP 为"蓝假线",那么,在"蓝观点"下,α 是"蓝抛物线",O 是其"蓝焦点",f 是其"蓝准线",OA 是其"蓝对称轴",B 是其"蓝顶点",因而,本命题明显成立.

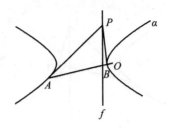

图 713

命题 714 设双曲线 α 的右焦点为 O,右准线为 f,A 是 α 上一点,过 A 且与 α 相切的直线交 f 于 P,过 P 作两直线,它们分别交 α 于 B,C 和 D,E,设 BE 交 CD 于 M,如图 714 所示,求证:A,M,O 三点共线.

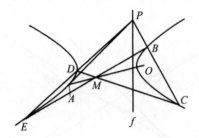

图 714

命题 715 设双曲线 α 的右焦点为 O,右准线为 f,A 是 α 上一点,过 A 且与 α 相切的直线记为 l,设 P 是 f 上一点,过 P 作 α 的两条切线,这两切线分别交 l 于 B,C,如图 715 所示,求证:$\angle POC = \angle AOB$.

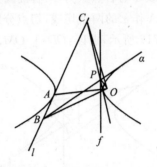

图 715

*命题 716 设双曲线 α 的右焦点为 O,右准线为 f,直线 t 是 α 的一条渐近线,t 交 f 于 P,过 P 作 α 的切线,并在此切线上取一点 A,过 A 作 α 的切线,此切线交 t 于 B,如图 716 所示,求证:$OB \perp OA$.

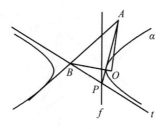

图 716

*命题 717 设双曲线 α 的右焦点为 O, 右准线为 f, 两直线 l_1, l_2 相交于 M, 它们都与 α 相切, 且分别交 f 于 P,Q, 过 P 作 α 的切线, 且交 l_2 于 A, 过 Q 作 α 的切线, 且交 l_1 于 B, 如图 717 所示, 求证:

① A,O,B 三点共线;

② $MO \perp AB$.

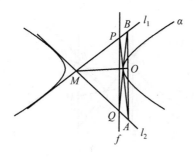

图 717

命题 718 设双曲线 α 的右焦点为 O, 右准线为 f, 直线 t 是双曲线 α 的渐近线之一, t 交 f 于 P, 过 O 作 t 的平行线, 并在其上取一点 A(A 在 α 外), 过 A 作 α 的两条切线, 切点分别为 B,C, 设 AC 交 f 于 D, 过 D 作 α 的切线, 且交 AB 于 Q, 如图 718 所示, 求证: O,P,Q 三点共线.

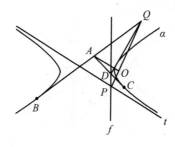

图 718

命题 719 设双曲线 α 的右焦点为 O, 右准线为 f, A 是 α 上一点, 过 A 且与 α 相切的直线交 f 于 P, B 是 AO 上一点, 过 B 作 α 的两条切线, 切点分别为 C,D, 设 BD 交 f 于 E, 过 E 作 α 的切线, 且交 BC 于 Q, 如图 719 所示, 求证: O,P,Q 三点共线.

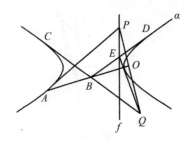

图 719

命题 720 设双曲线 α 的右焦点为 O，右准线为 f，右顶点为 P，左顶点为 P'，过 P' 且与 α 相切的直线记为 z，A 是 α 外一点，过 A 作 α 的两条切线，且分别交 f 于 B,C,PA 交 f 于 Q,OQ 交 z 于 N,NA 交 f 于 M，如图 720 所示，求证：$MB = MC$.

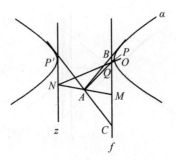

图 720

命题 721 设双曲线 α 的右焦点为 O，右准线为 f，直线 t 是双曲线 α 的渐近线之一，t 交 f 于 M，在 f 上取两点 A,B，使得 $MA = MB$，过 A,B 分别作 α 的切线，这两切线相交于 C，过 O 作 t 的平行线，且交 α 于 P,PC 交 f 于 Q,OQ 交 t 于 D，如图 721 所示，求证：$CD \parallel f$.

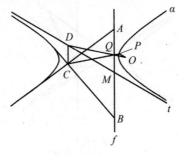

图 721

命题 722 设双曲线 α 的右焦点为 O，右准线为 f，A 是 α 外一点，过 A 作 α 的两条切线，切点分别为 B,C,AB 交 f 于 M,BO 交 α 于 D，一直线与 AB 平行，且与 α 相切，这直线交 AC 于 E,DE 交 f 于 P,OP 交 AB 于 N，如图 722 所示，

求证：$AM = AN$.

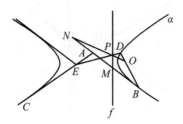

图 722

命题 723 设双曲线 α 的右焦点为 O，右准线为 f，右顶点为 P，A 是 α 上一点，过 A 且与 α 相切的直线交 f 于 B，过 B 作 OA 的平行线，且交 α 于 C，过 C 作 α 的切线，且交 AB 于 D，PD 交 BC 于 E，如图 723 所示，求证：$CE = CB$.

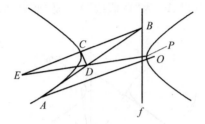

图 723

命题 724 设双曲线 α 的右焦点为 O，右准线为 f，A 是 α 外一点，过 A 作 α 的两条切线，切点分别为 B，C，D 是 α 上一点，过 D 作 α 的切线，且交 f 于 E，设 OD 交 α 于 F，BF 交 CD 于 G，如图 724 所示，求证：A，G，E 三点共线.

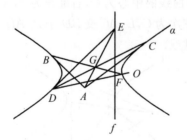

图 724

命题 725 设双曲线 α 的右焦点为 O，右准线为 f，直线 t 是双曲线 α 的渐近线之一，t 交 f 于 M，在 f 上取两点 A，B，过 A，B 分别作 α 的切线，这两切线相交于 C，过 C 作 f 的平行线，且交 t 于 D，过 D 作 α 的切线，切点为 E，设 OD 交 f 于 F，如图 725 所示，求证：E，C，F 三点共线.

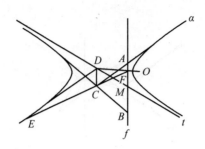

图 725

命题 726 设双曲线 α 的右焦点为 O,右准线为 f,A,B 是 f 上两点,过 A,B 分别作 α 的切线,这两切线相交于 C,如图 726 所示,求证:$\angle AOC = \angle BOC$.

注:在"蓝观点"下(以 AC 为"蓝假线"),α 是"蓝抛物线",O 是其"蓝焦点",f 是其"蓝准线".

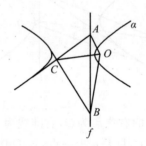

图 726

命题 727 设双曲线的中心为 O,右准线为 f,A,B 是 f 上两点,过 A,B 分别作 α 的切线,切点依次为 C,D,AC 交 BD 于 P,AD 交 BC 于 Q,如图 727 所示,求证:O,P,Q 三点共线.

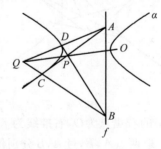

图 727

3.2

命题 728 设双曲线 α 的右准线为 z，两渐近线分别为 t_1, t_2，t_2 交 z 于 P，过 α 上一点 M 作 α 的切线，且分别交 t_1, t_2 于 A, B，过 A 作 t_2 的平行线，且交 PM 于 Q，如图 728 所示，求证：$MP = MQ$.

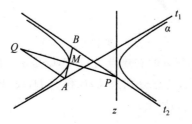

图 728

命题 729 设双曲线 α 的右准线为 z，A, B, C, D 是 α 上四点，$AB \parallel CD$，AD 交 BC 于 M，AC 交 BD 于 N，MN 交 z 于 P，过 P 作 AB 的平行线，且交 α 于 E, F，如图 729 所示，求证：$PE = PF$.

注：注意下面的命题 729.1.

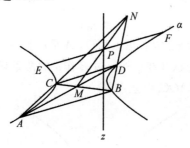

图 729

命题 729.1 设双曲线 α 的右准线为 z，A, B 是 α 外两点，过 A, B 各作 α 的一条切线，这两切线相交于 C，现在，过 A, B 再各作 α 的一条切线，这次两切线相交于 D，设 AD 交 BC 于 M，AC 交 BD 于 N，MN 交 z 于 P，过 P 作 AB 的平行线，且交 α 于 E, F，若 $CD \parallel AB$，如图 729.1 所示，求证：$PE = PF$.

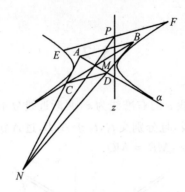

图 729.1

命题 730 设双曲线 α 的右焦点为 O,P,Q 是 α 外两点,它们与 O 共线,过 P,Q 各作 α 的两条切线,切点分别为 A,B 和 C,D,设 AC 交 BD 于 R,如图 730 所示,求证:点 R 在直线 OP 上.

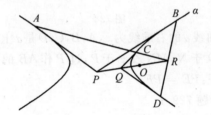

图 730

命题 731 设双曲线 α 的右焦点为 O,A 是 α 上一点,过 A 且与 α 相切的直线记为 l,B 是 AO 上一点(B 在 α 外),过 B 作 α 的两条切线,且分别交 l 于 C,D,如图 731 所示,求证:$\angle AOC = \angle AOD$.

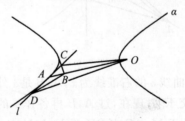

图 731

命题 732 设直线 f 是双曲线 α 的右准线,A,B,C,D 是 α 上四点,使得 $AB \parallel CD \parallel f$,过 A,B 分别作 α 的切线,这两切线相交于 E,设 CE 交 α 于 F,DF 交 AB 于 M,如图 732 所示,求证:M 是 AB 的中点.

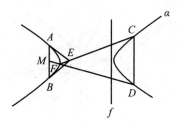

图 732

命题 733 设直线 f 是双曲线 α 的右准线,直线 t 是 α 的一条渐近线,A 是 α 上一点,过 A 作 t 的平行线,且交 f 于 B,过 A 作 α 的切线,且交 t 于 P,一直线过 P,且交 α 于 C,D,BC 交 α 于 E,DE 交 AB 于 F,如图 733 所示,求证:$AF = AB$.

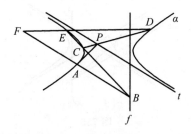

图 733

命题 734 设双曲线 α 的右焦点为 O,直线 t 是 α 的一条渐近线,AB 是过 O 的焦点弦,P 是 t 上一点,PA,PB 分别交 α 于 C,D,AD 交 BC 于 E,过 P 作 α 的切线,切点为 F,如图 734 所示,求证:$EF \parallel t$.

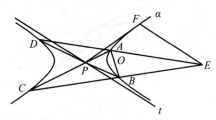

图 734

命题 735 设双曲线 α 的右准线为 f,直线 t 是双曲线 α 的渐近线之一,t 交 f 于 P,一直线过 P,且交 α 于 A,B,过 A 作 t 的平行线,同时,过 B 作 α 的切线,这两线交于 C,过 C 作 α 的切线,切点为 D,DP 交 AC 于 E,设 AD 交 BE 于 Q,如图 735 所示,求证:点 Q 这 t 上.

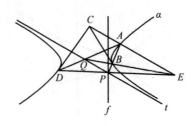

图 735

命题 736 设双曲线 α 的右准线为 f,两渐近线为 t_1, t_2,一直线与 t_2 平行,且交 f 于 A,交 α 于 B,过 B 作 α 的切线,且交 t_2 于 C,过 C 作 t_1 的平行线,且交 α 于 D,AD 交 α 于 E,过 E 作 t_1 的平行线,且交 AB 于 F,如图 736 所示,求证:$BF = BA$.

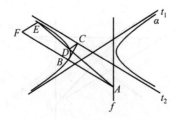

图 736

命题 737 设双曲线 α 的右焦点为 O,AB, CD 都是过 O 的焦点弦,P 是 α 上一点,BD 交 AP 于 E,过 B 作 α 的切线,且交 CP 于 F,如图 737 所示,求证:E, F, O 三点共线.

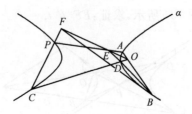

图 737

命题 738 设双曲线 α 的右焦点为 O,AB, CD 都是过 O 的焦点弦,P 是 α 上一点,PA 交 CD 有 E,PD 交 AB 于 F,EF 交 BC 于 G,如图 738 所示,求证:PG 与 α 相切.

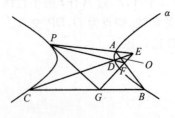

图 738

命题 739 设双曲线 α 的右焦点为 O，完全四边形 $ABCD-EF$ 的四边 AB, BC, CD, DA 均与 α 相切，一直线与 α 相切，且分别交 DA, DC 于 P, Q，设 EP 交 FQ 于 G，如图 739 所示，求证：B, O, G 三点共线.

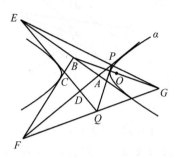

图 739

命题 740 设双曲线 α 的右准线为 f，直线 t 是双曲线 α 的渐近线之一，A 是 f 上一点，过 A 作 α 的切线，切点为 B，AB 交 t 于 M，过 A 作 t 的平行线，且交 α 于 C，过 C 且与 α 相切的直线记为 l，如图 740 所示，求证："$AM = BM$" 的充要条件是 "$AB \parallel l$".

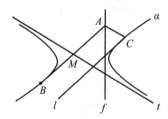

图 740

命题 741 设双曲线 α 的右准线为 f，直线 t 是双曲线 α 的渐近线之一，A 是 α 上一点，过 A 作 t 的平行线，且交 f 于 B，AB 的中点为 M，过 M 作 α 的切线，切点为 C，BC 交 α 于 D，AD 交 CM 于 P，如图 741 所示，求证：点 P 在 t 上.

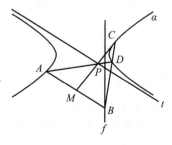

图 741

命题 742 设双曲线 α 的右焦点为 O，右准线为 f，A 是 α 上一点，过 A 作 α 的切线，且交 f 于 B，过 O 作 AB 的平行线，且在此切线上取一点 C（C 在 α 外），

317

过 C 作 α 的两条切线,切点分别为 D,E,DE 交 AO 于 F,设 AC 交 f 于 G,如图 742 所示,求证:$FG \parallel AB$.

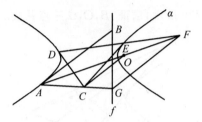

图 742

命题 743 设双曲线 α 的右焦点为 O,右准线为 f,A,B 是 α 上两点,AB 交 f 于 P,过 A,B 分别作 α 的切线,这两切线相交于 Q,如图 743 所示,求证:$OP \perp OQ$.

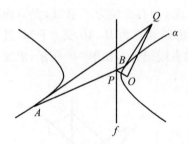

图 743

命题 744 设双曲线 α 的右焦点为 O,右准线为 f,A 是 α 上一点,过 A 且与 α 相切的直线记为 l,过 O 作 l 的平行线,且交 f 于 B,AB 交 α 于 C,过 C 作 α 的切线,且交 OB 于 D,如图 744 所示,求证:D 是 OB 的中点.

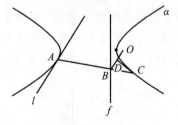

图 744

命题 745 设双曲线 α 的右焦点为 O,右准线为 f,A 是 α 上一点,过 A 且与 α 相切的直线交 f 于 B,一直线与 AB 平行,且与 α 相切,这直线交 AO 于 C,过 C 作 α 的切线,且交 AB 于 D,如图 745 所示,求证:D 是 AB 的中点.

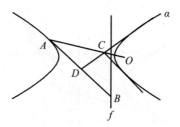

图 745

命题 746 设双曲线 α 的右准线为 f, A 是 α 上一点, M 是 f 上一点, 过 A 作 α 的切线, 并在这切线上取一点 B, 延长 BM 至 C, 使得 $MC = MB$, 过 C 作 α 的两条切线, 切点分别为 D, E, 设 MA 交 α 于 F, 过 A 且与 BC 平行的直线交 α 于 G, FG 交 DE 于 H, 如图 746 所示, 求证: 点 H 在 AB 上.

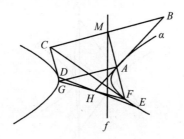

图 746

命题 747 设双曲线 α 的右焦点为 O, 弦 AB 过 O, C, D 是 α 上两点, OD 交 α 于 E, CE 交 AD 于 F, OF 交 BC 于 G, 如图 747 所示, 求证: DG 与 α 相切.

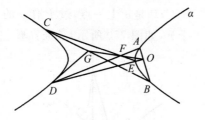

图 747

命题 748 设双曲线 α 的右焦点为 O, 右准线为 f, A, B 是 α 上两点, AB 交 f 于 C, 过 O 作 OC 的垂线, 且交 AB 于 D, 过 A 作 α 的切线, 且分别交 OC, OD 于 E, F, 设 DE 交 CF 于 G, 如图 748 所示, 求证: O, B, G 三点共线.

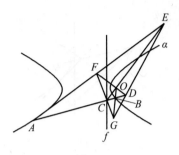

图 748

命题 749 设双曲线 α 的右焦点为 O,右准线为 f,A,B 是 α 上两点,AB 交 f 于 Q,过 A 作 α 的切线,且交 f 于 C,过 B,C 分别作 α 的切线,这两切线相交于 P,如图 749 所示,求证:O,P,Q 三点共线.

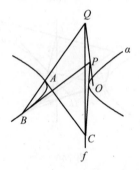

图 749

命题 750 设双曲线 α 的右焦点为 O,右准线为 f,A 是 α 外一点,过 A 作 α 的两条切线,切点分别为 B,C,P 是 α 上一点,过 P 作 α 的切线,且交 AB 于 D,OD 交 PC 于 E,AE 交 f 于 F,如图 750 所示,求证:$OE \perp OF$.

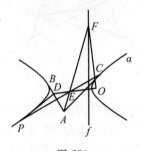

图 750

命题 751 设双曲线 α 的右焦点为 O,右准线为 f,直线 t 是双曲线 α 的渐近线之一,一直线过 O,且交 α 于 A,B,C 是 α 上一点,过 A 作 t 的平行线,且交 BC 于 D,过 B 作 t 的平行线,且交 AC 于 E,DE 交 f 于 F,如图 751 所示,求证:$OF \parallel t$.

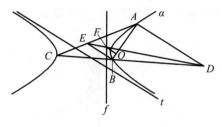

图 751

命题 752 设双曲线 α 的右焦点为 O,右准线为 f,直线 t 是双曲线 α 的渐近线之一,t 交 f 于 P,过 P 作 α 的切线,并在这切线上取两点 A,B,过 A,B 分别作 α 的切线,这两切线交于 C,过 C 作 t 的平行线,且交 f 于 D,BD 交 t 于 E,如图 752 所示,求证:A,O,E 三点共线.

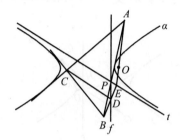

图 752

命题 753 设双曲线 α 的右焦点为 O,右准线为 f,A 是 α 外一点,过 A 作 α 的两条切线,切点分别为 B,C,D 是 α 上一点,过 D 作 α 的切线,且交 f 于 P,DP 分别交 AB,AC 于 E,F,设 OE 交 CD 于 Q,OF 交 BD 于 R,如图 753 所示,求证:P,Q,R 三点共线.

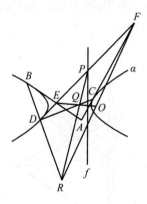

图 753

命题 754 设双曲线 α 的右焦点为 O,右准线为 f,直线 t 是双曲线 α 的渐近线之一,t 交 f 于 P,A 是 f 上一点,AO 交 t 于 Q,过 A 作 α 的切线,这切线交 t 于

R,如图 754 所示,求证:OR 是 $\angle POQ$(或 $\angle POQ$ 的补角)的平分线.

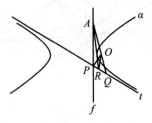

图 754

命题 755 设双曲线 α 的右焦点为 O,右准线为 f,A 是 α 外一点,过 A 作 α 的两条切线,切点分别为 B,C,CO 交 α 于 D,一直线与 AC 平行,且与 α 相切,该直线交 AB 于 E,DE 交 f 于 F,OF 交 AC 于 G,AC 与 f 交于 H,如图 755 所示,求证:A 是 GH 的中点.

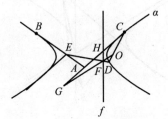

图 755

命题 756 设双曲线 α 的中心为 P,左焦点为 O,左准线为 z,两条渐近线为 t_1,t_2,A 是 α 上一点,过 A 作 t_1 的平行线,且交 z 于 S;过 A 作 t_2 的平行线,且交 z 于 M,过 M 作 PA 的平行线,且交 AS 于 E;过 S 作 PA 的平行线,且交 AM 于 F,过 F 作 t_1 的平行线,且交 z 于 T;过 E 作 t_2 的平行线,且交 z 于 N,如图 756 所示,求证:$\angle MON = \angle SOT$.

注:本命题源于下面的命题 756.1.

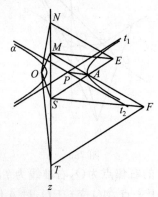

图 756

命题 756.1　设 A,B,C 是圆 α 上三点,过 B,C 分别作 α 的切线,且二者交于 P,AP 交 BC 于 D,过 D 且与 AB 平行的直线交 AC 于 F,过 D 且与 AC 平行的直线交 AB 于 E,如图 756.1 所示,求证:B,C,F,E 四点共圆.

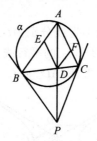

图 756.1

3.3

命题757 设双曲线 α 的两渐近线分别为 t_1,t_2,虚轴为 n,A 是 α 上一点,过 A 作 α 的切线,且交 n 于 B,过 B 作 t_1 的平行线,且交 α 于 C,过 C 作 t_2 的平行线,且交 n 于 D,如图 757 所示,求证:$AD \perp n$.

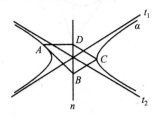

图 757

命题758 设双曲线 α 的虚轴为 n,两渐近线为 t_1,t_2,一直线与 n 垂直,且交 α 于 A,B,过 A 作 t_2 的平行线,且交 n 于 C,一直线过 C,且交 α 于 D,E,过 D 作 t_1 的平行线,且交 n 于 F,延长 FD 至 G,使得 $DB = DF$,过 A 作 t_1 的平行线,且交 CD 于 H,BE 交 n 于 K,如图 758 所示,求证:G,H,K 三点共线.

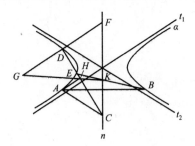

图 758

*命题759 设双曲线 α 的虚轴为 n,两渐近线为 t_1,t_2,A,B,C 是 α 上三点,过 B 作 t_2 的平行线,同时,过 C 作 n 的垂线,这两线相交于 D,过 D 作 AC 的平行线,且交 AB 于 E,现在,过 E 作 t_1 的平行线,同时,过 C 作 t_2 的平行线,这两线相交于 F,如图 759 所示,求证:点 F 在 n 上.

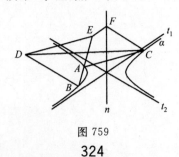

图 759

命题 760 设双曲线 α 的中心为 M，两渐近线为 t_1,t_2，虚轴为 n，A 是 α 上一点，过 A 作 α 的切线，且交 n 于 B，过 B 作 t_1 的平行线，且交 OA 于 C，过 A 作 t_2 的平行线，且交 BC 于 M，如图 760 所示，求证：$MB=MC$。

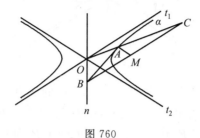

图 760

命题 761 设双曲线 α 的两渐近线为 t_1,t_2，虚轴为 n，A 是 α 上一点，过 A 作 α 的切线，且分别交 t_1,t_2 于 B,C，过 B 作 t_2 的平行线，且交 n 于 P，过 C 作 t_1 的平行线，且交 n 于 Q，过 A 作 t_1 的平行线，且交 PB 于 M，延长 PM 至 D，使得 $MD=MP$，过 D 作 t_1 的平行线，且交 α 于 F，现在，过 A 作 t_2 的平行线，且交 QC 于 N，延长 QN 至 E，使得 $EN=QN$，过 E 作 t_2 的平行线，且交 α 于 G，如图 761 所示，求证：$FG \mathbin{/\mkern-5mu/} n$。

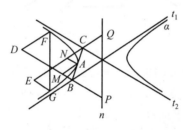

图 761

命题 762 设双曲线 α 的两渐近线为 t_1,t_2，虚轴为 n，A 是 t_2 上一点，一直线过 A，且交 α 于 B,C，过 B,C 且与 t_1 平行的直线分别记为 l_1,l_2，过 A 作 n 的垂线，且分别交 l_1,l_2 于 M,N，如图 762 所示，求证：线段 MN 被 n 所平分。

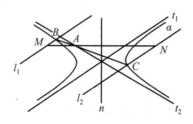

图 762

命题 763 设双曲线 α 的两渐近线为 t_1,t_2，虚轴为 n，一直线与 n 垂直，且分别交 t_1,t_2 于 A,B，另有一直线过 B，且交 α 于 C,D，过 C 作 t_1 的平行线，且交 AB 于 E，过 D 作 t_1 的平行线，且交 AB 于 F，如图 763 所示，求证：$BE=AF$。

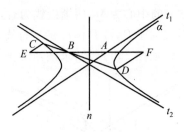

图 763

命题 764 设双曲线 α 的虚轴为 n，$\triangle ABC$ 的三边（或三边的延长线）均与 α 相切，BC，CA，AB 上的切点分别为 D，E，F，过 B 作 n 的垂线，且交 DE 于 G，过 C 作 n 的垂线，且交 DF 于 H，设 GH 交 CD 于 P，如图 764 所示，求证：点 P 在 n 上．

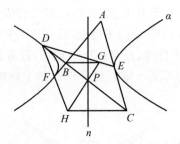

图 764

命题 765 设双曲线 α 的虚轴为 n，$\triangle ABC$ 的三边（或三边的延长线）均与 α 相切，BC，CA，AB 上的切点分别为 D，E，F，DE，DF 分别交 n 于 P，Q，BP 交 CQ 于 S，如图 765 所示，求证：$DS \perp n$．

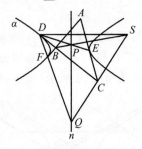

图 765

命题 766 设双曲线 α 的虚轴为 n，左顶点为 p，过 P 且与 α 相切的直线记为 z，A 是 α 外一点，过 A 作 α 的两条切线，切点分别为 B，C，AB 交 n 于 D，过 A 作 z 的垂线，且交 BP 于 E，DE 交 BC 于 F，设 AB 交 z 于 G，如图 766 所示，求证：$FG \perp z$．

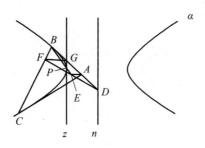

图 766

命题 767 设双曲线 α 的虚轴为 n，右顶点为 A，左顶点为 B，过 B 且与 α 相切的直线记为 z，AC 交 n 于 E，BE 交 AD 于 F，设 CD 交 z 于 G，如图 767 所示，求证：$FG \perp z$.

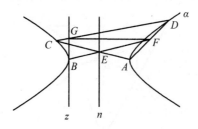

图 767

命题 768 设双曲线 α 的右顶点为 Z，虚轴为 n，过左、右顶点且与 α 相切的直线分别记为 l, l'，A 是 α 外一点，过 A 作 α 的两条切线，且分别交 l 于 B，C，设 C 在 l' 上的射影为 D，BD 交 n 于 E，如图 768 所示，求证：A, Z, E 三点共线.

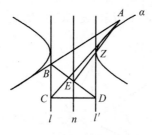

图 768

命题 769 设双曲线 α 的虚轴为 n，右顶点为 Z，过 Z 且与 α 相切的直线分别记为 l，A, B 是 α 上两点，过 A, B 分别作 α 的切线，这两切线相交于 C，AB 交 n 于 D，BC 交 l 于 E，过 B 作 n 的垂线，且交 DE 于 F，设 FC 交 n 于 G，如图 769 所示，求证：B, Z, G 三点共线.

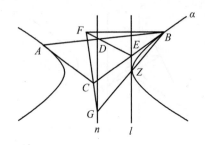

图 769

命题 770 设双曲线 α 的虚轴为 n, P 是 n 上一点, 过 P 作两直线, 且分别交 α 于 A,B 和 C,D, 过 C 作 n 的垂线, 且交 α 于 E, BE 交 AD 于 F, 过 F 作 n 的垂线, 且交 CD 于 G, GB 交 DE 于 Q, 如图 770 所示, 求证: 点 Q 在 n 上.

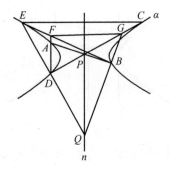

图 770

命题 771 设双曲线 α 的虚轴为 n, P 是 n 上一点, 过 P 作两直线, 它们分别交 α 于 A,B 和 C,D, 如图 771 所示, 设 AC 交 BD 于 E, AD 交 BC 于 F, 求证: $EF \perp n$.

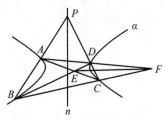

图 771

命题 772 设双曲线 α 的虚轴为 n, 完全四边形 $ABCD-EF$ 的四边 AB, BC, CD, DA 均与 α 相切, AC 交 EF 于 P, 若 BD 垂直于 n, 如图 772 所示, 求证: 点 P 在 n 上.

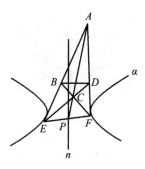

图 772

命题 773 设双曲线 α 的虚轴为 n，两弦 AB，CD 均与 n 垂直，E，F 是 CD 上两点，它们到 n 的距离相等，AE，AF 分别交 α 于 G，H，GH 交 CD 于 K，如图 773 所示，求证：BK 与 α 相切.

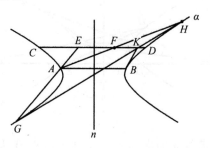

图 773

命题 774 设双曲线 α 的虚轴为 n，弦 AB 与 n 垂直，C 是 α 外一点，CA，CB 分别交 α 于 D，E，AE 交 BD 于 F，CF 交 α 于 G，过 G 作 n 的垂线，且交 α 于 H，DH，EH 分别交 AB 于 M，N，如图 774 所示，求证：$AM = BN$.

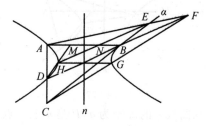

图 774

命题 775 设双曲线 α 的虚轴为 n，A，B 是 α 上两点，AB 交 n 于 P，过 A，B 分别作 α 的切线，这两切线相交于 C，过 C 作 n 的垂线，且交 α 于 D，设 E 是 α 上任意一点，一直线过 P，且分别交 AE，DE 于 F，G，BG 交 DF 于 H，如图 775 所示，求证：点 H 在 α 上.

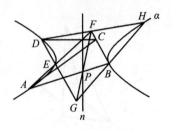

图 775

命题 776 设双曲线 α 的虚轴为 n, A 是 α 外一点, 过 A 作 α 的两条切线, 切点分别为 B,C, 过 A 作 n 的垂线, 且交 α 于 D,E, 过 C 作 n 的垂直, 且交 α 于 F, 在 BC 上取一点 P, 设 PD,PE 分别交 α 于 G,H, FG,FH 分别交 DE 于 M,N, 如图 776 所示, 求证: $DM = EN$.

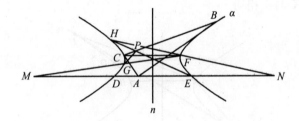

图 776

命题 777 设双曲线 α 的虚轴为 n, 平面上两点 A,B 到 n 的距离相等, 且 AB 与 n 垂直, 一直线过 A, 且交 α 于 C,D, 另有一直线过 B, 且交 α 于 E,F, 设 CE,DF 分别交 AB 于 M,N, 如图 777 所示, 求证: M,N 两点到 n 的距离相等.

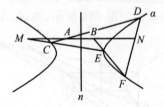

图 777

* **命题 778** 设双曲线 α 的虚轴为 n, P 是 n 上一点, M,N 上 n 外两点, 使得 $\angle MPN$ 被 n 所平分, 过 M,N 各作 α 的一条切线, 这两切线交于 A, 现在, 过 M,N 再各作 α 的一条切线, 这两切线交于 B, AB 分别交 PM,PN 于 C,D, AB 交 n 于 S, 如图 778 所示, 求证

$$\frac{AC}{SA \cdot SC} = \frac{BD}{SB \cdot SD}$$

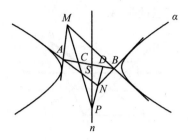

图 778

命题 779 设双曲线 α 的虚轴为 n,左、右顶点分别为 A, B,过 B 且与 α 相切的直线分别记为 l,C,D 是 α 上两点,过这两点分别作 α 的切线,这两切线相交于 E,AE 交 n 于 F,F 在 l 上的射影为 M,设 EC,ED 分别交 l 于 G,H,如图 779 所示,求证:$MH = MG$.

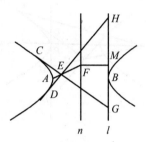

图 779

命题 780 设双曲线 α 的实轴为 m,两弦 AB,CD 互相平行,且与 m 等距,P,Q 两点分别在这两弦上,过 P,Q 各作 α 的一条切线,这两切线相交于 M;过 P,Q 再各作 α 的一条切线,这次两切线相交于 N,如图 780 所示,求证:M,N 两点到 m 的距离相等.

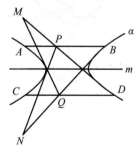

图 780

命题 781 设双曲线 α 的实轴为 m,A,B 是 α 上两定点,$AB \parallel m$,C,D 是 α 上两动点,$CD \parallel m$,在 AC 的延长线上任取一点 E,EB 交 α 于 F,过 E 作 m 的平行线,且交 FD 于 P,如图 781 所示,求证:

① 动点 P 的轨迹是直线,这直线记为 l;

② l 与 α 相切, 而且, 切点就是 A.

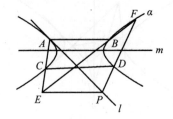

图 781

命题 782 设双曲线 α 的实轴为 m, 右顶点为 P, 过 P 且与 α 相切的直线记为 l, A 是 α 外一点, 过 A 作 α 的两条切线, 切点分别为 B, C, AB, AC 分别交 l 于 D, E, BC 交 m 于 F, FA 交 l 于 M, 如图 782 所示, 求证: M 是 DE 的中点.

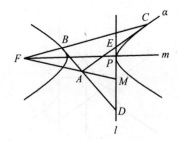

图 782

命题 783 设双曲线 α 的左、右顶点分别为 P, Z, A, B 是 α 上两点, AZ 交 BP 于 M, 过 A, B 分别作 α 的切线, 这两切线相交于 N, 如图 783 所示, 求证: $MN \perp PZ$.

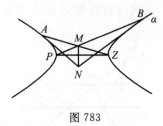

图 783

3.4

命题784 设双曲线 α 的虚轴为 n，$\triangle ABC$ 的三边 BC, CA, AB 均与 α 相切，切点分别为 D, E, F，BC 交 n 于 P，PA 交 EF 于 G，一直线与 n 垂直，且分别交 DE, DF, DG 于 H, K, M，如图784所示，求证：$MH = MK$.

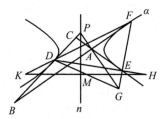

图 784

命题785 设双曲线 α 的虚轴为 n，P 是 n 上一点，过 P 作 α 的两条切线，并在这两切线上各取一点，它们分别记为 A, B，过 A, B 分别作 α 的切线，切点依次记为 C, D，设 AC 交 PB 于 E，BD 交 PA 于 F，如图785所示，求证：AB, CD, EF 三线共点(此点记为 S).

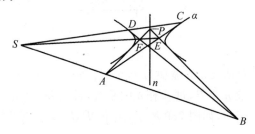

图 785

命题786 设双曲线 α 的两渐近线为 t_1, t_2，虚轴为 n，A 是 α 上一点，过 A 作两直线 l_1, l_2，它们分别平行于 t_1, t_2，一直线分别与 l_1, l_2, n 相交于 B, C, P，过 P 分别作 t_1, t_2 的平行线，且依次交 α 于 D, E，设 CD 交 BE 于 S，如图786所示，求证：点 S 在 α 上.

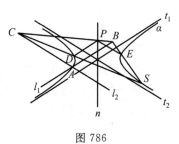

图 786

命题 787　设双曲线 α 的两渐近线为 t_1,t_2，虚轴为 n，直线 l 与 n 垂直，且分别交 n,t_1 于 M,P，一直线过 P，且交 α 于 A,B，过 A,B 分别作 t_2 的平行线，且依次交 l 于 C,D，如图 787 所示，求证：$MC = MD$.

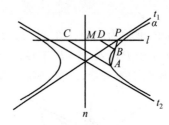

图 787

命题 788　设双曲线 α 的虚轴为 n，A 是 α 外一点，过 A 作 α 的两条切线，切点分别为 B,C，BC 交 n 于 P，D 是 AP 上一点（D 在 α 外），过 D 作 α 的一条切线，且交 BC 于 E，过 D 作 α 的另一条切线，同时，过 A 作 n 的垂线，这两线相交于 F，如图 788 所示，求证：EF 与 α 相切.

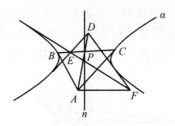

图 788

命题 789　设双曲线 α 的虚轴为 n，A 是 α 外一点，过 A 作 α 的两条切线，切点分别为 B,C，BC 交 n 于 P，过 A 作 n 的垂线，且交 BC 于 D，一直线过 D，且交 α 于 E,F，EA 交 α 于 G，如图 789 所示，求证：P,F,G 三点共线.

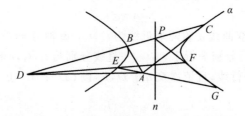

图 789

命题 790　设双曲线 α 的两渐近线为 t_1,t_2，虚轴为 n，A,B 是 α 上两点，$AB \parallel n$，过 A 且与 α 相切的直线记为 l，过 B 作 t_1 的平行线，且交 n 于 P，AP 交 α 于 C，过 C 作 t_2 的平行线，且交 AB 于 D，如图 790 所示，求证：$DP \parallel l$.

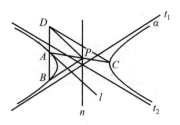

图 790

命题 791 设双曲线 α 的虚轴为 n,一直线与 n 垂直,且交 α 于 A,B,M,N 是 AB 上两点,使得 $AM=BN$,C 是 α 上一点,CM,CN 分别交 α 于 D,E,AE 交 BD 于 F,AD 交 BE 于 G,FG 交 α 于 H,如图 791 所示,求证:$CH \perp n$.

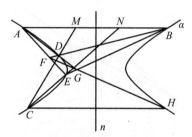

图 791

命题 792 设双曲线 α 的虚轴为 n,P 是 n 上一点,过 P 且与 n 垂直的直线交 α 于 A,B,过 P 作 α 的两条切线,切点分别为 C,D,一直线过 C,且分别交 AD,BD 于 E,F,EF 交 α 于 G,设 AF 交 BE 于 H,如图 792 所示,求证:D,G,H 三点共线.

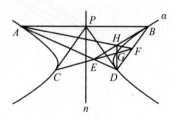

图 792

命题 793 设双曲线 α 的虚轴为 n,弦 AB 垂直于 n,过 A 作 α 的切线,且交 n 于 P,过 P 且与 AB 平行的直线交 α 于 C,D,M 是 BC 上一点,AM 交 BD 于 E,CE 交 DM 于 F,BF 交 ME 于 G,如图 793 所示,求证:点 G 在 α 上.

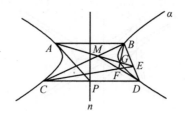

图 793

命题 794 设双曲线 α 的虚轴为 n,一直线与 n 垂直,且交 α 于 A,B,交 n 于 P,过 B 作 α 的切线,并在其上取一点 C,CP 交 α 于 D,E,过 C 作 AB 的平行线,且分别交 AD,AE 于 M,N,如图 794 所示,求证:线段 MN 被 n 所平分.

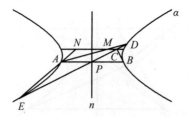

图 794

命题 795 设双曲线 α 的虚轴为 n,直线 t 是双曲线 α 的渐近线之一,一直线与 n 垂直,且交 α 于 A,B,过 A 作 α 的切线,且交 n 于 P,交 t 于 C,过 P 作 t 的平行线,且交 BC 于 D,设 AB 交 DP 于 M,如图 795 所示,求证:M 是线段 DP 的中点.

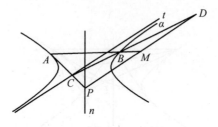

图 795

命题 796 设双曲线 α 的虚轴为 n,两弦 AB,CD 均与 n 垂直,M,N 是 α 上两点,AM 交 CN 于 P,BM 交 DN 于 Q,AD 交 n 于 R,如图 796 所示,求证:P,Q,R 三点共线.

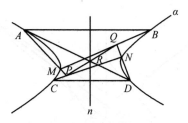

图 796

命题 797 设双曲线 α 的中心为 O，虚轴为 n，一直线与 n 平行，且交 α 于 A，B，C，D 是 α 上两点，AD 交 BC 于 P，过 C，D 分别作 α 的切线，这两切线相交于 Q，如图 797 所示，求证：O，P，Q 三点共线.

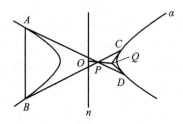

图 797

命题 798 设双曲线 α 的虚轴为 n，两渐近线为 t_1，t_2，直角 $\triangle ABC$ 是直角三角形，$AB \perp AC$，点 C 在 α 上，且 $CA \perp n$，过 B，C 分别作 t_2 的平行线，且依次交 n 于 P，Q，QA 交 PB 于 D，如图 798 所示，求证：B 是 PD 的中点.

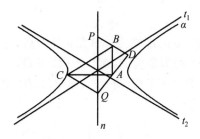

图 798

命题 799 设双曲线 α 的虚轴为 n，P，Q，R 是 n 上三点，过这三点中的每一个都各作 α 的两条切线，凡六条，其中三条构成 $\triangle ABC$，另三条构成 $\triangle A'B'C'$，如图 799 所示，设 α 的一条渐近线与 $\triangle ABC$ 的三边 BC，CA，AB 分别相交于 D，E，F，求证：

① $A'D$，$B'E$，$C'F$ 三线共点（此点记为 S）.

② 点 S 在 n 上.

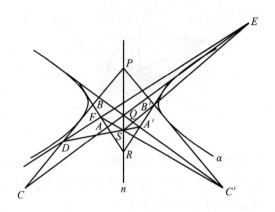

图 799

命题 800 设双曲线 α 的虚轴为 n,A,B 是 α 上两点,AB 交 n 于 P,过 P 作 α 的一条切线,切点为 C,过 A,B 分别作 n 的垂线,且依次交 PC 于 D,E,过 D,E 分别作 α 的切线,切点依次为 F,G,过 P 作 n 的垂线,且依次交 EG,DF 于 M,N,如图 800 所示,求证:$PM = PN$.

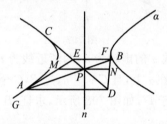

图 800

命题 801 设双曲线 α 的虚轴为 n,A 是 α 外一点,过 A 作 α 的两条切线,切点分别为 B,C,A 在 n 上的射影为 P,AP 交 BC 于 D,交 α 于 E,一直线与 n 垂直,且交 α 于 F,G,EF 交 CD 于 Q,GE 交 n 于 H,HB 交 DF 于 R,如图 801 所示,求证:P,Q,R 三点共线.

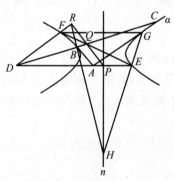

图 801

命题 802 设双曲线 α 的虚轴为 n,P 是 n 上一点,过 P 作两直线,它们分别

交 α 于 A,B 和 C,D,过 C,D 分别作 α 的切线,这两切线相交于 E,过 E 作 n 的垂线,且分别交 AB,CD 于 M,N,这垂线还交 α 于 F,G,设 BF 交 DG 于 Q,BN 交 DM 于 R,如图 802 所示,求证:P,Q,R 三点共线.

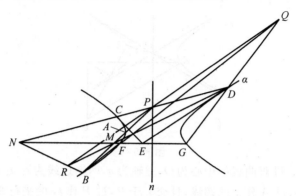

图 802

命题 803 设双曲线 α 的虚轴为 n,$\triangle ABC$ 的三边(或三边的延长线)均与双曲线 α 相切,且 AB 与 n 平行,AB 的中点为 M,过 M 作 α 的切线,切点为 D,CD 交 n 于 N,如图 803 所示,求证:$MN \perp AB$.

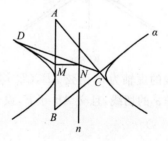

图 803

命题 804 设双曲线 α 的虚轴为 n,$\triangle ABC$ 的三边(或三边的延长线)均与双曲线 α 相切,BC 交 n 于 D,过 D 作 α 的切线,切点为 E,EA 交 n 于 F,CF 交 DE 于 G,如图 804 所示,求证:B,G 两点关于虚轴 n 对称.

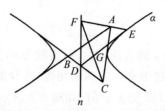

图 804

命题 805 设双曲线中心为 O,虚轴为 n,两渐近线为 t_1,t_2,一直线过 O,且

交 α 于 A,B,C 是 α 上一点,过 C 作 t_1 的平行线,同时,过 A 作 n 的垂线,这两线相交于 P,现在,过 A 作 t_2 的平行线,且交 BC 于 Q,如图 805 所示,求证:$PQ \parallel n$.

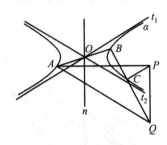

图 805

命题 806 设双曲线的中心为 O,虚轴为 n,两渐近线为 t_1,t_2,一直线过 O,且交 α 于 A,B,过 A 作 α 的切线,且交 n 于 P,过 P 作 t_2 的平行线,且交 AB 于 Q,过 A 作 t_1 的平行线,且交 PQ 于 M,如图 806 所示,求证:$MP = MQ$.

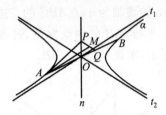

图 806

命题 807 设双曲线的虚轴为 n,两弦 AB,CD 均与 n 垂直,过 B 作 α 的切线,且交 CD 于 E,过 C 作 α 的切线,且交 AB 于 F,设 EF 交 BC 于 P,如图 807 所示,求证:点 P 在 n 上.

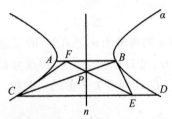

图 807

命题 808 设双曲线 α 的右顶点为 A,虚轴为 n,过左顶点且与 n 平行的直线记为 z,B 是 α 外一点,过 B 作 α 的两条切线,且分别交 n 于 P,Q,AB 交 n 于 C,C 在 z 上的射影为 D,DB 交 n 于 M,如图 808 所示,求证:M 是 PQ 的中点.

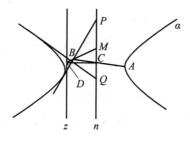

图 808

3.5

命题 809 设双曲线的两条渐近线为 t_1,t_2,A,B 是 α 上两点,过 A 作 α 的切线,且交 t_2 于 E;过 B 作 α 的切线,且交 t_1 于 F,如图 809 所示,求证:$EF \parallel AB$.

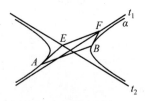

图 809

命题 810 设双曲线 α 的中心为 M,两渐近线为 t_1,t_2,N 是平面上一点,A,B 是 α 上两点,使得 $NA \parallel t_2$,$NB \parallel t_1$,作 α 的切线且分别交 t_1,t_2 于 C,D,CD 上的切点为 E,NE 交 α 于 F,CA 交 DB 于 G,如图 810 所示,求证:F,M,G 三点共线.

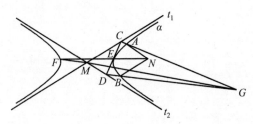

图 810

命题 811 设双曲线 α 的中心为 O,两渐近线为 t_1,t_2,一直线过 O,且交 α 于 A,B,过 A 作 α 的切线,同时,过 B 作 t_2 的平行线,这两线交于 C,过 C 作 t_1 的平行线,且交 α 于 D,过 C 作 α 的切线,切点为 E,如图 811 所示,求证:D,E 两点关于点 O 对称.

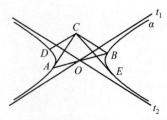

图 811

命题 812 设双曲线 α 的两渐近线分别为 t_1,t_2,A,C 是 α 上两点,作平行四

边形 $ABCD$,使得 $AD \parallel BC \parallel t_1$,$AB \parallel CD \parallel t_2$,一直线与 AC 平行,且交 α 于 E,F,设 BE 交 DF 于 P,如图 812 所示,求证:点 P 在 α 上.

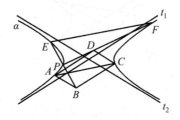

图 812

命题 813　设双曲线 α 的中心为 O,两渐近线分别为 t_1,t_2,A 是 α 外一点,过 A 作 α 的两条切线,切点分别为 B,C,过 B 作 t_1 的平行线,同时,过 C 作 t_2 的平行线,这两线相交于 D,如图 813 所示,求证:A,O,D 三点共线.

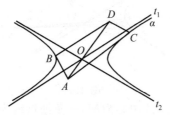

图 813

命题 814　设双曲线 α 的右焦点为 O,直线 t 是 α 的渐近线之一,A 是 α 外一点,过 A 作 α 的两条切线,切点分别为 B,C,过 O 作 t 的平行线,且交 α 于 P,过 B 作 t 的平行线,且交 CP 于 D,AD 交 t 于 Q,如图 814 所示,求证:$OP \perp OQ$.

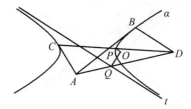

图 814

命题 815　设双曲线 α 的两渐近线为 t_1,t_2,A 是 α 外点,过 A 作 α 的两条切线,切点分别为 B,C,AB 交 t_1 于 D,AC 交 t_2 于 E,如图 815 所示,求证:$DE \parallel BC$.

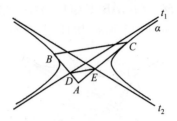

图 815

命题 816 设直线 z 是双曲线 α 的一条渐近线，A,B,C,D 是 α 上四点，CD 交 z 于 P，设 M,N 分别是 BC,AD 上的点，如图 816 所示，求证："$AM \mathbin{\!/\mkern-5mu/\!} z$" 的充要条件是 "$BN \mathbin{\!/\mkern-5mu/\!} z$".

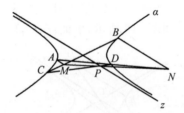

图 816

命题 817 设双曲线 α 的中心为 M，一条渐近线为 z，A 是 α 外一点，过 A 作 α 的两条切线，切点分别为 B,C，过 A 作 BC 的平行线，且交 z 于 N，设 AB,AC 分别交 z 于 P,Q，如图 817 所示，求证

$$\frac{MP}{MQ}=\frac{NP}{NQ}$$

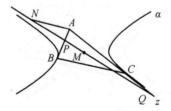

图 817

命题 818 设双曲线 α 的中心为 M，两渐近线为 t_1,t_2，A 是 t_2 上一点，一直线过 A，且交 α 于 B,C，过 B 作 t_2 的平行线，同时，过 C 作 t_1 的平行线，这两线相交于 D，过 A 作 α 的切线，切点记为 E，过 E 作 t_1 的平行线，且交 BC 于 F，如图 818 所示，求证：F,M,D 三点共线.

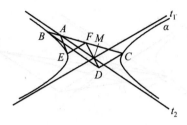

图 818

命题 819 设双曲线 α 的中心为 M，两渐近线为 t_1,t_2，A 是 t_2 上一点，一直线过 A，且交 α 于 B,C，过 B 作 t_2 的平行线，同时，过 C 作 t_1 的平行线，这两线相交于 D，过 A 作 α 的切线，切点记为 E，设 DE 交 α 于 F，如图 819 所示，求证：F，M，B 三点共线.

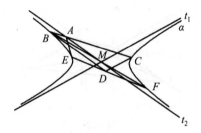

图 819

命题 820 设双曲线 α 的中心为 M，两渐近线为 t_1,t_2，一直线过 M，且交 α 于 A,B，过 A 作 α 的切线，且交 t_2 于 C，过 A 作 t_2 的平行线，且交 BC 于 D，过 B 作 t_1 的平行线，且交 AD 于 E，BE 交 AC 于 F，过 C 作 t_1 的平行线，且交 DF 于 G，如图 820 所示，求证：$EG \ /\!/ \ BD$.

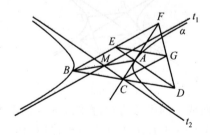

图 820

命题 821 设双曲线 α 的两渐近线为 t_1,t_2，A,B 是 α 上两点，在 α 外取一点 C，使得 $AC \ /\!/ \ t_2$，$BC \ /\!/ \ t_1$，现在，再取一点 D，使得 $CD \ /\!/ \ AB$，过 B 作 t_2 的平行线，且交 AD 于 E，过 D 作 BC 的平行线，且交 BE 于 F，设 AF 交 CD 于 G，如图 821 所示，求证：$EG \ /\!/ \ t_1$.

345

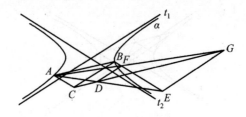

图 821

命题 822 设直线 t 是双曲线 α 的一条渐近线,A 是 t 上一点,过 A 作 α 的切线,切点为 B,一直线过 A,且交 α 于 C,D,设 E 是 α 上一点,过 D 作 t 的平行线,且交 CE 于 F,CE 交 BD 于 G,DE 交 BF 于 H,如图 822 所示,求证:GH 与 t 平行.

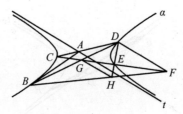

图 822

命题 823 设双曲线 α 的两渐近线为 t_1,t_2,A 是 α 上一点,过 A 作 t_2 的平行线,且交 t_1 于 C,在 α 上取一点 D,过 C 作 BD 的平行线,且交 t_2 于 E,过 E 作 t_1 的平行线,且交 AC 于 F,如图 823 所示,求证:DF 与 α 相切.

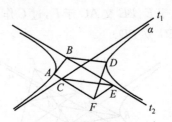

图 823

命题 824 设双曲线 α 的中心为 O,直线 t 是 α 的渐近线之一,A 是 α 上一点,过 A 作 α 的切线,且交 t 于 B,C 是 α 上一点,过 C 作 α 的切线,同时,过 A 作 t 的平行线,这两线相交于 D,设 CO 交 AD 于 E,过 E 作 AB 的平行线,且交 t 于 F,如图 824 所示,求证:$AF \parallel CD$.

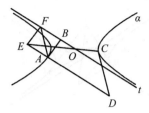

图 824

命题 825 设直线 t 是双曲线 α 的一条渐近线,A 是 α 外一点,过 A 作 α 的两条切线,切点分别为 B,C,BC 交 t 于 D,设 E 是 α 上一点,过 E 作 α 的切线,同时,过 A 作 t 的平行线,这两线相交于 F,EF 交 AC 于 G,DG 交 CF 于 H,如图 825 所示,求证:A,E,H 三点共线.

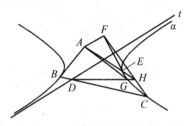

图 825

命题 826 设双曲线 α 的中心为 M,两渐近线为 t_1,t_2,A 是 α 上一点,过 A 作 α 的切线,且分别交 t_1,t_2 于 B,C,AM 交 α 于 P,PC 交 α 于 D,过 A 作 t_2 的平行线,且交 CD 于 E,EB 交 AD 于 Q,设 PB 交 α 于 F,过 D 作 t_1 的平行线,且交 AF 于 R,如图 826 所示,求证:P,Q,R 三点共线,且此线与 α 相切.

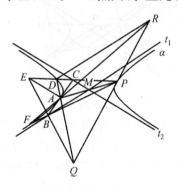

图 826

命题 827 设直线 t 是双曲线 α 的一条渐近线,A 是 α 外一点,过 A 作 α 的两条切线,切点分别为 B,C,AB 交 t 于 P,设 D 是 α 外另一点,使得 $DB \parallel t$,过 D 作 α 的切线,切点为 E,EP 交 AC 于 F,BF 交 CP 于 G,如图 827 所示,求证:A,G,D 三点共线.

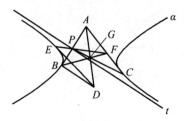

图 827

命题 828 设双曲线 α 的中心为 M, 两渐近线为 t_1, t_2, 一直线过 M, 且交 α 于 A, B, 过 B 作 α 的切线, 且交 t_1 于 C, AC 交 α 于 D, 过 D 作 t_2 的平行线, 同时, 过 A 作 t_1 的平行线, 这两线相交于 E, 如图 828 所示, 求证: 点 E 在 BC 上.

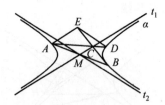

图 828

命题 829 设双曲线 α 的两渐近线为 t_1, t_2, A, B 是 α 上两点, 两平行线 l_1, l_2 分别过 A, B, 过 A 作 t_1 的平行线, 同时, 过 B 作 t_2 的平行线, 这两线相交于 P, 设 M 是 AB 上一点, 过 M 作 t_1 的平行线, 且交 l_2 于 Q, 现在, 过 M 作 t_2 的平行线, 且交 l_1 于 R, 如图 829 所示, 求证: P, Q, R 三点共线.

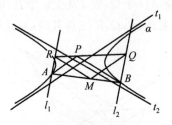

图 829

命题 830 设直线 t 是双曲线 α 的渐近线之一, A 是 α 外一点, 过 A 作 α 的两条切线, 切点分别为 B, C, BC 交 t 于 P, 过 P 作 α 的切线, 且分别交 AB, AC 于 M, N, 设 CM 交 BN 于 D, AD 交 BC 于 E, AB, AC 分别交 t 于 Q, R, 如图 830 所示, 求证: E, M, R 三点共线, E, N, Q 三点也共线.

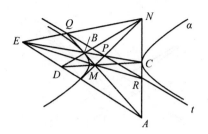

图 830

命题 831　设双曲线 α 的两渐近线为 t_1, t_2，中心为 O，A 是 α 上一点，过 A 且与 α 相切的直线记为 l，AO 交 α 于 B，C 是 AB 上一点，过 C 作 t_2 的平行线，且交 l 于 D，如图 831 所示，求证：下列三直线共点：过 A 且与 t_1 平行的直线；过 C 且与 l 平行的直线；过 D 且与 AB 平行的直线.

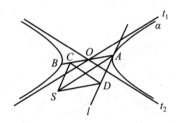

图 831

命题 832　设直线 t 是双曲线 α 的渐近线之一，A 是 α 外一点，过 A 作 α 的两条切线，切点分别为 B, C，AB, BC 分别交 t 于 P, Q，设 D 是 BC 上一点，PD 交 AQ 于 E，BE 交 AD 于 F，如图 832 所示，求证：FQ 与 α 相切.

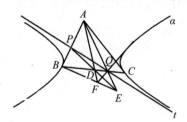

图 832

命题 833　设双曲线 α 的两渐近线为 t_1, t_2，A 是 α 上一点，过 A 且与 α 相切的直线记为 l，过 A 作 t_1 的平行线，此线记为 l_1；过 A 作 t_2 的平行线，此线记为 l_2，一直线与 l 平行，且分别交 l_1, l_2，于 B, C，过 B 作 α 的切线，且交 l_2 于 D，过 C 作 α 的切线，且交 l_1 于 E，如图 833 所示，求证：$DE \parallel BC$.

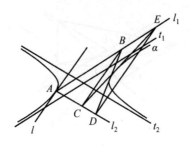

图 833

命题 834 设双曲线 α 的两渐近线为 t_1, t_2，A 是 α 上一点，过 A 作 t_1 的平行线，此线记为 l_1；过 A 作 t_2 的平行线，此线记为 l_2，设 B, C 两点分别在 l_1, l_2 上，过 C 作 α 的切线，且交 l_1 于 D，一直线与 BC 平行，且与 α 相切，这切线交 l_2 于 E，如图 834 所示，求证：$BE \;\!/\!\!/\;\! CD$.

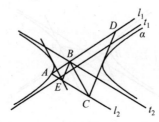

图 834

命题 835 设双曲线 α 的中心为 O，一条渐近线为 t，A 是 α 上一点，过 A 作 α 的切线，且交 t 于 B，在线段 AO 上取一点 C，过 C 作 t 的平行线，且交 AB 于 D，DO 交 α 于 E，过 E 作 α 的切线 l，如图 835 所示，求证：$l \;\!/\!\!/\;\! BC$.

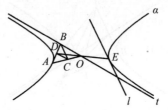

图 835

命题 836 设双曲线 α 的两渐近线为 t_1, t_2，A 是 α 外一点，过 A 作 α 的两条切线，切点分别为 B, C，AB 交 t_1 于 D，过 D 作 t_2 的平行线，且交 α 于 E，过 E 作 α 的切线，且交 t_1 于 F，如图 836 所示，求证：$AF \;\!/\!\!/\;\! t_2$.

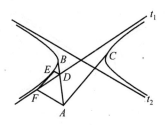

图 836

命题 837 设双曲线 α 的两渐近线为 t_1, t_2,A,B,C 是 α 上三点,过 A 作 t_2 的平行线,同时,过 B 作 t_1 的平行线,这两线交于 P,过 C 作 t_2 的平行线,且交 t_1 于 Q,过 A 作 t_1 的平行线,且交 BC 于 R,如图 837 所示,求证:P,Q,R 三点共线.

注:我们认为 α 上有着六个点,它们分别是:A,B,C 三点,以及 t_1,t_2 上的无穷远点,而且,t_1 上的无穷远点被视为"两个重合的点",因此,按帕斯卡(Blaise Pascal)定理,本命题明显成立.

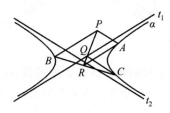

图 837

命题 838 设双曲线 α 的右焦点为 O,直线 t 是 α 的一条渐近线,AB 是过 O 的焦点弦,P 是 t 上一点,PA,PB 分别交 α 于 C,D,AD 交 BC 于 E,过 P 作 α 的切线,切点为 F,如图 838 所示,求证:$EF \parallel t$.

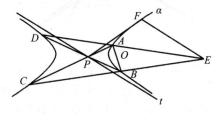

图 838

命题 839 设双曲线 α 的两渐近线为 t_1,t_2,一直线与 α 相切,且分别交 t_1,t_2 于 A,B,过 A 作 t_2 的平行线,且交 α 于 C;过 B 作 t_1 的平行线,且交 α 于 D,如图 839 所示,求证:$CD \parallel AB$.

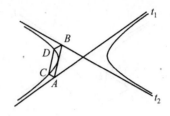

图 839

命题 840 设双曲线 α 的中心为 O,两渐近线为 t_1,t_2,一直线过 O,且交 α 于 A,B,过 A 作 α 的切线,且分别交 t_1,t_2 于 C,D,过 A 作 t_1 的平行线,且交 BC 于 E,过 A 作 t_2 的平行线,且交 BD 于 F,如图 840 所示,求证:$EF \parallel CD$.

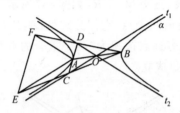

图 840

命题 841 设直线 t 是双曲线 α 的一条渐近线,A 是 α 外一点,过 A 作 α 的两条切线,它们分别记为 l_1,l_2,设 B,C 是 t 上两点,过 B 作 α 切线,且交 l_1 于 D;过 C 作 α 的切线,且交 l_2 于 E,BE 交 CD 于 F,如图 841 所示,求证:$AF \parallel t$.

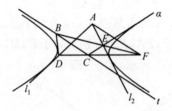

图 841

命题 842 设双曲线 α 的中心为 O,两渐近线为 t_1,t_2,一直线过 O,且交 α 于 A,B,C 是 α 是一点,过 C 作 t_2 的平行线,且交 AB 于 P,过 C 作 t_1 的平行线,且交 AB 于 D,过 B 作 t_2 的平行线,且交 CD 于 Q,过 D 作 t_2 的平行线,且交 AC 于 R,如图 842 所示,求证:P,Q,R 三点共线.

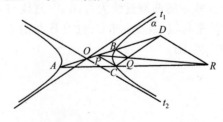

图 842

命题 843 设双曲线 α 的两渐近线为 t_1,t_2，A 是 α 外一点，过 A 作 α 的两条切线，切点分别为 B,C，过 A 作 t_1 的平行线，且交 α 于 D，过 D 作 t_2 的平行线，且交 BC 于 E，现在，过 B 作 t_2 的平行线，同时，过 D 作 BC 的平行线，这两线相交于 F，如图 843 所示，求证：$EF \parallel CD$.

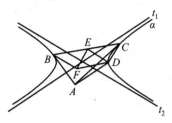

图 843

命题 844 设双曲线 α 的两渐近线为 t_1,t_2，A,B,C 是 α 上三点，过 B 作 t_2 的平行线，且交 AC 于 D，过 C 作 t_1 的平行线，同时，过 B 作 α 的切线，这两线相交于 E，如图 844 所示，求证：$DE \parallel AB$.

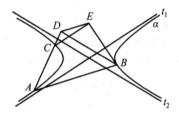

图 844

命题 845 设双曲线 α 的两渐近线为 t_1,t_2，左、右顶点分别为 A,B，一直线过 A，在此线上取两点 C,E（C 在 α 内，E 在 α 外），使得 $BC \parallel t_1$，$BE \parallel t_2$，以 BC，BE 为邻边作平行四边形 $BCDE$，如图 845 所示，求证：这个平行四边形的中心 M 在 α 上.

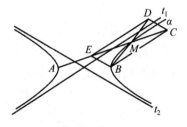

图 845

命题 846 设双曲线 α 的中心为 O，两渐近线为 t_1,t_2，A 是 α 上一点，过 A 且与 α 相切的直线交 t_2 于 B，过 A 作 t_1 的平行线，且交 t_2 于 C，以 CA，CB 为邻边作平行四边形 $ACBD$，如图 846 所示，求证：$CD \parallel AO$.

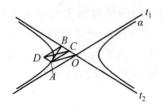

图 846

命题 847 设直线 t 是双曲线 α 的渐近线之一,A,B 是 α 上两点,过 A,B 分别作 α 的切线,且依次交 t 于 C,D,过 A 作 t 的平行线,且交 BC 于 P,过 B 作 t 的平行线,且交 AD 于 Q,设 AB 交 PQ 于 R,如图 847 所示,求证:点 R 在 t 上.

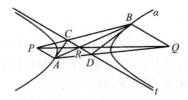

图 847

命题 848 设直线 t 是双曲线 α 的渐近线之一,A 是 α 外一点,过 A 作 α 的两条切线,切点分别为 B,C,AB,AC 分别交 t 于 D,E,CD 交 α 于 F,过 F 作 α 的切线,且交 AB 于 G,EG 交 BC 于 H,如图 848 所示,求证:$GH \parallel t$.

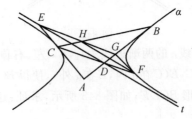

图 848

命题 849 设双曲线 α 的两渐近线为 t_1,t_2,一直线与 α 相切于 M,且分别交 t_1,t_2 于 A,B,过 M 作 t_1 的平行线,且交 t_2 于 C,作平行于 AB 且与 α 相切的直线,同时,过 C 作 α 的切线,这两切线相交于 D,如图 849 所示,求证:$BD \parallel t_1$.

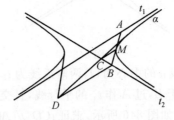

图 849

命题 850 设双曲线 α 的两渐近线为 t_1,t_2,过 A 作 α 的一条切线,且交 t_1

于 B,过 A 作 t_1 的平行线,同时,过 B 作 t_2 的平行线,这两线相交于 C,设 D 是 t_2 上一点,过 D 作 t_1 的平行线,同时,过 A 作 t_2 的平行线,这两线相交于 E,如图 850 所示,求证:$CE \parallel AD$.

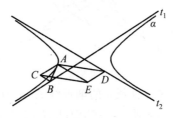

图 850

命题 851 设双曲线 α 的中心为 O,两渐近线为 t_1,t_2,A 是 α 上一点,过 A 且与 α 相切的直线分别交 t_1,t_2 于 B,C,设 P 是 t_2 上一点,PA 交 t_1 于 D,CD 交 BP 于 E,如图 851 所示,求证:$OE \parallel BC$.

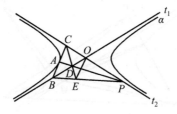

图 851

命题 852 设双曲线 α 的两渐近线为 t_1,t_2,A,B 是 α 上两定点,P 是 α 上的动点,过 B 作 t_1 的平行线,且交 AP 于 C,过 C 作 BP 的平行线,同时,过 A 作 t_2 的平行线,这两线相交于 S,如图 852 所示,求证:S 是定点,与动点 P 的位置无关.

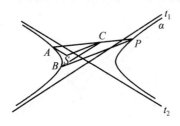

图 852

命题 853 设双曲线 α 的两渐近线为 t_1,t_2,A 是 α 上一点,过 A 作 t_1 的平行线,并在其上取一点 B,过 A 作 t_2 的平行线,并在其上取一点 C,过 A 作 BC 的平行线,同时,过 B 作 t_2 的平行线,这两线相交于 D,过 D 作 t_1 的平行线,且交 α 于 P,过 A 作 α 的切线,且交 t_2 于 Q,过 C 作 t_1 的平行线,且交 α 于 R,如图 853 所示,求证:P,Q,R 三点共线.

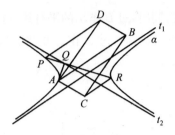

图 853

命题 854 设直线 t 是双曲线 α 的渐近线之一,M 是 t 上一点,过 M 作 α 的三条割线,它们与 α 的交点分别 $A,B;C,D;E,F$,如图 854 所示,设 AC 交 BD 于 P,AE 交 BF 于 Q,AD 交 BC 于 R,如图 854 所示,求证:

① P,Q,R 三点共线;

② $PR \parallel t$.

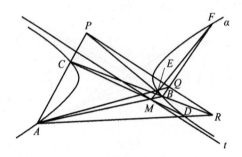

图 854

命题 855 设直线 t 是双曲线 α 的渐近线之一,A,B,C 是 α 上三点,过 B 作 t 的平行线,且交 AC 于 P,AB 交 t 于 Q,过 B 作 α 的切线,同时,过 C 作 t 的平行线,这两线相交于 R,如图 855 所示,求证:P,Q,R 三点共线.

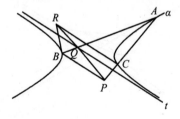

图 855

命题 856 设双曲线 α 的两渐近线为 t_1,t_2,M,N 两点分别位于 α 的左、右两支上,过这两点分别作 α 的切线,且依次交 t_1,t_2 于 A,B 和 C,D,如图 856 所示,求证:四边形 $ABCD$ 是梯形,且 MN 是该梯形的中位线.

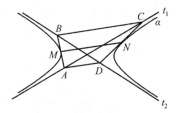

图 856

命题 857 设双曲线 α 的两渐近线为 t_1, t_2,有两条彼此平行的直线均与 α 相切,且分别交 t_1, t_2 于 A, B 和 C, D,过 B 作 t_1 的平行线,且交 CD 于 E,过 E 作 α 的切线,切点为 F,如图 857 所示,求证:$AF \parallel t_2$.

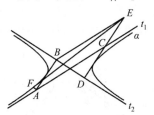

图 857

命题 858 设双曲线 α 的两渐近线为 t_1, t_2,有两条彼此平行的直线均与 α 相切,且分别交 t_1, t_2 于 A, B 和 C, D,AB 上的切点为 E,过 E 作 t_2 的平行线,且交 CD 于 F,过 F 作 α 的切线,这切线交 DE 于 G,如图 858 所示,求证:点 G 在 t_1 上.

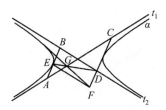

图 858

命题 859 设双曲线 α 的两渐近线为 t_1, t_2,A 是 α 外一点,一直线过 A 且交 α 于 B, C,过 A 作 t_2 的平行线,且交 α 于 D,过 B 作 t_1 的平行线,且交 AD 于 E,过 E 作 AB 的平行线,且交 CD 于 F,如图 859 所示,求证:点 F 在 t_1 上.

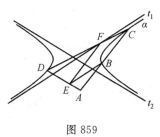

图 859

命题 860 设直线 t 是双曲线 α 的渐近线之一，A,B,C,D 是 α 上四点，过 B 作 t 的平行线，且交 AD 于 E，过 D 作 t 的平行线，且交 BC 于 F，AC 交 EF 于 P，如图 860 所示，求证：点 P 在 t 上.

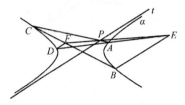

图 860

命题 861 设双曲线 α 的两渐近线为 t_1,t_2，A,B 两点分别在这两渐近线上，过 A 分别作 α 的切线，切点依次为 C,D，如图 861 所示，求证：$CD \parallel AB$.

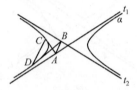

图 861

命题 862 设双曲线 α 的两渐近线为 t_1,t_2，A 是 α 外一点，一直线过 A 且交 α 于 B,C，过 B 作 AC 的平行线，同时，过 C 作 AB 的平行线，这两线相交于 M，现在，过 B 作 t_1 的平行线，同时，过 C 作 t_2 的平行线，这次这两线相交于 N，如图 862 所示，求证：A,M,N 三点共线.

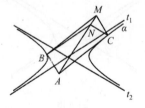

图 862

*命题 863 设双曲线 α 的左、右顶点分别为 A,B，C,D 是 α 上两点，过 C,D 分别作 α 的切线，这两切线相交于 E，过 E 作 AB 的垂线，且分别交 AB,CD 于 F,G，如图 863 所示，求证：$\angle CFD$ 被 FG 所平分.

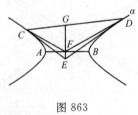

图 863

3.6

命题 864 设等轴双曲线 α 的中心为 Z, 虚轴为 n, 右顶点为 P, 过 P 且与 α 相切的直线记为 l, A 是 n 上一点, A 在 l 上的射影为 B, 过 A 作 α 的切线, 且交 l 于 C, 如图 864 所示, 求证: ZC 平分 $\angle AZB$.

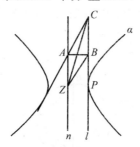

图 864

注: 在"黄观点"下(以 Z 为"黄假线"), 这里的 α 是"黄等轴双曲线", l 是其"黄顶点"之一, 因而, 本命题是上册命题 1040 的"黄表示". (参阅《欧氏几何对偶原理研究》, 第 293 页 A4.5 的(3), 上海交通大学出版社出版, 2011 年)

命题 865 设等轴双曲线 α 的中心为 Z, 虚轴为 n, 右顶点 P, 过 P 且与 α 相切的直线记为 l, A 是 n 上一点, 过 A 作 α 的两条切线, 这两切线分别交 l 于 B, C, 如图 865 所示, 求证: $ZB \perp ZC$.

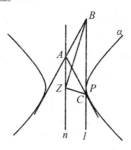

图 865

命题 866 设等轴双曲线 α 的中心为 Z, 右准线为 f, A 是 α 上一点, 过 A 作 α 的切线, 并在其上取一点 B, 使得 $ZB \perp ZA$, 设 A, B 在 f 上的射影分别为 C, D, 如图 866 所示, 求证: $ZC \perp ZD$.

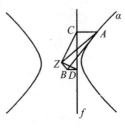

图 866

命题 867 设等轴双曲线 α 的右顶点为 Z, 虚轴为 n, 两渐近线为 t_1, t_2, A 是 α 上一点, 过 A 分别作 t_1, t_2, 的平行线, 且依次交 n 于 B, C, 如图 867 所示, 求证: A, B, C, Z 四点共圆.

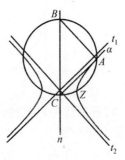

图 867

命题 868 设等轴双曲线 α 的中心为 P, 两渐近线为 t_1, t_2, A, B 是 α 上两点, 过 A 作 t_2 的平行线, 同时, 过 B 作 t_1 的平行线, 这两线相交于 Q, 过 A, B 分别作 α 的切线, 这两切线相交于 R, 如图 868 所示, 求证: P, Q, R 三点共线.

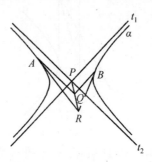

图 868

注: 考查图 868.1, 设等轴双曲线 α 的中心为 M, 实轴为 m, m 上的无穷远点 ("红假点") 记为 F, 虚轴为 n, 两渐近线分别记为 l 和 t, 这两渐近线上的无穷远点 ("红假点"), 分别记为 A 和 Z, α 的右顶点记为 P, 那么, 在"黄观点"下 (以 Z 为"黄假线"), 图 868.1 的 α 是"黄抛物线", n 是其"黄焦点", F 是其"黄准线", l 是其"黄顶点", M 是其"黄对称轴", A 是过"黄顶点"l 且与 α 相切的"黄切线".

至于两"线"所成夹角的度量是这样规定的:

若 Q,R 是 n 上两点,那么,在"黄观点"下(以 Z 为"黄假线"),由这两"线"("黄欧线")所产生的"角"("黄角")的大小,就以 $\angle QPR$ 的大小来度量;

如果 Q(或 R)不在 n 上,那么,就需要将 Q(或 R)作"平移"("黄平移"),"平移"("黄平移")到 n 上,再作度量.例如,图 868.1 的两"线"("黄欧线")M 和 F 就是互相"垂直"("黄垂直")的,那是因为,F 经过"黄平移",成为 n 上的无穷远点,该无穷远点记为 F',而 F' 和 M 对 P 所张的角,明显是直角,所以说,在"黄观点"下,M 和 F 是互相"垂直"("黄垂直")的(在我们的观点下,M 和 F 对 P 所张的角是平角,离"直角"相去十万八千里,对偶原理在欧氏几何中的魅力,可见一斑).

以上用"红假点"Z 作为"黄假线",这样产生的"黄几何"称为"异形黄几何".这样的几何当然更难理解,更难驾驭.下面诸例,可供练习.

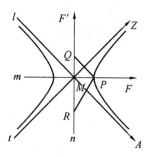

图 868.1

命题 869 设等轴双曲线 α 的虚轴为 n,两渐近线为 t_1,t_2,A 是 t_2 上一点,A 在 n 上的射影为 B,过 A 作 α 的切线,切点为 C,如图 869 所示,求证:$BC \perp t_2$.

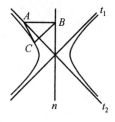

图 869

命题 870 设等轴双曲线 α 的虚轴为 n,直线 t 是 α 的两渐近线之一,A 是 t 上一点,A 在 n 上的射影为 B,过 A 作 α 的切线,切点为 C,过 C 作 t 的平行线,且交 n 于 D,如图 870 所示,求证:$PB \perp PD$.

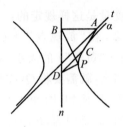

图 870

命题 871 设等轴双曲线 α 的实轴为 m，虚轴为 n，直线 t 是 α 的两渐近线之一，A 是 α 上一点，A 在 m 上的射影为 B，过 B 作 t 的平行线，且交 n 于 C，过 A 作 α 的切线，且交 m 于 D，过 D 作 t 的平行线，且交 n 于 E，如图 871 所示，求证：$\angle CPD = \angle EDP$.

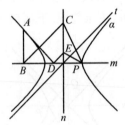

图 871

命题 872 设等轴双曲线 α 的虚轴为 n，直线 t 是 α 的两渐近线之一，α 的右顶点为 P，A,B 是 n 上两点，使得 $PA \perp PB$，过 A 作 α 的切线，且交 t 为 C，C 在 n 上的射影为 D，如图 872 所示，求证：$BP = BD$.

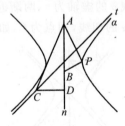

图 872

命题 873 设等轴双曲线 α 的虚轴为 n，直线 t 是 α 的两渐近线之一，α 的右顶点为 P，A 是 n 上一点，过 A 作 α 的两条切线，切点分别为 B,C，AB,AC 分别交 t 于 D,E，D,E 在 n 上的射影依次为 F,G，如图 873 所示，求证：
① $BG \parallel CF \parallel t$；
② $PF \perp PG$.

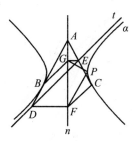

图 873

命题 874 设等轴双曲线 α 的中心为 M,虚轴为 n,直线 t 是 α 的两渐近线之一,α 的右顶点为 P,A 是 α 上一点,过 A 作 α 的切线,且交 n 于 B,过 A 作 t 的平行线,且交 n 于 C,过 P 作 PC 的垂线,且交 n 于 D,过 D 作 t 的平行线,且交 AB 于 E,EM 交 AC 于 F,如图 874 所示,求证:

① PD 平分 $\angle BPM$;

② $CF = CA$.

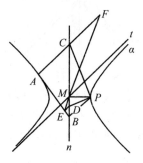

图 874

命题 875 设等轴双曲线 α 的中心为 M,直线 t 是 α 的两渐近线之一,A 是 α 上一点,过 A 作 α 的切线,且交 t 于 N,如图 875 所示,求证:$AM = AN$.

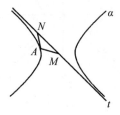

图 875

* **命题 876** 设等轴双曲线 α 的中心为 M,直线 t 是 α 的两渐近线之一,两直线 l_1,l_2 彼此平行,且均与 α 相切,作 α 的一条切线,它分别交 l_1,l_2 于 A,B,如图 876 所示,求证:直线 t 平分 $\angle AMB$.

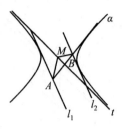

图 876

命题 877 设等轴双曲线 α 的中心为 M,虚轴为 n,两渐近线为 t_1,t_2,A 是 α 上一点,过 A 作 α 的切线,且交 n 于 B,过 M 作 AB 的平行线,同时,过 A 作 t_2 的平行线,这两线相交于 C,过 C 作 t_1 的平行线,且交 n 于 P,过 A 作 t_1 的平行线,且交 n 于 Q,如图 877 所示,求证:$MP = MQ$.

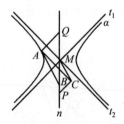

图 877

命题 878 设等轴双曲线 α 的中心为 M,实轴为 m,虚轴为 n,两渐近线为 t_1,t_2,α 的右顶点为 P,A 是 m 上一点,过 A 作 t_2 的平行线,且交 α 于 B,过 A,B 分别作 t_1 的平行线,且依次交 n 于 C,D,如图 878 所示,求证:$\angle MCP = \angle DPM$.

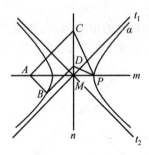

图 878

命题 879 设等轴双曲线 α 的实轴为 m,左顶点为 A,过 A 且与 α 相切的直线记为 l,B 是 α 外一点,过 B 作 α 的两条切线,切点分别为 C,D,BD 交 l 于 E,CD 交 m 于 F,FB 交 l 于 G,如图 879 所示,求证:$GA = GE$.

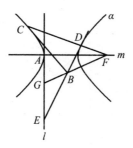

图 879

命题 880 设等轴双曲线 α 的实轴为 m，A 是 α 外一点，过 A 作 α 的两条切线，切点分别为 B,C，BC 交 m 于 N，过 A 作 m 的垂线，且交 BC 于 M，如图 880 所示，求证

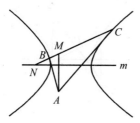

图 880

*命题 881 设等轴双曲线 α 的右顶点为 Z，过 Z 且与 α 相切的直线记为 t，A 是 α 上一点，A 在 t 上的射影为 B，过 A 且与 α 相切的直线记为 l，C 是 AZ 上的一点（C 在 α 外），过 C 作 α 的两条切线，这两切线分别交于 l 于 D,E，如图 881 所示，求证：t 平分 $\angle DBE$.

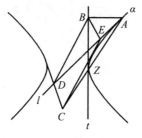

图 881

命题 882 设等轴双曲线 α 的中心为 O，左、右顶点分别为 P,Z，过 P 且与 α 相切的直线记为 l，A 是 α 上一点，A 在 l 上的射影为 B，过 A 作 α 的切线，且交 PZ 于 C，AP 交 BC 于 D，如图 882 所示，求证：$OD \perp PZ$.

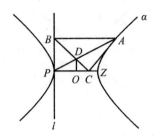

图 882

命题883 设等轴双曲线 α 的实轴为 m，A,B 是 α 上两点，$AB \perp m$，过 B 作 α 的切线，且交 m 于 C，延长 BC 至 D，使得 $CD = \frac{1}{2} \cdot BC$，设 AD 交 α 于 E，过 E 作 α 的切线，且交 BD 于 F，如图 883 所示，求证：D 是 BF 的中点.

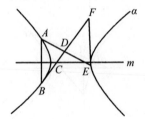

图 883

命题884 设等轴双曲线 α 的虚轴为 n，A 是 α 上一点，过 A 作 α 的切线，且交 n 于 M，在 AM 上取两点 B,C，使得 $MB = MC$，过 A 作 n 的垂线，且交 DE 于 G，如图 884 所示，求证：$FG \parallel AB$.

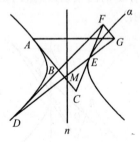

图 884

命题885 设等轴双曲线 α 的实轴为 m，虚轴为 n，右顶点为 A，过 A 且与 α 相切的直线记为 l，设 B,C 是 α 上两点，过 B,C 分别作 α 的切线，且依次交 l 于 D,E，AB,AC 分别交 n 于 F,G，EF 交 DG 于 P，如图 885 所示，求证：点 P 在 m 上.

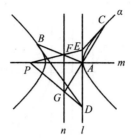

图 885

命题 886 设等轴双曲线 α 的右顶点为 Z,虚轴为 n,A,B 是 α 上两点,AB 交 n 于 P,过 A,B 分别作 α 的切线,这两切线相交于 C,C 在 n 上的射影为 Q,如图 886 所示,求证:$ZP \perp ZQ$.

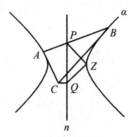

图 886

命题 887 设等轴双曲线 α 的虚轴为 n,左、右顶点分别为 P,Z,过 P,Z 且与 α 相切的直线分别记为 l,t,A 是 α 外一点,过 A 作 α 的两条切线,这两条切线分别交 t 于 B,C,B 在 l 上的射影为 D,设 PA 交 n 于 E,如图 887 所示,求证:C,D,E 三点共线.

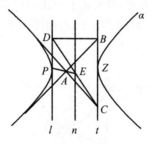

图 887

注:考查图 887.1,设等轴双曲线 α 的实轴为 m,虚轴为 n,左、右顶点分别为 P,Z,过 P,Z 且与 α 相切的直线分别记为 l,t,m 上的无穷远点("红假点")记为 M,t 上的无穷远点("红假点")记为 N,那么,在"黄观点"下(以 Z 为"黄假线"),α 是"黄抛物线",M 是其"黄准线",n 是其"黄焦点",l 是其"黄顶点",N 是其"黄对称轴".因而,本命题是命题 623 的"黄表示".

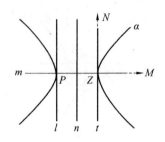

图 887.1

命题 888 设等轴双曲线 α 的虚轴为 n,右顶点为 Z,过 Z 且与 α 相切的直线记为 t,A 是 α 上一点,过 A 作 α 的切线,且交 t 于 B,B 在 n 上的射影为 C,AB 交 n 与 K,设 P 是 AZ 上一点,过 P 作 α 的两条切线,切点分别为 D,E,PE 交 BC 于 F,过 F 作 α 的切线,且交 PD 于 G,BG 交 n 于 H,如图 888 所示,求证:K 是 CH 的中点.

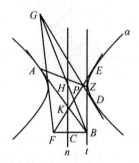

图 888

命题 889 设等轴双曲线 α 的虚轴为 n,右顶点为 Z,A 是 n 上一点,过 A 作 α 的两条切线,切点分别为 B,C,D 是 α 上一点,DZ 交 AC 于 E,E 在 n 上的射影为 F,过 F 作 BZ 的平行线,且交 BC 于 G,如图 889 所示,求证:FG 被 BD 所平分.

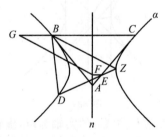

图 889

命题 890 设等轴双曲线 α 的虚轴为 n,右顶点为 Z,过 Z 且与 α 相切的直线记为 t,A 是 α 外一点,过 A 作 α 的两条切线,切点分别为 B,C,BC 交 n 于 D,BA 交 t 于 E,DE 交 BZ 于 F,过 Z 作 AB 的平行线,且交 AF 于 M,过 A 作 n 的

垂线,且交 MZ 于 N,如图 890 所示,求证:$ZM = ZN$.

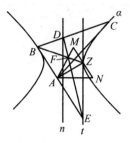

图 890

命题 891　设等轴双曲线 α 的虚轴为 n,左、右顶点分别为 P,Z,过 P 且与 α 相切的直线记为 l,A 是 α 上一点,过 A 作 α 的切线,且交 l 于 B,B 在 n 上的射影为 C,如图 891 所示,求证:A,C,Z 三点共线.

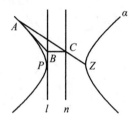

图 891

命题 892　设等轴双曲线 α 的虚轴为 n,右顶点为 Z,过 Z 且与 α 相切的直线记为 t,A,B 是 α 上两点,AB 与 n 垂直,过 A 作 α 的切线,且交 n 于 C,设 D 是 t 上一点,过 D 作 α 的切线,切点为 E,ZE 交 CD 于 F,过 Z 作 AE 的平行线,且分别交 AB,AF 于 M,N,如图 892 所示,求证:$ZM = ZN$.

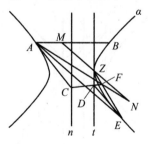

图 892

命题 893　设等轴双曲线 α 的虚轴为 n,右顶点为 Z,A,B 是 α 上两点,过 A 作 n 的垂线,且交 BZ 于 C,过 B 作 n 的垂线,且交 AZ 于 D,AB 交 CD 于 E,EZ 交 n 于 F,过 F 作 n 的垂线,且交 AB 于 G,过 G 作 α 的切线,切点为 H,如图 893 所示,求证:F,Z,H 三点共线.

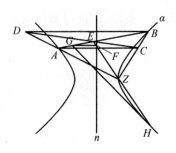

图 893

命题 894 设等轴双曲线 α 的虚轴为 n,左、右顶点分别为 P,Z,过 P 且与 α 相切的直线记为 l,A,B 是 α 上两点,AB 交 l 于 C,BZ 交 n 于 D,过 C 作 l 的垂线,且交 DP 于 E,如图 894 所示,求证:E,A,Z 三点共线.

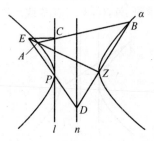

图 894

命题 895 设等轴双曲线 α 的虚轴为 n,右顶点为 Z,过 Z 且与 α 相切的直线记为 t,过 α 的左顶点且与 n 平行的直线分别记为 l,一直线分别交 l,n,t 于 A,B,C,过 C 作 α 的切线,且交 n 于 D,过 D 作 α 的切线,同时,过 A 作 α 的切线,这两切线相交于 S,如图 895 所示,求证:B,Z,S 三点共线.

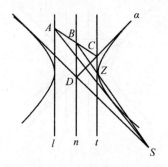

图 895

命题 896 设等轴双曲线 α 的虚轴为 n,左、右顶点分别为 P,Z,过 P,Z 且与 α 相切的直线分别记为 l,t,A 是 α 外一点,过 A 作 α 的两条切线,切点分别为 B,C,AB,AC 分别交 t 于 D,E,E 在 l 上的射影为 F,FD 交 PA 于 G,如图 896 所示,求证:点 G 在 n 上.

370

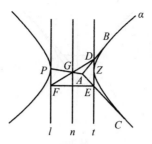

图 896

命题 897 设等轴双曲线 α 的虚轴为 n,右顶点为 Z,过 Z 且与 α 相切的直线记为 t,A 是 α 外一点,过 A 作 α 的两条切线,切点分别为 B,C,AB 交 t 于 D,过 C 作 n 的垂线,且交 ZB 于 E,DE 交 AC 于 F,如图 897 所示,求证:点 F 到 n 的距离是点 A 到 n 距离的两倍.

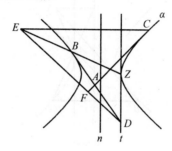

图 897

命题 898 设等轴双曲线 α 的实轴为 m,虚轴为 n,A 是 α 外一点,过 A 作 α 的两条切线,切点分别为 B,C,BC 交 m 于 D,AB,AC,AD 分别交 n 于 P,Q,R,如图 898 所示,求证:R 是 PQ 的中点.

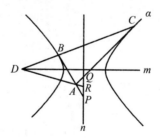

图 898

命题 899 设等轴双曲线 α 的虚轴为 n,A 是 α 外一点,过 A 作 α 的两条切线,切点分别为 B,C,A 在 n 上的射影为 D,CD 交 α 于 E,如图 899 所示,求证:$BE \perp n$.

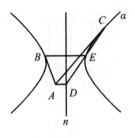

图 899

命题 900 设等轴双曲线 α 的虚轴为 n，过 α 的右顶点且与 α 相切的直线记为 t，A 是 t 上一点，AC 交 n 于 D，过 D 作 n 的垂线，同时，过 B 作 α 的切线，这两线相交于 E，EA 交 n 于 P，EB 交 n 于 Q，过 A 作 α 的切线，且交 n 于 R，如图 900 所示，求证：R 是 PQ 的中点.

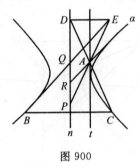

图 900

综合题

第4章

4.1

命题901 设两椭圆 α, β 外离，AB, CD 都是这两椭圆的外公切线，A, B, C, D 都是切点，AC 在 α 上，BD 在 β 上，AB 交 CD 于 M，AC 交 BD 于 P，一直线过 M，且分别交 α, β 于 E, F 和 G, H，AE 交 BG 于 Q，AF 交 BH 于 R，如图901所示，求证：

① P, Q, R 三点在一直线上，此直线记为 z；

② 若直线 z 关于 α, β 的极点分别为 O_1, O_2，则 O_1, O_2, M 三点共线.

注：本命题明显成立.

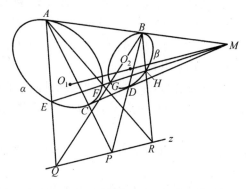

图 901

** 命题 902 设两椭圆 α,β 外离,它们的两条外公切线分别切 α,β 于 A, B 和 C,D,两条内公切线相交于 N, AN,CN 分别交 β 于 A',C', BN,DN 分别交 α 于 B',D',设 AC 交 BD 于 P, AB' 交 $A'B$ 于 Q, CD' 交 $C'D$ 于 R, AB' 交 CD' 于 O_1, $A'B$ 交 $C'D$ 于 O_2,如图 902 所示,求证:

① P,Q,R 三点共线,此线记为 z;

② 直线 z 关于 α,β 的极点分别为 O_1,O_2;

③ O_1,O_2,M,N 四点共线.

注:在"蓝观点"下(以 z 为"蓝假线"),图 902 中的 α,β 是两个外离的"蓝圆", O_1,O_2 分别是它们的"蓝圆心".

本命题提供了将两个外离椭圆视为外离"蓝圆"的一种途径,有如下面的命题 902.1 所述.

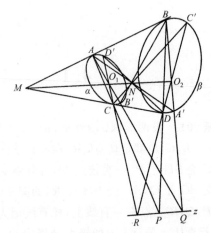

图 902

命题 902.1 设两椭圆 α,β 外离,它们的两条外公切线分别切 α,β 于 A,B 和 C,D,两条内公切线分别与 α,β 相切于 A_1,B_1 和 C_1,D_1, AB 交 CD 于 M, A_1B_1 交 C_1D_1 于 N,设 MA_1,MC_1 分别交 β 于 A_1',C_1', MB_1,MD_1 分别交 α 于 B_1',D_1', A_1B_1' 交 C_1D_1' 于 O_1, $A_1'B_1$ 交 $C_1'D_1$ 于 O_2,如图 902.1 所示,求证:

① O_1,O_2,M,N 四点共线;

② O_1 关于 α 的极线与 O_2 关于 β 的极线是同一直线,记为 z;

③ $AC,BD,A_1C_1,B_1D_1,A_1'C_1',B_1'D_1'$ 六线共点,此点记为 P;

④ 点 P 在 z 上.

注:事实上,命题 902.1 所产生的 O_1,O_2,z 与命题 902 所产生的 O_1,O_2,z 是完全相同的.

以上命题 902 和命题 902.1 均源于下面的命题 902.2.

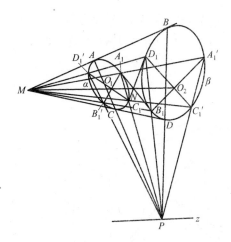

图 902.1

命题 902.2 设两圆 O_1,O_2 外离,两外公切线相交于 M,其中一条分别与这两圆相切于 A,B,这两圆的两条内公切线相交于 N,其中一条内公切线分别与这两圆相切于 A_1,B_1,设 AN,A_1M 分别交圆 O_2 于 A',A_1',如图 902.2 所示,求证:$A'B$ 和 $A_1'B_1$ 均为圆 O_2 的直径.

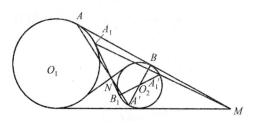

图 902.2

* 命题 903 设两椭圆 α,β 外离,它们的两条外公切线相交于 M,其中一条外公切线与 α,β 分别相切于 A,B;它们的两条内公切线相交于 N,其中一条内公切线与 α,β 分别相切于 C,D,如图 903 所示,设 AC 交 BD 于 P,求证:M,N,P 三点共线.

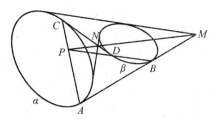

图 903

命题 904 设两椭圆 α,β 外离,它们的两条外公切线相交于 M,其中一条外公切线分别与 α,β 相切于 A,B,它们的两条内公切线相交于 N,其中一条内公

切线分别与 α,β 相切于 A',B'，设 $AN,A'M$ 分别交 β 于 P,Q，$BN,B'M$ 分别交 α 于 P',Q'，AP' 交 $A'Q'$ 于 O_1，BP 交 $B'Q$ 于 O_2，如图 904 所示，求证：O_1,O_2,M 三点共线.

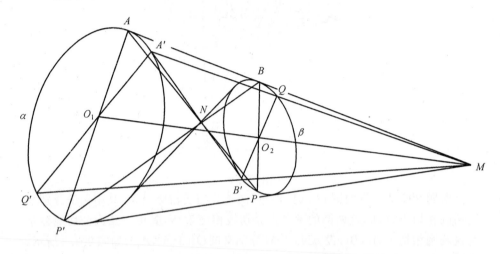

图 904

** 命题 905 设两椭圆 α,β 外离，AB 是这两椭圆的一条内公切线，CD，EF 都是这两椭圆的外公切线，A,B,C,D,E,F 均为切点，如图 905 所示，设 CD 交 EF 于 P，AE 交 BC 于 Q，AD 交 BF 于 R，求证：P,Q,R 三点共线.

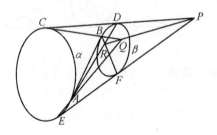

图 905

命题 906 设 α,β 是两个外离的椭圆，它们的外公切线交于 M，内公切线交于 N，两外公切线与 α 相切于 A,B，与 β 相切于 C,D，MN 分别交 α,β 于 E,F，如图 906 所示，设 BE 交 DF 于 P，AE 交 CF 于 Q，由 P,Q 两点所决定的直线记为 z，z 关于 α,β 的极点分别记为 O_1,O_2，求证：点 O_1,O_2 均在直线 MN 上.

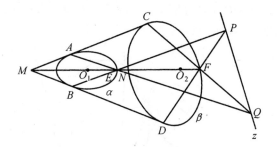

图 906

命题 907　设两椭圆 α,β 的焦点分别为 A,B 和 C,D，这两椭圆相外切，切点为 P，如图 907 所示，求证："A,P,D 三点共线"的充要条件是"B,P,C 三点共线".

注：若椭圆 β 内切于椭圆 α，如图 907.1 所示，本命题依然成立.

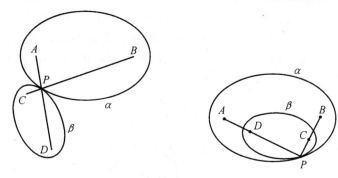

图 907　　　　　　　图 907.1

** 命题 908　设两椭圆 α,β 外切于 A，如图 908 所示，求证：存在唯一的直线 z，它关于 α,β 的极点 O_1,O_2 与 A 共线.

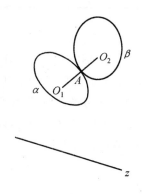

图 908

** 命题 909　设两椭圆 α,β 外切于 P，A 是 α 上一点，过 A 作 β 的两条切

线,切点分别为 B,C,BP,CP 分别交 α 于 D,E,AC 交 α 于 F,DF 交 BC 于 Q,BE 交 CD 于 R,如图 909 所示,求证:P,Q,R 三点共线.

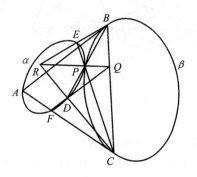

图 909

命题 910　设两椭圆 α,β 外切于 A,过 A 且与 α,β 都相切的直线记为 l,一直线与 α 相切,且交 β 于 B,C,过 B,C 分别作 β 的切线,且依次交 l 于 E,F,BE 交 CF 于 D,过 E 作 α 的切线,且交 CF 于 P,过 F 作 α 的切线,且交 BE 于 Q,过 C 作 α 的切线,且交 EP 于 G,DG 交 l 于 R,如图 910 所示,求证:P,Q,R 三点共线.

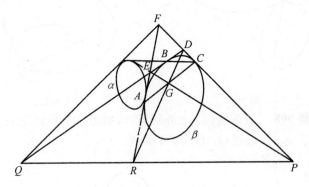

图 910

**命题 911　设两椭圆 α,β 外切于 P,过 P 作两直线,它们分别交 α 于 A,B,交 β 于 C,D,过 A 作 α 的切线,同时,过 C 作 β 的切线,这两切线交于 M,现在,过 B 作 α 的切线,同时,过 D 作 β 的切线,这两切线交于 N,由 M,N 两点所决定的直线记为 z,z 关于 α,β 的极点分别记为 O_1,O_2,设 α,β 的两条公切线交于 Q,如图 911 所示,求证:P,Q,O_1,O_2 四点共线.

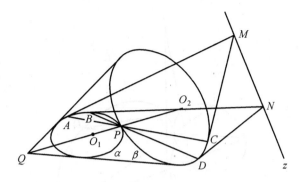

图 911

注:在"蓝观点"下(以 z 为"蓝假线"),图 911 的 α,β 都是"蓝圆",O_1,O_2 分别是这两个"蓝圆"的"蓝圆心",因而,本命题明显成立.

命题 912 设两椭圆 α,β 外切于 A,P 是 α 上一点,过 P 作 β 的两条切线,切点分别为 B,C,BA,CA 分别交 α 于 D,E,BE 交 CD 于 F,FA 交 DE 于 M,设 BC 交 DE 于 N,如图 912 所示,求证

$$DN \cdot EM = DM \cdot EN$$

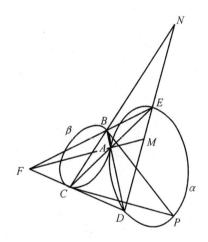

图 912

命题 913 设两椭圆 α,β 外切于 P,过 P 作两动直线,它们分别交 α,β 于 A,B 和 C,D,AD,BC 分别交 α,β 于 E,F 和 G,H,如图 913 所示,设 EG 交 FH 于 S,求证:S 是定点,与两动直线的位置无关.

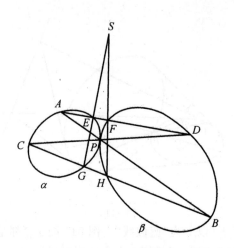

图 913

4.2

命题 914 设两椭圆 α,β 相交于 A,B,在 α 上取三点 P,Q,R,PA,PB 分别交 β 于 P_1,P_2;QA,QB 分别交 β 于 Q_1,Q_2;RA,RB 分别交 β 于 R_1,R_2,设 Q_1R_2 交 Q_2R_1 于 X,R_1P_2 交 R_2P_1 于 Y,P_1Q_2 交 P_2Q_1 于 Z,如图 914 所示,求证:X,Y,Z 三点共线(此线记为 z).

注:本命题的直线 z 与下面命题 914.1 的直线 z 以及命题 914.2 的直线 z 都是同一条直线.

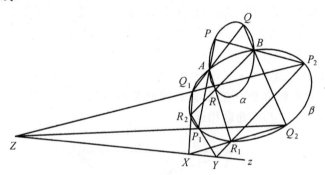

图 914

命题 914.1 设两椭圆 α,β 相交于 A,B,在 α 上取四点 P_1,P_2,P_3,M,设 BP_1,BP_2,BP_3,AM 分别交 β 于 Q_1,Q_2,Q_3,N,P_1M 交 Q_1N 于 X,P_2M 交 Q_2N 于 Y,P_3M 交 Q_3N 于 Z,如图 914.1 所示,求证:X,Y,Z 三点共线(此线记为 z).

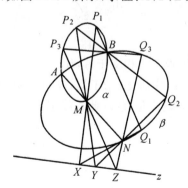

图 914.1

命题 914.2 设两椭圆 α,β 相交于 A,B,在 α 上取三点 P,Q,R,PA,PB 分别交 β 于 P_1,P_2;QA,QB 分别交 β 于 Q_1,Q_2;RA,RB 分别交 β 于 R_1,R_2,过 P 作 α 的切线,且交 P_1P_2 于 X;过 Q 作 α 的切线,且交 Q_1Q_2 于 Y;过 R 作 α 的切线,

且交 R_1R_2 于 Z，如图 914.2 所示，求证：X,Y,Z 三点共线（此线记为 z）.

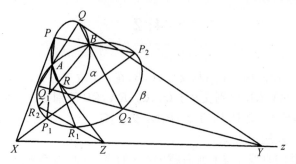

图 914.2

* **命题 915** 设两椭圆 α,β 相交于 M,N，A,B 是 α 上两动点（它们在直线 MN 的同侧），AM,BM,AN,BN 分别交 β 于 A_1,A_2,B_1,B_2，设 A_1B_2 交 A_2B_1 于 P，如图 915 所示，求证：

① A,B,P 三点共线；

② 动点 P 的轨迹是一直线（此直线记为 z）.

注：命题 915.1 与本命题相近.

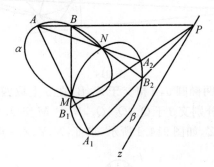

图 915

命题 915.1 设两椭圆 α,β 相交于 A,B，过 A,B 各作一直线，它们分别交 α,β 于 C,D 和 E,F，CF,DE 分别交 α,β 于 M,N 和 P,Q，如图 915.1 所示，设 MP 交 NQ 于 S，求证：点 S 的轨迹是直线（此直线记为 z）.

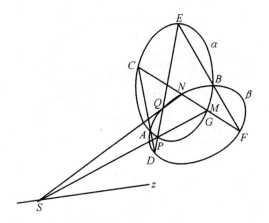

图 915.1

命题 916 设两椭圆 α,β 相交于 S,T,它们的外公切线交于 M,两外公切线与 α 相切于 A,B,与 β 相切于 C,D,AD 交 BC 于 N,MN 分别交 α,β 于 E,F,如图 916 所示,设 BE 交 DF 于 P,AE 交 CF 于 Q,由 P,Q 两点所决定的直线记为 z,z 关于 α,β 的极点分别记为 O_1,O_2,求证:

① 点 O_1,O_2 均在直线 MN 上;

② AB,CD,ST 三线共点,此点记为 R,R 在直线 z 上(AB,CD,ST 以及点 R 在图 916 中均未画出).

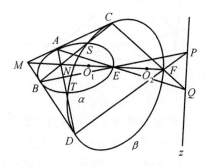

图 916

* * 命题 917 设两椭圆 α,β 有着公共的焦点 Z,它们有且仅有两个交点,f_1,f_2 是这两椭圆与 Z 相应的准线,α,β 的一条公切线分别交 f_1,f_2 于 A,B,过 A 且与 α 相切的直线记为 l_1,过 B 且与 β 相切的直线记为 l_2,设 P 是 AB 上一点,过 P 作 α 的切线,且交 l_1 于 C;过 P 作 β 的切线,且交 l_2 于 D 如图 917 所示,求证:C,Z,D 三点共线.

注:命题 917.1,917.2 都与本命题相近.

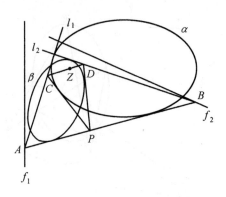

图 917

** 命题 917.1　设两椭圆 α,β 有且仅有两个交点,它们有着一个公共的焦点 Z,β 的与 Z 相对应的准线记为 f,α,β 的两条公切线分别记为 l_1,l_2,一直线与 β 相切,且分别与 l_1,l_2 及 f 相交于 A,B,C,过 A,B 分别作 α 的切线,这两切线交于 D,如图 917.1 所示,求证:$ZC \perp ZD$.

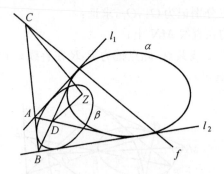

图 917.1

** 命题 917.2　设两相交椭圆 α,β 有着公共的焦点 O,这两椭圆与 O 相对应的准线分别为 f_1,f_2,这两准线相交于 A,一直线与 α 相切,且分别交 α,β 的两条公切线于 B,C,过 A,C 分别作 β 的切线,这两切线相交于 D,如图 917.2 所示,求证:B,D,O 三点共线.

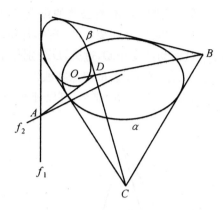

图 917.2

** 命题 918 设两椭圆 α,β 有着公共的焦点 Z,它们有且仅有两个交点 A,B,过 A 分别作 α,β 的切线,它们依次记为 AM,AN,设 α,β 的两条公切线相交于 P,过 Z 作 AP 的平行线,且分别交 AM,AN 于 M,N,如图 918 所示,求证:$ZM = ZN$.

注:命题 918.1,918.2,918.3 都与本命题相近.

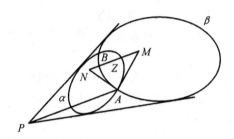

图 918

命题 918.1 设两椭圆 α,β 有着公共的焦点 Z,M,N 是这两椭圆的交点,l 是这两椭圆的一条公切线,过 M,N 分别作 α 的切线,且依次交 l 于 A,C;现在,过 M,N 分别作 β 的切线,且依次交 l 于 B,D,如图 918.1 所示,求证:$\angle AZB$ 和 $\angle CZD$ 相等或互补.

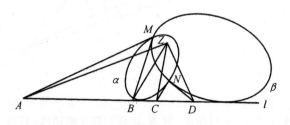

图 918.1

** **命题 918.2** 设两椭圆 α,β 有着公共的焦点 Z，它们的两条公切线分别记为 l_1,l_2，作 α 的两条切线，它们分别交 l_1,l_2 于 A,B 和 C,D，AB 交 CD 于 P，过 B,C 分别作 β 的切线，这两切线交于 Q，过 A,D 分别作 β 的切线，这次两切线交于 R，如图 918.2 所示，求证：Z,P,Q,R 四点共线.

注：设 DR 交 l_1 于 E，AR 交 l_2 于 F，那么，可以证明，BE 与 CF 的交点也在直线 PZ 上.

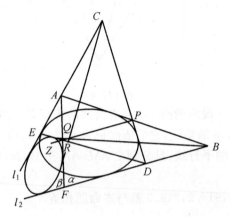

图 918.2

命题 918.3 设两椭圆 α,β 有着公共的焦点 Z，这两椭圆有且仅有两个交点 A,B，l 是 α,β 的一条公切线，它与 A 分居于 Z 的异侧，设 P 是 ZA 延长线上一点，过 P 分别作 α,β 的切线，且依次交 l 于 C,D，如图 918.3 所示，过 A 作 α 的切线，且交 PC 于 E；过 A 作 β 的切线，且交 PD 于 F，EF 交 CD 于 G，DZ 交 PC 于 H，求证：GZ 平分 $\angle CZH$.

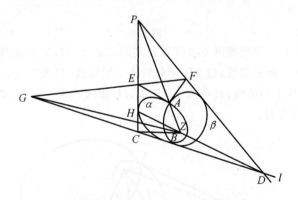

图 918.3

命题 919 设两椭圆 α,β 有且仅有两个交点，这两椭圆的两条外公切线分别记为 l_1,l_2，A,B 是 l_1 上两动点，过 A,B 分别作 β 的切线，且依次交 l_2 于 C,D，过 A,D 分别作 α 的切线，这两切线交于 P，过 B,C 分别作 α 的切线，这两切线交

于 Q,如图 919 所示,求证:动直线 PQ 过一定点(这定点记为 Z).

注:命题 919.1,919.2 都与本命题相近.

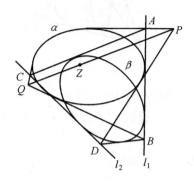

图 919

命题 919.1 设两椭圆 α,β 有且仅有两个交点,它们的两条公切线分别记为 l_1,l_2,P 是 α 外一点,过 P 作 α 的两条切线,其中一条交 l_1 于 A,另一条交 l_2 于 B,过 A,B 分别作 β 的切线,这两切线交于 Q,如图 919.1 所示,求证:当点 P 变动时,动直线 PQ 恒过一定点(此定点记为 Z).

注:这里的 Z 可以当作"黄假线",因而,P,Q 在"黄观点"下是一对"平行线".

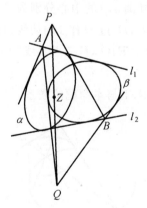

图 919.1

命题 919.2 设两椭圆 α,β 有且仅有两个交点,它们的两条公切线分别记为 l_1,l_2,一动直线与 α 相切,切点为 P,该动直线分别交 l_1,l_2 于 A,B,过 A,B 分别作 β 的切线,这两切线交于 Q,如图 919.2 所示,求证:当动直线 AB 变动时,动直线 PQ 恒过一定点(此定点记为 Z).

注:这里的 Z 可以当作"黄假线".

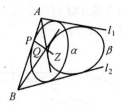

图 919.2

**命题920 设两椭圆 α,β 的中心分别为 O_1,O_2,α,β 有且仅有两个交点 A,B,AO_1 与 β 相切,AO_2 与 α 相切,C 是 β 上一点,AC,BC 分别交 α 于 D,E,如图 920 所示,求证:

①BO_1 与 β 相切,BO_2 与 α 相切;

②DE 是 α 的直径.

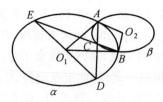

图 920

**命题921 设两椭圆 α,β 的中心分别为 O,O',点 O' 在 α 上,α,β 相交于 A,B,OO' 分别交 α,β 于 C,D,过 D 作 β 的切线,且交 AC 于 E,设 DB 与 α 相交于 F,如图 921 所示,求证:"E,O',F 三点共线"的充要条件是"直线 AC 与 β 相切".

注:注意下面的命题 921.1 与本命题的联系.

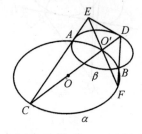

图 921

命题921.1 设两椭圆 α,β 有着公共的焦点 Z,它们的与 Z 相应的准线分别为 f,f',f 交 f' 于 M,α,β 的两条公切线分别记为 l_1,l_2,过 M 作 α 的切线,且交 β 于 A,过 M 作 β 的切线,切点为 B,MB 交 l_2 于 C,过 C 作 α 的切线,且交 f' 于 D,如图 921.1 所示,求证:"A,B,D 三点共线"的充要条件是"直线 l_1 过点 A".

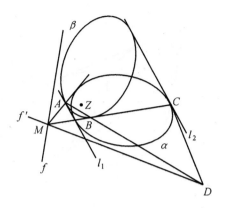

图 921.1

** **命题 922** 设两椭圆 α, β 相交于 A, B,它们的中心分别为 O_1, O_2,这两椭圆的公切线分别记为 CE 和 DF,C, D, E, F 都是切点,CE 交 DF 于 M,点 M 恰好在直线 $O_1 O_2$ 上,如图 922 所示,求证:CD, EF 均与 AB 平行.

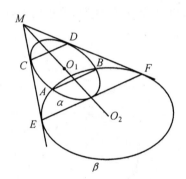

图 922

注:命题 922.1,922.2 与本命题相近.

命题 922.1 设两椭圆 α, β 相交于 A, B,它们的中心分别为 O_1, O_2,这两椭圆的公切线交于 M,过 A, B 分别作 α 的切线,这两切线交于 C,现在,过 A, B 分别作 β 的切线,这两切线交于 D,如图 922.1 所示,求证:

① 若 M, C, D 三点共线,则 O_1, O_2 也在此直线上;

② 若 M, O_1, O_2,三点共线,则 C, D 也在此直线上.

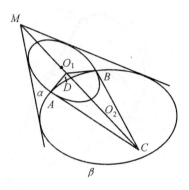

图 922.1

命题 922.2 设两椭圆 α,β 相交于 A,B,它们的中心分别为 O_1,O_2,这两椭圆的公切线交于 M,设点 Z 在直线 O_1O_2 上,该点关于 α,β 的极线分别为 l_1,l_2,如图 922.2 所示,求证:"M,O_1,O_2 三点共线"的充要条件是"l_1,l_2 均与 AB 平行".

注:在"黄观点"下(以 Z 为"黄假线"),这里的 l_1,l_2 分别是"黄椭圆 α,β"的"黄中心".

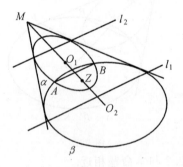

图 922.2

**命题 923 设两椭圆 α,β 有且仅有两个交点,这两椭圆的两条外公切线分别记为 l_1,l_2,一动点自 l_1 上的点 A 出发,沿折线 AB,BC,CD,DS 前进,往返于 l_1 和 l_2 之间,这里,AB,CD 均与 α 相切,BC,DS 均与 β 相切,如图 923 所示,另有一动点自 l_2 上点 A' 出发,沿折线 $A'B',B'C',C'D',D'S$ 前进,往返于 l_1 和 l_2 之间,这里,$A'B',C'D'$ 均与 α 相切,$B'C',D'S$ 均与 β 相切,设 AB 交 $A'B'$ 于 P,BC 交 $B'C'$ 于 Q,CD 交 $C'D'$ 于 R,DS 交 $D'S$ 于 S,求证:P,Q,R,S 四点共线.

注:命题 923.1,923.2 都与本命题相近.

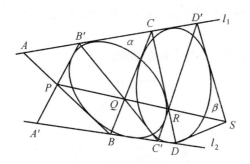

图 923

** 命题 923.1 设两椭圆 α,β 相交于两点,它们的两条公切线分别记为 l_1,l_2,一直线与 α 相切,且分别交 l_1,l_2 于 A,B,另有一直线也与 α 相切,且分别交 l_1,l_2 于 C,D,设 AB 交 CD 于 P,过 A,D 分别作 β 的切线,这两切线交于 Q;过 C,D 分别作 β 的切线,这两切线交于 R,如图 923.1 所示,求证:P,Q,R 三点共线.

注:本命题与帕普斯(Pappus)定理相近.

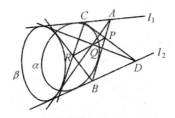

图 923.1

* 命题 923.2 设两椭圆 α,β 相交于两点,它们的两条公切线分别记为 l_1,l_2,一直线与 α 相切,且分别交 l_1,l_2 于 A,B,另有一直线也与 α 相切,且分别交 l_1,l_2 于 C,D,过 A,B 分别作 β 的切线,这两切线交于 E;过 C,D 分别作 β 的切线,这两切线交于 F,如图 923.2 所示,求证:AD,BC,EF 三线共点(此点记为 S).

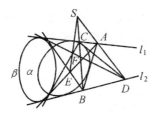

图 923.2

命题 924 设两椭圆 α,β 相交于 A,B,它们的两条公切线相交于 P,一直线过 P,且与 α,β 分别相交于 C,D,如图 924 所示,过 A,C 分别作 α 的切线,这两切

线相交于 Q;过 A,D 分别作 β 的切线,这两切线相交于 R,求证:P,Q,R 三点共线.

注:下面的命题 924.1 与本命题相近.

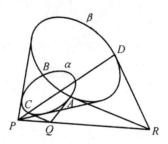

图 924

命题 924.1　设两椭圆 α,β 相交于两点,它们的两条公切线相交于 P,α 与这两公切线相切于 M,N,一直线与 α 相切,且分别交 PM,PN 于 A,B,过 A 作 β 的切线,且交 PB 于 C;过 B 作 β 的切线,且交 PA 于 D,AC 交 BD 于 E,过 C 作 α 的切线,且交 EM 于 F;过 D 作 β 的切线,且交 EN 于 G,如图 924.1 所示,求证:直线 FG 与 α 相切.

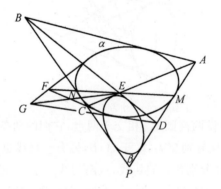

图 924.1

**命题 925　设两椭圆 α,β 相交于 A,B,CD 是 α,β 的一条公切线,C,D 都是切点,分别在 α,β 上,P 是 AB 上一点,过 P 分别作 α,β 的切线,切点依次为 E,F,设 CE 交 DF 于 Q,如图 925 所示,求证:点 Q 在 AB 上.

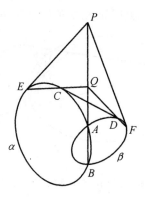

图 925

* * 命题 926 设两椭圆 α,β 相交于 A,B,P 是 α 上一点,PA,PB 分别交 β 于 C,D,BC,AD 分别交 α 于 E,F,过 A,B 分别作 α 的切线,且依次交 CD 于 G, H,设 EG 交 FH 于 Q,如图 926 所示,求证:点 Q 在 α 上.

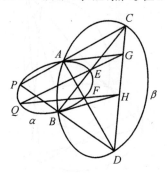

图 926

* * 命题 927 设两椭圆 α,β 有且仅有两个交点 M,N,A,B 是 α 上两点, AM,BN,BM,AN 分别交 β 于 A',B',C',D',设 NC',MD' 分别交 α 于 C,D,如图 927 所示,求证:$AB,CD,A'B',C'D'$ 四线共点(此点记为 S).

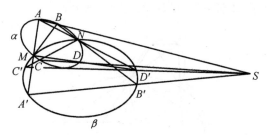

图 927

* * 命题 928 设两椭圆 α,β 相交于 A,B,C 是 α 上一点,过 C 作 β 的两条切线,切点分别为 D,E,CD,CE 分别交 α 于 F,G,FG 恰好与 β 相切,切点为 H, DH 交 CG 于 M,EH 交 CF 于 N,设 AB 分别交 CD,CE 于 P,Q,如图 928 所示,

求证:"$PD = PN$,且 $QE = QM$" 的充要条件是"α, β 同时是圆".

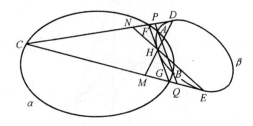

图 928

＊命题 929 设两椭圆 α, β 相交于 M, N, A, B 是 α 上两点,AM 交 BN 于 P,AN 交 BM 于 Q,AM, BM, AN, BN 分别交 β 于 A_1, A_2, B_1, B_2,A_1A_2 交 B_1B_2 于 R,如图 929 所示,求证:P, Q, R 三点共线.

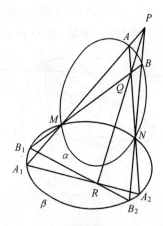

图 929

命题 930 设两椭圆 α, β 有且仅有两个交点 M, N, A, B 是 α 上两点,AM, BN, BM, AN 分别交 β 于 A', B', C', D',设 NC', MD' 分别交 α 于 C, D,若 $AB \parallel A'B'$,如图 930 所示,求证:$CD, C'D'$ 均与 AB 平行.

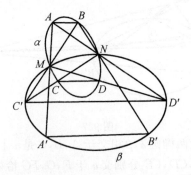

图 930

命题 931 设两椭圆 α,β 相交于 A,B,过 A 作 α 的切线,同时,过 B 作 β 的切线,这两切线相交于 C,过 C 分别作 α,β 的切线,切点依次为 D,E,DE 交 AB 于 M,设 P 是 CM 上一动点,DP 交 CE 于 F,EP 交 CD 于 G,FG 交 DE 于 N,如图 931 所示,求证:点 N 是定点,与 P 在 CM 上的位置无关,且有 $ND \cdot ME = NE \cdot MD$.

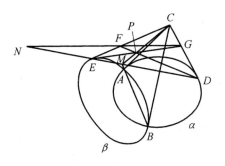

图 931

** 命题 932 设两椭圆 α,β 有且仅有两个交点,有 16 个点:$A,B,C,D,E,F,G,H,I,J,K,L,M,N,O,P$ 平分在这两个椭圆上,如图 932 所示,求证:一定可以将这 16 个点,分布到 8 条直线上,使得每条线上有且仅有 4 个点.

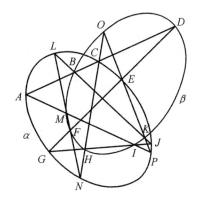

图 932

4.3

﹡﹡命题 933　设两椭圆 α,β 有着公共的焦点 Z, α 内含于 β, 它们与 Z 相应的准线分别为 f_1, f_2, f_1 交 f_2 于 O, 过 Z 作 OZ 的垂线, 且分别交 f_1, f_2 于 P, Q, 过 P 作 α 的一条切线, 同时, 过 Q 作 β 的一条切线, 这两切线相交于 M; 现在, 过 P 作 α 的另一条切线, 同时, 过 Q 也作 β 的另一条切线, 这次的两切线相交于 N, 如图 933 所示, 求证: M, N, O 三点共线.

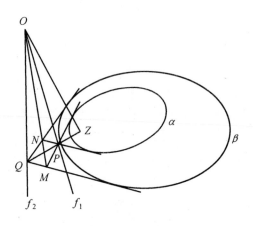

图 933

﹡﹡命题 934　设椭圆 α 内含于椭圆 β, A, B 是 β 上两点, 过 A, B 分别作 α 的切线, 切点依次为 C, D 和 E, F, 如图 934 所示, 设 CE 交 DF 于 P, CF 交 DE 于 Q, 求证: P, Q 两点均在直线 AB 上.

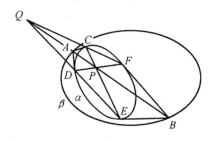

图 934

注: 参阅中册命题 111.

﹡﹡命题 935　设椭圆 β 在椭圆 α 的内部, $\triangle ABC$ 和 $\triangle A'B'C'$ 都外切于 β, 且都内接于 α, 设 P 是 α 上一点, PA 交 $B'C'$ 于 M, PA' 交 BC 于 N, 如图 935

所示,求证:MN 与 β 相切.

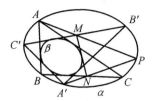

图 935

* * **命题 936**　设椭圆 β 内含于椭圆 α,△ABC 和 △$A'B'C'$ 都外切于椭圆 β,且都内接于椭圆 α,一直线与 β 相切,且分别交 AB,$A'B'$ 于 M,N,设 MC' 交 NC 于 P,如图 936 所示,求证:点 P 在 α 上.

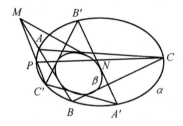

图 936

* * **命题 937**　设椭圆 β 在椭圆 α 内部,△ABC 和 △$A'B'C'$ 都内接于 α,又都外切于 β,这两个三角形的三边构成一个六边形 $DEFGHK$,如图 937 所示,求证:
① DG,EH,FK 三线共点,此点记为 S;
② 点 S 关于 α 的极线与点 S 关于 β 的极线是同一条直线(此线记为 z)

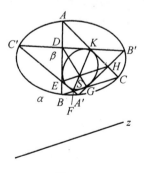

图 937

* * **命题 938**　设椭圆 α 在椭圆 β 内部,二者没有公共点,β 的弦 AB 与 α 相切,过 A,B 分别作 β 的切线,这两切线交于 P,过 P 作 α 的两条切线,这两条切线分别交 β 于 C,D 和 E,F,过 C,E 分别作 β 的切线,这两切线交于 Q;过 D,F 分别作 β 的切线,这两切线交于 R,如图 938 所示,求证:P,Q,R 三点共线.

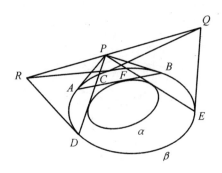

图 938

＊＊命题939 设椭圆 β 在椭圆 α 内部，$\triangle ABC$ 和 $\triangle A'B'C'$ 都内接于 α，又都外切于 β，$BC, CA, AB, B'C', C'A', A'B'$ 上的切点分别为 D, E, F, D', E', F'，设 EE' 交 FF' 于 P，FF' 交 DD' 于 Q，DD' 交 EE' 于 R，如图939所示，求证：有三次三点共线，它们分别是：$(A, P, A'), (B, Q, B'), (C, R, C')$.

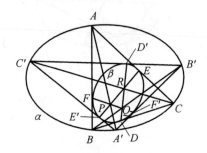

图 939

＊＊命题940 设椭圆 β 在椭圆 α 内部，$\triangle ABC$ 内接于椭圆 α，且外切于椭圆 β，BC, CA, AB 上的切点分别为 D, E, F，设 $\triangle A'B'C'$ 外切于 α，$B'C', C'A', A'B'$ 上的切点分别为 D', E', F'，且 $BC \parallel B'C'$，$CA \parallel C'A'$，$AB \parallel A'B'$，如图940所示，求证：

① AD, BE, CF 三线共点，此点记为 P；

② DD', EE', FF' 三线共点，此点记为 Q；

③ AA', BB', CC' 三线共点，此点记为 R；

④ P, Q, R 三点共线.

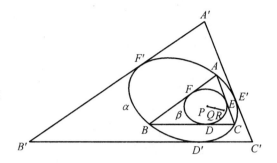

图 940

＊＊命题 941 设椭圆 α 在椭圆 β 内,它们有着相同的中心,相同的长短轴,相同的离心率,设 $\triangle ABC$ 外切于 α,A,B,C 三点均在 β 外,BC,CA,AB 分别交 β 于 $D,E;F,G;H,K$,如图 941 所示,DG,EH,FK 两两相交于 P,Q,R,求证:有三次三点共线,它们分别是 $(A,P,O),(B,Q,O),(C,R,O)$.

注:下面三命题:941.1,941.2,941.3 与本命题相近.

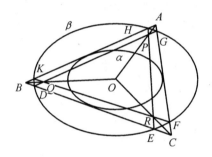

图 941

＊＊命题 941.1 设椭圆 α 在椭圆 β 内,它们有着相同的中心,相同的长短轴,相同的离心率,A,B,C 三点是 β 上三点,过 B,C 各作 α 的一条切线,这两切线交于 P;过 C,A 各作 α 的一条切线,这两切线交于 Q;过 A,B 各作 α 的一条切线,这两切线交于 R,如图 941.1 所示,求证:$\triangle PQR$ 与 $\triangle ABC$ 位似.

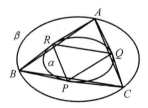

图 941.1

命题 941.2 设椭圆 α 的中心为 O,$\triangle ABC$ 外切于 α,BC,CA,AB 上的中点分别为 D,E,F,椭圆 β 与椭圆 α 有着相同的中心,相同的离心率,相同的长短

轴，OA，OB，OC 分别交 β 于 D'，E'，F'，如图 941.2 所示，求证：DD'，EE'，FF' 三线共点（此点记为 S）.

注：参阅中册命题 106.

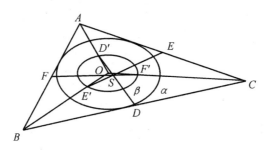

图 941.2

命题 941.3 设椭圆 α 在椭圆 β 内，它们有着相同的中心，相同的长短轴，相同的离心率，设 $\triangle ABC$ 外切于 α，BC，CA，AB 上的切点分别为 D，E，F，OD，OE，OF 分别交 β 于 D'，E'，F'，如图 941.3 所示，求证：AD'，BE'，CF' 三线共点（此点记为 S）.

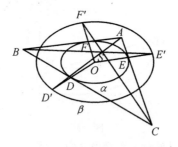

图 941.3

** **命题 942** 设椭圆 α 的中心为 O，两焦点分别为 F_1，F_2，A，B 是 α 上两点，F_1A 交 F_2B 于 A'，F_1B 交 F_2A 于 B'，如图 942 所示，求证：A'，B' 两点在另一个椭圆 β 上，该椭圆的中心也是 O，两焦点也是 F_1，F_2.

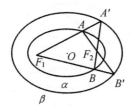

图 942

命题 943 设两椭圆 α，β 有着公共的焦点 Z，且 α 内切于 β，切点为 M，过 M 且与 α，β 都相切的直线记为 t，一直线与 α 相切，且交 β 于 A，B，还交 β 的（与 Z 相

应的)准线 f 于 C,过 A,B 分别作 α 的切线,这两切线交于 P;现在,过 A,B 分别作 β 的切线,这两切线交于 Q,过 C 作 α 的切线,且交 t 于 R,如图 943 所示,求证:P,Q,R 三点共线.

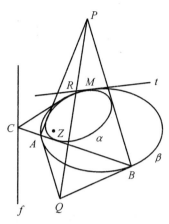

图 943

命题 944　设两椭圆 α,β 有着公共的焦点 Z,α 内切于 β,切点为 A,过 A 作 α,β 的公切线,此线记为 CD,设 B 是 β 上一点,过 B 作 α 的两条切线,且分别交 CD 于 C,D,现在,过 B 作 β 的切线,且交 CD 于 E,DZ 的延长线交 BE 于 F,如图 944 所示,求证:ZE 平分 $\angle CZF$.

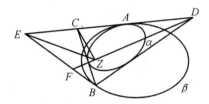

图 944

* * 命题 945　设椭圆 β 内切于椭圆 α,切点为 P,A 是 α 上一动点,过 A 作 β 的两条切线,切点分别为 D,E,AD,AE 分别交 α 于 B,C,PD,PE 分别交 α 于 F,G,设 BG 交 CF 于 S,如图 945 所示,求证:动直线 AS 恒过一定点 O',且 O' 在 β 的内部.

注:下面的命题 945.1 是本命题的"黄表示".

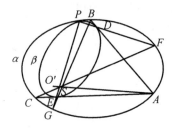

图 945

命题 945.1 设椭圆 β 内切于椭圆 α,切点为 P,过 P 作 α,β 的公切线 t,一动直线与 β 相切,且交 α 于 A,B,过 A,B 分别作 β 的切线,这两切线相交于 C,过 A,B 分别作 α 的切线,且依次交 t 于 D,E,过 D 作 β 的切线,且交 AC 于 F;过 E 作 β 的切线,且交 BC 于 G,设 FG 交 AB 于 M,如图 945.1 所示,求证:动点 M 的轨迹是直线(记为 z),这直线与 α,β 都不相交.

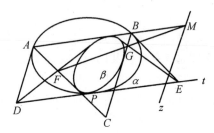

图 945.1

命题 946 设椭圆 β 内切于椭圆 α,切点为 P,A 是 α 上一点,过 A 作 β 的两条切线,切点分别为 D,E,AD,AE 分别交 α 于 B,C,PD,PE 分别交 α 于 M,N,CM 交 BN 于 F,如图 946 所示,求证:D,E,F 三点共线.

注:注意下面的命题 946.1 与本命题的联系.

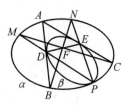

图 946

命题 946.1 设椭圆 α 内切于椭圆 β,切点为 A,一直线与 α 相切,且交 β 于 B,C,过 B,C 分别作 β 的切线,这两切线相交于 P,过 A 作 α,β 的公切线,且分别交 PB,PC 于 D,E,过 D,C 分别作 α 的切线,这两切线相交于 Q,现在,过 B,E 分别作 α 的切线,这两切线相交于 R,如图 946.1 所示,求证:P,Q,R 三点共线.

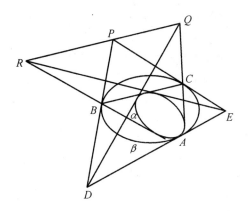

图 946.1

* 命题 947　设椭圆 β 内切于椭圆 α，切点为 P，一直线过 P，且分别交 α,β 于 A,B，过 A 作 α 的切线，同时，过 B 作 β 的切线，这两切线相交于 M，如图 947 所示，求证：动点 M 的轨迹是一条直线（此直线记为 z）.

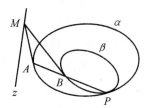

图 947

命题 948　设椭圆 α 内切于椭圆 β，切点为 P，过 P 作两直线，它们分别交 α 于 A,B，交 β 于 C,D，过 A 作 α 的切线，同时，过 C 作 β 的切线，这两切线交于 M；现在，过 B 作 α 的切线，同时，过 D 作 β 的切线，这两切线交于 N，由 M,N 两点所决定的直线记为 z，z 关于 α,β 的极点分别记为 O_1,O_2，如图 948 所示，求证：P,O_1,O_2 三点共线.

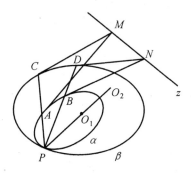

图 948

＊＊命题949　设椭圆β内切于椭圆α,切点为M,过M作α,β的公切线l,在l上取一点P_1,过P_1分别作α,β的切线,切点依次为A_1,B_1,A_1B_1交l于P_2;过P_2分别作α,β的切线,切点依次为A_2,B_2,A_2B_2交l于P_3;过P_3分别作α,β的切线,切点依次为A_3,B_3,设A_1B_1交A_2B_2于O,如图949所示,求证:A_3,B_3,O三点共线.

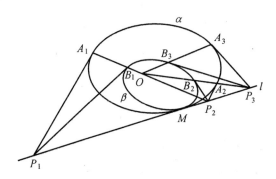

图 949

＊＊命题950　设椭圆α内切于椭圆β,切点为P,A是β上一点,过A作α的两条切线,切点分别为B,C,AB,AC分别交β于D,E,过P作两直线,它们分别交α,β于F,G和H,K,过F,G分别作所在椭圆的切线,这两切线交于M;过H,K分别作所在椭圆的切线,这两切线交于N,由M,N两点所决定的直线记为z,z关于α的极点分别记为O,AO交β于L,如图950所示,求证:BC,DE,PL三线共点(此点记为S).

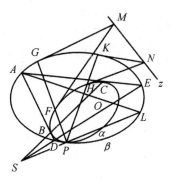

图 950

4.4

命题 951 设椭圆 β 在椭圆 α 的内部,且与 α 相切于 A,B 两点,过 A,B 分别作 α,β 的公切线,这两条公切线交于 M,过 M 作两直线,它们分别交 α,β 于 C, D 和 E,F,如图 951 所示,过 C 作 α 的切线,同时,过 F 作 β 的切线,这两切线交于 P,现在,过 E 作 α 的切线,同时,过 D 作 β 的切线,这两切线交于 Q,设 CE 交 DF 于 R,如图 951 所示,求证:P,Q,R 三点共线.

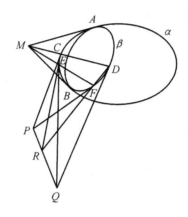

图 951

****命题 952** 设椭圆 α 在椭圆 β 内部,两椭圆有且仅有两个公共点 M, N,它们都是这两椭圆的切点,直线 l_1,l_2 都是这两椭圆的公切线,设 A,B 是 l_1 上两动点,过 A,B 分别作 α 的切线,且依次交 l_2 于 C,D,过 B,C 分别作 β 的切线,这两切线相交于 P;过 A,D 分别作 β 的切线,这两切线相交于 Q,如图 952 所示,求证:动直线 PQ 过一定点(这定点记为 Z).

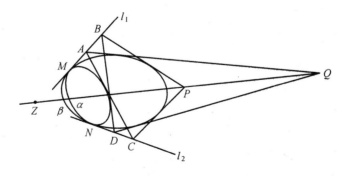

图 952

****命题 953** 设椭圆 α 在椭圆 β 内,它们有且仅有两个公共点,且均为切点,过 A,B 分别作 α,β 的公切线,这两公切线相交于 P,设 C,D 两点分别在 PA, PB 上,过 C,D 分别作 α 的切线,这两切线相交于 Q;现在,过 C,D 分别作 β 的切线,这两切线相交于 R,如图 953 所示,求证:P,Q,R 三点共线.

注:本命题是上册命题 392 的"黄表示".

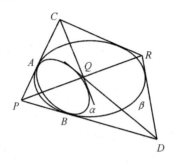

图 953

命题 954 设两椭圆 α,β 有且仅有三个公共点 A,B,P,其中 A,B 都是交点,P 是切点,一直线过 P,且分别交 α,β 于 C,D,过 A,C 分别作 α 的切线,这两切线交于 Q;过 A,D 分别作 β 的切线,这两切线交于 R,如图 954 所示,求证:P, Q,R 三点共线.

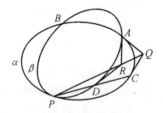

图 954

∗∗命题 955 设椭圆 α 和椭圆 β 有且仅有三个公共点 A,B,M,其中 A, B 都是交点,M 是切点,抛物线 γ 与椭圆 β 也有且仅有三个公共点 A,B,N,其中 A,B 都是交点,N 是切点,γ 与 α 相交于四点,这四点中,有两个是 A,B,另两个分别记为 C,D,如图 955 所示,求证:下列三直线共点(此点记为 S):直线 CD; 过 M 且与 α,β 都相切的直线;过 N 且与 β,γ 都相切的直线.

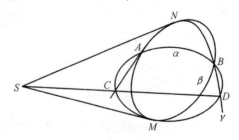

图 955

命题 956 设两椭圆 α, β 相交于四点,它们都内切于完全四边形 $ABCD - EF$,α 在 AB, BC, CD, DA 上的切点分别为 M, N, N', M',β 在这四边上的切点分别为 P, Q, Q', P',如图 956 所示,求证:

① $MN, PQ, M'N', P'Q'$ 四线共点,此点记为 S;
② 点 S 在直线 EF 上.

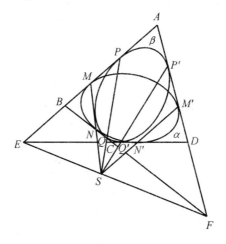

图 956

** 命题 957 设两椭圆 α, β 相交于四点,A 是其中一个,过 A 分别作 α, β 的切线 l_1, l_2,一直线分别交 α, β 于 B, D 和 C, E,如图 957 所示,过 B 作 α 的切线,且交 l_1 于 M,过 C 作 β 的切线,且交 l_2 于 N,过 D 作 α 的切线,且交 l_1 于 P,过 E 作 β 的切线,且交 l_2 于 Q,求证:BC, MN, PQ 三线共点(此点记为 S).

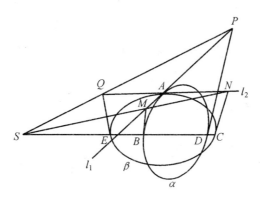

图 957

** 命题 958 设两椭圆 α, β 相交于四点,α, β 一条公切线分别与 α, β 相切于 A, B,P 是这两椭圆外一点,过 P 各作 α, β 的两条切线,切点分别为 C, D 和 E, F,设 AD 交 BF 于 Q,AC 交 BE 于 R,如图 958 所示,求证:P, Q, R 三点共线.

注:请注意下面四命题与本命题的关系.

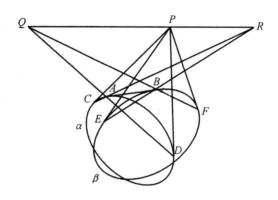

图 958

* * 命题 958.1 设两双曲线 α,β 相交于四点,P 是这四个交点之一,过 P 分别作 α,β 的切线,它们依次记为 l_1,l_2,一直线分别交 α,β 于 A,B 和 C,D,过 A,B 分别作 α 的切线,且依次交 l_1 于 E,F;过 C,D 分别作 β 的切线,且依次交 l_2 于 G,H,如图 958.1 所示,求证:AB,EG,FH 三线共点(此点记为 S).

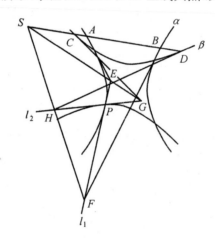

图 958.1

命题 958.2 设两抛物线 α,β 没有公共点,它们的对称轴分别为 m,n,m,n 既不平行,也不重合,P 是这两抛物线外一点,过 P 各作 α,β 的两条切线,切点分别为 A,B 和 C,D,过 A 作 m 的平行线,同时,过 C 作 n 的平行线,这两线相交于 Q;现在,过 B 作 m 的平行线,同时,过 D 作 n 的平行线,这次两线相交于 R,如图 958.2 所示,求证:P,Q,R 三点共线.

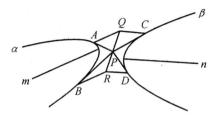

图 958.2

命题 958.3 设椭圆 α 在抛物线 β 外,β 的对称轴为 m,AB 是 α,β 的一条公切线,A,B 两点都是切点,A 在 α 上,B 在 β 上,三直线 l_1,l_2,l_3 彼此平行,其中前两条均与 α 相切,切点分别为 C,D,最后一条与 β 相切,切点为 E,过 B 作 m 的平行线,且交 AC 于 P,AD 交 BE 于 Q,如图 958.3 所示,求证:$PQ \parallel l_1$.

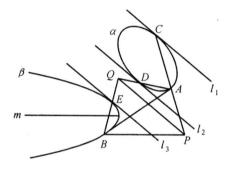

图 958.3

命题 958.4 设双曲线 α 的两渐近线为 t_1,t_2,椭圆 β 在 α 外,β 与 t_2 相切于 A,且与 t_1 不相交,P 是 t_1 上一点,过 P 作 β 的两条切线,切点分别为 B,C,过 P 作 α 的切线,切点为 D,过 D 作 t_2 的平行线,且交 AC 于 E,如图 958.4 所示,求证:$PE \parallel AB$.

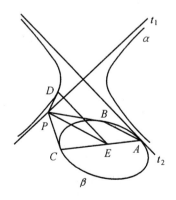

图 958.4

命题 959　设两椭圆 α,β 相交于四点, P 是这四个交点之一, 一直线分别交 α,β 于 A,B 和 C,D, 过 A,P 分别作 α 的切线, 这两切线相交于 E; 过 B,P 分别作 α 的切线, 这两切线相交于 G; 过 C,P 分别作 β 的切线, 这两切线相交于 H; 过 D,P 分别作 β 的切线, 这两切线相交于 F, 如图 959 所示, 求证: CD,EF,GH 三线共点(此点记为 S).

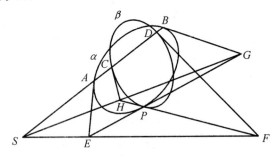

图 959

** 命题 960　设两椭圆 α,β 相交于四点: A,B,C,D, 过 A,D 分别作 α 的切线, 这两切线相交于 M; 过 C,D 分别作 α 的切线, 这次两切线相交于 P, 现在, 过 A,D 分别作 β 的切线, 这两切线相交于 Q, 过 C,D 分别作 β 的切线, 这次两切线相交于 N, 设 MN 交 AC 于 R, 如图 960 所示, 求证: P,Q,R 三点共线.

注: 请注意下面的命题 961 与本命题的关系.

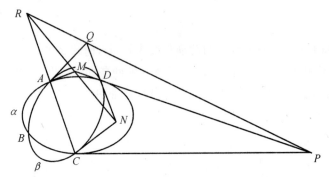

图 960

** 命题 961　设两椭圆 α,β 相交于四点, 它们都内切于四边形 $ABCD$, α,β 在 AB,BC,CD,DA 上的切点分别为 E,F,G,H 和 E',F',G',H', 如图 961 所示, 设 FG 交 $G'H'$ 于 P, $F'G'$ 交 GH 于 Q, AD 交 BC 于 R, 求证: P,Q,R 三点共线.

注: 以上两命题均源于本册的命题 906.

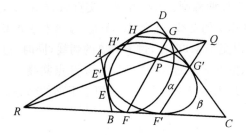

图 961

** 命题 962　设两椭圆 α,β 相交于四点,顺次记为 A,B,C,D,过 B,D 分别作 α 的切线,这两切线交于 E;过 B,D 分别作 β 的切线,这两切线交于 F,设点 Z 既在 α 的内部,又在 β 的内部,它关于 α,β 的极线分别记为 l_1,l_2,过 A 作 α 的切线,且交 l_1 于 G;过 A 作 β 的切线,且交 l_2 于 H,FH 交 EG 于 K,过 H 作 AZ 的平行线,且分别交 AK,AG 于 M,N,如图 962 所示,求证:M 是线段 HN 的中点.

注:本命题源于下面的命题 962.1.

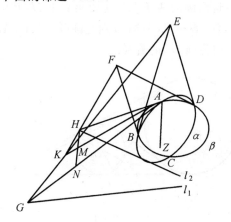

图 962

命题 962.1　设两圆 O_1,O_2 外离,两外公切线与圆 O_1 相切于 A,B,与圆 O_2 相切于 C,D,一条内公切线分别与圆 O_1,O_2 相切于 E,F,设 O_1E 交 AB 于 G,O_2F 交 CD 于 H,如图 962.1 所示,求证:GH 平分线段 EF.

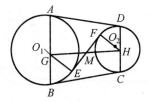

图 962.1

命题963 设两椭圆 α,β 有着四个交点 A,B,C,D,过 A 作 α 的切线,且交 BD 于 P,过 B 作 α 的切线,且交 AC 于 Q,过 A 作 β 的切线,同时,过 P 作 β 的切线,这两切线相交于 M,现在,过 B 作 β 的切线,同时,过 Q 作 β 的切线,这两切线相交于 N,如图 963 所示,求证:M,O,N 三点共线.

注:这样的三点共线还有一次. 本命题源于下面的命题 963.1.

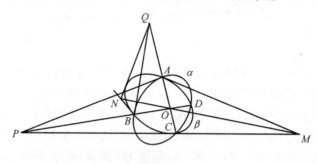

图 963

命题963.1 设两圆 O_1,O_2 外离,两外公切线相交于 M,其中一条分别与这两圆相切于 A,B,这两圆的两条内公切线相交于 N,其中一条内公切线分别与这两圆相切于 A_1,B_1,设 AN,A_1M 分别交圆 O_2 于 A',A_1',如图 963.1 所示,求证:$A'B$ 和 $A_1'B_1$ 均为圆 O_2 的直径.

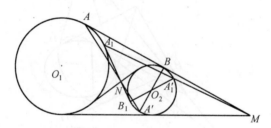

图 963.1

命题964 设两椭圆 α,β 相交于四点 A,B,C,D,如图 964 所示,AC 交 BD 于 O,过 A,B 分别作 α 的切线,这两切线相交于 P,现在,过 A,B 分别作 β 的切线,这两切线相交于 Q,求证:O,P,Q 三点共线.

注:本命题源于本册的命题 905.

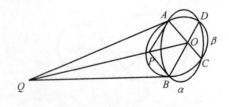

图 964

** 命题 965** 设两椭圆 α,β 相交于 A,B,C,D 四点,过 A,B 分别作 α 的切线,这两切线交于 E;过 A,B 分别作 β 的切线,这两切线交于 F,现在,过 A,D 分别作 α 的切线,这两切线交于 G;过 A,D 分别作 β 的切线,这两切线交于 H,如图 965 所示,求证:

① AC,BD,HG,EF 四线共点(此点记为 S);

② BD,EH,FG 三线共点(此点记为 T).

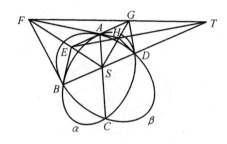

图 965

4.5

＊＊命题966 设椭圆 α 的中心为 O，五角星 $ABCDE$ 内接于 α，BE 的中点为 M，A,M,O 三点共线，设 BD 交 AC 于 P，CE 交 AD 于 Q，如图966所示，求证：$PQ \parallel BE$.

注：本命题和下面的命题967是一对对偶命题.

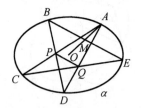

图 966

＊＊命题967 设椭圆 α 的中心为 O，五角星 $ABCDE$ 外切于 α，AC,AD 分别交 BE 于 P,Q，AO 恰好平分线段 PQ，设 BC 交 DE 于 S，如图967所示，求证：A,O,S 三点共线.

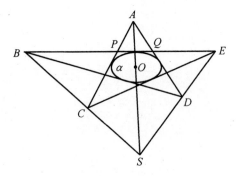

图 967

＊＊命题968 设五角星 $ABCDE$ 的五条边 AC,CE,EB,BD,DA 都与椭圆 α 相切，EB,BD,DA 上的切点分别为 P,Q,R，AD 交 BE 于 F，若 A,P,Q 三点共线，E,R,Q 三点共线，如图968所示，求证 F,Q,C 三点共线.

注：下面三命题：968.1, 968.2, 968.3 与本命题相近.

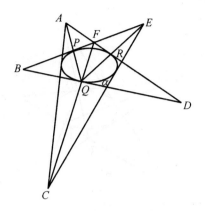

图 968

**命题 968.1 设五角星 $ABCDE$ 外切于椭圆 α,BE 上的切点为 P,BC 交 DE 于 Q,如图 968.1 所示,求证:A,P,Q 三点共线.

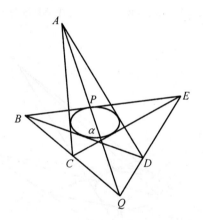

图 968.1

**命题 968.2 设五角星 $ABCDE$ 中,下列四边 AC,CE,EB,BD 均与椭圆 α 相切,AC,CE,EB 上的切点分别为 F,G,H,BD 交 CE 于 K,若 B,F,G 三点共线,A,H,K 三点共线,D,G,H 三点共线,如图 968.2 所示,求证:这个五角星的第五边 DA 也与 α 相切.

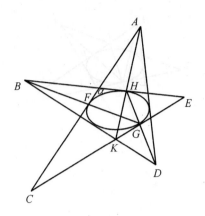

图 968.2

命题 968.3 设五角星 $ABCDE$ 外切于椭圆 α，AC,CE,EB,BD 上的切点分别为 F,G,H,S，FH 分别交 BD,DE 于 K,L，过 K 作 α 的切线，且交 BE 于 M，设 AD 交 BE 于 N，如图 968.3 所示，求证：A,M,S 三点共线，L,N,S 三点也共线.

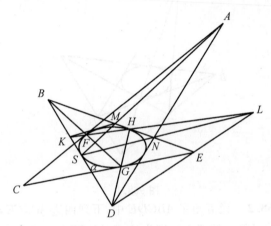

图 968.3

命题 969 设六边形 $ABCDEF$ 外切于椭圆 α，AE 交 BD 于 P，BF 交 CE 于 Q，AC 交 DF 于 R，如图 969 所示，求证：

① AD,BE,CF 三线共点，此点记为 O；

② P,Q,R 三点共线，此线记为 z.

③ 直线 z 关于 α 的极点为 O.

注：

在"蓝观点"下（以 z 为"蓝假线"），图 969 的 α 是"蓝圆"，O 是"蓝圆心".

在"黄观点"下（以 O 为"蓝假线"），图 968 的 α 是"黄圆"，z 是"黄圆心".

下面的命题 969.1 是本命题的对偶命题.

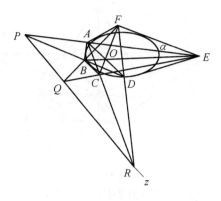

图 969

** **命题 969.1** 设六边形 $ABCDEF$ 内接于椭圆 α，三直线 AB,CD,EF 两两相交构成 $\triangle PQR$，另三直线 BC,DE,FA 也两两相交构成 $\triangle P'Q'R'$，设 AB 交 DE 于 X，BC 交 EF 于 Y，CD 交 FA 于 Z，如图 969.1 所示，求证：

① PP',QQ',RR' 三线共点，此点记为 O；

② X,Y,Z 三点共线，此线记为 z；

③ 点 O 关于 α 的极线为 z.

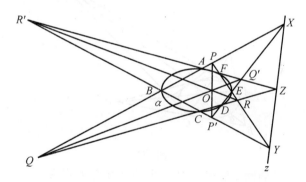

图 969.1

** **命题 970** 设 Z 是椭圆 α 内一点，AD,BE,CF 都是 α 的弦，且共点于 Z，将六边形 $ABCDEF$ 的每一边都向两侧延长，构成一个六角星 $PQRP'Q'R'$，如图 970 所示，求证：PP',QQ',RR' 三线共点，且此点就是 Z.

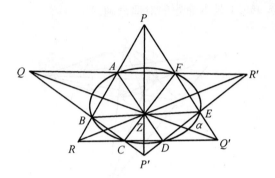

图 970

＊＊命题 971 设六边形 $ABCDEF$ 外切于椭圆 α，BC 交 EF 于 P，CD 交 FA 于 Q，DE 交 AB 于 R，若 P,A,D 三点共线，Q,B,E 三点也共线，如图 971 所示，求证：

① R,C,F 三点共线；

② AP,BQ,CR 三线共点（此点记为 S）.

注：本命题涉及 9 点 9 线.

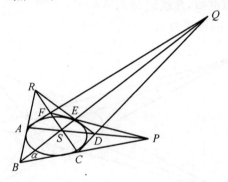

图 971

命题 972 设椭圆 α 的中心为 O，其直角坐标方程为

$$\frac{x^2}{a^2}+\frac{y^2}{b^2}=1 \quad (a>b>0)$$

以 O 为圆心作圆 β，设 A,B,C 是 α 上三点，若 BC,CA,AB 都与 β 相切，如图 972 所示，求证：圆 β 的直角坐标方程为

$$x^2+y^2=\left(\frac{ab}{a+b}\right)^2$$

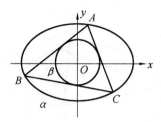

图 972

命题 973　设椭圆 α 的中心为 O，以 O 为圆心作内切于 α 的圆 β，P 是 β 上一动点，过 P 作 β 的切线，该切线交 α 于 A,B，如图 973 所示，求证：$\triangle OAB$ 的周长为定值.

图 973

* **命题 974**　设椭圆 α 的中心为 O，A,B,C,D 是 α 上四点，这四点处的法线共点于 S，延长 DO，使交 α 于 D'，如图 974 所示，求证：A,B,C,D' 四点共圆（此圆圆心记为 O'）.

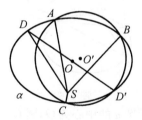

图 974

* **命题 975**　设圆 O 内切于椭圆 α，A 是 α 上一动点，过 A 作圆 O 的两条切线，切点分别为 B,C，设 AB,AC 分别交 α 于 D,E，DE 交 BC 于 P，如图 975 所示，求证：动点 P 的轨迹是一直线（此直线记为 l）.

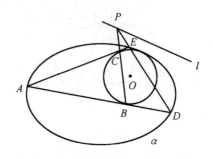

图 975

** 命题 976 设圆 O 与椭圆 α 外切于 P,A 是 α 上一点,过 A 作圆 O 的两条切线,切点分别为 B,C,AB,AC 分别交 α 于 D,E,DE 交 BC 于 Q,设 AO 交 α 于 R,如图 976 所示,求证:P,Q,R 三点共线.

注:下面的命题 976.1 与本命题相近.

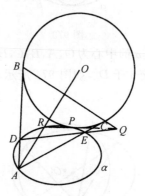

图 976

** 命题 976.1 设椭圆 α 的中心为 O,圆 O' 与 α 外切于 P,A 是圆 O' 上一点,过 A 作 α 的两条切线,切点分别为 B,C,AB,AC 分别交圆 O' 于 D,E,DE 交 BC 于 Q,设 AO 交圆 O' 于 R,如图 976.1 所示,求证:P,Q,R 三点共线.

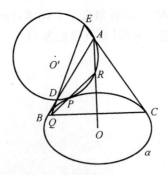

图 976.1

命题 977 设椭圆 α 的中心为 O，AB 是 α 的直径，圆 O_1 和圆 O_2 均内切于 α，切点分别为 A,B，设圆 O_1 和圆 O_2 的两条内公切线交于 M，如图 977 所示，求证：点 M 在 AB 上.

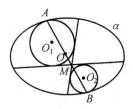

图 977

命题 978 设两圆 O_1,O_2 均内切于椭圆 α，切点分别为 A,B，两圆 O_1,O_2 彼此外切，切点为 P，过 A,B 分别作 α 的切线，这两切线相交于 Q，如图 978 所示，求证：$PQ \perp O_1 O_2$. (参阅本册命题 1228.1)

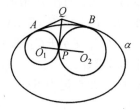

图 978

命题 979 设三等圆 A,B,C 的圆心都在椭圆 α 上，这三个等圆与 α 的交点分别记为 $D,E;F,G;H,K$，设三直线 DE,FG,HK 构成 $\triangle A'B'C'$，如图 979 所示，求证：AA',BB',CC' 三线共点(此点记为 S).

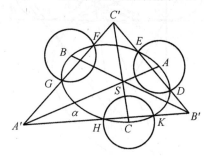

图 979

命题 980 设 $\triangle ABC$ 内接于椭圆 α，圆 O_1 与 α 外切，且分别与 AC,BC 相切于 D,E，圆 O_2 也与 α 外切，且分别与 AB,BC 相切于 F,G，设 DE 交 FG 于 M，DE 交 AB 于 P，FG 交 AC 于 Q，BQ 交 CP 于 N，如图 980 所示，求证：DB，MN,FC 三线共点，此点记为 S(在图中，点 P,S 均未画出).

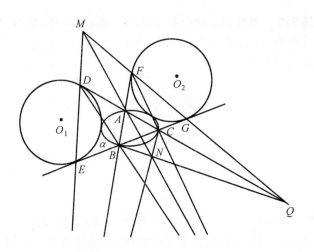

图 980

** 命题 981 设三椭圆 α,β,γ 均在 $\triangle ABC$ 外,且每个椭圆都与 $\triangle ABC$ 的三边相切,切点分别为 $A_1,B_1,C_1;A',B',C';A'',B'',C''$,如图 981 所示,设 AA_1 交 α 于 A_2,BB_1 交 β 于 B_2,CC_1 交 γ 于 C_2,设 C_2A' 交 B_2A'' 于 A_0;A_2B' 交 C_2B'' 于 B_0;B_2C' 交 A_2C'' 于 C_0,求证:

① AA_1,BB_1,CC_1 三线共点(此点记为 S);

② AA_0,BB_0,CC_0 三线共点(此点记为 T).

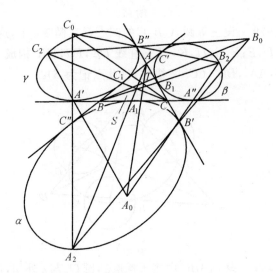

图 981

** 命题 982 设圆 O 与椭圆 α 内切于 A,另有三圆 O_1,O_2,O_3 也均与 α 内切,且切点均为 B,直线 l_1 是圆 O 和圆 O_1 的一条外公切线,直线 l_2 是圆 O 和圆 O_2 的一条外公切线,l_3 是圆 O 和圆 O_3 的一条外公切线,如图 982 所示,圆 O

和圆 O_1 的两条内公切线分别交 α 于 A_1, A_2(A_1, A_2 与 l_1 均位于圆 O 和圆 O_1 的同侧),类似地,圆 O 和圆 O_2 的两条内公切线分别交 α 于 B_1, B_2(B_1, B_2 与 l_2 均位于圆 O 和圆 O_2 的同侧),圆 O 和圆 O_3 的两条内公切线分别交 α 于 C_1, C_2(C_1, C_2 与 l_3 均位于圆 O 和圆 O_3 的同侧),设 A_1A_2 交 l_1 于 P, B_1B_2 交 l_2 于 Q, C_1C_2 交 l_3 于 R,求证:P, Q, R 三点共线.

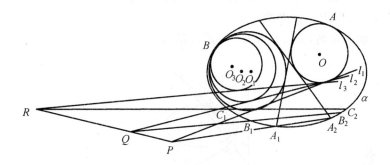

图 982

4.6

命题 983　设抛物线 α 和椭圆 β 有着公共的焦点 Z,且 α,β 关于 Z 的准线 z 也是相同的,一直线交 β 于 A,B,交 z 于 P,设 ZA,ZB 分别交 α 于 C,D,如图 983 所示,求证:C,D,P 三点共线.

注:下面两命题:983.1,983.2 与本命题相近.

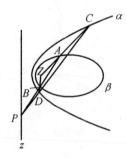

图 983

命题 983.1　设抛物线 α 和椭圆 β 有着公共的焦点 Z,且 α,β 关于 Z 的准线 z 也是相同的,A 是 α 外一点,过 A 作 α 的两条切线,这两切线分别交 f 于 P,Q,过 P,Q 分别作 β 的切线,这两条切线交于 B,如图 983.1 所示,求证:A,B,Z 三点共线.

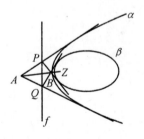

图 983.1

命题 983.2　设抛物线 α 和椭圆 β 有着公共的焦点 Z,A 是 β 上一点,过 A 作 β 的切线,这切线交 α 于 B,C,如图 983.2 所示,求证:ZA 平分 $\angle BZC$.

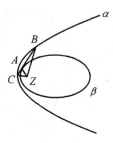

图 983.2

命题 984 设抛物线 α 的对称轴为 m，椭圆 β 与 α 相切于 A,B 两点，AB 交 m 于 P，过 P 作 m 的垂线，且交 α 于 Q，过 Q 作 α 的切线，且交 m 于 M，过 M 作 m 的垂线，此垂线记为 n，过 A,B 分别作 β 的切线，这两切线相交于 N，如图 984 所示，求证：点 N 在 n 上.

注：在"蓝观点"下（以 PQ 为"蓝假线"），本图的 α 是"蓝双曲线"，M 是其"蓝中心"，因此，本命题的对偶命题是下面的命题 984.1，由此可见，本命题是明显成立的.

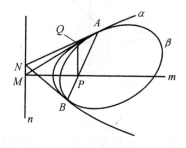

图 984

命题 984.1 设双曲线 α 的虚轴为 n，椭圆 β 与 α 外切于 A,B 两点，且 n 是 β 的对称轴，过 A,B 分别作 α,β 的公切线，这两条公切线相交于 N，如图 984.1 所示，求证：点 N 在 n 上.

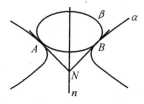

图 984.1

命题 985 设椭圆 α 与抛物线 β 有且仅有两个交点 A,B，β 的对称轴为 n，直线 CD 与 α,β 均相切，切点分别为 C,D，一直线与 AB 平行，且与 α 相切，切点为 E，EC 交 AB 于 Q，如图 985 所示，求证：$DQ \parallel n$.

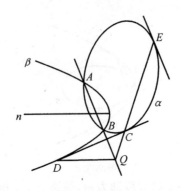

图 985

命题 986 设两抛物线 α,β 有且仅有两个交点 A,B,它们的对称轴分别为 m,n,点 P 在直线 AB 上(且在 α,β 外),过 P 分别作 α,β 的切线,切点依次为 C,D,过 C 作 m 的平行线,同时,过 D 作 n 的平行线,这两线交于 Q,如图 986 所示,求证:点 Q 在 AB 上.

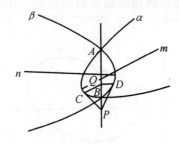

图 986

命题 987 设两抛物线 α,β 有且仅有两个交点,它们的公切线记为 m,P 是 α 外一点,过 P 且与 α 相切的两直线分别记为 l_1,l_2,l_1,l_2 分别交 m 于 A,B,直线 l_1' 与 l_1 平行,且与 β 相切,过 B 作 β 的切线,且与 l_1' 相交于 R,直线 l_2' 与 l_2 平行,且与 β 相切,过 A 作 β 的切线,且与 l_2' 相交于 Q,如图 987 所示,求证:P,Q,R 三点共线.

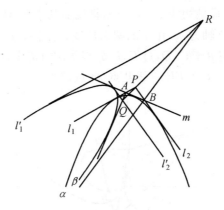

图 987

命题 988 设抛物线 α 的对称轴为 m，抛物线 β 在 α 的内部，β 与 α 有且仅有一个公共点 A，一直线过 A，且分别交 α,β 于 B,C，另有一直线与 m 平行，且分别交 α,β 于 D,E，设 BD 交 CE 于 F，如图 988 所示，求证：$AF \ // \ m$．

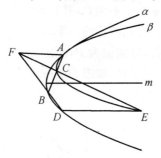

图 988

**命题 989 设抛物线 β 在抛物线 α 内部，这两抛物线有且仅有一个公共点 A，过 A 且与 α,β 都相切的直线记为 m，B 是 m 上一点，过 B 分别 α,β 的切线，它们依次记为 l_1,l_2，设两直线 n_1,n_2 彼此平行，n_1 与 α 相切，且交 l_1 于 C，n_2 与 β 相切，且交 l_2 于 D，如图 989 所示，求证：$CD \ // \ m$．

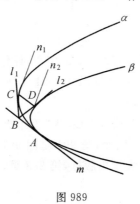

图 989

**命题990 设抛物线 α 外切于抛物线 β,切点为 M,椭圆 γ 内切于 β,切点也是 M,设 α 的对称轴为 m,作 γ 的两条切线,它们都与 m 平行,切点分别为 A,B,这两切线分别交 β 于 C,D,过 C,D 分别作 α 的切线,切点依次为 E,F,如图 990 所示,求证:AB,CD,EF 三线共点(此点记为 S).

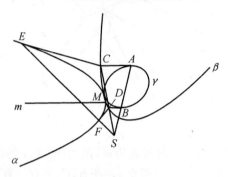

图 990

*命题991 设椭圆 α 的中心为 O,其长轴为 m,短轴为 z,在 m 上取一点 O_3,使线段 OO_3 的长等于 α 的短轴长的一半,设 β 是以 O_3 为焦点,以 z 为相应准线的双曲线,β 交 α 于四点,分别记为 P,A,B,C,过 P 且与 z 垂直的直线交 α 于 H,HC 交 z 于 Q,AB 交 z 于 R,如图 991 所示,求证:$O_3R \perp O_3Q$.

注:本命题源于下面的命题 991.1.

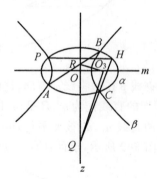

图 991

命题991.1 设 M 是等轴双曲线 α 的中心,任作一圆 β,它交 α 于四点,它们分别是 P,A,B,C,设 PM 交 α 于 H,如图 991.1 所示,求证:H 是 $\triangle ABC$ 的垂心.

在图 991 中,若以 z 为"蓝假线",O_3 为"蓝标准点",那么,在蓝观点下,α 是 "蓝等轴双曲线",β 是"蓝圆",因而,图 991 是图 991.1 的蓝表现(参阅《欧氏几何对偶原理研究》,上海交通大学出版社,第 283 页,第(7)款).

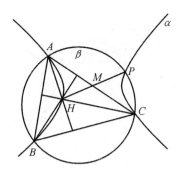

图 991.1

* * **命题 992** 设双曲线 α 和椭圆 β 有着一个公共的焦点 Z,α,β 的与 Z 相对应的准线分别记为 f_1,f_2,α,β 相交于四点,分别记为 A,B,C,D,其中 A,B 两点离 Z 较远,一直线 l 分别交 f_1,f_2 于 M,N,且交 AB 于 P,过 M 作 α 的切线,且交 f_2 于 E,交 AB 于 Q',现在,过 N 作 β 的切线,且交 f_1 于 F,交 AB 于 P',如图 992 所示,求证:PP' 和 QQ' 对 Z 的张角相等(即 $\angle PZP' = \angle QZQ'$).

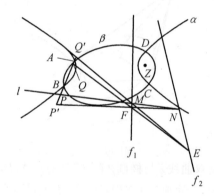

图 992

* **命题 993** 设双曲线 α 和椭圆 β 有着公共的焦点 Z,α 的与 Z 相应的准线为 f,α,β 有且仅有三个公共点,其中一个是 α,β 的切点,该点记为 A,过 A 作 α,β 的公切线,并在其上取一点 B,过 B 作 α 的切线,且交 f 于 P,过 B 作 β 的切线,切点为 C,过 C 作 α 的两条切线,这两切线分别记为 l_1,l_2,一直线过 P,且与 CZ 平行,它分别交 l_1,l_2 于 M,N,如图 993 所示,求证:

① $ZC \perp ZP$;

② 点 P 是线段 MN 的中点.

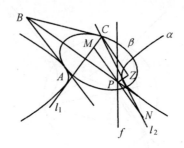

图 993

**命题 994 设两椭圆 α,β 以及双曲线 γ 三者有着一个公共的焦点 Z，α 与 γ 有且仅有三个公共点，其中一个是切点，另两个是交点，β 与 γ 也是这样，至于 α 和 β，二者有且仅有两个交点，分别记为 A,B，设 α,β 的两条公切线交于 C，过 C 作 γ 的两条切线，切点分别为 D,E，如图 994 所示，求证：D,A,Z 三点共线，E,Z,B 三点也共线.

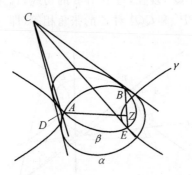

图 994

**命题 995 设双曲线 α 与椭圆 β 相交于四点：A,B,C,D，过 A 且与 α 相切的直线记为 $A(\alpha)$，$A(\alpha)$ 分别交 $B(\beta)$，$C(\beta)$ 于 E,F，$A(\beta)$ 分别交 $B(\alpha)$，$C(\alpha)$ 于 G,H，设 EH 交 FG 于 S，如图 995 所示，求证：点 S 在 BC 上.

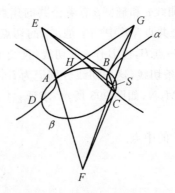

图 995

** 命题 996　设直线 t 既是双曲线 α 的渐近线,也是双曲线 β 的渐近线,这两双曲线有且仅有一个公共点 A,这个点是 α,β 的切点,一直线过 A,且分别交 α,β 于 B,C,如图 996 所示,另有一直线与 t 平行,且分别交 α,β 于 D,E,设 BD 交 CE 于 P,求证:$AP \mathbin{/\mkern-5mu/} t$.

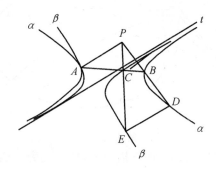

图 996

** 命题 997　设椭圆 γ 内切于椭圆 β,切点为 M,椭圆 β 内切于椭圆 α,切点也是 M,P 是 α 上一点,过 P 作 γ 的两条切线,切点分别为 A,B,PA,PB 分别交 α 于 C,D,过 C,D 分别作 β 的切线,切点依次为 E,F,如图 997 所示,求证:AB,CD,EF 三线共点(此点记为 S).

注:下面的命题 997.1 与本命题相近.

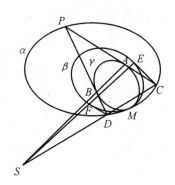

图 997

** 命题 997.1　设椭圆 β,γ 均与椭圆 α 外切,切点都是 M,椭圆 γ 内切于椭圆 β,P 是 α 上一点,过 P 作 γ 的两条切线,切点分别为 A,B,PA,PB 分别交 α 于 C,D,过 C,D 分别作 β 的切线,切点依次为 E,F,设 PA,PB 分别交 β 于 G,H,过 G,H 分别作 α 的切线,切点依次为 Q,N,如图 997.1 所示,求证:AB,EF,GH,QN 四线共点(此点记为 S).

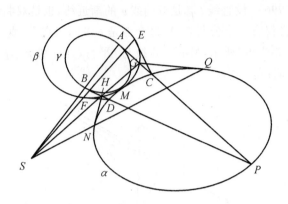

图 997.1

**命题998 设 $\triangle ABC$ 的三内角 A,B,C 的旁切椭圆依次记为 α,β,γ，这三个椭圆中的每两个，都还有一条外公切线，这些外公切线两两相交构成 $\triangle A'B'C'$，如图所示，在 $B'C'$ 上取一点 P，过 P 作 β 的切线，且交 $A'B'$ 于 Q；过 P 作 γ 的切线，且交 $A'C'$ 于 R，如图998所示，求证：QR 与 α 相切.

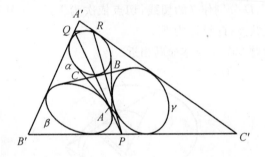

图 998

*命题999 设椭圆 β 内含于椭圆 α，P 是 α 上的动点，过 P 作 β 的两条切线，切点分别为 A,B，如图999所示，求证：动直线 AB 的包络是椭圆（此椭圆记为 γ）.

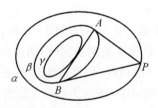

图 999

**命题1000 设两椭圆 α,β 都内切于椭圆 γ，切点分别为 A,B，α,β 的两条外公切线分别与 α,β 相切于 C,D 和 E,F，设 AC 交 BD 于 M，AE 交 BF 于 N，

如图 1000 所示,求证:"点 M 在 γ 上"的充要条件是"点 N 在 γ 上".

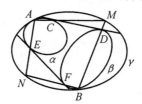

图 1000

直线和圆

本章所录 300 道命题都是关于圆和直线的,熟悉这些命题对了解欧氏几何的对偶原理及其应用是有益的.

5.1

** 命题 1001 设 O 是 $\triangle ABC$ 内一点,过 O 作 AO 的垂线,且分别交 AB,AC 于 D,E;过 O 作 BO 的垂线,且分别交 BA,BC 于 F,G;过 O 作 CO 的垂线,且分别交 CA,CB 于 H,K,设 DK 交 EG 于 P,如图 1001 所示,求证:A,O,P 三点共线.

注:类似地三点共线还有两次.

本命题源于下面的命题 1001.1.

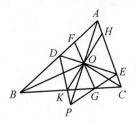

图 1001

命题 1001.1 设 $\triangle ABC$ 所在的平面上有两点 D,E,使得 $CD \perp BC$,$AD \perp AB$,$EB \perp BC$,$EA \perp AC$,如图 1001.1 所示,求证:四边形 $BCDE$ 是矩形.

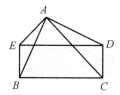

图 1001.1

** 命题 1002 设四直线共点于 S，另有两直线与前四直线均相交，交点分别且 A,B,C,D 和 A',B',C',D'，若 AA',BB',CC' 共点于 T，如图 1002 所示，求证：DD' 也过 T.

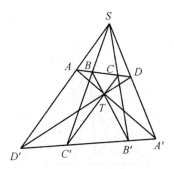

图 1002

注：本命题涉及 10 点 10 线.

注意下面的命题 1002.1 与本命题的联系.

命题 1002.1 设 M 是 $\triangle ABC$ 内一点，BM 交 AC 于 E，CM 交 AB 于 F，D 是 AM 上一点，DE,DF 分别交 BC 于 G,H，设 FG 交 EH 于 N，如图 1002.1 所示，求证：点 N 在 AD 上.

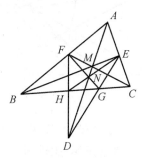

图 1002.1

命题 1003 设 O 是 $\triangle ABC$ 内一点，AO,BO,CO 分别交对边于 D,E,F，过 D 作 EF 的平行线且分别交 AB,CF 于 M,N，如图 1003 所示，求证：$DM = DN$.

注：注意下面的命题 1003.1 与本命题的联系.

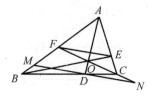

图 1003

命题 1003.1 设 Z 是 $\triangle ABC$ 所在平面上一点,一直线分别交三边 BC, CA, AB(或三边的延长线)于 D, E, F, BE 交 CF 于 G, GZ 交 AD 于 H, 过 Z 作 AD 的平行线,且分别交 HB, HE 于 M, N, 如图 1003.1 所示,求证:点 Z 是线段 MN 的中点.

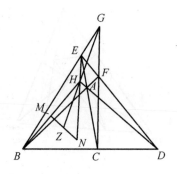

图 1003.1

** **命题 1004** 设直线 l 过 $\triangle OEF$ 的顶点 O, 且与 EF 平行, P, Q, R 是 l 上三点, 过 P 作两直线, 它们分别交 OE, OF 于 A, D 和 B, C, 如图 1004 所示, 设 QB 交 RA 于 G, QD 交 RC 于 H, OG, OH 分别交 EF 于 S, T, 求证: $ES = FT$.

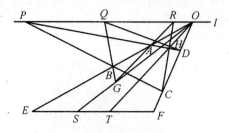

图 1004

* **命题 1005** 设 AD 是 $\triangle ABC$ 中 BC 边上的高, P 是 AD 上一点, BP 交 AC 于 E, CP 交 AB 于 F, E, F 两点在 BC 上的射影分别为 H, G, AG 分别交 BE, CF 于 I, J, AH 分别交 CF, BE 于 K, L, IK 分别交 AB, AC 于 M, N, 设 MJ 交 NL 于 Q, 如图 1005 所示, 求证: 点 Q 在 AD 上.

注:下面的命题 1005.1 与本命题相近.

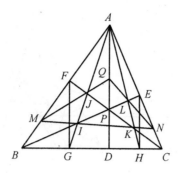

图 1005

命题 1005.1 设 AD 是 $\triangle ABC$ 中 BC 边上的高,P,Q 是 AD 上两点,BP,BQ 分别交 AC 于 E,F,CP,CQ 分别交 AB 于 G,H,设 EH 交 FG 于 R,如图 1005.1 所示,求证:点 R 在 AD 上.

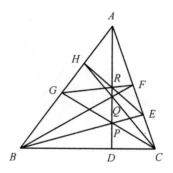

图 1005.1

命题 1006 设点 D,E,F 分别在 $\triangle ABC$ 的三边 BC,CA,AB 上,使得 $DE \parallel AB$,$DF \parallel AC$,设 BE 分别交 CF,DF 于 G,H,CF 交 DE 于 K,CH 交 AB 于 M,BK 交 AC 于 N,BN 交 CM 于 P,如图 1006 所示,求证:

① EF,MN,HK 三线共点(此点记为 S);

② M,G,N 三点共线;

③ A,P,D 三点共线;

④ $HK \parallel BC$.

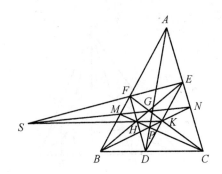

图 1006

* 命题 1007 设 A,B,C 是一直线上三点，D,E 是这直线外两点，AE 交 BD 于 M，CD 交 BE 于 N，AN 交 BM 于 P，CM 交 BN 于 Q，如图 1007 所示，求证：AB,DE,PQ 三线共点(此点记为 S).

注：本命题涉及 10 点 9 线.

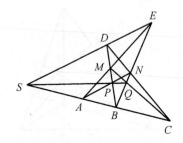

图 1007

* 命题 1008 设 $\triangle ABC$ 所在的平面上有一点 O，作三直线，其中之一与 AO 垂直，其二与 BO 垂直，其三与 CO 垂直，这三直线两两相交，构成 $\triangle A'B'C'$，如图 1008 所示，设 A' 在 BC 上的射影为 D；B' 在 CA 上的射影为 E；C' 在 AB 上的射影为 F，求证：$A'D,B'E,C'F$ 三线共点(此点记为 O').

注：参阅"马克斯威尔(Maxwell)定理"(本书下册(第 1 卷)的命题 1008).

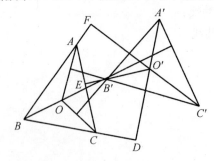

图 1008

命题 1009 设 $\triangle ABC$ 三边 BC,CA,AB 的中点分别为 D,E,F，过 D,E,F

各作一直线,这些直线两两相交构成 $\triangle A'B'C'$,设 AA' 交 $B'C'$ 于 P,BB' 交 $C'A'$ 于 Q,CC' 交 $A'B'$ 于 R,如图 1009 所示,求证:P,Q,R 三点共线.

注:注意下面的命题 1009.1 与本命题的联系.

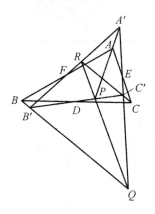

图 1009

命题 1009.1 设 $\triangle ABC$ 三边 BC,CA,AB 的中点分别为 D,E,F,在 BD,CE,AF 上各取一点,它们分别记为 D',E',F',设 EF 交 $E'F'$ 于 P,FD 交 $F'D'$ 于 Q,DE 交 $D'E'$ 于 R,如图 1009.1 所示,求证:$D'P,E'Q,F'R$ 三线共点(此点记为 S).

注:下面的命题 1009.2 与前两命题相近.

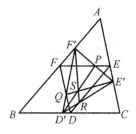

图 1009.1

命题 1009.2 设 $\triangle ABC$ 中,BC,CA,AB 上的中点分别为 D,E,F,在线段 BD,CE,AF 上各取一点,它们分别记为 P,Q,R,设 EF 交 QR 于 P';FD 交 RP 于 Q';DE 交 PQ 于 R',如图 1009.2 所示,求证:PP',QQ',RR' 三线共点(此点记为 S).

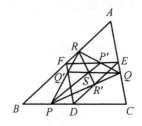

图 1009.2

** 命题 1010 设 O 是 $\triangle ABC$ 内一点,AO,BO,CO 分别交对边于 D,E,F,P 是 AD 上一点,EP,FP 分别交 BC 于 G,H,AG 分别交 BO,CO 于 M,M',AH 分别交 CO,BO 于 N,N',设 MN 和 $M'N'$ 分别交 AB,AC 于 K,L 和 K',L',MK' 交 NL' 于 Q,$M'K$ 交 $N'L$ 于 Q',如图 1010 所示,求证:

① Q,Q' 都在 AD 上;

② $KL,K'L',BC$ 三线共点(此点记为 S).

注:注意下面三道命题与本命题的联系.

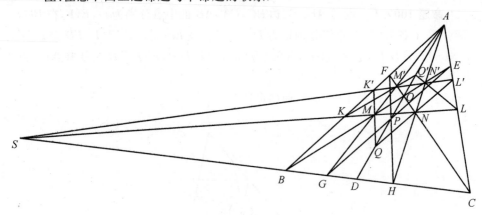

图 1010

* 命题 1010.1 设 O 是 $\triangle ABC$ 内一点,AO,BO,CO 分别交对边于 D,E,F,P 是 AD 上一点,EP,FP 分别交 BC 于 G,H,BE 分别交 FG,FH 于 M,M',CF 分别交 EH,EG 于 N,N',设 MN 分别交 AB,AC 于 K,L,$M'K$ 交 $N'L$ 于 Q,如图 1010.1 所示,求证:Q 在 AD 上.

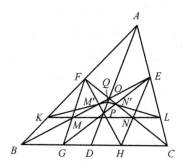

图 1010.1

＊＊命题 1010.2 设 O 是 $\triangle ABC$ 内一点,AO,BO,CO 分别交对边于 D,E,F,BE 分别交 FG,FH 于 M,M',CF 分别交 EH,EG 于 N,N',设直线 MN 分别交 AB,AC 于 K,L,$M'K$ 交 $N'L$ 于 Q,如图 1010.2 所示,求证:Q 在 AD 上.

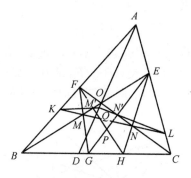

图 1010.2

＊命题 1010.3 设 O 是 $\triangle ABC$ 内一点,AO,BO,CO 分别交对边于 D,E,F,DF 交 BE 于 G,DE 交 CF 于 H,AG 分别交 CF,EF 于 I,K,AH 分别交 BE,EF 于 J,L,设 IJ 分别交 AB,AC 于 M,N,MK 交 NL 于 P,如图 1010.3 所示,求证:点 P 在 AD 上.

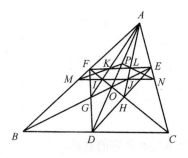

图 1010.3

命题 1011 设 $\triangle ABC$ 的重心为 R, BC, CA, AB 上的中点分别为 D, E, F, P 是 $\triangle ABC$ 内一点, AP, BP, CP 分别交对边于 A', B', C', 设 $B'C'$, $C'A'$, $A'B'$ 的中点分别为 D', E', F', 如图 1011 所示, 求证:

① DD', EE', FF' 三线共点, 此点记为 Q;

② P, Q, R 三点共线.

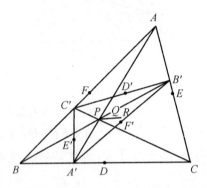

图 1011

* **命题 1012** 设 O 是 $\triangle ABC$ 内一点, A', B', C' 是 $\triangle ABC$ 外三点, OA' 交 BC 于 D, OB' 交 CA 于 E, OC' 交 AB 于 F, 设 $B'F$ 交 $C'E$ 于 P, $C'D$ 交 $A'F$ 于 Q, $A'E$ 交 $B'D$ 于 R, 如图 1012 所示, 求证: DP, EQ, FR 三线共点 (此点记为 S).

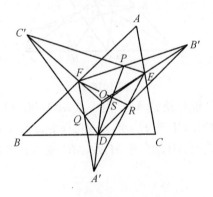

图 1012

* **命题 1013** 设 O 是两直线 l_1, l_2 外一点, 过 O 作三直线, 且分别交 l_1, l_2 于 P, Q, R 和 P', Q', R', 过 P, Q, R 分别作 OP, OQ, OR 的垂线, 这三垂线两两相交, 构成 $\triangle ABC$, 现在, 过 P', Q', R' 分别作 OP', OQ', OR' 的垂线, 这三垂线两两相交, 构成 $\triangle A'B'C'$, 如图 1013 所示, 求证: AA', BB', CC' 三线共点 (此点记为 S).

注: 注意下面两道命题与本命题的联系.

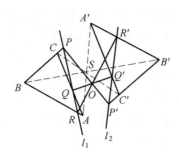

图 1013

* 命题 1013.1　设 M,N 是直线 l 外两点，P,Q,R 是 l 上三点，过 P,Q,R 分别作 MP,MQ,MR 的垂线，这三垂线两两相交，构成 $\triangle ABC$，现在，过 P,Q,R 分别作 NP,NQ,NR 的垂线，这三垂线两两相交，构成 $\triangle A'B'C'$，如图1013.1 所示，求证：AA',BB',CC' 三线共点（此点记为 S）.

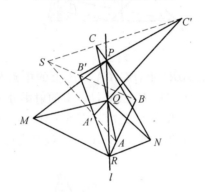

图 1013.1

* 命题 1013.2　设平面上有两个三角形：$\triangle ABC$ 和 $\triangle A'B'C'$，以及一直线 l，BC,CA,AB 分别交 l 于 P,Q,R，设 PA',QB',RC' 两两相交，构成 $\triangle A''B''C''$，如图 1013.2 所示，求证：AA'',BB'',CC'' 三线共点（此点记为 S）.

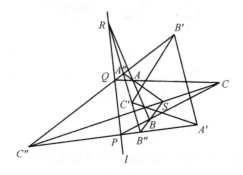

图 1013.2

命题 1014 设 $\triangle ABC$ 中, BC, CA, AB 上的中点分别为 D, E, F, 过 E 作 AB 的垂线,同时,过 F 作 AC 的垂线,这两垂线交于 A',类似地,还有 B' 和 C',如图 1014 所示,求证:

① AA', BB', CC' 三线共点,此点记为 H;
② 点 H 是 $\triangle ABC$ 的垂心;
③ A', B', C' 分别是 AH, BH, CH 的中点.

注:注意下面两道命题与本命题的联系.

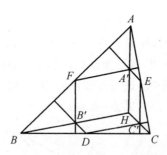

图 1014

命题 1014.1 设 $\triangle ABC$ 中, BC, CA, AB 上的中点分别为 D, E, F, D 在 AB, AC 上的射影分别为 D_1, D_2; E 在 BC, BA 上的射影分别为 E_1, E_2; F 在 CA, CB 上的射影分别为 F_1, F_2, 设 CD_1 交 BD_2 于 A'; AE_1 交 CE_2 于 B'; BF_1 交 AF_2 于 C', 如图 1014.1 所示, 求证: AA', BB', CC' 三线共点(此点记为 S).

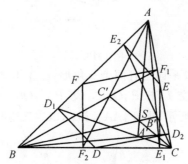

图 1014.1

命题 1014.2 设 $\triangle ABC$ 中, BC, CA, AB 上的中点分别为 D, E, F, 过 E 作 AB 的垂线,同时,过 F 作 AC 的垂线,这两垂线交于 A',类似地,还有 B' 和 C',如图 1014.2 所示,求证:

① $A'D, B'E, C'F$ 三线共点,此点记为 S;
② A', B', C', D, E, F 六点共圆,该圆的圆心就是 S.

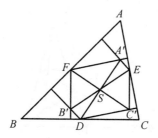

图 1014.2

命题 1015　设 $\triangle ABC$ 的 AB 边上有 D,E,F 三点，AC 边上有 G,H 两点，使得 $BD=CG$，$DE=GH$，$AF=AH$，设 BG 交 CD 于 P，DH 交 EG 于 Q，如图 1015 所示，求证：$PQ \perp FH$.

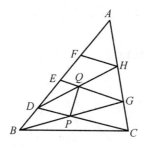

图 1015

命题 1016　设 $\triangle ABC$ 的三边 AB，BC，CA 上各有两点分别记为 $D,E;F,G;H,K$，使得 $AD=AK$，$BE=BF$，$CG=CH$，如图 1016 所示，设三直线 DG，EH，FK 两两相交，构成 $\triangle PQR$，求证：AP，BQ，CR 三线共点(此点记为 S).

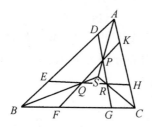

图 1016

命题 1017　设 O 是 $\triangle ABC$ 内一点，AO,BO,CO 分别交对边于 D,E,F，$\angle AEO$ 和 $\angle AFO$ 的平分线交于 P；$\angle BDO$ 和 $\angle BFO$ 的平分线交于 Q；$\angle CDO$ 和 $\angle CEO$ 的平分线交于 R，如图 1017 所示，求证：AP,BQ,CR 三线共点(此点记为 S).

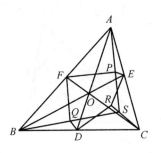

图 1017

* 命题 1018 设 O 是 $\triangle ABC$ 内一点,AO,BO,CO 分别交对边于 D,E,F,$\triangle AEF,\triangle BFD,\triangle CDE$ 的重心分别为 M_1,M_2,M_3,如图 1018 所示,求证:

① AM_1,BM_2,CM_3 三线共点,此点记为 P;

② DM_1,EM_2,FM_3 三线共点,此点记为 Q;

③ O,P,Q 三点共线.

注:请注意下面的命题 1018.1.

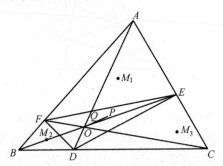

图 1018

命题 1018.1 设 O 是 $\triangle ABC$ 内一点,AO,BO,CO 分别交对边于 D,E,F,$\triangle AEF,\triangle BFD,\triangle CDE$ 的内心分别为 P,Q,R,如图 1018.1 所示,求证:PD,QE,RF 三线共点(此点记为 S).

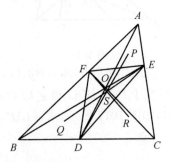

图 1018.1

命题 1019　设 O 是 $\triangle ABC$ 内一点，AO,BO,CO 分别交对边于 D,E,F，P 是 $\triangle DEF$ 内一点，DP 交 EF 于 A'，EP 交 FD 于 B'，FP 交 DE 于 C'，如图 1019 所示，求证：AA',BB',CC' 三线共点（此点记为 Q）.

注：本命题和下面的命题 1019.1 是一对对偶命题.

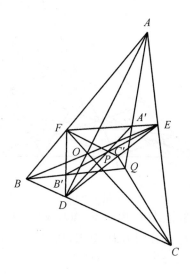

图 1019

命题 1019.1　设一直线分别交 $\triangle ABC$ 的三边 BC,CA,AB 于 D,E,F，BE 交 CF 于 A'，CF 交 AD 于 B'，AD 交 BE 于 C'，另有一直线分别交 $B'C',C'A'$，$A'B'$ 于 A'',B'',C''，设 $A'A''$ 交 BC 于 P，$B'B''$ 交 CA 于 Q，$C'C''$ 交 AB 于 R，如图 1019.1 所示，求证：P,Q,R 三点共线.

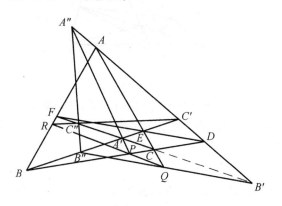

图 1019.1

命题 1020　设 O 是 $\triangle ABC$ 内一点，AO,BO,CO 分别交对边于 A',B',C'，过 A' 作 CC' 的平行线，且交 AB 于 A_1，过 A' 作 BB' 的平行线，且交 AC 于 A_2，以上是对 A' 的作图，类似地作图对 B',C' 也各进行一次，则相继得到 B_1,B_2 及

C_1, C_2,如图 1020 所示,设三直线 A_1A_2, B_1B_2, C_1C_2 两两相交构成 △PQR,求证:AP, BQ, CR 三线共点(此点记为 S).

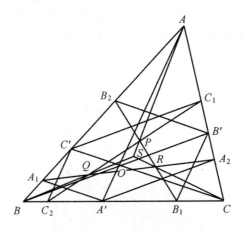

图 1020

命题 1021 设 O 是 △ABC 内一点,AO, BO, CO 分别交对边于 D, E, F,O 关于 EF, FD, DE 的对称点分别为 P, Q, R,如图 1021 所示,求证:AP, BQ, CR 三线共点(此点记为 S).

注:点 S 称为"Begonia 点".

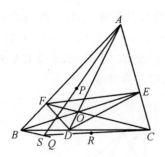

图 1021

命题 1022 设 △ABC 外有三点 A', B', C',使得 △$A'BC$,△$B'CA$,△$C'AB$ 彼此相似,三线段 $B'C', C'A', A'B'$ 的中点分别为 D, E, F,如图 1022 所示,求证:

① △$A'B'C'$ 是等边三角形;

② AD, BE, CF 三线共点(此点记为 S);

③ △ABC 的重心 G 也是 △$A'B'C'$ 的重心.

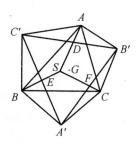

图 1022

命题 1023 设 D 是 $\triangle ABC$ 中 BC 边上一点,直线 z 分别交 BC,CA,AB 及 AD 于 P,Q,R,S,如图 1023 所示,设 O 是直线 z 外一点(在图 1023 中,点 O 未画出),求证

$$\frac{OR^2 \cdot AB^2 \cdot CD \cdot PC \cdot PD}{RA^2} + \frac{OQ^2 \cdot AC^2 \cdot BD \cdot PC \cdot PD}{QA^2} - \frac{OS^2 \cdot AD^2 \cdot BC \cdot PB \cdot PC}{SA^2}$$
$$= OP^2 \cdot BC \cdot CD \cdot DB$$

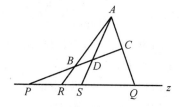

图 1023

5.2

命题 1024 设 AD 是 $\triangle ABC$ 中 BC 边上的高,D 在 AC,AB 上的射影分别为 E,F,EF 交 AD 于 G,GB 交 DF 于 H,GC 交 DE 于 K,AH 分别交 EF,BC 于 M,N,AK 分别交 EF,BC 于 P,Q,如图 1024 所示,求证:

① $DN = DQ$;

② HK,MQ,NP 三线共点(此点记为 S).

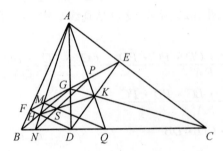

图 1024

命题 1025 设 O 是 $\triangle ABC$ 内一点,AO,BO,CO 分别交对边于 A',B',C',设 BC,CA,AB 上的中点分别为 D,E,F,$B'C'$,$C'A'$,$A'B'$ 上的中点分别为 D',E',F',$\triangle ABC$ 的重心为 Q,如图 1025 所示,求证:

① DD',EE',FF' 三线共点,此点记为 P;

② O,P,Q 三点共线.

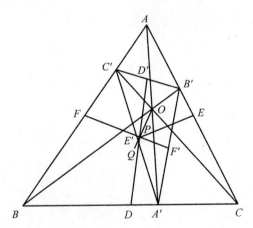

图 1025

命题 1026 设 Z 是锐角 $\triangle ABC$ 的费马点，一直线分别交 BC, CA, AB 于 A', B', C', BB' 交 CC' 于 A''，CC' 交 AA' 于 B''，AA' 交 BB' 于 C''，$A''Z$ 交 BC 于 $D, B''Z$ 交 CA 于 $E, C''Z$ 交 AB 于 F，如图 1026 所示，求证
$$\angle AZF + \angle BZD + \angle CZE = 180°$$

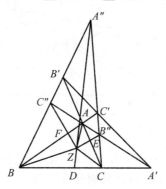

图 1026

命题 1027 设 O 是 $\triangle ABC$ 内一点，AO, BO, CO 分别交对边于 D, E, F，EF, FD, DE 的中点分别为 A', B', C'，如图 1027 所示，求证：AA', BB', CC' 三线共点（此点记为 S）.

注：注意下面的命题 1027.1 与本命题的联系.

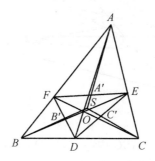

图 1027

命题 1027.1 设 O 是 $\triangle ABC$ 内一点，AO, BO, CO 分别交对边于 D, E, F，EF, FD, DE 的中点分别为 A', B', C'，BC, CA, AB 的中点分别为 A'', B'', C''，如图 1027.1 所示，求证：$A'A'', B'B'', C'C''$ 三线共点（此点记为 T）.

注：在图 1027.1 中，若将 AA', BB', CC' 三线所共之点 S 也标示出来（参阅命题 1027），那么，O, S, T 三点共线.

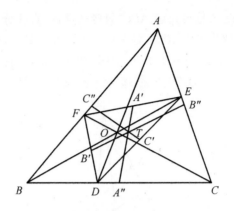

图 1027.1

命题 1028 设 O 是 $\triangle ABC$ 内一点,一直线分别交 BC,CA,AB 于 X,Y,Z, XO 分别交 CA,AB 于 A_1,A_2;YO 分别交 AB,BC 于 B_1,B_2;ZO 分别交 BC,CA 于 C_1,C_2,设 B_1C_2 交 B_2C_1 于 P,C_1A_2 交 C_2A_1 于 Q,A_1B_2 交 A_2B_1 于 R,如图 1028 所示,求证:P,Q,R 三点共线.

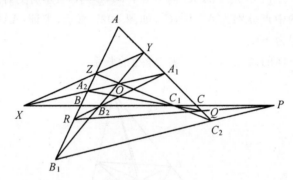

图 1028

命题 1029 设 O 是 $\triangle ABC$ 内一点,过 O 作 BC 的平行线,且分别交 CA, AB 于 A_1,A_2;过 O 作 CA 的平行线,且分别交 AB,BC 于 B_1,B_2;过 O 作 AB 的平行线,且分别交 BC,CA 于 C_1,C_2,设 B_1C_2 交 B_2C_1 于 P,C_1A_2 交 C_2A_1 于 Q, A_1B_2 交 A_2B_1 于 R,如图 1029.1 所示,求证:P,Q,R 三点共线.

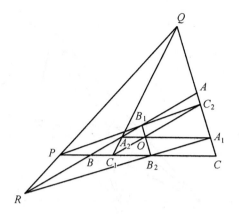

图 1029

命题 1030 设 P,Q 是 $\triangle ABC$ 内两点,A,P,Q 三点共线,BP 交 CQ 于 D,BQ 交 CP 于 E,AD 交 BQ 于 F,AE 交 CQ 于 G,设 BG 交 CF 于 R,如图 1030 所示,求证:P,Q,R 三点共线.

注:若以 AP 为"蓝假线",那么,在"蓝观点"下,本命题明显成立.

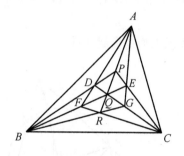

图 1030

** **命题 1031** 设 M 是 $\triangle ABC$ 内一点,AM,BM,CM 分别交对边于 D,E,F,在 $\triangle DEF$ 内取一点 N,设 DN,EN,FN 分别交 $\triangle DEF$ 的对边于 A',B',C',如图 1031 所示,求证:AA',BB',CC' 三线共点(此点记为 S).

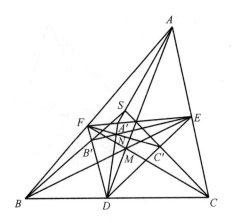

图 1031

命题 1032 设 M,N 是 $\triangle ABC$ 的一对等角共轭点，M,N 在 BC,CA,AB 上的射影分别为 P,Q,R 和 P',Q',R'，如图 1032 所示，求证：

① P,Q,R,P',Q',R' 六点共圆，此圆的圆心 O 是线段 MN 的中点；

② $AM \perp Q'R'$，$BM \perp R'P'$，$CM \perp P'Q'$，$AN \perp QR$，$BN \perp RP$，$CN \perp PQ$.

注：本命题可以改述成下面的命题 1032.1.

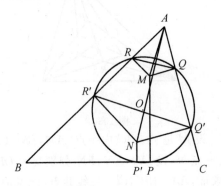

图 1032

命题 1032.1 设 M 是 $\triangle ABC$ 内一点，M 在 BC,CA,AB 上的射影分别为 P,Q,R，如图 1032.1 所示，求证：

① 下列三直线共点（此点记为 N）：过 A 且与 QR 垂直的直线，过 B 且与 RP 垂直的直线，过 C 且与 PQ 垂直的直线；

② M,N 是 $\triangle ABC$ 的一对等角共轭点.

注：请关注下面的命题 1032.2.

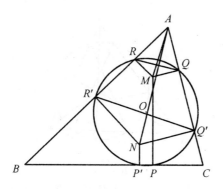

图 1032.1

* **命题 1032.2** 设 P 是 $\triangle ABC$ 内一点，P 在 BC, CA, AB 上的射影分别为 D, E, F，过 A 作 EF 的垂线，同时，过 B 作 FD 的垂线，过 C 作 DE 的垂线，如图 1032.2 所示，求证：

① 这三条垂线共点，此点记为 Q；

② P, Q 是关于 $\triangle ABC$ 的一对等角共轭点．

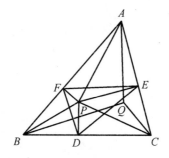

图 1032.2

命题 1033 设 AD, BE, CF 分别是 $\triangle ABC$ 三边 BC, CA, AB 上的高，D 在 AB, AC 上的射影分别为 D_1, D_2，类似地，还有 E_1, E_2；F_1, F_2，如图 1033 所示，求证：

① $D_1, D_2, E_1, E_2, F_1, F_2$ 六点共圆；

② $D_1 D_2 = E_1 E_2 = F_1 F_2$．

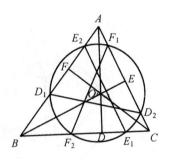

图 1033

＊＊命题 1034 设 P,Q 是平面上任意两点,过 P,Q 各作三直线,它们分别记为 l_1,l_2,l_3 和 m_1,m_2,m_3,这六条直线产生九个交点,除去由 l_1 和 m_1;l_2 和 m_2;l_3 和 m_3 产生的三个交点外,其余六个分别记为 A,B,C,D,E,F,求证：

① AD,BC,EF 三线共点,此点记为 R,如图 1034 或 1034.1 所示；

② "A,B,C,D,E,F 六点在同一圆锥曲线上"的充要条件是"P,Q,R 三点共线",如图 1034.2 或 1034.3 或 1034.4 所示.

注:本命题涉及 9 点 9 线.

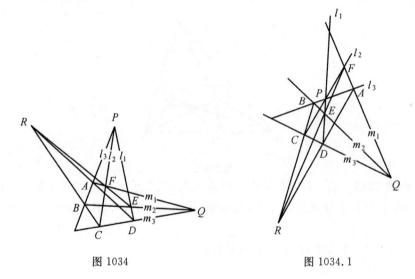

图 1034　　　　　图 1034.1

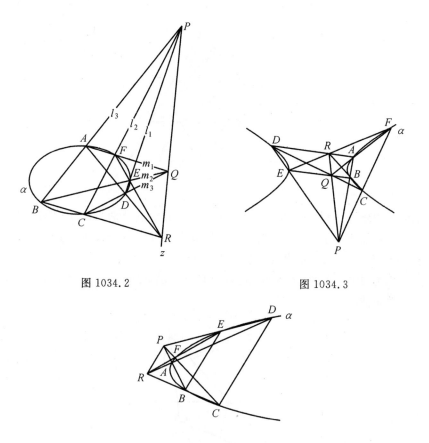

图 1034.2

图 1034.3

图 1034.4

** 命题 1035 设 $\triangle ABC$ 的垂足三角形为 $\triangle A'B'C'$，一直线分别交 BC，CA，AB 于 D,E,F，AD 交 $B'C'$ 于 P，BE 交 $C'A'$ 于 Q，CF 交 $A'B'$ 于 R，如图 1035 所示，求证 P,Q,R 三点共线.

注：如果把 $\triangle A'B'C'$ 的内心（即 $\triangle ABC$ 的垂心）视为"黄假线"，那么，在黄观点下，黄三角形 $A'B'C'$ 的三边中点分别是 BC,CA,AB，这一点很重要，它指出：用三角形的内心作为"黄假线"，能使涉及三边中点的问题在黄几何中便于作图. 正因为如此，所以，本命题是下面命题 1035.1 的"黄表示".

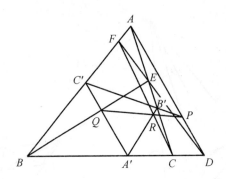

图 1035

命题1035.1 设 $\triangle ABC$ 中，BC,CA,AB 的中点分别为 D,E,F，M 是平面上一点，AM 交 EF 于 D'，BM 交 FD 于 E'，CM 交 DE 于 F'，如图 1035.1 所示，求证：DD',EE',FF' 三线共点（此点记为 S）.

注：命题 1035.1 的"黄表示"也可以是下面的命题 1035.2，不过，不像命题 1035 那样简洁.

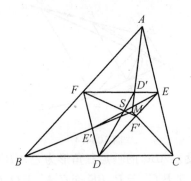

图 1035.1

命题1035.2 设 M 是 $\triangle ABC$ 所在平面上一点，AM,BM,CM 分别交对边于 D,E,F，一直线 l 分别交 EF,FD,DE 于 A',B',C'，设 AA' 交 BC 于 P，BB' 交 CA 于 Q，CC' 交 AB 于 R，如图 1035.2 所示，求证：P,Q,R 三点共线.

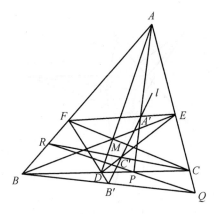

图 1035.2

命题 1036 设 $\triangle ABC$ 的重心为 Z,在 BC,CA,AB 上各取一点 D,E,F,使 $\angle 1 = \angle 2; \angle 3 = \angle 4; \angle 5 = \angle 6$,设 DZ 交 AB 于 P,EZ 交 BC 于 Q,FZ 交 CA 于 R,如图 1036 所示,求证:P,Q,R 三点共线.

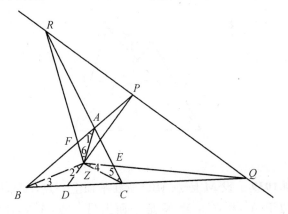

图 1036

命题 1037 设 $\triangle ABC$ 的顶点 A,B,C 关于各自对边的对称点分别为 A', B',C',M 是 $\triangle ABC$ 内一点,$A'M$ 交 BC 于 D,$B'M$ 交 CA 于 E,$C'M$ 交 AB 于 F, 设 $B'F$ 交 $C'E$ 于 P,$C'D$ 交 $A'F$ 于 Q,$A'E$ 交 $B'D$ 于 R,如图 1037 所示,求证:

① PD,QE,RF 三线共点,此点记为 S;

② PA',QB',RC' 三线共点,此点记为 T.

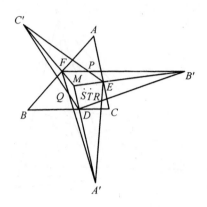

图 1037

＊＊命题 1038 设 $\triangle ABC$ 的三边 BC, CA, AB 的中点分别为 D, E, F，P 是 $\triangle ABC$ 内一点，分别延长 DP, EP, FP 至 A', B', C'，使得 $PA' = PD, PB' = PE, PC' = PF$，如图 1038 所示，求证：$AA', BB', CC'$ 三线共点（此点记为 S）．

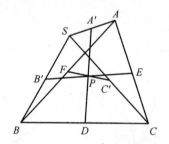

图 1038

＊＊命题 1039 设 M 是 $\triangle ABC$ 所在平面上一点，AM, BM, CM 分别交 $\triangle ABC$ 的对边于 A', B', C'，设 N 是平面上另一点，$A'N, B'N, C'N$ 分别交 $\triangle A'B'C'$ 的对边于 A'', B'', C''，如图 1039 所示，求证：AA'', BB'', CC'' 三线共点（此点记为 S）．

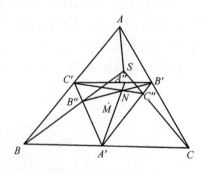

图 1039

命题 1040 设直线 $A'B'$ 分别与 $\triangle ABC$ 的三边 BC, CA, AB 相交 A', B', C', BB' 交 CC' 于 P, CC' 交 AA' 于 Q, AA' 交 BB' 于 R，如图 1040 所示，求证：AP, BQ, CR 三线共点(此点记为 S).

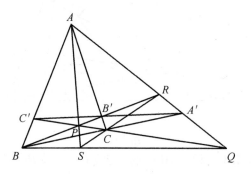

图 1040

命题 1041 设 $\triangle ABC$ 的内心为 I, M_1 是 AC 上一点，M_1 关于 AI 的对称点为 M_2, M_2 关于 BI 的对称点为 M_3, M_3 关于 CI 的对称点为 M_4, M_4 关于 AI 的对称点为 M_5, M_5 关于 BI 的对称点为 M_6，如图 1041 所示，求证：M_6 关于 CI 的对称点为 M_1.

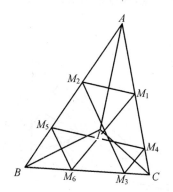

图 1041

****命题 1042** 设 $\triangle ABC$ 的三边 BC, CA, AB 上各有两点，分别记为 $A_1, A_2, B_1, B_2, C_1, C_2$，使得 $BA_1 = A_2C, CB_1 = B_2A, AC_1 = C_2B$，设 $AA_1, AA_2, BB_1, BB_2, CC_1, CC_2$ 构成六边形 $DEFGHK$，如图 1042 所示，求证：

① DG, EH, FK 三线共点，此点记为 P；

② AG, BK, CE 三线共点，此点记为 Q；

③ AD, BF, CH 三线共点，此点记为 R；

④ P, Q, R 三点共线.

注：注意下面的命题 1042.1 与本命题的联系.

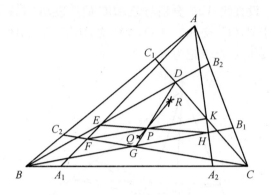

图 1042

* * 命题 1042.1 设 $\triangle ABC$ 的三边 BC, CA, AB 上各有两点,分别记为 $A_1, A_2, B_1, B_2, C_1, C_2$,使得 $\angle BAA_1 = \angle CAA_2, \angle CBB_1 = \angle ABB_2, \angle ACC_1 = \angle BCC_2$,设 $AA_1, AA_2, BB_1, BB_2, CC_1, CC_2$ 构成六边形 $DEFGHK$,如图 1042.1 所示,求证:

① DG, EH, FK 三线共点,此点记为 P;

② AG, BK, CE 三线共点,此点记为 Q;

③ AD, BF, CH 三线共点,此点记为 R;

④ P, Q, R 三点共线.

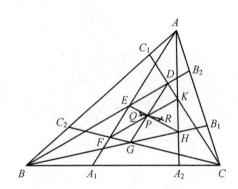

图 1042.1

命题 1043 设 $\triangle ABC$ 的三边 BC, CA, AB 上各有两点,分别记为 $A_1, A_2, B_1, B_2, C_1, C_2$,使得 $BA_1 = A_2C, CB_1 = B_2A, AC_1 = C_2B$,设 $AA_1, AA_2, BB_1, BB_2, CC_1, CC_2$ 构成六边形 $DEFGHK$,A_1H 交 A_2F 于 A',B_1D 交 B_2H 于 B',C_1F 交 C_2D 于 C',如图 1043 所示,求证:

① DG, EH, FK 三线共点(此点记为 P);

② $A'D, B'E, C'H$ 三线共点(此点记为 S).

注:注意下面的命题 1043.1 与本命题的联系.

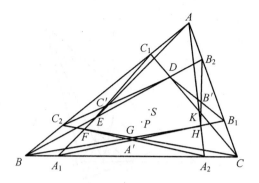

图 1043

命题 1043.1 设 $\triangle ABC$ 的三边 BC,CA,AB 上各有两点,分别记为 A_1, A_2,B_1,B_2,C_1,C_2,使得 $\angle BAA_1 = \angle CAA_2, \angle CBB_1 = \angle ABB_2, \angle ACC_1 = \angle BCC_2$,设 $AA_1, AA_2, BB_1, BB_2, CC_1, CC_2$ 构成六边形 $DEFGHK$, A_1H 交 A_2F 于 A', B_1D 交 B_2H 于 B', C_1F 交 C_2D 于 C',如图 1043.1 所示,求证:

① DG,EH,FK 三线共点(此点记为 P);

② $A'D,B'E,C'H$ 三线共点(此点记为 S).

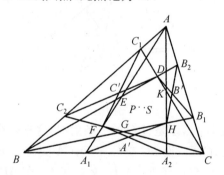

图 1043.1

* 命题 1044 设 M 是 $\triangle ABC$ 内一点,过 M 分别作 BC,CA,AB 的平行线,这些平行线与 $\triangle ABC$ 的三边相交,产生六个交点:D,E,F,G,H,K,设 HG 交 BC 于 P,KD 交 CA 于 Q,EF 交 AB 于 R,如图 1044 所示,求证:P,Q,R 三点共线.

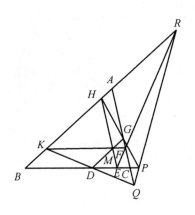

图 1044

命题 1045 设平面上有 $\triangle ABC$,直线 l 及点 M,BC,CA,AB 分别交 l 于 P,Q,R,MQ,MC 分别交 AB 于 D,F,MR,MB 分别交 AC 于 E,G,如图 1045 所示,求证:DE,FG,MP 三线共点(此点记为 S).

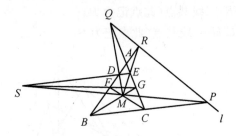

图 1045

命题 1046 设 l_1,l_2,l_3 是过 O 的三条射线,这三射线上各有两点,他们分别记为 A,A_1;B,B_1;C,C_1,设 BC 交 l_1 于 D,CA 交 l_2 于 E,AB 交 l_3 于 F,又设 B_1C_1 交 l_1 于 D_1,C_1A_1 交 l_2 于 E_1,A_1B_1 交 l_3 于 F_1,若 AP 交 A_1P_1 于 X,BQ 交 B_1Q_1 于 Y,CR 交 C_1R_1 于 Z,如图 1046 所示,求证:X,Y,Z 三点共线.

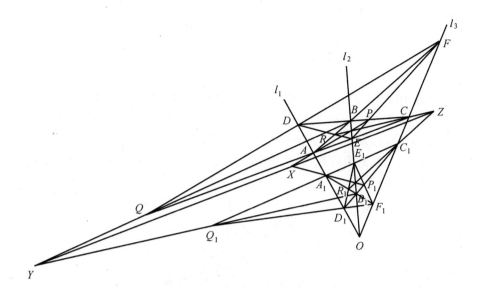

图 1046

5.3

命题 1047 设 H 是 $\triangle ABC$ 的垂心，H 在 AB，AC 上的射影分别为 D，E，延长 HD 至 F，使得 $DF = DH$；延长 HE 至 G，使得 $EG = EH$，过 F 作 AB 的平行线，同时，过 B 作 AC 的平行线，这两线交于 K，现在，过 G 作 AC 的平行线，同时，过 C 作 AB 的平行线，这两线交于 L，如图 1047 所示，求证：FG，KL，BC 三线共点（此点记为 S）.

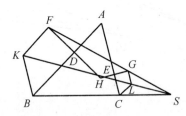

图 1047

命题 1048 设 H 是 $\triangle ABC$ 的垂心，BH 交 AC 于 D，CH 交 AB 于 E，设 BH，CH 的中点分别为 M，N，ME 交 ND 于 P，BH 的中垂线与 CH 的中垂线交于 Q，如图 1048 所示，求证：A，P，Q 三点共线.

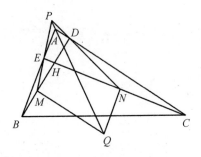

图 1048

* 命题 1049 设 H 是 $\triangle ABC$ 的垂心，M，N 两点分别在 AC，BC 上，且 $MH = NH$，过 C 作 MN 的平行线，同时，过 A 作 BC 的平行线，这两线交于 D，过 B 作 AC 的平行线，且交 AD 于 E，F 是 BC 上一点，DF 交 AB 于 G，如图 1049 所示，求证：$GH \perp EF$.

注：注意下面的命题 1049.1 与本命题的联系.

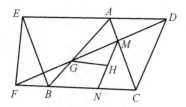

图 1049

* 命题1049.1 设 H 是 $\triangle ABC$ 的垂心,H 在 AB,AC 上的射影分别为 D, E,P 是 DE 上一点,M 是 BC 的中点,设 MD 交 CP 于 F,如图1049.1所示,求证 $AF \perp HP$.

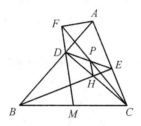

图 1049.1

** 命题1050 设 H 是 $\triangle ABC$ 的垂心,M 是平面上一点,过 H 作 AM 的垂线,且交 BC 于 P;过 H 作 BM 的垂线,且交 CA 于 Q;过 H 作 CM 的垂线,且交 AB 于 R,如图1050所示,求证:

① P,Q,R 三点共线;

② $MH \perp PR$.

注:本命题可改述成下面的命题1050.1.

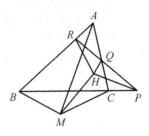

图 1050

** 命题1050.1 设 H 是 $\triangle ABC$ 的垂心,一直线分别交 BC,CA,AB 于 P,Q,R,过 A 作 HP 的垂线,同时,过 B 作 HQ 的垂线,过 C 作 HR 的垂线,如图1050.1所示,求证:

① 这三次垂线共点,此点记为 M;

② $MH \perp PR$.

注:由此可见,图1050(或图1050.1)是"红、黄自对偶图形".

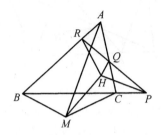

图 1050.1

命题 1051 设 H 是 $\triangle ABC$ 的垂心,一直线过 H,且分别交 BC, CA, AB 于 D, E, F,如图 1051 所示,求证:这直线关于 BC, CA, AB 的对称直线共点(此点记为 S).

注:注意下面的命题 1051.1 与本命题的联系.

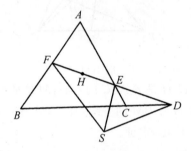

图 1051

命题 1051.1 设 AD, BE, CF 分别是 $\triangle ABC$ 中 BC, CA, AB 边上的高,H 是 $\triangle ABC$ 的垂心,直线 l 过 H,且分别交 BC, CA, AB 于 P, Q, R;在 BC 上取一点 P',使得 $DP' = DP$;在 CA 上取一点 Q',使得 $EQ' = EQ$;在 AB 上取一点 R',使得 $FR' = FR$,过 A 作 l 的平行线,且交 HP' 于 X;过 B 作 l 的平行线,且交 HQ' 于 Y;过 C 作 l 的平行线,且交 HR' 于 Z,如图 1051.1 所示,求证:X, Y, Z 三点共线.

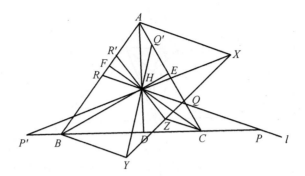

图 1051.1

命题 1052 设 H 是 $\triangle ABC$ 的垂心,直线 l 分别交 AH, BH, CH 于 D, E, F,过 H 分别作 BC, CA, AB 的平行线,且依次交 l 于 A', B', C',过 D 作 BC 的平行线,且交 AA' 于 P;过 E 作 CA 的平行线,且交 BB' 于 Q;过 F 作 AB 的平行线,且交 CC' 于 R,如图 1052 所示,求证:P, Q, R 三点共线.

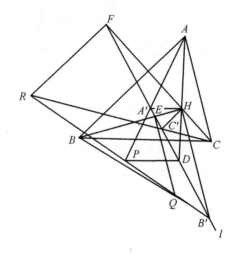

图 1052

命题 1053 设 $\triangle ABC$ 的重心为 M,垂心为 H,过 A 作 AM 的垂线,同时,过 B 作 BM 的垂线,过 C 作 CM 的垂线,这三条垂线两两相交构成 $\triangle PQR$,设 $\triangle PQR$ 的重心为 N,如图 1053 所示,求证:H, M, N 三点共线,且 $MH = MN$.

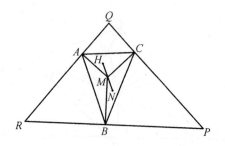

图 1053

命题 1054 设 H 是 $\triangle ABC$ 的垂心,圆 O 过 A,H 两点,且分别交 AB,AC 于 D,E,过 D 作 AB 的垂线,且交 BC 于 F,过 E 作 AC 的垂线,且交 BC 于 G,如图 1054 所示,求证:$BG = CF$.

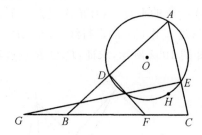

图 1054

命题 1055 设 H 是 $\triangle ABC$ 的垂心,M 是平面上一点,以 MH 为直径的圆分别交 HA,HB,HC 于 A_1,B_1,C_1;该圆还分别交 MA,MB,MC 于 A_2,B_2,C_2,如图 1055 所示(图中 HA,HB,HC 以及 MA,MB,MC 均未画出),求证:A_1A_2,B_1B_2,C_1C_2 三线共点(此点记为 S).

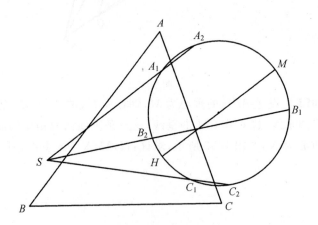

图 1055

命题 1056 设 H 是 $\triangle ABC$ 的垂心,BH 交 AC 于 D,CH 交 AB 于 E,P 是

DE 上一点,CP 交 ME 于 F,BP 交 MD 于 G,如图 1056 所示,求证:
① F,A,G 三点共线;
② $PH \perp FG$.

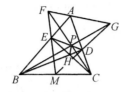

图 1056

命题 1057 设 H 是 $\triangle ABC$ 的垂心,BC 的中点为 M,以 AH 为直径作圆 O,设 OM 交圆 O 于 D,如图 1057 所示,求证:AD 平分 $\angle BAC$.

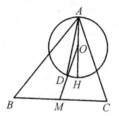

图 1057

命题 1058 设 H 是 $\triangle ABC$ 的垂心,AD,BE,CF 分别是三边 BC,CA,AB 上的高,分别以 AD,BE,CF 为直径作圆,这些圆依次交三边 BC,CA,AD 于 A_1,A_2,B_1,B_2,C_1,C_2,如图 1058 所示,求证:下列三直线共点(此点记为 K):过 A 且与 A_1A_2 垂直的直线,过 B 且与 B_1B_2 垂直的直线,过 C 且与 C_1C_2 垂直的直线.

注:下面的命题 1058.1 与本命题相近.

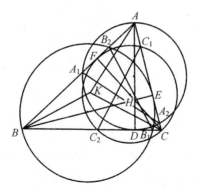

图 1058

命题 1058.1 设 H 是 $\triangle ABC$ 的垂心,AD,BE,CF 分别是三边 $BC,CA,$

AB 上的高,分别以 AD,BE,CF 为直径作圆,这些圆依次交三边 BC,CA,AD 于 A_1,A_2,B_1,B_2,C_1,C_2,设 A_1A_2,B_1B_2,C_1C_2 两两相交构成 $\triangle PQR$,如图 1058.1 所示,求证:

① AP,BQ,CR 三线共点,此点记为 O;

② 点 O 是 $\triangle ABC$ 的外心.

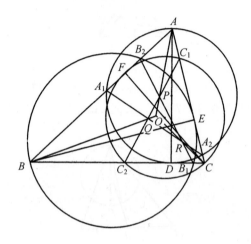

图 1058.1

命题 1059 设 H 是 $\triangle ABC$ 的垂心,圆 O 过 B,C 两点,且分别交 AB,AC 于 D,E,$\triangle ADE$ 的垂心记为 H',如图 1059 所示,求证:BE,CD,HH' 三线共点(此点记为 S).

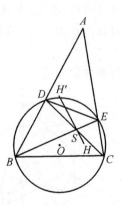

图 1059

命题 1060 设 H 是 $\triangle ABC$ 的垂心,AH,BH,CH 分别交对边于 D,E,F,$\triangle AEF$,$\triangle BFD$,$\triangle CDE$ 的垂心分别记为 A',B',C',如图 1060 所示,求证:

① $B'C'$ ∥ EF,$C'A'$ ∥ FD,$A'B'$ ∥ DE;

② $\triangle A'B'C' \cong \triangle DEF$;

③ $A'D, B'E, C'F$ 三线共点(此点记为 S);

④ AA', BB', CC' 三线共点(此点记为 H');

⑤ H 和 H' 是 $\triangle ABC$ 的一对等角共轭点.

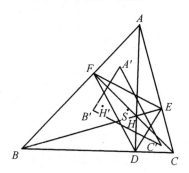

图 1060

命题 1061　设 H 是 $\triangle ABC$ 的垂心,BC, CA, AB 的中点分别为 D, E, F,以 H 为圆心作圆,该圆分别交 EF, FD, DE 于 $A_1, A_2, B_1, B_2, C_1, C_2$,如图 1061 所示,求证:$AA_1 = AA_2 = BB_1 = BB_2 = CC_1 = CC_2$.

注:注意下面的命题 1061.1 与本命题的联系.

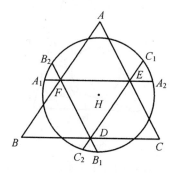

图 1061

命题 1061.1　设 H 是 $\triangle ABC$ 的垂心,一直线过 H,且分别交 AB, BC 于 $D, E, DH = EH$;另有一直线也过 H,且分别交 AC, BC 于 $F, G, FH = GH$,过 B 作 DE 的平行线,同时,过 C 作 FG 的平行线,这两线交于 P,如图 1061.1 所示,求证:A, H, P 三点共线.

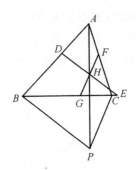

图 1061.1

﹡﹡命题 1062 设 H 是 $\triangle ABC$ 的垂心,圆 O_1, O_2 分别是 $\triangle ABH$ 和 $\triangle ACH$ 的内切圆,这两圆的另一条内公切线分别交 BC, AC 于 M, N,如图 1062 所示,求证:

① 点 M 是 BC 的中点;

② 圆 O_1, O_2 的两条外公切线中,一条与 BC 平行,另一条与 MN 垂直.

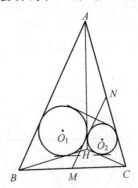

图 1062

命题 1063 设 H 是 $\triangle ABC$ 的垂心,圆 O 过 H,HO 交圆 O 于 M,AH, BH, CH 分别交圆 O 于 A', B', C',AM, BM, CM 分别交圆 O 于 A'', B'', C'',如图 1063 所示,求证:$A'A'', B'B'', C'C''$ 三线共点(此点记为 S).

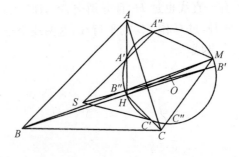

图 1063

命题 1064　设 H 是 $\triangle ABC$ 的垂心，BH 交 AC 于 D，CH 交 AB 于 E，作 $\angle ABH$ 的平分线，同时，作 $\angle ACH$ 的平分线，这两线交于 M，如图 1064 所示，求证：$MD = ME$.

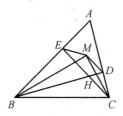

图 1064

命题 1065　设 H 是 $\triangle ABC$ 的垂心，O 是 $\triangle ABC$ 内一点，过 H 作 OA 的垂线，且交 BC 于 P；过 H 作 OB 的垂线，且交 CA 于 Q；过 H 作 OC 的垂线，且交 AB 于 R，如图 1065 所示，求证：P,Q,R 三点共线.

注：下面的命题 1065.1 及命题 1065.2 都与本命题相近.

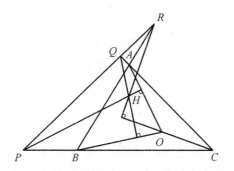

图 1065

命题 1065.1　设 H 是 $\triangle ABC$ 的垂心，两直线 AD,AG 垂直相交于 A，AD 分别交 BH,BC,CH 于 D,E,F，AG 分别交 CG,BC,BH 于 G,K,L，设 EK,DL,FG 的中点分别为 P,Q,R，如图 1065.1 所示，求证：P,Q,R 三点共线.

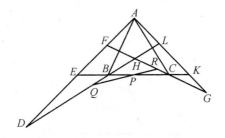

图 1065.1

命题 1065.2　设 H 是 $\triangle ABC$ 的垂心，过 H 作两条互相垂直的直线，它们

分别与 BC,CA,AB 相交于 A_1,B_1,C_1 和 A_2,B_2,C_2，设 A_1A_2,B_1B_2,C_1C_2 的中点分别为 P,Q,R，如图 1065.2 所示，求证：P,Q,R 三点共线.

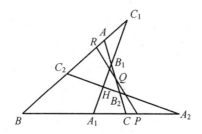

图 1065.2

命题 1066　设 H 是 $\triangle ABC$ 的垂心，CH 交 AB 于 D，BH 交 AC 于 E，DE 交 BC 于 F，设 BC 的中点为 M，如图 1066 所示，求证：$AM \perp FH$.

注：本命题的"黄表示"是下面的命题 1066.1.

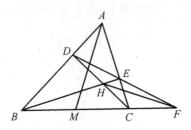

图 1066

命题 1066.1　设 H 是 $\triangle ABC$ 的垂心，M 是 BC 的中点，过 H 任作两直线，它们分别交 AB,AC 于 D,D' 和 E,E'，设 DE' 交 $D'E$ 于 P，AP 交 BC 于 F，如图 1066.1 所示，求证：

① F 是定点，它与 DD',EE' 的位置无关；

② $AM \perp FH$.

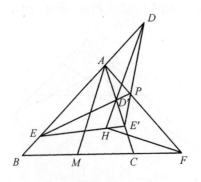

图 1066.1

命题1067 设 $\triangle ABC$ 内接于圆 O，H 是其垂心，BH 交 AC 于 D，CH 交 AB 于 E，MN 是与 BC 平行的中位线，DE 交 MN 于 G，如图 1067 所示，求证：$AG \perp OH$.

注：下面的命题1067.1与本命题相近.

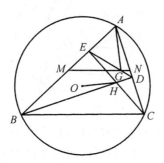

图 1067

命题1067.1 设 $\triangle ABC$ 内接于圆 O，H 是 $\triangle ABC$ 的垂心，AB，AC 的中点分别为 M，N，过 M 作 HM 的垂线，且交 AC 于 P，过 N 作 HN 的垂线，且交 AB 于 Q，如图 1067.1 所示，求证：$PQ \perp OH$.

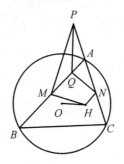

图 1067.1

命题1068 设 $\triangle ABC$ 内接于圆 O，H 是 $\triangle ABC$ 的垂心，P 是圆 O 上一点，它关于 $\triangle ABC$ 的西姆森线记为 l，如图 1068 所示，求证：直线 l 平分线段 PH.

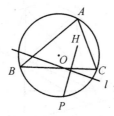

图 1068

命题1069 设 $\triangle ABC$ 内接于圆 O，H 是 $\triangle ABC$ 的垂心，D 是圆 O 上一点，

作 DH 的垂直平分线,此线分别交 AB,AC 于 E,F,如图 1069 所示,求证:A,E,D,F 四点共圆(此圆圆心记为 O').

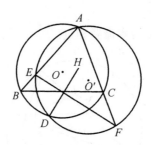

图 1069

命题 1070　设 $\triangle ABC$ 内接于圆 O,H 是 $\triangle ABC$ 的垂心,BC,CA,AB 的中点分别为 D,E,F,在 BC 上取两点 A_1,A_2,使得 $DA_1=DA_2=DH$;在 CA 上取两点 B_1,B_2,使得 $EB_1=EB_2=EH$;在 AB 上取两点 C_1,C_2,使得 $FC_1=FC_2=FH$,如图 1070 所示,求证:A_1,A_2,B_1,B_2,C_1,C_2 六点共圆,且此圆圆心也是 O.

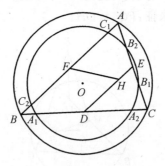

图 1070

命题 1071　设 $\triangle ABC$ 内接于圆 O,H 是 $\triangle ABC$ 的垂心,AH,BH,CH 分别交圆 O 于 A',B',C',P 是圆 O 上一点,PA' 交 BC 于 D,PB' 交 CA 于 E,PC' 交 AB 于 F,如图 1071 所示,求证:D,E,F,H,O 五点共线.

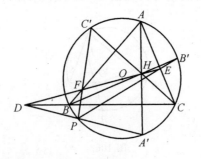

图 1071

命题 1072 设 $\triangle ABC$ 内接于圆 O, H 是 $\triangle ABC$ 的垂心, AH, BH, CH 的中点分别为 P, Q, R, BC, CA, AB 上的中点分别为 D, E, F, 如图 1072 所示, 求证:

① DP, EQ, FR 三线共点, 此点记为 S;
② 点 S 平分 DP, EQ, FR;
③ O, S, H 三点共线.

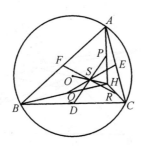

图 1072

** **命题 1073** 设 $\triangle ABC$ 内接于圆 O, H 是 $\triangle ABC$ 的垂心, AH, BH, CH 分别交圆 O 于 D, E, F, 过 D, E, F 分别作圆 O 的切线, 这三条切线构成 $\triangle A'B'C'$, 如图 1073 所示, 求证: AA', BB', CC' 三线共点, 且此点就是 $\triangle ABC$ 的内心 O.

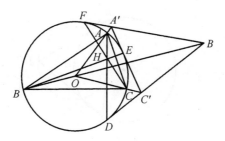

图 1073

命题 1074 设 $\triangle EAC \backsim \triangle EBD$, 如图 1074 所示, 这两个三角形的垂心分别记为 P, Q, 求证: AB, CD, PQ 三线共点(此点记为 S).

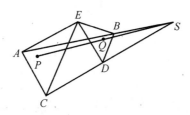

图 1074

命题 1075 设 H,O 分别是 $\triangle ABC$ 的垂心和外心,它们在 AB 上的射影分别为 D,M,在 AC 上的射影分别为 E,N,作平行四边形 $OMFN$ 及平行四边形 $HDGE$,如图 1075 所示,求证:

① A,F,H 三点共线,且 $FA=FH$;

② A,G,O 三点共线;

③ FG,DN,EM,OH 四线共点(此点记为 S).

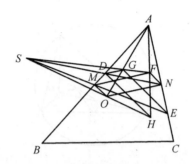

图 1075

命题 1076 设 H 是圆 O 上一点,以 H 为圆心作圆,此圆与圆 O 相交于 P,Q,A 是圆 H 上一点,AP,AQ 分别交圆 O 于 B,C,如图 1076 所示,求证:H 是 $\triangle ABC$ 的垂心.

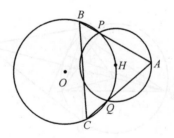

图 1076

命题 1077 设 H 是 $\triangle ABC$ 的垂心,以 H 为圆心,AH 为半径作圆,该圆交 AB,AC(或它们的延长线)于 D,E,如图 1077 所示,求证:B,D,H,C,E 五点共圆(此圆圆心记为 O).

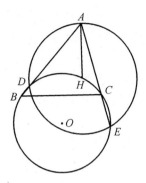

图 1077

命题 1078 设 H 是 $\triangle ABC$ 的垂心，BC 的中点为 M，AM 的中点为 N，以 BC，AM 为直径，各作一圆，设这两圆相交于 P，Q，如图 1078 所示，求证：点 H 在 PQ 上.

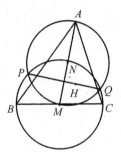

图 1078

命题 1079 设 $\triangle ABC$ 的三边 BC，CA，AB 与一直线分别交于 P，Q，R，过 P 作 BC 的垂线，同时，过 Q 作 CA 的垂线，过 R 作 AB 的垂线，这三条垂线两两相交，构成 $\triangle A'B'C'$，如图 1079 所示，设 $\triangle ABC$ 和 $\triangle A'B'C'$ 的垂心分别为 H 和 H'，求证：

① AA'，BB'，CC' 三线共点（此点记为 S）；

② 线段 HH' 被直线 PQ 所平分.

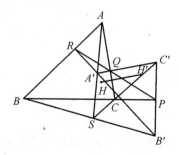

图 1079

命题 1080 设 H 是 $\triangle ABC$ 的垂心，H 在 BC，CA，AB 上的射影分别为 D，E，F，圆 A'，B'，C' 分别是 $\triangle AEF$，$\triangle BDF$，$\triangle CDE$ 的内切圆，如图 1080 所示，求证：

① AA'，BB'，CC' 三线共点，此点记为 P；

② $A'D$，$B'E$，$C'F$ 三线共点，此点记为 Q；

③ P，Q，H 三点共线．

注：下面的命题 1080.1 与本命题相近．

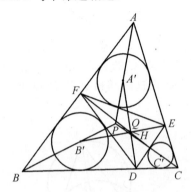

图 1080

命题 1080.1 设 H 是 $\triangle ABC$ 的垂心，H 在 BC，CA，AB 上的射影分别为 D，E，F，$\triangle AEF$，$\triangle BDF$，$\triangle CDE$ 的内心分别为 I_1，I_2，I_3，外心分别为 O_1，O_2，O_3，如图 1080.1 所示，求证：I_1O_1，I_2O_2，I_3O_3 三线共点（此点记为 S）．

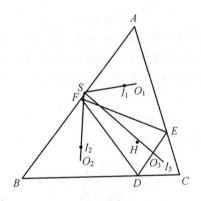

图 1080.1

命题 1081 设 $\triangle ABC$ 内接于圆 O，H 是 $\triangle ABC$ 的垂心，BC，CA，AB 上的中点分别为 D，E，F，M 是任意一点，AM 交圆 O 于 A'，A' 关于 D 的对称点记为 P；BM 交圆 O 于 B'，B' 关于 E 的对称点为 Q；CM 交圆 O 于 C'，C' 关于 F 的对称点为 R，如图 1081 所示，求证：P，Q，R，H 四点共圆（此圆圆心记为 O'）．

注：注意下面的命题 1081.1．

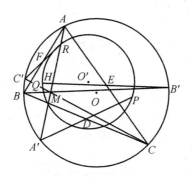

图 1081

命题 1081.1 设 $\triangle ABC$ 内接于圆 O，H 是 $\triangle ABC$ 的垂心，M 是任意一点，AM, BM, CM 分别交圆 O 于 A', B', C'，A' 关于 BC 的对称点记为 P；B' 关于 CA 的对称点记为 Q；C' 关于 AB 的对称点记为 R，如图 1081.1 所示，求证：P，Q, R, H 四点共圆（此圆圆心记为 O'）。

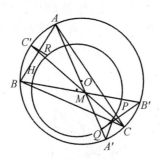

图 1081.1

5.4

命题1082 设平行四边形$ABCD$中,C在AB,AD上的射影分别为E,F,EF交BD于G,如图1082所示,求证:$AC \perp CG$.

注:注意以下三命题与本命题的联系.

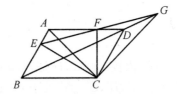

图1082

命题1082.1 设$ABCD-PQ$是完全四边形,点O不在直线PQ上,AC交PQ于R,在PQ上取三点P',Q',R',使得$OP' \perp OP$,$OQ' \perp OQ$,$OR' \perp OR$,设CP'交AB于M,CQ'交AD于N,CR'交BD于E,如图1082.1所示,求证:M,N,E三点共线.

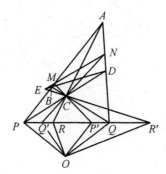

图1082.1

命题1082.2 设$ABCD-PQ$是完全四边形,在PQ上取三点P',Q',R,使得$AP' \perp AP$,$AQ' \perp AQ$,$AR \perp AC$,设CP'交AB于M,CQ'交AD于N,CR交BD于E,如图1082.2所示,求证:M,N,E三点共线.

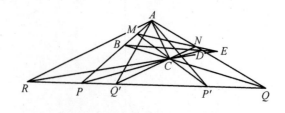

图1082.2

命题1082.3 设 $ABCD-PQ$ 是完全四边形,BD 交 PQ 于 R,过 C 且与 CP 垂直的直线交 PQ 于 E,过 C 且与 CQ 垂直的直线交 PQ 于 F,过 C 且与 CR 垂直的直线交 PQ 于 M,设 BF 交 DE 于 N,如图 1082.3 所示,求证:A,M,N 三点共线.

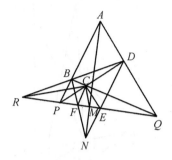

图 1082.3

*** **命题1083** 设四边形 $ABCD$ 是任意四边形,过 A 作 AB 的垂线,且交 CD 于 P;过 A 作 AC 的垂线,且交 BD 于 Q;过 A 作 AD 的垂线,且交 BC 于 R,如图 1083 所示,求证:P,Q,R 三点共线.

注:下面的命题 1083.1 与本命题相近.

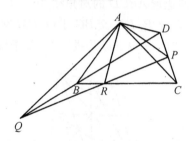

图 1083

命题1083.1 设四边形 $ABCD$ 中,AC 交 BD 于 O,过 D 作 DB 的垂线,且交 CA 于 P,过 D 作 AD 的垂线,且交 PB 于 M,过 D 作 CD 的垂线,且交 PB 于 N,设 AM 交 CN 于 Q,PQ 分别交 AB,BC 于 E,F,如图 1083.1 所示,求证:O,E,N 三点共线,且 O,F,M 也三点共线.

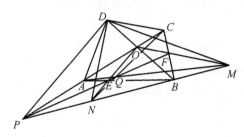

图 1083.1

命题 1084　设四边形 $ABCD$ 中，AC 交 BD 于 M，AD 交 BC 于 N，AB,CD 的中点分别为 E,F，M 关于 E,F 的对称点分别为 P,Q，如图 1084 所示，求证：P,Q,N 三点共线．

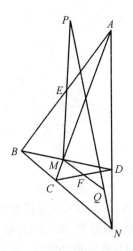

图 1084

* **命题 1085**　设四边形 $ABCD$ 的对角线 AC,BD 相交于 O，点 M,N 分别在 OA,OC 上，BM 交 AD 于 P，DN 交 BC 于 Q，DM 交 AB 于 S，BN 交 CD 于 T，如图 1085 所示，求证："P,O,Q 三点共线"的充要条件是"S,O,T 三点共线"．

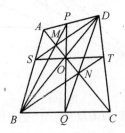

图 1085

命题 1086　设四边形 $ABCD$ 中，AC 交 BD 于 O，AC,BD 的中点分别为 M,N，MN 分别交 AB,CD 于 E,F，设 AF 交 DE 于 P，BF 交 CE 于 Q，如图 1086 所示，求证：

① O,P,Q 三点共线；

② PQ 平分线段 EF．

注：本命题的对偶命题是下面的命题 1086.1．

The Collection of Exercise of Conic Section(Book 3,Vol.2)

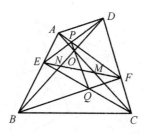

图 1086

命题 1086.1 设 Z 是四边形 $ABCD$ 内一点,一直线过 Z,且分别交 AB, AD 于 E,F, $ZE=ZF$,另有一直线也过 Z,且分别交 CB, CD 于 G,H, $ZG=ZH$,过 A 作 GH 的平行线,同时,过 C 作 EF 的平行线,这两线交于 M,设 MB 分别交 AD, CD 于 P,Q, MD 分别交 AB, CB 于 R,S, PS 交 QR 于 O,如图 1086.1 所示,求证: A,O,C 三点共线.

注:图 1086.1 的 MA,MC,MB,MD 分别对偶于图 1086 的 M,N,E,F,而 PS,AC,QR 则分别对偶于 P,O,Q.

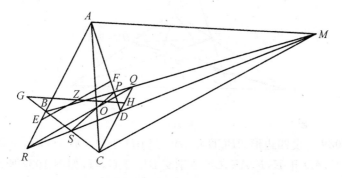

图 1086.1

***命题 1087** 设四边形 $ABCD$ 的四边上各有一点,分别记为 E,F,G,H, CE 交 BG 于 M, DE 交 AG 于 N, AF 交 BH 于 P, DF 交 CH 于 Q,如图 1087 所示,求证: AC,BD,MN,PQ 四线共点(此点记为 S).

注:本命题明显成立.

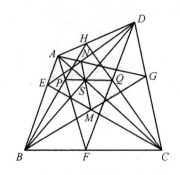

图 1087

** 命题 1088 设四边形 $ABCD$ 中,AD 交 BC 于 O,一直线过 O,且分别交 AB,DC 于 E,F,DE 交 BC 于 G,BF 交 AD 于 H,FG 交 AB 于 M,EH 交 CD 于 N,如图 1088 所示,求证:BD,GH,MN 三线共点(此点记为 S).

注:本命题涉及 12 点 12 线.

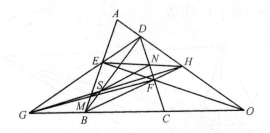

图 1088

命题 1089 设四边形 $ABCD$ 中,AC 交 BD 于 O,$OB=OD$,一直线过 O,且分别交 BC,AD 于 E,F,AE,CF 分别交 BD 于 G,H,如图 1089 所示,求证:$BG=DH$.

注:本命题的对偶命题是下面的命题 1089.1.

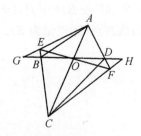

图 1089

命题 1089.1 设四边形 $ABCD$ 中,AC 交 BD 于 O,一直线过 O,且分别交 BC,AD 于 E,F,AE,CF 分别交 BD 于 G,H,如图 1089.1 所示,求证

$$\frac{BG}{OB \cdot OG} = \frac{DH}{OD \cdot OH}$$

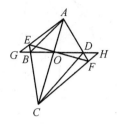

图 1089.1

* 命题 1090 设四边形 $ABCD$ 中，AC 交 BD 于 O，一直线分别交 AB, BC, CD, DA 于 P, Q, R, S，如图 1090 所示，求证："$\angle BOP = \angle COR$"的充要条件是"$\angle DOS = \angle COQ$".

注：下面的命题 1090.1 与本命题相近.

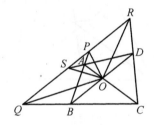

图 1090

命题 1090.1 设 P 是平行四边形 $ABCD$ 外一点，如图 1090.1 所示，求证："$\angle BPA = \angle CPD$"的充要条件是"$\angle BAP + \angle BCP = 180°$".

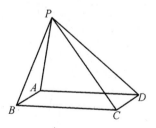

图 1090.1

命题 1091 设四边形 $ABCD$ 中，AC, BD 的中点分别为 M, N，AB, CD 的垂直平分线交于 P，AD, BC 的垂直平分线交于 Q，如图 1091 所示，求证：$PQ \perp MN$.

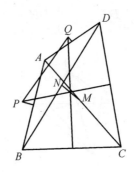

图 1091

命题 1092 设四边形 $ABCD$ 中,AC 交 BD 于 M,AD,BC 的中点分别为 E,F,$\triangle ABM$ 和 $\triangle CDM$ 的垂心分别为 P 和 Q,如图 1092 所示,求证:$PQ \perp EF$.

注:下面两道命题都与本命题相近.

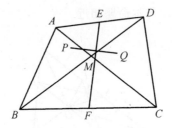

图 1092

命题 1092.1 设四边形 $ABCD$ 中,AC 交 BD 于 O,$\triangle OAB$ 和 $\triangle OCD$ 的垂心分别为 P,Q,延长 OB 至 E,使得 $BE=OD$;延长 OC 至 F,使得 $CF=OA$,如图 1092.1 所示,求证:$PQ \perp EF$.

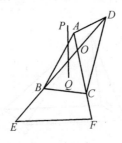

图 1092.1

命题 1092.2 设四边形 $ABCD$ 中,AC 交 BD 于 M,$\triangle MAD$ 和 $\triangle MBC$ 的重心分别为 P,Q,$\triangle MAB$ 和 $\triangle MCD$ 的重心分别为 S,T,如图 1092.2 所示,求证:$PQ \perp ST$.

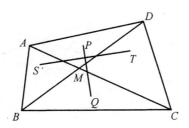

图 1092.2

命题 1093 设四边形 $ABCD$ 中,AB,CD 的中点分别为 M,N,BC,MN 的中点分别为 P,Q,AC 交 BD 于 E,AN 交 DM 于 F,如图 1093 所示,求证:$EF \parallel PQ$.

注:下面的命题 1093.1 与本命题相近.

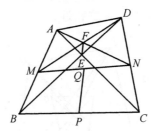

图 1093

命题 1093.1 设四边形 $ABCD$ 的对角线 AC,BD 相交于 O,AB,BC,CD,DA,AC,BD 的中点分别为 E,F,G,H,I,J,设 OE 分别交 HJ,FJ 于 M,P,OG 分别交 HI,FI 于 N,Q,如图 1093.1 所示,求证:$MN \parallel PQ$.

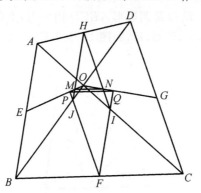

图 1093.1

命题 1094 设四边形 $ABCD$ 中,AC,BD 的中点分别为 M,N,MN 分别交 AD,BC 于 E,F,设 CE 交 DF 于 G,GO 交 EF 于 H,如图 1094 所示,求证:点 H 平分线段 EF.

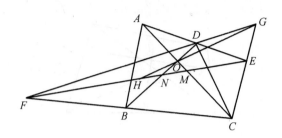

图 1094

命题 1095 设四边形 $ABCD$ 中,$\triangle BCD$,$\triangle CDA$,$\triangle DAB$,$\triangle ABC$ 的重心分别为 A',B',C',D',如图 1095 所示,求证:

① AA',BB',CC',DD' 四线共点(此点记为 O);

② 四边形 $A'B'C'D'$ 与四边形 $ABCD$ 位似.

注:下面的命题 1095.1 与本命题相近.

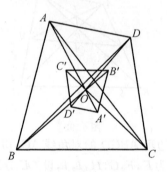

图 1095

* **命题 1095.1** 设 O 是四边形 $ABCD$ 内一点,$\triangle OAB$,$\triangle OBC$,$\triangle OCD$,$\triangle ODA$ 的重心分别为 E,F,G,H,如图 1095.1 所示,求证:四边形 $EFGH$ 为平行四边形.

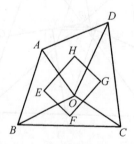

图 1095.1

命题 1096 设梯形 $ABCD$ 中,$AD \parallel BC$,AC 交 BD 于 M,P 是 BC 上一点,PA 交 BD 于 E,PD 交 AC 于 F,BF 交 CE 于 N,MN 交 EF 于 O,PO 交 AD 于

Q,如图 1096 所示,求证:点 Q 是 AD 的中点.

注:下面的命题 1096.1 是本命题的"蓝表示".

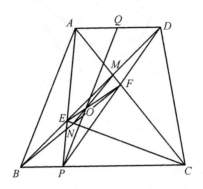

图 1096

* **命题 1096.1** 设四边形 $ABCD$ 中,AC 交 BD 于 M,P 是 BC 上一动点,PA 交 BD 于 E,PD 交 AC 于 F,BF 交 CE 于 N,MN 交 EF 于 O,PO 交 AD 于 Q,如图 1096.1 所示,求证:Q 是定点,与动点 P 在 BC 上的位置无关.

注:设 AD 交 BC 于 S,则 A,Q,D,S 四点构成调和点列,也就是说,在"蓝观点"下(以 S 为"蓝假点"),Q 是"蓝线段"AD 的"蓝中点".

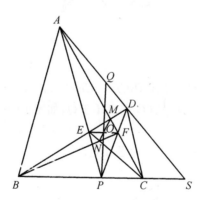

图 1096.1

命题 1097 设四边形 $ABCD$ 中,$\triangle BCD$,$\triangle CDA$,$\triangle DAB$,$\triangle ABC$ 的垂心分别为 A',B',C',D',如图 1097 所示,求证:

① AA',BB',CC',DD' 四线共点(此点记为 O).

② $A'B'$,$B'C'$,$C'D'$,$D'A'$ 分别与 AB,BC,CD,DA 平行且相等.

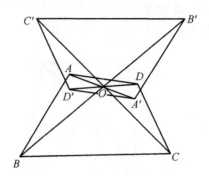

图 1097

* 命题 1098 设平行四边形 $ABCD$ 内接于四边形 $PQRS$,如图 1098 所示,在 PQ,QR,RS,SP 上各取一点,它们依次为 A',B',C',D',使得 $PA' = QA,QB' = RB,RC' = SC,SD' = PD$,求证:四边形 $A'B'C'D'$ 也是平行四边形,且其面积与平行四边形 $ABCD$ 的面积相等.

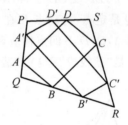

图 1098

命题 1099 设完全四边形 $ABCD-EF$ 中,AC 交 BD 于 O,P 是任意一点,PA,PB 分别交 EF 于 G,H,设 CG 交 DH 于 Q,如图 1099 所示,求证:O,P,Q 三点共线.

注:下面的命题 1099.1 与本命题相近.

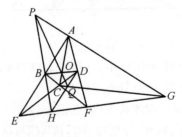

图 1099

* 命题 1099.1 设完全四边形 $ABCD-EF$ 所在平面上有一点 M,MA,MB,MD 分别交 EF 于 P,Q,R,设 BR 交 DQ 于 N,如图 1099.1 所示,求证:N,

C, P 三点共线.

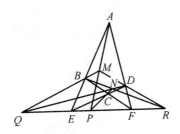

图 1099.1

* **命题 1100** 设完全四边形 $ABCD-EF$ 和完全四边形 $A'B'C'D'-E'F'$ 中,$AC, BD, A'C', B'D'$ 四线共点(此点记为 O),E, F, E', F' 四点共线(此线记为 z),设 AA' 交 CC' 于 P,BB' 交 DD' 于 Q,如图 1100 所示,求证:P, Q 两点都在直线 z 上.

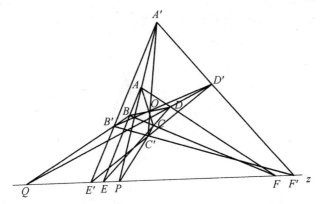

图 1100

命题 1101 设 $ABCD-EF$ 是完全四边形,一直线过 A,且分别交 BC, CD, DB 于 G, H, P,设 EG 交 AD 于 Q,FH 交 AE 于 R,如图 1101 所示,求证:P, Q, R 三点共线.

注:下面三道命题与本命题相近.

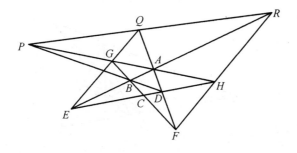

图 1101

命题 1101.1 设完全四边形 $ABCD-EF$ 中，AC 交 BD 于 O，一直线过 O，且分别交 AB，CD 于 M，N，另有一直线也过 O，且分别交 BC，AD 于 P，Q，设 MP 交 NQ 于 S，如图 1101.1 所示，求证：点 S 在 EF 上.

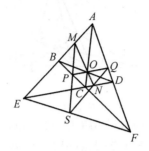

图 1101.1

命题 1101.2 设完全四边形 $ABCD-PQ$ 中，M 是 AD 上一点，MB 交 AC 于 E，MC 交 BD 于 F，AF 交 DE 于 N，如图 1101.2 所示，求证：M，N，P 三点共线.

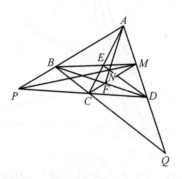

图 1101.2

命题 1101.3 设完全四边形 $ABCD-EF$ 中，AC 交 BD 于 O，M，N 是 EF 上两点，MA 交 NB 于 P，MC 交 ND 于 Q，如图 1101.3 所示，求证：O，P，Q 三点共线.

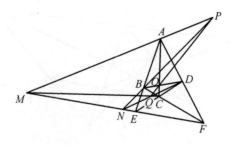

图 1101.3

命题 1102　设完全四边形 $ABCD-EF$ 中,AC 交 BD 于 O,$AC \perp BD$,$OE \perp OF$,一直线过 D,且分别交 AB,BC 于 G,H,GC 交 AD 于 K,KH 交 CD 于 M,如图 1102 所示,求证:$OG \perp OM$.

注:下面的命题 1102.1 与本命题相近.

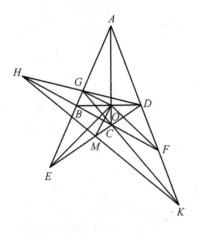

图 1102

＊命题 1102.1　设完全四边形 $ABCD-EF$ 中,AC 交 BD 于 O,过 O 作 AC 的垂线,且交 AB 于 P,过 O 作 BD 的垂线,且交 AB 于 Q,设 CP,DQ 交于 G,GF 交 AB 于 R,如图 1102.1 所示,求证:$OR \perp OE$.

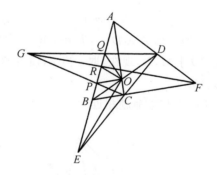

图 1102.1

命题 1103　设 M 是完全四边形 $ABCD-PQ$ 中 AC 上一点,PM 分别交 BC,AD 于 F,H,QM 分别交 AB,CD 于 E,G,设 EF 交 GH 于 N,如图 1103 所示,求证:点 N 在 AC 上.

注:下面的命题 1103.1 与本命题相近.

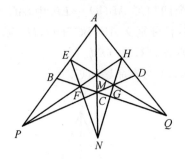

图 1103

命题 1103.1 设完全四边形 $ABCD-PQ$ 的 AC 交 PQ 于 R，E 是 AC 延长线上一点，BE 交 PQ 于 S，设 F 是 DE 上一点，BF 交 DS 于 G，QF 交 DR 于 H，如图 1103.1 所示，求证：C,G,H 三点共线.

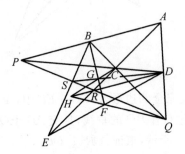

图 1103.1

命题 1104 设完全四边形 $ABCD-EF$ 中，AC 交 BD 于 O，P 是 EF 上一点，设 PA,PC 分别交 EO 于 M,N，现在，取一点 Z，使得 $ZO \perp ZE$，如图 1104 所示，求证：$\angle OZM = \angle OZN$.

注：下面的命题 1104.1 与本命题相近.

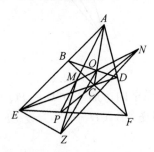

图 1104

＊＊命题 1104.1 设完全四边形 $ABCD-EF$ 中，AC 交 BD 于 M，一直线过 M，且分别交 AB,BC,CD,DA,EF 于 P,Q,R,S,N，现在，任取一点 Z，使得 $ZM \perp ZN$，如图 1104.1 所示，求证：ZM 平分 $\angle QZS$，ZN 平分 $\angle PZR$.

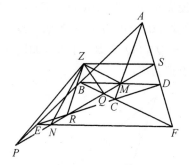

图 1104.1

命题 1105 设完全四边形 $ABCD-EF$ 中,$ED \perp AF$,$FB \perp AE$,$\angle AEC$ 和 $\angle AFC$ 的平分线相交于 M,如图 1105 所示,求证:$MB=MD$.

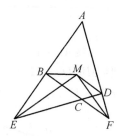

图 1105

命题 1106 设完全四边形 $ABCD-EF$ 的四边 AB,CD,AD,BC 上各有一点,分别记为 M,N,P,Q,MN 交 PQ 于 Z,且 $ZM=ZN$,$ZP=ZQ$,过 E 作 MN 的平行线,同时,过 F 作 PQ 的平行线,这两线交于 G,GD 分别交 BC,BA 于 I,K,GB 分别交 DA,DC 于 H,J,如图 1106 所示,求证:EF,IJ,HK 三线共点(此点记为 S).

注:下面的命题 1106.1 与本命题相近.

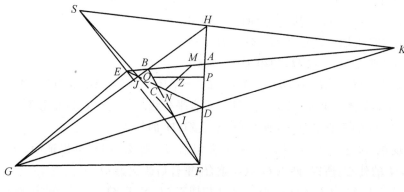

图 1106

* **命题 1106.1** 设完全四边形 $ABCD-EF$ 中，BD 交 EF 于 G，GC 分别交 AE，AF 于 H，K，在线段 AB，HC，KD 上各取一点，分别记为 P，Q，R，设 QR 交 CD 于 P'，RP 交 DB 于 Q'，PQ 交 BC 于 R'，如图 1106.1 所示，求证：PP'，QQ'，RR' 三线共点（此点记为 S）。

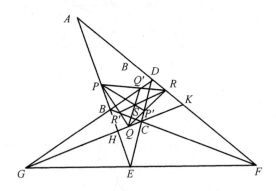

图 1106.1

命题 1107 设完全四边形 $ABCD-EF$ 中，$BA+BC=DA+DC$，如图 1107 所示，求证：$EA+EC=FA+FC$。

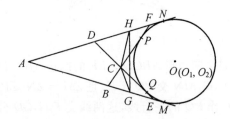

图 1107

注：此乃"Urquhart（澳大利亚，1902—1966）定理"。

其证如下：

在 $\triangle ABF$ 中，作 BF 边上的旁切圆 O_1。

在 BE 上取一点 G 使得 $BG=BC$。

在 DF 上取一点 H，使得 $DH=DC$。

因为 $AH=AD+DH=AD+DC=AB+BC=AB+BG=AG$，所以 $\triangle AGH$ 是等腰三角形，AO_1 是 GH 的垂直平分线。又，$\triangle BCG$ 也是等腰三角形，BO_1 是 CG 的垂直平分线，所以 O_1 是 $\triangle CGH$ 的外心。

现在，作 $\triangle ADE$ 中 DE 边上的旁切圆 O_2，那么，同理可以证明：O_2 也是 $\triangle CGH$ 的外心，所以，两点 O_1，O_2 重合，重合后改记为 O。

设 AB，AD，CB，CD 分别与圆 O 相切于 M，N，P，Q。

因为 $EM = EQ, CQ = CP, FN = FP$

所以
$$EA + EC$$
$$= (MA - ME) + (EQ + QC)$$
$$= NA - QE + EQ + PC$$
$$= (NF + FA) + PC$$
$$= PF + FA + PC$$
$$= FA + FC$$

* **命题1108** 设完全四边形 $ABCD-EF$ 既内接于圆 O，又外切于圆 I，点 O 关于圆 I 的极线记为 l，点 O 关于圆 I 的极线记为 l'，如图1108所示，求证：l，l' 均与 EF 平行．

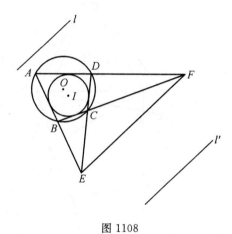

图 1108

5.5

** 命题 1109 设 △ABC 和 △A'B'C' 都是正三角形(它们的顶点都按逆时针排列,以下都如此),分别以 AA',BB',CC' 为边作正三角形,它们的第三个顶点依次记为 A'',B'',C'',如图 1109 所示,求证:

① △A''B''C'' 是正三角形;

② △ABC,△A'B'C',△A''B''C'' 的中心 O,O',O'' 构成正三角形.

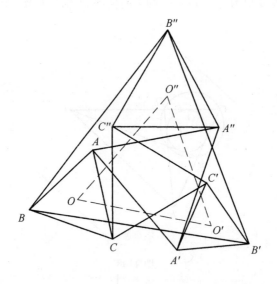

图 1109

** 命题 1109.1 设四边形 ABCD 是正方形,顶点的字母按逆时针排列,四边形 AA'A''A''',BB'B''B''',CC'C''C''',DD'D''D''' 都是正方形,它们的顶点字母都按逆时针排列,若四边形 A'B'C'D' 是正方形,其顶点的字母按逆时针排列,如图 1109.1 所示,求证:四边形 A''B''C''D'' 和四边形 A'''B'''C'''D''' 均为正方形,且它们的顶点字母均按逆时针排列.

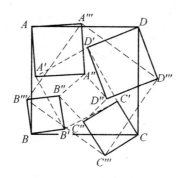

图 1109.1

* * 命题 1110　设三个正三角形 ABC,ADE,AFG 有着一个公共的顶点 A,各正三角形的顶点字母均按逆时针排列,GB,CD,EF 的中点分别为 P,Q,R,如图 1110 所示,求证:$\triangle PQR$ 是正三角形.

注:下面的命题 1110.1 和命题 1110.2 都很有趣.

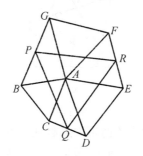

图 1110

* 命题 1110.1　设 $\triangle ABC,\triangle ADE,\triangle BFG,\triangle CHK$ 均为正三角形,GH,KD,EF 的中点分别为 P,Q,R,如图 1110.1 所示,求证:$\triangle PQR$ 是正三角形.

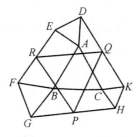

图 1110.1

* * 命题 1110.2　设 A,B,C 是圆 O 的三等分点,A',B',C' 是圆 O' 的三等分点,OA 交 $O'A'$ 于 P,OB 交 $O'B'$ 于 Q,OC 交 $O'C'$ 于 R,如图 1110.2 所示,求证:$\triangle PQR$ 是正三角形.

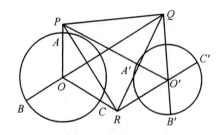

图 1110.2

命题 1111 设两个全等的正三角形叠在一起,它们的公共部分是凸八边形 $ABCDEFGH$,如图 1111 所示,求证:AD,BE,CF 三线共点(此点记为 S).

注:对于奇数边的正多边形,本命题的结论都成立. 下面的命题 1111.1 与本命题相近.

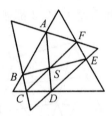

图 1111

命题 1111.1 设两个全等的正方形叠在一起,它们的公共部分是凸八边形 $ABCDEFGH$,如图 1111.1 所示,求证:$AE \perp CG$,$BF \perp DH$.

注:对于偶数边的正多边形,本命题的结论都成立.

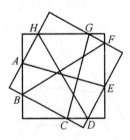

图 1111.1

命题 1112 设四个四边形 $ABCD$,$AA'A''A'''$,$CC'C''C'''$,$A''B''C''D''$ 均为正方形,且它们的顶点字母都按逆时针排列,如图 1112 所示,求证:

① $A'C''' = B''D$;

② $A'C''' \perp B''D$.

注:下面的命题 1112.1 与本命题相近.

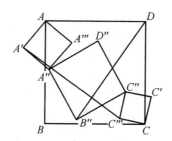

图 1112

命题 1112.1 设三个正方形 $ABCD$, $AEFG$, $AHKL$ 有着一个公共的顶点 A, 各正方形的顶点字母均按逆时针排列, BL, DE, GH 的中点分别为 N, P, Q, 正方形 $AEFG$ 的中心为 M, 如图 1112.1 所示, 求证: $MN = PQ$, $MN \perp PQ$.

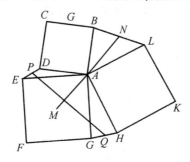

图 1112.1

命题 1113 设四边形 $ABCD$ 和四边形 $AEFG$ 是两个全等的正方形, A 是它们的公共顶点, BD 交 EG 于 P, FP 交 AB 于 N, 设 CF 的中点为 M, 如图 1113 所示, 求证:

① M, E, B 三点共线;

② 点 N 是 AB 的中点.

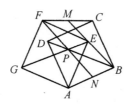

图 1113

* 命题 1114 设正方形 $ABCD$ 和正方形 $AB'C'D'$ 有着公共的顶点 A, CC' 的中点为 M, 以 MB, MD' 为邻边作平行四边形 $BMD'P$, 又以 MB', MD 为邻边作平行四边形 $B'MDQ$, 如图 1114 所示, 求证:

① 四边形 $BMD'P$ 和四边形 $B'MDQ$ 均为正方形;

② P, A, Q 三点共线.

注:下面的命题 1114.1 与本命题相近.

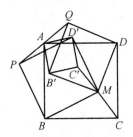

图 1114

命题 1114.1 设三个正方形 $OABC, OA'B'C', OA''B''C''$ 有着公共的顶点 O, A, A', A'' 三点共线,这三个正方形的中心分别为 P, Q, R,如图 1114.1 所示,求证:

① B, B', B'' 三点共线;

② C, C', C'' 三点共线;

③ P, Q, R 三点共线;

④ $PR \parallel BB''$;

⑤ $CC'' \perp AA''$;

⑥ $\dfrac{AA'}{A'A''} = \dfrac{BB'}{B'B''} = \dfrac{CC'}{C'C''} = \dfrac{PQ}{QR}$.

注:若将三个正方形换成三个正三角形,那么,会得到类似的结论.

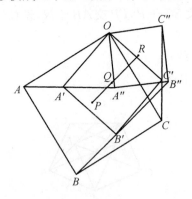

图 1114.1

命题 1115 设 $\triangle ABC, \triangle ADE$ 都是正三角形,它们的重心分别为 M, N,如图 1115 所示,求证:BE, CD, MN 三线共点(此点记为 S).

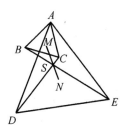

图 1115

命题 1116 设四边形 $AA'BB'$ 是平行四边形,以 AB 为一边作正三角形 ABC;又以 $A'B'$ 为一边作正三角形 $A'B'C'$,如图 1116 所示,求证:$BB' \perp CC'$.

注:下面的命题 1116.1 与本命题相近.

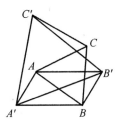

图 1116

命题 1116.1 设正方形 $ABCD$ 和平行四边形 $AEFG$ 有着公共的顶点 A,如图 1116.1 所示,求证:"$EB = EF$,且 $EB \perp EF$" 的充要条件是 "$GD = GF$,且 $GD \perp GF$".

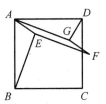

图 1116.1

命题 1117 设四边形 $ABCD$ 是正方形,其中心为 P,M,N 分别是 AD,BC 上的点,依次以 MB,MN,AN 为边,各作一个正方形,它们分别记为 $MBEF$,$MNIJ$,$ANGH$,如图 1117 所示,这三个正方形的中心分别记为 Q,R,S,求证:

① C,D,E,H 四点共线;

② 四边形 $PQRS$ 是平行四边形.

注:下面的命题 1117.1 与本命题相近.

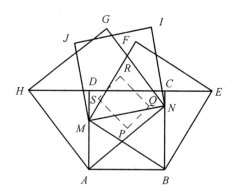

图 1117

命题1117.1 设正三角形 ABC 的中心为 P, M, N 分别是 AC, BC 上的点, 依次以 CN, MN, MC 为边, 各作一个正三角形, 它们分别记为 CND, MNE, MCF, 如图 1117.1 所示, 设正三角形 CND 和正三角形 MCF 的中心分别为 Q, R, 求证:

① C, D, E, F 四点共线;

② PE 垂直平分 MN;

③ $\triangle PQR$ 是正三角形.

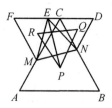

图 1117.1

命题1118 设正三角形 ABC 和正三角形 ADE 有着公共的顶点 A, BE, CD 的中点分别为 P, Q, 设这两个正三角形的中心分别为 M, N, 如图 1118 所示, 求证: $MN \perp PQ$.

注: 下面的命题 1118.1 与本命题相近.

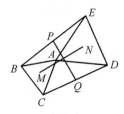

图 1118

命题1118.1 设两正方形 $ABCD$, $AB'C'D'$ 有着公共的顶点 A, 这两个正

方形的中心分别为 M,N,设 BB' 和 DD' 的中点分别为 M',N',如图 1118.1 所示,求证:

① 四边形 $MM'NN'$ 为正方形;
② $CC' \perp M'N'$.

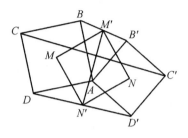

图 1118.1

命题 1119 设 C,D 是 $\triangle PAB$ 外两点,使得 $\triangle PAC$ 和 $\triangle PBD$ 都是等边三角形,设 BC,AD 的中点分别为 Q,R,如图 1119 所示,求证:$\triangle PQR$ 是等边三角形.

注:下面的命题 1119.1 与本命题相近.

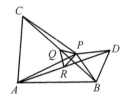

图 1119

命题 1119.1 设 D,E,F,G 是 $\triangle ABC$ 外四点,使得四边形 $ABDE$ 和四边形 $ACFG$ 都是正方形,设 AE,CD,BF,AG 的中点分别为 P,Q,R,S,如图 1119.1 所示,求证:四边形 $PQRS$ 是正方形.

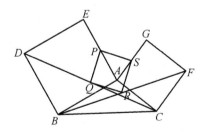

图 1119.1

命题 1120 设 $\triangle ABC$ 是任意三角形,以 BC,CA,AB 为边分别在 $\triangle ABC$ 的外侧作等边三角形 BCA',CAB',ABC',设这三个等边三角形的中心分别为

P,Q,R,如图 1120 所示,求证:$\triangle PQR$ 是等边三角形.

注:此乃"拿破仑(Napoleon)定理".$\triangle PQR$ 称为"外拿破仑三角形",若改为向 $\triangle ABC$ 的内侧作等边三角形,则得"内拿破仑三角形",内、外拿破仑三角形的面积差等于 $\triangle ABC$ 的面积.

注:下面的命题 1120.1 与本命题相近.

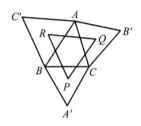

图 1120

命题 1120.1 设 $\triangle ABC$ 为任意三角形,以 BC,CA,AB 为边,分别在 $\triangle ABC$ 的外侧作正方形,这三个正方形的中心依次记为 A',B',C',如图 1120.1 所示,求证:AA',BB',CC' 三线共点(此点记为 S).

注:点 S 称为"Vecten 点".

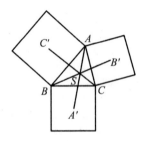

图 1120.1

* **命题 1121** 设四边形 $ABCD$ 是正方形,O 是任意一点,以 OB 为一边作正方形 $OBC'D'$,又以 OD 为一边作正方形 $OB''C''D$,如图 1121 所示,设正方形 $ABCD$,$OBC'D'$,$OB''C''D$ 的中心分别为 P,Q,R,求证:

① $AO = QR$;

② $\triangle PQR$ 是等腰直角三角形;

③ C,C',C'' 三点共线.

注:下面的命题 1121.1 与本命题相近.

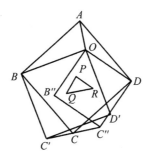

图 1121

命题 1121.1　设 M 是正方形 $ABCD$ 内一点,作正方形 $MEBF$ 和正方形 $MGDH$,如图 1121.1 所示,求证:

① 线段 AM 和线段 EH 互相平分;

② $FG = AM$.

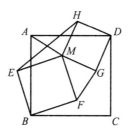

图 1121.1

命题 1122　设 $\triangle ABC$ 和 $\triangle ADE$ 都是正三角形,它们有着公共的顶点 A,这两个三角形的重心分别为 M,N,设 BN 交 EM 于 P,如图 1122 所示,求证:$AP \perp CD$.

注:下面两道命题与本命题相近.

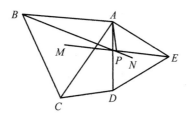

图 1122

命题 1122.1　设 $\triangle ABC$ 和 $\triangle ADE$ 都是正三角形,它们有着公共的顶点 A,这两个三角形的重心分别为 M,N,设 BD 交 CE 于 P,如图 1122.1 所示,求

511

证：MN 垂直平分 AP.

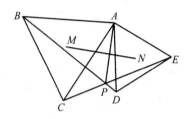

图 1122.1

命题 1122.2 设 $\triangle ABC$ 和 $\triangle ADE$ 都是正三角形，它们有着公共的顶点 A，AB,BC,AE,ED 的中点分别为 F,G,L,K，设 FK 交 GL 于 P，AP 交 CD 于 M，如图 1122.2 所示，求证：M 是 CD 的中点.

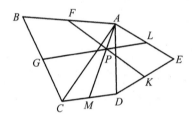

图 1122.2

命题 1123 设 $ABCD$ 是任意四边形，以该四边形的各边为边向外作正方形，这些正方形的外侧顶点分别为 E,F,G,H,I,J,K,L，线段 EL,FG,HI,JK 的中点分别为 M,N,M',N'，设这些正方形的中心分别为 P,Q,R,S，如图 1123 所示，求证：

① $PR=QS$，且 $PR \perp QS$；

② $MM'=NN'$，且 $MM' \perp NN'$；

③ PR,QS,MM',NN' 四线共点（此点记为 O）.

注：下面两命题与本命题相近.

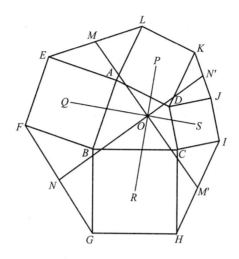

图 1123

命题 1123.1 设 $ABCD$ 是任意四边形,分别以 AB,BC,CD,DA 为边向外作等边三角形,这些等边三角形的中心依次记为 M,P,N,Q,如图 1123.1 所示,求证:$MN \perp PQ$.

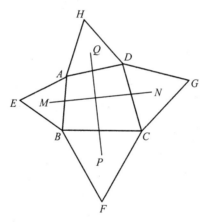

图 1123.1

命题 1123.2 设四边形 $ABCD$ 内接于圆 O,分别以 DA,AB,BC,CD 为一边,在这个四边形外作正三角形,每个正三角形的第三个顶点分别记为 E,F,G,H,设 AG 交 CF 于 P,BH 交 DG 于 Q,CE 交 AH 于 R,DF 交 BE 于 S,如图 1123.2 所示,求证:P,Q,R,S 四点共圆(此圆圆心记为 O').

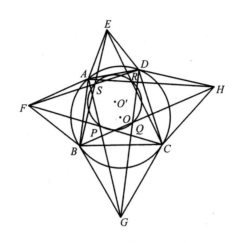

图 1123.2

命题 1124 设三角形 ABC 是正三角形,M 是任意一点,MA 的垂直平分线交 BC 于 P,MB 的垂直平分线交 CA 于 Q,MC 的垂直平分线交 AB 于 R,如图 1124 所示,求证:P,Q,R 三点共线.

注:下面的命题 1124.1 与本命题相近.

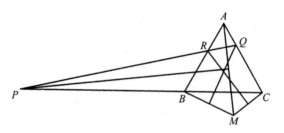

图 1124

命题 1124.1 设 M 是正 $\triangle ABC$ 所在平面上一点,MA 的垂直平分线交 BC 于 P,MB 的垂直平分线交 AC 于 Q,MC 的垂直平分线交 AB 于 R,如图 1124.1 所示,求证:P,Q,R 三点共线.

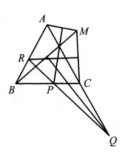

图 1124.1

命题 1125 设六边形 $ABCDEF$ 的各边都相等,如图 1125 所示,求证:AD,BE,CF 三线共点(此点记为 O).

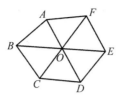

图 1125

命题 1126 设六边形 $ABCDEF$ 中,$\triangle ABC$,$\triangle BCD$,$\triangle CDE$,$\triangle DEF$,$\triangle EFA$,$\triangle FAB$ 的重心分别为 G,H,I,J,K,L,如图 1126 所示,求证:六边形 $GHIJKL$ 的三组对边平行且相等.

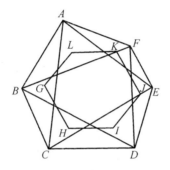

图 1126

命题 1127 设六边形 $ABCDEF$ 中,$AB \parallel DE$,$BC \parallel EF$,$CD \parallel FA$,AB,BC,CD,DE,EF,FA 的中点分别为 G,H,I,J,K,L,如图 1127 所示,求证:GJ,HK,IL 三线共点(此点记为 S).

注:下面三道命题与本命题相近.

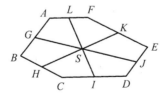

图 1127

命题 1127.1 设六边形 $ABCDEF$ 中,$AB \parallel CF$,$CD \parallel BE$,$EF \parallel AD$,AB,CF,CD,BE,EF,AD 的中点分别是 P,P',Q,Q',R,R',如图 1127.1 所示,求证:PP',QQ',RR' 三线共点(此点记为 O).

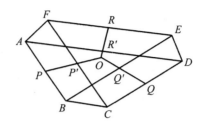

图 1127.1

命题 1127.2 设六边形 $ABCDEF$ 中,$AB \parallel CF$,$CD \parallel BE$,$EF \parallel AD$,AB,CD,EF 的中点分别为 P,Q,R,DE,FA,BC 的中点分别外 P',Q',R',如图 1127.2 所示,求证:PP',QQ',RR' 三线共点(此点记为 O).

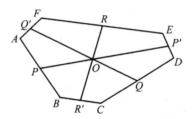

图 1127.2

命题 1127.3 设六边形 $ABCDEF$ 中,$AB \parallel CF$,$CD \parallel BE$,$EF \parallel AD$,DE,FA,BC 的中点分别外 P,Q,R,CF,BE,DA 的中点分别为 P',Q',R',如图 1127.3 所示,求证:PP',QQ',RR' 三线共点(此点记为 O).

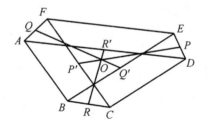

图 1127.3

命题 1128 设六边形 $ABCDEF$ 的各边中点顺次为 G,H,I,J,K,L,如图 1128 所示,求证:$\triangle GIK$ 和 $\triangle HJL$ 的重心是同一个点(该点记为 M).

注:下面三道命题与本命题相近.

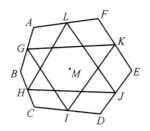

图 1128

命题 1128.1 设六边形 $ABCDEF$ 中,三直线 AD, BE, CF 两两相交构成 $\triangle PQR$, CD, EF, AB 的中点分别为 P', Q', R', 如图 1128.1 所示,求证: PP', QQ', RR' 三线共点(此点记为 S).

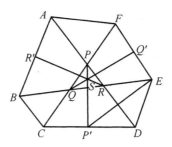

图 1128.1

命题 1128.2 设六边形 $ABCDEF$ 中, AB, BC, CD, DE, EF, FA 的中点分别为 G, H, I, J, K, L, $\triangle GIK$ 的三边中点分别为 H', J', L'; $\triangle HJL$ 的三边中点分别为 G', I', K', 如图 1128.2 所示,求证:

① GG', II', KK' 三线共点(此点记为 S);

② HH', JJ', LL' 三线共点(此点记为 T).

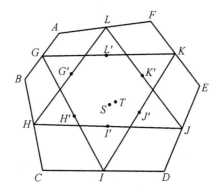

图 1128.2

命题 1128.3 设六边形 $ABCDEF$ 中, AB, BC, CD, DE, EF, FA 的中点分

别为 G,H,I,J,K,L,$\triangle ACE$ 和 $\triangle BDF$ 的三边中点分别为 P,Q,R,P',Q',R',这两个三角形的重心分别为 X,Z,如图 1128.3 所示,求证:

① GJ,HK,IL 三线共点,此点记为 W;

② PP',QQ',RR' 三线共点,此点记为 Y;

③ 四边形 $WXYZ$ 是菱形.

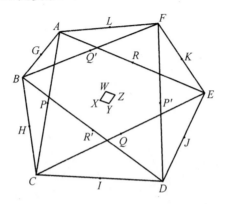

图 1128.3

命题 1129 设五边形 $ABCDE$ 中,$AB \perp BC$,$AE \perp DE$,$\angle BAC = \angle EAD$,BD 交 CE 于 F,如图 1129 所示,求证:$AF \perp BE$.

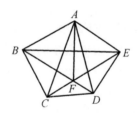

图 1129

命题 1130 设五边形 $ABCDE$ 中,$\angle BAC = \angle DAE$,$\triangle ABC$,$\triangle ADE$ 的垂心分别为 P,Q,BE,CD 的中点分别为 M,N,如图 1130 所示,求证:$MN \perp PQ$.

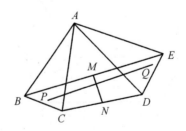

图 1130

5.6

命题 1131 设 $\triangle ABC$ 内接于圆 O,AD,BE,CF 都是 $\triangle ABC$ 的高,如图 1131 所示,求证:下列三直线共点(此点记为 S):OD 关于 AD 的对称直线;OE 关于 BE 的对称直线;OF 关于 CF 的对称直线.

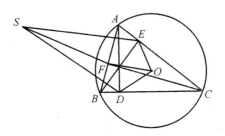

图 1131

命题 1132 设 $\triangle ABC$ 内接于圆 O,AO,BO,CO 分别交圆 O 于 A',B',C',A 关于 BC 的对称点为 A'';B 关于 CA 的对称点为 B'';C 关于 AB 的对称点为 C'',如图 1132 所示,求证:AA'',BB'',CC'' 三线共点(此点记为 S).

注:下面命题 1132.1 与本命题相近.

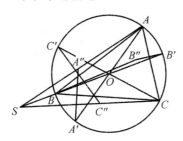

图 1132

命题 1132.1 设 $\triangle ABC$ 内接于圆 O,O 关于 BC,CA,AB 的对称点分别为 A',B',C',如图 1132.1 所示,求证:AA',BB',CC' 三线共点(此点记为 S).

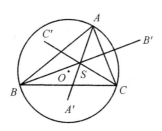

图 1132.1

命题 1133 设 $\triangle ABC$ 内接于圆 O，直线 l 分别交 BC, CA, AB 于 A', B', C'，O 在 l 上的射影为 M，在 l 上，设 A', B', C' 关于 M 的对称点分别为 A'', B'', C''，如图 1133 所示，求证：

① AA'', BB'', CC'' 三线共点，此点记为 S；

② 点 S 在圆 O 上．

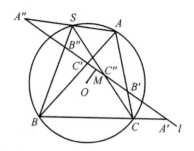

图 1133

命题 1134 设 $\triangle ABC$ 内接于圆 O，三线段 OA, OB, OC 的垂直平分线两两相交，构成 $\triangle A'B'C'$，如图 1134 所示，求证：AA', BB', CC' 三线共点（此点记为 S）．

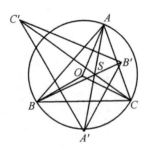

图 1134

命题 1135 设四边形 $ABCD$ 内接于圆 O，过一边的两端（如 A, B）作该边（指 AB）的相邻两边（指 AD, BC）的垂线（指图中的 AP, BP），这两垂线的交点分别记为 P, Q, R, S，如图 1135 所示，求证：

① O, P, Q, R, S 五点共线；

② $OQ = OS, OP = OR$．

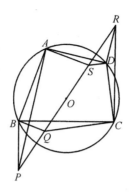

图 1135

命题 1136 设四边形 $ABCD$ 内接于圆 O,AC 交 BD 于 M,M 在 AB,BC,CD,DA 上的射影分别为 A',B',C',D',如图 1136 所示,求证:$A'B'$,$C'D'$,AC 三线共点(此点记为 S).

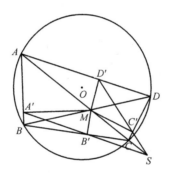

图 1136

注:本命题与下面的命题 1136.1 互为对偶命题.

命题 1136.1 设四边形 $ABCD$ 外切于圆 O,AC 交 BD 于 M,M 在 AB,BC,CD,DA 上的射影分别为 A',B',C',D',如图 1136.1 所示,求证:$A'B'$,$C'D'$,AC 三线共点(此点记为 S).

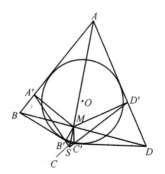

图 1136.1

命题 1137 设四边形 $ABCD$ 内接于圆 O, AC 与 BD 垂直相交于 M, M 在 AB,BC,CD,DA 上的射影分别外 E,F,G,H, 如图 1137 所示, 求证:

① E,F,G,H 四点共圆, 此圆圆心记为 O';

② M,O',O 三点共线.

注:下面命题 1137.1 与本命题相近.

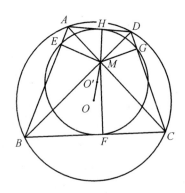

图 1137

命题 1137.1 设四边形 $ABCD$ 内接于圆 O, M 是圆 O 内一点, M 在 AB,CD,AD,BC,AC,BD 上的射影分别为 E,F,G,H,K,L, 设 EF,GH,KL 的中点分别为 P,Q,R, 如图 1137.1 所示, 求证: P,Q,R 三点共线.

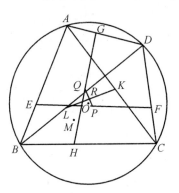

图 1137.1

命题 1138 设四边形 $ABCD$ 内接于圆 O, 顶点 A 关于 $\triangle BCD$ 的西姆森线记为"$A-BCD$", 类似于此, 还有三条西姆森线, 它们分别是 $B-CDA,C-DAB,D-ABC$, 如图 1138 所示, 求证: 这四条西姆森线共点(此点记为 S).

注:此乃"安宁定理".

下面命题 1138.1 与本命题相近.

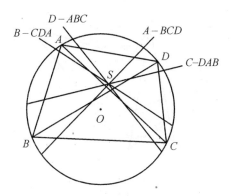

图 1138

命题 1138.1 设四边形 $ABCD$ 内接于圆 O,P 是圆 O 上一点,P 关于 $\triangle BCD$,$\triangle CDA$,$\triangle DAB$,$\triangle ABC$ 的西姆森线分别记为 m_1,m_2,m_3,m_4,P 在这四直线上的射影分别为 A',B',C',D',如图 1138.1 所示,求证:A',B',C',D' 四点共线(此线记为 l).

注:此乃"朗古来(Longuerrc)定理".

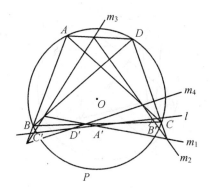

图 1138.1

** **命题 1139** 设 A,B,C,D,E,F 是圆 O 上顺次六点,三直线 AB,CD,EF 两两相交构成 $\triangle PQR$,另三直线 BC,DE,FA 也两两相交构成 $\triangle P'Q'R'$,如图 1139 所示,求证:PP',QQ',RR' 三线共点(此点记为 S).

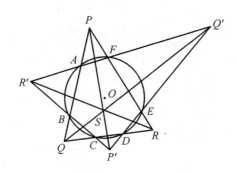

图 1139

命题 1140 设四边形 $ABCD$ 中, AC 交 BD 于 M, $AC \perp BD$, 设点 M 关于 AB, BC, CD, DA 的对称点分别为 E, F, G, H, EG 交 FH 于 N, 如图 1140 所示, 求证:

① E, F, G, H 四点共圆;

② $EG \perp FH$;

③ M, N, O 三点共线.

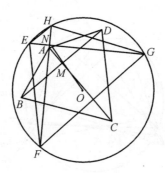

图 1140

命题 1141 设六边形 $ABCDEF$ 内接于圆 O, 其六边中点分别为 G, H, I, J, K, L, 如图 1141 所示, 三直线 AB, CD, EF 两两相交, 构成 $\triangle PQR$, 另三直线 AF, BC, DE 两两相交, 构成 $\triangle P'Q'R'$, 求证:

① PL, QH, RJ 三线共点, 此点记为 M;

② $P'G$, $Q'I$, $R'K$ 三线共点, 此点记为 N;

③ GJ, HK, IL 三线共点, 此点记为 S;

④ M, S, N 三点共线.

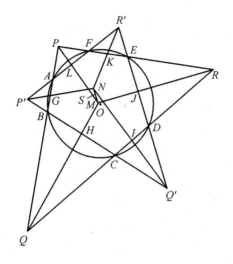

图 1141

命题 1142 设五角星 $ABCDE$ 内接于圆 O,BD 交 CE 于 F,AF 交圆 O 于 G,过 G 作圆 O 的切线,且交 BE 于 H,如图 1142 所示,求证:"$AC = AD$" 的充要条件是"$HF = HG$".

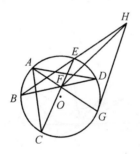

图 1142

* 命题 1143 设完全四边形 $ABCD-EF$ 内接于圆 O,AC 交 BD 于 M,M 在 AB,BC,CD,DA 上的射影分别为 A',B',C',D',设 $A'C'$ 交 $B'D'$ 于 N,如图 1143 所示,求证:

① O,M,N 三点共线;

② $MN \perp EF$.

注:本命题与下面的命题 1143.1 互为对偶命题.

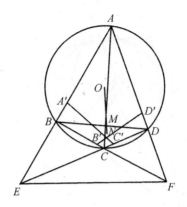

图 1143

* **命题 1143.1** 设完全四边形 $ABCD-EF$ 外切于圆 O，AC 交 BD 于 M，M 在 AB,BC,CD,DA 上的射影分别为 A',B',C',D'，设 $A'C'$ 交 $B'D'$ 于 N，如图 1143.1 所示，求证：

① O,M,N 三点共线；

② $MN \perp EF$.

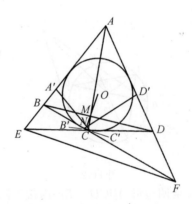

图 1143.1

* **命题 1144** 设 $\triangle ABC$ 外切于圆 O，过 O 作 OA 的垂线，且交 BC 于 A'；过 O 作 OB 的垂线，且交 CA 于 B'；过 O 作 OC 的垂线，且交 AB 于 C'，现在，作 OA' 的垂直平分线，且交 AA' 于 P；作 OB' 的垂直平分线，且交 BB' 于 Q；作 OC' 的垂直平分线，且交 CC' 于 R，如图 1144 所示，求证：

① A',B',C' 三点共线；

② P,Q,R 三点共线.

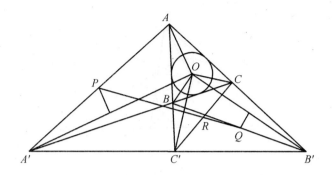

图 1144

命题 1145 设 $\triangle ABC$ 外切于圆 O,BC,CA,AB 上的切点分别为 D,E,F,$\triangle DEF$ 的重心为 G,DG,EG,FG 分别交圆 O 于 A',B',C',设 $\triangle DEF$ 的垂心为 H,如图 1145 所示,求证:

① AA',BB',CC' 三线共点,此点记为 S;

② S,O,G,H 四点共线.

注:点 S 称为"Exeter 点".

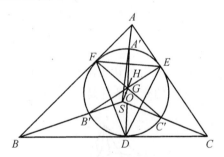

图 1145

命题 1146 设 $\triangle ABC$ 外切于圆 O,M 是圆 O 内一点,过 M 且与 OM 垂直的直线记为 l,作 MA 关于 l 的对称直线,且交 BC 于 A';作 MB 关于 l 的对称直线,且交 CA 于 B';作 MC 关于 l 的对称直线,且交 AB 于 C',如图 1146 所示,求证:

① A',B',C' 三点共线;

② 这直线与圆 O 相切.

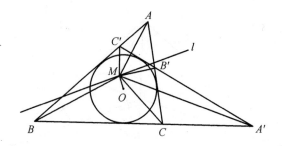

图 1146

命题 1147 设四边形 $ABCD$ 外切于圆 O，$\triangle ABD$ 和 $\triangle BCD$ 的内心分别为 O_1, O_2，如图 1147 所示，求证：$O_1O_2 \perp BD$.

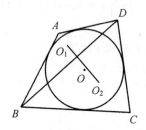

图 1147

命题 1148 设四边形 $ABCD$ 外切于圆 O，P 是圆 O 外一点，如图 1148 所示，求证："$\angle APO = \angle CPO$"的充要条件是"$\angle BPO = \angle DPO$".

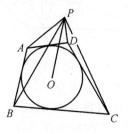

图 1148

5.7

命题 1149 设圆 O_1 与圆 O_2 相交于 A,B,点 O_1 在圆 O_2 上,O_1O_2 交圆 O_2 于 C,D 是直线 BC 上一点,过 D 作圆 O_1 的切线,切点为 E,DE 交 O_1O_2 于 F,FA 交圆 O_2 于 G,设 CE 交圆 O_2 于 H,如图 1149 所示,求证:D,G,H 三点共线.

注:下面两命题与本命题相近.

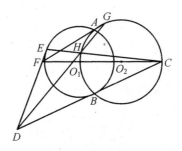

图 1149

命题 1149.1 设两圆 A,O 相交于 C,D,AB 是圆 O 的直径,E 是圆 A 上一点,过 E 作圆 A 的切线,且交 BA 于 F,交 BC 于 G,设 FD,ED 分别交圆 O 于 K,M,BE 交圆 O 于 H,如图 1149.1 所示,求证:

① G,H,K 三点共线;

② G,A,M 三点也共线.

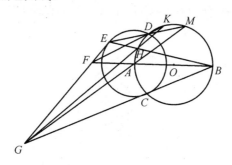

图 1149.1

命题 1149.2 设两圆 A,O 相交于 C,D,AB 是圆 O 的直径,AB 交圆 A 于 E,过 E 作圆 A 的切线,且交 BC 于 F,设 ED 交圆 O 于 G,如图 1149.2 所示,求证:F,A,G 三点共线.

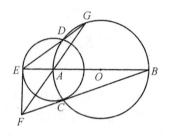

图 1149.2

命题 1150 设两圆 O_1,O_2 相交于 A,B,圆心 O_1 在圆 O_2 上,P 是圆 O_2 上一点,过 P 作圆 O_1 的两条切线,切点分别为 C,D,CD 交圆 O_2 于 E,PE 交 O_1 于 F,PE 的中点为 M,设 BF 交圆 O_2 于 G,GM 交圆 O_2 于 Q,如图 1150 所示,求证:$QB=QF$.

注:下面四命题与本命题相近.

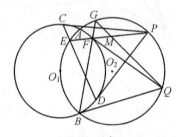

图 1150

命题 1150.1 设两圆 O_1,O_2 相交于 A,B,圆心 O_2 在圆 O_1 上,P 是圆 O_2 上一点,PA,PB 分别交圆 O_1 于 C,D,设 O_1 关于直线 CD 的对称点为 E,如图 1150.1 所示,求证:$PE \perp AB$.

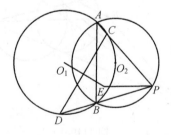

图 1150.1

命题 1150.2 设两圆 O,O' 相交于 A,B,点 O 在圆 O' 上,C 是圆 O 上一点,AC 交圆 O' 于 D,设 BC 的中点为 M,如图 1150.2 所示,求证:D,O,M 三点共线.

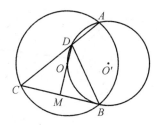

图 1150.2

命题 1150.3 设两圆 O,O' 相交于 A,B,点 O 在圆 O' 上,C 是圆 O 上一点,AC,BC 分别交圆 O' 于 E,F,如图 1150.3 所示,求证:四边形 $CFDE$ 是平行四边形.

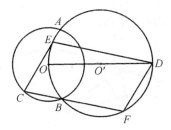

图 1150.3

* **命题 1150.4** 设两圆 O,O' 相交于 A,B,圆心 O' 在圆 O 上,P 是圆 O 上一点,过 P 作圆 O' 的两条切线,切点分别为 C,D,CD 交圆 O 于 E,EP 交圆 O' 于 F,AF 交圆 O 于 G,设 EP 的中点为 M,GM 交圆 O 于 H,如图 1150.4 所示,求证:$HO' \perp AG$.

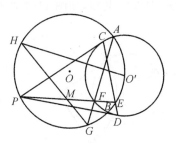

图 1150.4

命题 1151 设两圆 O,O' 垂直相交,交点为 A,B,一直线过 O',且交圆 O 于 C,D,P 是圆 O 上一点,AP 交圆 O' 于 E,设 CE,DE 分别交圆 O 于 F,G,FG 的中点为 Q,如图 1151 所示,求证:O,P,Q 三点共线.

注:下面两命题与本命题相近.

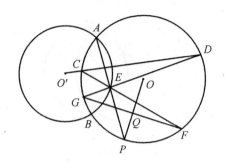

图 1151

命题 1151.1 设两圆 O_1,O_2 相交于 A,B,$AO_1 \perp AO_2$,P 是圆 O_1 上一点,过 P 作圆 O_2 的切线,切点为 Q,过 O_1 作 PO_2 的垂线,且交 PQ 于 M,如图 1151.1 所示,求证:点 M 是线段 PQ 的中点.

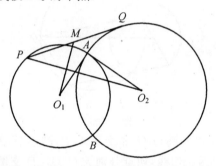

图 1151.1

命题 1151.2 设两圆 O_1,O_2 相交于 A,B,P 是圆 O_1 上一点,PA,PB 分别交圆 O_2 于 C,D,若 C,O_2,D 三点共线,如图 1151.2 所示,求证:$AO_1 \perp AO_2$.

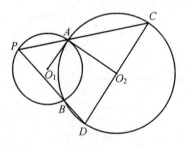

图 1151.2

命题 1153 设两圆 O_1,O_2 相交于 A,B,AB 的中点记为 M,一直线过 M,且分别交这两圆于 C,D,过 C 作圆 O_1 的切线,且交 AB 于 E;过 D 作圆 O_2 的切线,且交 AB 于 F,现在,过 E 作圆 O_1 的切线,切点记为 G;过 F 作圆 O_2 的切线,切点记为 H,如图 1153 所示,求证:G,M,H 三点共线.

注:下面两命题与本命题相近.

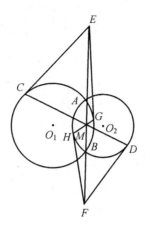

图 1153

命题 1153.1 设两圆 O_1, O_2 相交于 A, B, AB 的中点为 M, 一直线过 A, 且分别交圆 O_1, O_2 于 C, D, 过 C 作圆 O_1 的切线, 同时, 过 D 作圆 O_2 的切线, 这两切线相交于 E, 设 B 在 EC, ED 上的射影分别为 F, G, FG 交 CD 于 H, 如图 1153.1 所示, 求证: $MH \perp FG$.

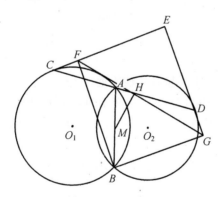

图 1153.1

命题 1153.2 设两圆 O_1, O_2 相交于 A, B, M 是 AB 上一点, 一直线过 M, 且分别交两圆 O_1, O_2 于 C, D, 过 C 作圆 O_1 的切线, 且交圆 O_2 于 E, F; 过 D 作圆 O_2 的切线, 且交圆 O_1 于 G, H, 如图 1153.2 所示, 求证: "$EH \parallel FG$" 的充要条件是 "$MC = MD$".

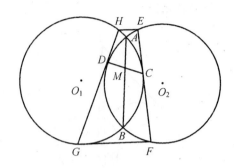

图 1153.2

命题 1154 设两圆 O_1, O_2 相交于 M, N, AB, CD 是这两圆的公切线,A,B,C,D 都是切点,如图 1154 所示,求证:$\angle AMB + \angle CMD = 180°$.

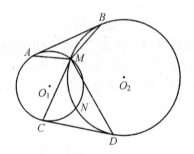

图 1154

注:下面的命题 1154.1 与本命题相近.

命题 1154.1 设两圆 O_1, O_2 相交于 A, B, CD, EF 都是这两圆的公切线,C, D, E, F 都是切点,如图 1154.1 所示,$\triangle ACD$ 和 $\triangle AEF$ 的垂心分别记为 H_1 和 H_2,求证:

① H_1, B, H_2 三点共线,且 $BH_1 = BH_2$;

② $AB \perp H_1 H_2$.

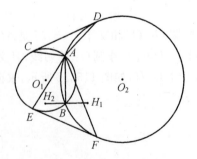

图 1154.1

命题 1155 设两圆 O_1,O_2 相交于 A,B,CD 是这两圆靠近 A 的公切线,C,D 是这两圆上的切点,过 B 作 CD 的平行线,且分别交两圆于 E,F,EC 交 FD 于 G,如图 1155 所示,求证:$GB \perp EF$.

注:下面三命题与本命题相近.

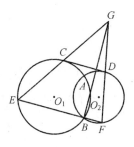

图 1155

命题 1155.1 设两圆 O_1,O_2 相交于 A,B,CD 是这两圆靠近 A 的公切线,C,D 是这两圆上的切点,一直线与 CD 平行,且分别交这两圆于 E,F,EC 交 FD 于 G,求证:

① $\angle EBG = \angle FBG$,如图 1155.1.1 所示;

② $\angle EAG = \angle FAG$,如图 1155.1.2 所示.

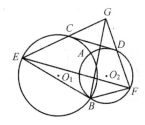 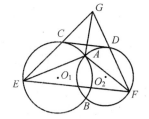

图 1155.1.1　　　　　图 1155.1.2

命题 1155.2 设两圆 O_1,O_2 相交于 A,B,这两圆的一条外公切线分别与这两圆相切于 C,D,一直线与 CD 平行,且分别交圆 O_1,O_2 于 E,F,如图 1155.2 所示,设 CE 交 DF 于 G,求证:$\angle EAG = \angle FAG$.

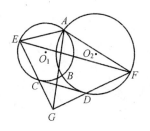

图 1155.2

命题 1155.3 设两圆 O, O' 相交于 A, B,一条公切线分别与这两圆相切于 C, E,AB 交 CE 于 D,EA 交圆 O 于 F,CA 交圆 O' 于 G,CF 交 EG 于 H,如图 1155.3 所示,求证:

① 点 D 是线段 CE 的中点;
② $HC = HE$.

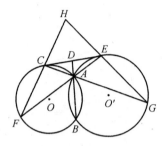

图 1155.3

命题 1156 设完全四边形 $ABCD-EF$ 内接于圆 O,AC 是圆 O 的直径,如图 1156 所示,求证:

① B, E, F, D 四点共圆,其圆心就是 EF 的中点,该点记为 O';
② $OD \perp O'D$,$OB \perp O'B$.

注:下面四命题与本命题相近.

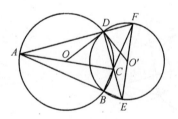

图 1156

命题 1156.1 设两圆 O_1, O_2 相交于 A, B,AC 是圆 O_1 的直径,AD 是圆 O_2 的直径,M 是半圆弧 AC 的中点,N 是半圆弧 AD 的中点,MD 交 NC 于 E,如图 1156.1 所示,求证:$AE \perp MN$.

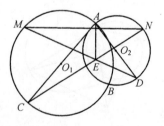

图 1156.1

命题 1156.2　设两圆 O_1, O_2 相交于 A, B, AM_1, AM_2 分别是这两圆的直径, 点 N_1, N_2 分别在圆 O_1, O_2 上, 如图 1156.2 所示, 求证:"N_1, A, N_2 三点共线"的充要条件是"$M_1 N_1 \parallel M_2 N_2$,".

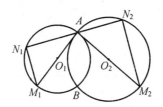

图 1156.2

命题 1156.3　设两圆 O, O' 相交于 A, B, AO' 分别交这两圆于 C, D, BO 分别交这两圆于 E, F, 如图 1156.3 所示, 求证: $CE \parallel DF$.

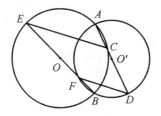

图 1156.3

*命题 1156.4　设两圆 O, O' 相交于 A, B, CD, EF 分别是这两圆的直径, 且彼此平行, 设 CE 交 DF 于 M, CF 交 DE 于 N, 如图 1156.4 所示, 求证:

① M, N, O, O' 四点共线;

② $AM \perp AN$.

注: M, N 分别是圆 O, O' 的"外公心"和"内公心"(参阅上册第 472 页的命题 1466).

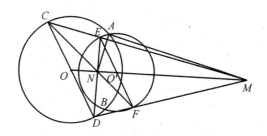

图 1156.4

命题 1157　设两圆 O_1, O_2 相交于 A, B, 过 B 作 AB 的垂线, 且分别交两圆 O_1, O_2 于 C, D, AC 交圆 O_2 于 E, AD 交圆 O_1 于 F, CF 交圆 O_2 于 G, H, DE 交

圆 O_1 于 K,L，设 GL 交 KH 于 P，如图 1157 所示，求证：点 P 在 CD 上.

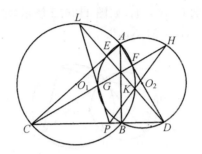

图 1157

命题 1158 设两圆 O_1,O_2 相交于 A,B，一直线过 B，且分别交两圆 O_1,O_2 于 C,D，CD 的中点为 P，AP 的中点为 Q，O_1,O_2 的中点为 M，如图 1158 所示，求证：$MQ \perp AP$.

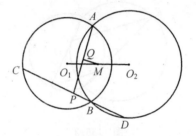

图 1158

命题 1159 设两圆 O_1,O_2 相交于 A,B，过 A 作两直线，它们分别交这两圆于 C,D 和 E,F，设 CD 交 EF 于 P，CF 交 DE 于 Q，如图 1159 所示，求证："$BP \perp BQ$" 的充要条件是 "$CD \perp EF$".

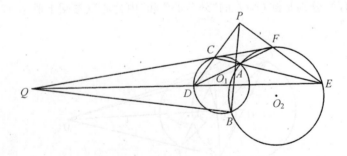

图 1159

命题 1160 设两圆 O,O' 相交于 A,B，圆心 O 在圆 O' 上，圆心 O' 在圆 O 外，过 O' 作圆 O 的切线，切点为 Q，$O'Q$ 交圆 O' 于 C,D，OC,OD 分别交 AB 于 P,R，如图 1160 所示，求证：四边形 $OPQR$ 是矩形.

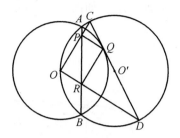

图 1160

命题 1161 设两圆 O_1, O_2 相交于 A, B, P 是圆 O_2 上一点，PA, PB 分别交圆 O_1 于 C, D，如图 1161 所示，求证：$O_2P \perp CD$.

注：下面的命题 1161.1 与本命题相近.

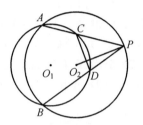

图 1161

命题 1161.1 设两圆 O, O' 相交于 A, B, C 是圆 O 上一点，CA, CB 分别交圆 O 于 D, E，设 DE 交 AB 于 F，FC 交圆 O 于 G，如图 1161.1 所示，求证：$O'G \perp FC$.

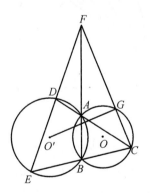

图 1161.1

＊＊命题 1162 设两圆 O_1, O_2 相交，在这两圆的两条公切线上各取两点，它们分别记为 A, B 和 C, D，使得 AC 与圆 O_2 相切，BD 与圆 O_1 相切，且 $AC \parallel BD$，过 A, C 分别作圆 O_1 的切线，这两切线交于 E；过 B, D 分别作圆 O_2 的切线，

这两切线交于 F,设 AD 交 BC 于 P,如图 1162 所示,求证：
① 点 P 在 EF 上；
② $AE \parallel DF$,$CE \parallel BF$.

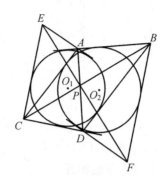

图 1162

命题 1163 设圆 O 与圆 O' 相交于 M,N,A,B 是圆 O 上两点,AM,BN,BM,AN 分别交圆 O' 于 A',B',C',D',NC',MD' 分别交圆 O 于 C,D,设 CN 交 AM 于 E,DM 交 BN 于 F,BM 交 $A'N$ 于 G,AN 交 $B'M$ 于 H,如图 1163 所示,求证：下列六直线互相平行：$AB,CD,A'B',C'D',EF,GH$.

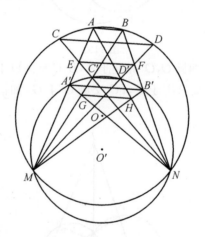

图 1163

* **命题 1164** 设 A,B,C,D 是圆 O 上顺次四点,A,C 在 BD 上的射影分别为 E,G；B,D 在 AC 上的射影分别为 H,F,设 AE,BH,CG,DF 这四条直线构成四边形 $PQRS$,如图 1164 所示,求证：
① E,F,G,H 四点共圆,该圆圆心记为 O'；
② P,O',R 三点共线,Q,O',S 三点共线.

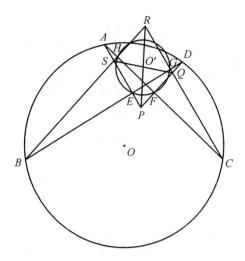

图 1164

命题 1165 设两圆 O_1, O_2 相交于 A, B,AO_2 交 BO_1 于 P,过 P 分别作这两圆的切线,切点依次为 C, D,CD 交 AB 于 M,如图 1165 所示,求证:$MC = MD$.

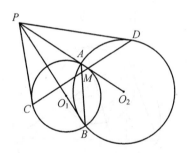

图 1165

* 命题 1166 设 $\triangle ABC$ 内接于圆 O,过 O 作 BC 的垂线,该垂线交圆 O 于 D, E,交 BC 于 M,设 P 是 AE 上一点,过 M 作 AE 的平行线,且交 DP 于 F,以 DP 为直径作圆,其圆心记为 O',此圆分别交 AB, AC 于 G, H,如图 1166 所示,求证:

① 点 A 在圆 O' 上;

② $DP \perp GH$.

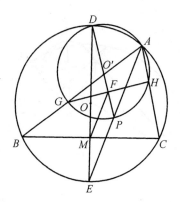

图 1166

命题 1167 设 △ABC 内接于圆 O，∠BAC 的平分线交圆 O 于 D，过 O 作 BC 的平行线，且交 AD 于 E，圆 O′ 过 A, E, O 三点，该圆分别交 AB, AC 于 F, G，交圆 O 于 H，过 A 作 BC 的垂线，且交圆 O 于 K，如图 1167 所示，求证：

① K, E, O′, H 四点共线；

② EH ⊥ FG；

③ OF // BD，OG // CD．

注：下面的命题 1167.1 与本命题相近．

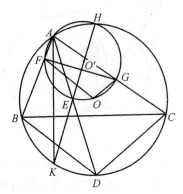

图 1167

* **命题 1167.1** 设 AB, CD 是圆 O 内两弦，A, B 在 CD 上的射影分别为 A′, B′，C, D 在 AB 上的射影分别为 C′, D′，如图 1167.1 所示，求证：

①A′, B′, C′, D′ 四点共圆（此圆圆心记为 O′）；

② AD // B′C′，BC // A′D′．

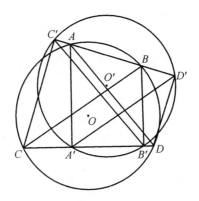

图 1167.1

命题 1168 设两圆 O_1, O_2 相交于 A, B，一直线过 A，且分别交这两圆于 C, D，另有一直线过 B，且分别交这两圆于 E, F，设 CF 分别交这两圆于 M, P，DE 分别交在两圆于 N, Q，如图 1168 所示，求证：$MN \parallel PQ$。

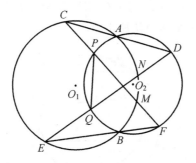

图 1168

命题 1169 设 A, B, C 是圆 O 上三点，过 A 作 α 的切线，且交 BC 于 D，以 D 为圆心，DA 为半径作圆，并在此圆上取一点 P，设 AP, BP, CP 分别交圆 O 于 E, F, G，如图 1169 所示，求证：$EF = EG$。

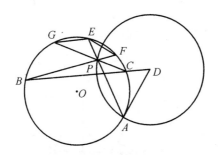

图 1169

命题 1170 设两圆 O, O' 相交于 A, M，过 M 作三条直线，它们分别交这两

圆于 B,B',C,C',D,D'，如图 1170 所示，求证：四边形 $ABCD$ 与四边形 $A'B'C'D'$ 相似.

注：若过 M 只作两条直线，那么，结论应改为："两个三角形相似"，等等.

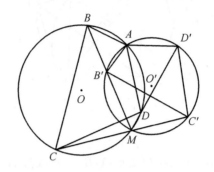

图 1170

命题 1171 设两圆 O,O' 相交于 A,B，梯形 $CDEF$ 中，$CF\parallel DE$，C,D 在圆 O' 上，E,F 在圆 O 上，且 CD 与圆 O 相切于 M，EF 与圆 O' 相切于 N，如图 1171 所示，求证：线段 MN 被 AB 所平分.

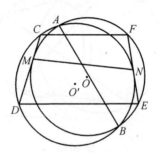

图 1171

命题 1172 设 A,B,C 是圆 O 上三点，AB,BC 的中点分别为 M,N，MO 交 BC 于 D，NO 交 AB 于 E，如图 1172 所示，求证：E,A,O,D,C 五点共圆（该圆圆心记为 O'）.

注：下面的命题 1172.1 与本命题相近.

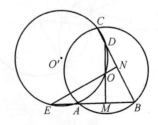

图 1172

命题 1172.1 设 △ABC 内接于圆 O,过 O 作 BC 的垂线,且交 AC 于 D;过 O 作 AC 的垂线,且交 BC 于 E,如图 1172.1 所示,求证:A,B,D,E,O 五点共圆(该圆圆心记为 O').

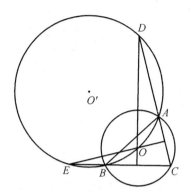

图 1172.1

命题 1173 设圆 O 内、外各有一定点,分别记为 M,N,过 M,N 任作一圆 O',它与圆 O 相交于 A,B,设 AB 交 MN 于 P,如图 1173 所示,求证:P 是定点,与圆 O' 的作法无关.

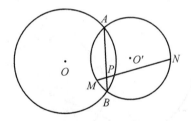

图 1173

命题 1174 设两圆 O,O' 相交,△ABC 内接于圆 O,圆 O' 是该三角形的 AB 边上的旁切圆,它与 AB,AC 分别相切于 D,E,设 $O'C,O'B$ 分别交圆 O 于 D',E',如图 1174 所示,求证:DD',EE',OO' 三线共点(此点记为 S).

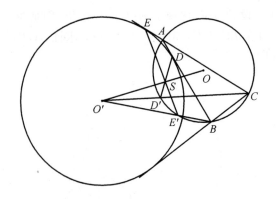

图 1174

命题 1175 设 BD,CE 分别是 $\triangle ABC$ 的两边 AC,AB 上的高,BD 交 CE 于 H,M 是 BC 的中点,圆 O_1 经过 B,M,D 三点,圆 O_2 经过 C,M,E 三点,这两圆交于 F,如图 1175 所示,求证:

① $AF \perp MH$;

② $O_1O_2 \perp MH$.

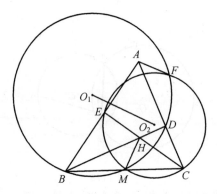

图 1175

命题 1176 设两圆 O_1,O_2 相交于 A,B 两点,另有两点 C,D 分别在圆 O_1 和圆 O_2 上,AD,BD 分别交圆 O_1 于 E,F,AC,BC 分别交圆 O_2 于 G,H,EF 交 GH 于 P,CO_1 交 DO_2 于 Q,CO_1 交 EF 于 M,DO_2 交 GH 于 N,如图 1176 所示,求证:$MN \perp PQ$.

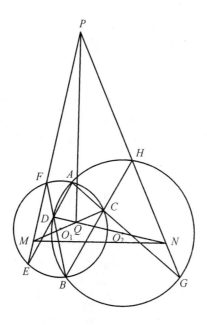

图 1176

** 命题 1177 设 $\triangle ABC$ 内接于圆 O,一直线分别交 BC,CA,AB 于 A', B',C',过 A,B,C 分别作 $A'B'$ 的平行线,且依次交圆 O 于 A'',B'',C'',如图 1177 所示,求证:

① $A'A'',B'B'',C'C''$ 三线共点,此点记为 S;

② 点 S 在圆 O 上;

③ 有三次四点共圆,它们分别是:$(S,A,B',C'),(S,B,C',A'),(S,C,A',B')$,这三个圆的圆心分别记为 O_1,O_2,O_3;

④ S,O,O_1,O_2,O_3 五点共圆(此圆圆心记为 O').

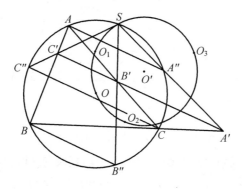

图 1177

5.8

命题1178 设M是圆O内一点，A,A',B,B',C,C'是圆O上六点，使得MA' // OA，MB' // OB，MC' // OC，设MA交OA'于P，MB交OB'于Q，MC交OC'于R，过P,Q,R三点的圆记为圆N，如图1178所示，求证：M,N,O三点共线.

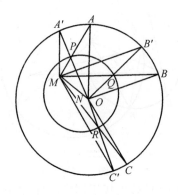

图1178

命题1179 设$\triangle ABC$外切于圆O，BC,CA,AB上的中点分别为D,E,F，以O为圆心作圆α，设OD,OE,OF分别交圆α于D',E',F'，如图1179所示，求证：AD',BE',CF'三线共点（此点记为S）.

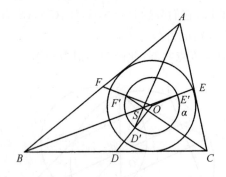

图1179

命题1180 设两圆α,β有着公共的圆心O，β在α内，A是α上一定点，过A作β的两条切线，且分别交α于B,C，一动直线与β相切，且分别交AB,AC于D,E，还交α于F,G，设AF交BG于M，AG交CF于N，如图1180所示，求证：

① MN 是定直线,它与动直线 DE 的位置无关;
② O,M,D 三点共线,O,N,E 三点也共线.

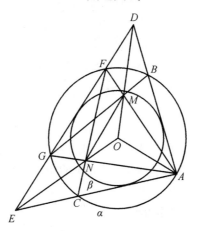

图 1180

命题 1181 设圆 O_2 内切于圆 O_1,切点为 P,A 是圆 O_2 上一点,过 A 作圆 O_2 的切线,且交圆 O_1 于 B,C,设弧 BP,CP 的中点分别为 M,N,如图 1181 所示,求证:$MN \perp AP$.

注:注意下面的命题 1181.1 与本命题的联系.

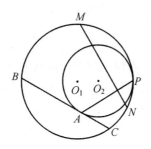

图 1181

命题 1181.1 设圆 O_2 内切于圆 O_1,切点为 P,A,B 是圆 O_2 上两点,过这两点分别作圆 O_2 的切线,它们依次交圆 O_1 于 C,D 和 E,F,设弧 CF 和弧 DE 的中点分别为 M,N,如图 1181.1 所示,求证:$MN \parallel AB$.

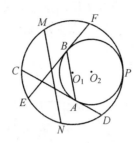

图 1181.1

命题 1182 设圆 O_1 内切于圆 O_2,切点为 P,M 是圆 O_2 上一点,过 M 作圆 O_1 的两条切线,切点分别为 A,B,C 是 AB 的中点,设 MB 交圆 O_2 于 D,如图 1182 所示,求证:$\triangle PAC \backsim \triangle PBD$.

注:下面四命题与本命题相近.

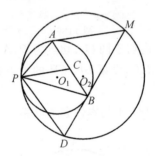

图 1182

命题 1182.1 设圆 O_2 内切于圆 O_1,切点为 A,P 是圆 O_1 上一点,过 P 作圆 O_2 的两条切线,切点分别为 B,C,BC 交 PA 于 D,过 A 作圆 O_1 的切线,且交 BC 于 E,设 PE 交圆 O_1 于 F,如图 1182.1 所示,求证:O_2,D,F 三点共线,且此线与 PE 垂直.

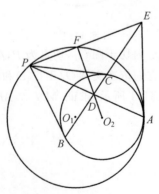

图 1182.1

命题 1182.2　设圆 O 内切于圆 O'，切点为 P，A 是圆 O 上一点，过 A 作圆 O' 的两条切线，切点分别为 D,E，AD,AE 分别交圆 O 于 B,C，PD,PE 分别交圆 O 于 M,N，CM 交 BN 于 I，IO' 交圆 O 于 F，如图 1182.2 所示，求证：

① D,I,E 三点共线；
② I 是 $\triangle ABC$ 的内心；
③ $PF \perp PI$.

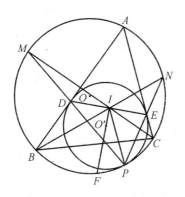

图 1182.2

* **命题 1182.3**　设圆 O' 内切于圆 O，切点为 A，P 是圆 O 上一点，过 P 作圆 O' 的两条切线，切点分别为 B,C，过 A 作圆 O 的切线，且交 BC 于 D，PD 交圆 O 于 E，PA 交 BC 于 F，EF 交圆 O 于 G，如图 1182.3 所示，求证：

① 点 O' 在 EG 上；
② P,O,G 三点共线.

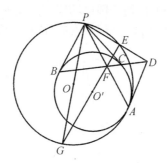

图 1182.3

* **命题 1182.4**　设圆 O' 内切于圆 O，切点为 P，A 是圆 O 上一点，过 A 作圆 O' 的两条切线，切点分别为 D,E，AD,AE 分别交圆 O 于 B,C，PD,PE 分别交圆 O 于 F,G，如图 1182.4 所示，求证：BG,CF,AO' 三线共点（此点记为 S）.

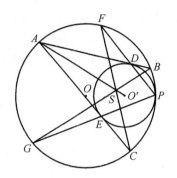

图 1182.4

命题 1183 设圆 O_1 内切于圆 O_2,切点为 A,一直线与圆 O_1 相切于 D,且交圆 O_2 于 B,C,P 是圆 O_2 上一点,如图 1183 所示,求证:"PO_1 平分 $\angle APD$"的充要条件是"PO_1 平分 $\angle BPC$".

注:下面的命题 1183.1 与本命题相近.

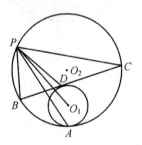

图 1183

命题 1183.1 设圆 O' 内切于圆 O,切点为 A,圆 O 的弦 BC 与圆 O' 相切于 D,AD 交圆 O 于 E,如图 1183.1 所示,求证:$EO \perp BC$.

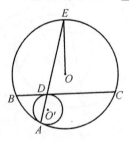

图 1183.1

命题 1184 设 AB 是圆 O 的直径,C,D 是圆 O 上两点,AC 交 BD 于 E,AD 交 BC 于 F,设圆 O' 是 $\triangle AEF$ 的外接圆,该圆交圆 O 于 P,PB 交 EF 于 M,如图 1184 所示,求证:点 M 是 EF 的中点.

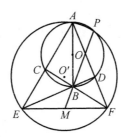

图 1184

命题 1185 设圆 O_2 内切于圆 O_1,切点为 M,P 是圆 O_2 外一点,过 P 作圆 O_2 的两条切线,切点分别为 A,B,PA,PB 分别交圆 O_1 于 C,D,设圆 O_1 上,弧 CD 的中点为 N,如图 1185 所示,求证:AB,CD,MN 三线共点(此点记为 S).

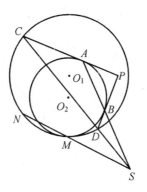

图 1185

命题 1186 设两圆 O_1,O_2 外切于 A,直线 O_1O_2 分别交这两圆于 B,C,BC 的中点为 P,过 A 作两圆的切线,并在其上取一点 M,过 M 分别作圆 O_1,O_2 的切线,切点依次为 D,E,DO_2 交 EO_1 于 Q,DC 交 EB 于 R,如图 1186 所示,求证:P,Q,R 三点共线.

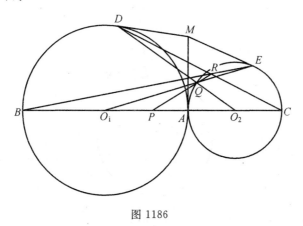

图 1186

命题1187　设完全四边形 $ABCD-EF$ 内接于圆 O，AC 交 BD 于 P，EF 的中点为 Q，过 E,F 作一个与圆 O 外切的圆 O'，这两圆的切点为 R，如图1187所示，求证：P,Q,R 三点共线.

注：注意下面的命题1187.1与本命题的联系.

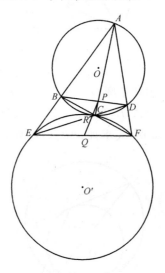

图 1187

命题1187.1　设完全四边形 $ABCD-EF$ 外切于圆 O，AC 交 BD 于 P，EF 的中点为 Q，过 E,F 作一个与圆 O 外切的圆 O'，这两圆的切点为 R，如图1187.1所示，求证：P,Q,R 三点共线.

注：参阅本书中册的命题1075和命题1076.

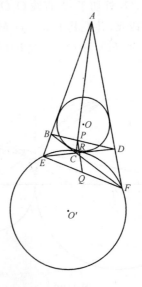

图 1187.1

命题 1188　设两圆 O,O' 外切于 A，一直线过 A，且分别交两圆 O,O' 于 C，D，过 D 作圆 O' 的切线，且交圆 O 于 F,G，如图 1188 所示，求证：CO 平分线段 FG.

注：下面的命题 1188.1 与本命题相近.

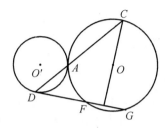

图 1188

命题 1188.1　设两圆 O_1,O_2 外切，A,B,C 是圆 O_1 上三点，AB 与圆 O_2 相切于 D，过 C 作圆 O_2 的切线，切点为 E，在 $\triangle ABC$ 中，$\angle BAC$ 的外角平分线与 $\angle BCA$ 的外角平分线相交于 S，如图 1188.1 所示，求证：点 S 在 DE 上.

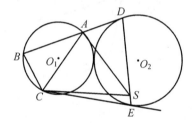

图 1188.1

命题 1189　设两圆 O_1,O_2 外切于 P，过 P 作两直线，它们分别交两圆于 A,B 和 C,D，设 AD 分别交这两圆于 E,F，BC 分别交这两圆于 G,H，如图 1189 所示，求证：$EG \parallel FH$.

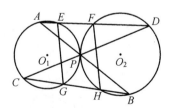

图 1189

命题 1190　设两圆 O_1,O_2 外切于 A，P 是圆 O_2 上一点，过 P 作圆 O_1 的两条切线，切点分别为 B,C，AB,AC 分别交圆 O_2 于 D,E，设 BE 交 CD 于 F，FA 交 BC 于 M，如图 1190 所示，求证：M 是 BC 的中点.

注:下面的命题 1190.1 与本命题相近.

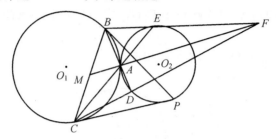

图 1190

命题 1190.1 设两圆 O_1，O_2 外切于 P，A 是圆 O_1 上一点,过 A 作圆 O_2 的两条切线,切点分别为 B，C，AB，AC 分别交圆 O_1 于 D，E，DE 交 BC 于 Q，设 AO_2 交圆 O_1 于 R，如图 1190.1 所示,求证:P，Q，R 三点共线.

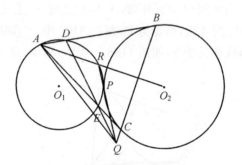

图 1190.1

* **命题 1191** 设两圆 O_1，O_2 外切，A，B 是圆 O_1 上两点,过这两点分别作圆 O_1 的切线,它们分别交圆 O_2 于 C，D 和 E，F，如图 1191 所示,作 $\angle DCE$ 的平分线,同时,作 $\angle DFE$ 的平分线,这两条平分线相交于 Q，设 CE 交 DF 于 P，求证:PQ 平分 $\angle CPF$.

注:下面的命题 1191.1 与本命题相近.

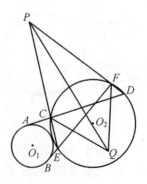

图 1191

命题 1191.1 设两圆 O_1, O_2 外切于 A, B, C 是圆 O_2 上两点,过这两点分别作圆 O_1 的切线,切点依次为 D, E, DE 交 BC 于 F, 设 AB 交圆 O_1 于 G, 如图 1191.1 所示, 求证: AF 平分 $\angle CAG$.

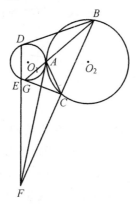

图 1191.1

命题 1192 设两圆 O_1, O_2 外离,这两圆的一条内公切线与这两圆的两条外公切线分别相交于 A, B, 这条内公切线与两圆 O_1, O_2 分别相切于 C, D, 如图 1192 所示, 求证: $AC = BD$.

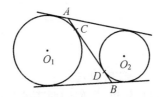

图 1192

命题 1193 设两圆 O_1, O_2 外离,它们的两条外公切线与圆 O_1 相切于 A, B, 与圆 O_2 相切于 C, D, 一直线与圆 O_1 相切于 E, 且分别交 AC, BD 于 G, H, 另有一直线,它与 GH 平行,且与圆 O_2 相切于 F, 该直线分别交 AC, BD 于 K, L, 设 EF 的中点为 M, MO_1 交 GH 于 P, MO_2 交 KL 于 Q, 如图 1193 所示, 求证: P 是线段 GH 的中点, Q 是线段 KL 的中点.

注:下面的命题 1193.1 与本命题相近.

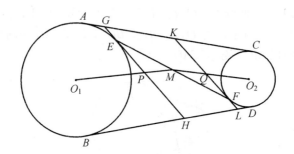

图 1193

命题 1193.1 设两圆 O_1,O_2 外离,它们的两条外公切线与圆 O_1 相切于 A,B,与圆 O_2 相切于 C,D,一直线与圆 O_1 相切于 E,且分别交 AC,BD 于 G,H,另有一直线,它与 GH 平行,且与圆 O_2 相切于 F,该直线分别交 AC,BD 于 K,L,如图 1193.1 所示,求证:EF,GL,KH 三线共点(此点记为 S).

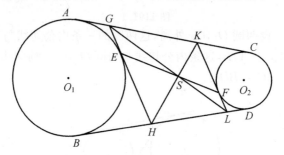

图 1193.1

命题 1194 设两圆 O_1,O_2 外离,它们的两条外公切线相交于 M,一条内公切线分别与这两圆相切于 A,B,设 M 在 AB 上的射影为 C,AO_2 交 MC 于 D,如图 1194 所示,求证:点 D 是线段 MC 的中点.

注:下面两命题与本命题相近.

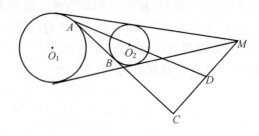

图 1194

命题 1194.1 设两圆 O_1,O_2 外离,AB,CD 是它们的外公切线,A,B,C,D 均为切点,O_1O_2 的垂直平分线交 AB 于 P,过 P 分别作圆 O_1,O_2 的切线,这两

切线分别交 CD 于 Q,R，如图 1194.1 所示，求证：$PQ=PR$.

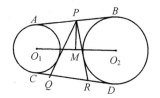

图 1194.1

命题 1194.2　设两圆 O_1,O_2 外离，有两条彼此平行的直线，一条与圆 O_1 相切，且分别交两圆 O_1,O_2 的两条外公切线于 A,B；另一条与圆 O_2 相切，且分别交两圆 O_1,O_2 的两条外公切线于 C,D，AB 与圆 O_1 相切于 M，CD 与圆 O_2 相切 N，设 O_1C 交 O_2A 于 E，O_1D 交 O_2B 于 F，如图 1194.2 所示，求证：

① $EF \parallel AB$；

② MN 平分线段 EF.

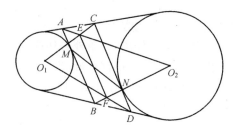

图 1194.2

命题 1195　设两圆 O_1,O_2 外离，AB 是它们的外公切线之一，CD，EF 是这两圆的两条内公切线，CD 交 EF 于 O，A,B,C,D,E,F 均为切点，设 AC 交 BF 于 P，AE 交 BD 于 Q，如图 1195 所示，求证：

① O,P,Q 三点共线；

② $PQ \perp AB$.

注：下面四命题与本命题相近.

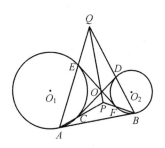

图 1195

命题 1195.1 设两圆 O_1, O_2 外离，AB 是这两圆的外公切线，A, B 都是切点，DE, FG 是两圆的内公切线，D, E, F, G 都是切点，设 DE 交 FG 于 N，AF 交 BE 于 C，BG 交 AD 于 H，BH 交 AC 于 K，AD 交 BC 于 L，如图 1195.1 所示，求证：

① O_1, K, N, L, O_2 五点共线；
② C, N, H 三点共线；
③ H 是 $\triangle ABC$ 的垂心．

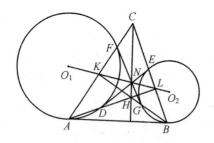

图 1195.1

命题 1195.2 设两圆 O_1, O_2 外离，一条外公切线与这两圆分别相切于 A，B，这两圆的内公切线相交于 N，CN 与圆 O_2 相切于 F，DN 与圆 O_1 相切于 E，AE, BF 分别交 O_1O_2 于 G, H，CH 交 DG 于 K，如图 1195.2 所示，求证：$KN \perp O_1O_2$．

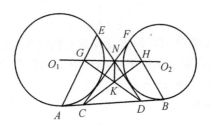

图 1195.2

命题 1195.3 设两圆 O_1, O_2 外离，它们的两条内公切线和一条外公切线构成 $\triangle ABC$，CA, CB 分别与圆 O_1 相切于 D, E，BA, BC 分别与圆 O_2 相切于 F，G，AB 交 DE 于 H，AC 交 FG 于 K，BK 交 CH 于 Q，设 O_1B 交 O_2C 于 M，M 在 BC 上的射影为 P，如图 1195.3 所示，求证：A, P, Q 三点共线．

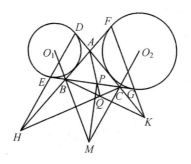

图 1195.3

命题 1195.4 设两圆 O_1,O_2 外离,它们的两条内公切线交于 A,这两条内公切线与一条外公切线相交于 B,C,BC 与圆 O_1,O_2 分别相切于 D,E,AB 与圆 O_2 相切于 G,AC 与圆 O_1 相切于 F,过 A 作 BC 的平行线,且分别交 DF,EG 于 M,N,FN 交 GM 于 H,HA 交 BC 于 K,设 A 在 BC 上的射影为 L,如图1195.4 所示,求证:$BK=CL$.

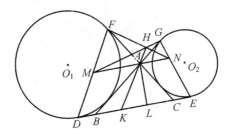

图 1195.4

命题 1196 设 MB 是 $\angle AMC$ 的平分线,圆 O_1 与 MA,MB 均相切,切点分别为 A,B,圆 O_2 与 MB,MC 均相切,切点分别为 D,C,圆 O_1,O_2 的另一条内公切线与这两圆分别相切于 E,F,如图 1196 所示,求证:A,E,D 三点共线,B,F,C 三点也共线.

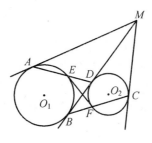

图 1196

命题 1197 设两圆 O_1,O_2 外离,它们的两条内公切线交于 M,P 是这两圆外一点,PO_1 交圆 O_1 于 A,PO_2 交圆 O_2 于 B,设 AO_2 交 BO_1 于 Q,如图1197所

示,求证:$\angle AMQ = \angle BMP$.

注:下面两命题与本命题相近.

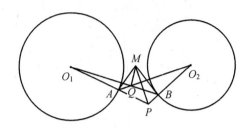

图 1197

命题 1197.1 设两圆 O, O' 外离,它们的两条内公切线分别为 AB, CD, A, B, C, D 均为切点,如图 1197.1 所示,设 OA 交 $O'C$ 于 P,求证:$OP = O'P$.

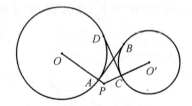

图 1197.1

命题 1197.2 设两圆 O, O' 外离,这两圆的一条内公切线与一条外公切线相交于 P,如图 1197.2 所示,求证:$OP \perp O'P$.

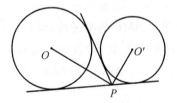

图 1197.2

命题 1198 设两圆 O_1, O_2 外离,它们的两条内公切线分别记为 l_1, l_2,l_1 交 l_2 于 P,A, B 是 l_1 上两点,过 A, B 分别作圆 O_1 的切线,这两切线相交于 C;过 A, B 分别作圆 O_2 的切线,这两切线相交于 D,设 l_2 分别交 AD, BC 于 M, N,如图 1198 所示,求证:"$\angle ACB = \angle ADB$" 的充要条件是 "$PM = PN$".

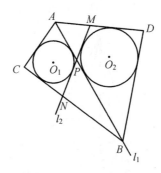

图 1198

命题 1199 设 D 是 $\triangle ABC$ 中 BC 边上一点,圆 O_1,O_2 分别是 $\triangle ADB$, $\triangle ADC$ 的内切圆,BO_1 交 CO_2 于 I,I 在 BC 上的射影为 P,如图 1199 所示,求证:$O_1P \perp O_2P$.

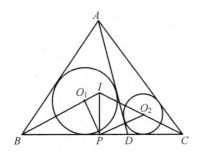

图 1199

注:下面两命题与本命题相近.

命题 1199.1 设两圆 O_1,O_2 外离,它们都在 $\triangle ABC$ 内,圆 O_1 分别与 AB, BC 相切,圆 O_2 分别与 AC,BC 相切,BO_1 交 CO_2 于 D,D 在 BC 上的射影为 E, 如图 1199.1 所示,求证:"$O_1E \perp O_2E$" 的充要条件是"顶点 A 在两圆 O_1,O_2 的内公切线上".

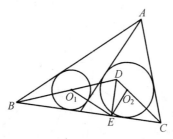

图 1199.1

命题 1199.2 设两圆 O_1,O_2 外离,它们都在 $\triangle ABC$ 内,圆 O_1 分别与 AB, BC 相切,圆 O_2 分别与 AC,BC 相切,AD 是两圆 O_1,O_2 的内公切线,它交 BC 于

D,如图 1199.2 所示,求证:"$AD \perp BC$" 的充要条件是"$\angle AO_1C = \angle AO_2B$".

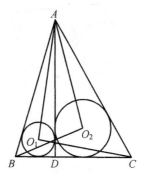

图 1199.2

命题 1200 设四边形 $ABCD$ 中,$\triangle ABD$,$\triangle BCD$ 的内切圆分别为圆 O_1 和圆 O_2,这两个圆的另一条内公切线交 AC 于 M,如图 1200 所示,求证:"$AM = MC$" 的充要条件是"$\angle BAD = \angle BCD$".

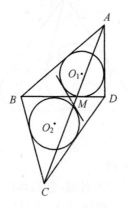

图 1200

命题 1201 设四边形 $ABCD$ 外切于圆 O,四边形 $A'B'C'D'$ 外切于圆 O',这两个四边形全等,BC 和 $B'C'$ 共线,且 C 与 B' 重合(B 与 C' 不重合),设 BO 交 $C'O'$ 于 P,如图 1201 所示,求证:点 P 在 DA' 上.

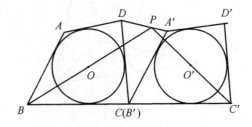

图 1201

5.9

命题 1202 设 $\triangle ABC$ 内接于圆 O,且外切于圆 I,过 I 分别作三边 BC, CA,AB 的垂线,且依次交圆 O 于 A',B',C',如图 1202 所示,求证:

① AA',BB',CC' 三线共点,此点记为 S;

② S,I,O 三点共线.

注:下面七道命题与本命题相近.

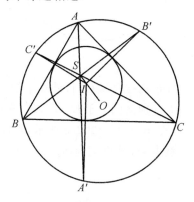

图 1202

命题 1202.1 设 $\triangle ABC$ 内接于圆 O,且外切于圆 I,BC,CA,AB 上的切点分别为 D,E,F,过 O 分别作三边 BC,CA,AB 的垂线,且依次交圆 O 于 D',E',F',如图 1202.1 所示,求证:

① DD',EE',FF' 三线共点,此点记为 S;

② S,I,O 三点共线.

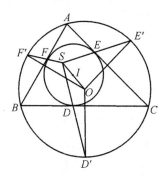

图 1202.1

命题 1202.2 设 $\triangle ABC$ 内接于圆 O,且外切于圆 I,BC,CA,AB 上的切点

分别为 D,E,F,设 AO,BO,CO 分别交圆 I 于 D',E',F',如图 1202.2 所示,求证:DD',EE',FF' 三线共点,且该点就是 I.

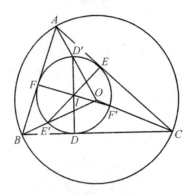

图 1202.2

命题 1202.3 设 $\triangle ABC$ 内接于圆 O,且外切于圆 I,BC,CA,AB 上的切点分别为 D,E,F,DI,EI,FI 分别交圆 I 于 D',E',F',在圆 O 中,设 BC,CA,AB 所对的弧的中点分别为 P,Q,R,如图 1202.3 所示,求证:

① PD',QE',RF' 三线共点,此点记为 S;

② S,I,O 三点共线.

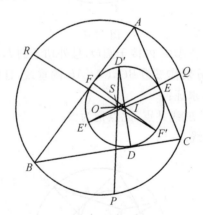

图 1202.3

命题 1202.4 设 $\triangle ABC$ 内接于圆 O,且外切于圆 I,BC,CA,AB 上的切点分别为 D,E,F,设 EF,FD,DE 分别与圆 O 相交于两点,这些交点构成六边形 $GHIJKL$,且其各边中点分别为 P,Q,R,P',Q',R',如图 1202.4 所示,求证:

① PP',QQ',RR' 三线共点,此点记为 S;

② S,I,O 三点共线.

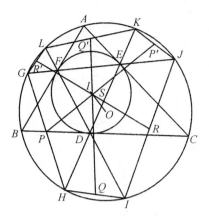

图 1202.4

命题 1202.5 设 $\triangle ABC$ 内接于圆 O,且外切于圆 I,BC,CA,AB 上的切点分别为 D,E,F,设 AO,BO,CO 的延长线分别交圆 O 于 A',B',C',$A'I$,$B'I$,$C'I$ 分别交圆 O 于 A'',B'',C'',如图 1202.5 所示,求证:

① $A''D$,$B''E$,$C''F$ 三线共点,此点记为 S;

② S,I,O 三点共线.

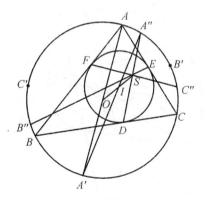

图 1202.5

命题 1202.6 设 $\triangle ABC$ 内接于圆 O,且外切于圆 I,BC,CA,AB 上的切点分别为 D,E,F,设 AO,BO,CO 的延长线分别交圆 O 于 A',B',C',$A'I$,$B'I$,$C'I$ 分别交圆 I 于 A'',B'',C'',如图 1202.6 所示,求证:

① $A''D$,$B''E$,$C''F$ 三线共点,此点记为 S;

② S,I,O 三点共线.

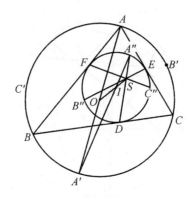

图 1202.6

命题 1202.7 设 $\triangle ABC$ 内接于圆 O，且外切于圆 I，AO,BO,CO 分别交对边于 D,E,F，DI,EI,FI 分别交圆 I 于 D',E',F'，设三边 BC,CA,AB 所对的弧的中点分别为 P,Q,R，如图 1202.7 所示，求证：

① PD',QE',RF' 三线共点，此点记为 S；

② S,I,O 三点共线.

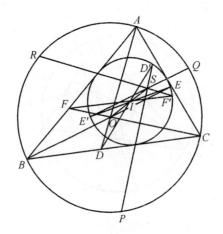

图 1202.7

命题 1203 设 O 是 $\triangle ABC$ 的外心，I 是 $\triangle ABC$ 的内心，$\triangle ABC$ 的内切圆与三边 BC,CA,AB 的切点分别为 D,E,F，BE 交 CF 于 G，如图 1203 所示，求证：O,I,G 三点共线.

注：点 G 称为 $\triangle ABC$ 的"热尔岗(Gergonne,1771—1859)点"，本命题对曲边三角形也成立，见下面的命题 1203.1.

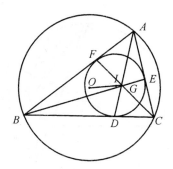

图 1203

** 命题 1203.1 设三个圆 O_1, O_2, O_3 两两外切,切点分别为 A, B, C,圆 I 与这三个圆都外切,切点分别为 D, E, F,设圆 O 经过 A, B, C,如图 1203.1 所示,求证:

① AD, BE, CF 三线共点,此点记为 G;

② O, I, G 三点共线.

注:点 G 不妨称为曲边三角形 ABC 的"热尔岗点",当三个圆 O_1, O_2, O_3 的半径变得无穷大时,本命题就变成了命题 1203.

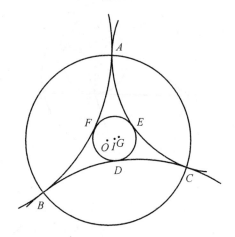

图 1203.1

命题 1204 设 $\triangle ABC$ 内接于圆 O,外切于圆 I,三优弧 BC, CA, AB 的中点分别为 A', B', C',$A'I, B'I, C'I$ 分别交圆 O 于 A'', B'', C'',如图 1204 所示,求证:

① AA'', BB'', CC'' 三线共点(此点记为 S);

② O, I, S 三点共线.

注:下面三道命题与本命题相近.

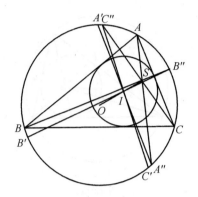

图 1204

命题 1204.1 设锐角 $\triangle ABC$ 内接于圆 O,外切于圆 I,三边 BC,CA,AB 与圆 I 分别相切于 D,E,F,这三边所对劣弧的中点分别为 P,Q,R,如图 1204.1 所示,求证:

① PD,QE,RF 三线共点,此点记为 S;

② O,I,S 三点共线.

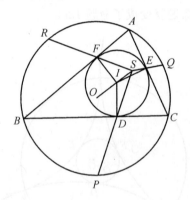

图 1204.1

命题 1204.2 设 $\triangle ABC$ 内接于圆 O,且外切于圆 I,BC,CA,AB 上的切点分别为 D,E,F,EF,FD,DE 的中点分别为 P,Q,R,BR 交 CQ 于 A',CP 交 AR 于 B',AQ 交 BP 于 C',如图 1204.2 所示,求证:

① AA',BB',CC' 三线共点,此点记为 S;

② S,I,O 三点共线.

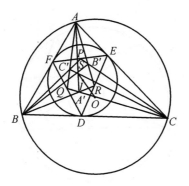

图 1204.2

命题 1204.3 设 $\triangle ABC$ 内接于圆 O,且外切于圆 I,BC,CA,AB 上的切点分别为 D,E,F,BC,CA,AB 所对劣弧的中点分别为 D',E',F',如图 1204.3 所示,求证:

① DD',EE',FF' 三线共点,此点记为 S;

② S,I,O 三点共线.

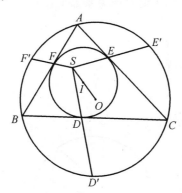

图 1204.3

命题 1205 设 $\triangle ABC$ 内接于圆 O,且外切于圆 I,BI 交 AC 于 D,CI 交 AB 于 E,BD,CE 分别交圆 O 于 F,G,EF 交 DG 于 N,设 BC 的中点为 M,如图 1205 所示,求证:M,I,N 三点共线.

注:本命题的对偶命题是下面的命题 1205.1.

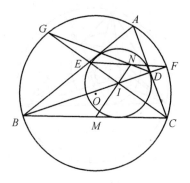

图 1205

＊＊命题 1205.1 设 $\triangle ABC$ 内接于圆 I，且外切于圆 O，作圆 O 的平行于 AB 的切线，同时，过 B 作 AC 的平行线，这两线交于 D，现在，作圆 O 的平行于 AC 的切线，同时，过 C 作 AB 的平行线，这两线交于 E，过 I 作 DE 的平行线，且分别交 AB, AC 于 M, N，如图 1205.1 所示，求证：$MI = NI$.

注：图 1205 和图 1205.1 的对偶关系如下：

圆 $O \leftrightarrow$ 圆 I；

圆 $I \leftrightarrow$ 圆 O；

$A, B, C \leftrightarrow BC, CA, AB$；

$D, E \leftrightarrow BD, CE$；

$N \leftrightarrow DE$.

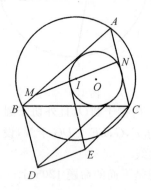

图 1205.1

命题 1206 设 $\triangle ABC$ 内接于圆 O，且外切于圆 I，BC 与圆 I 相切于 D，AI 交圆 O 于 E，DE 交圆 O 于 F，如图 1206 所示，求证：$AF \perp FI$.

注：下面两道命题与本命题相近.

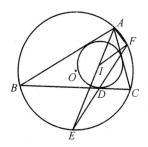

图 1206

命题 1206.1 设 $\triangle ABC$ 内接于圆 O,且外切于圆 I,BC,CA,AB 上的切点分别为 D,E,F,AI 交圆 O 于 G,GD 交 OI 于 H,EH 交圆 O 于 K,如图 1206.1 所示,求证:$KI \perp KB$.

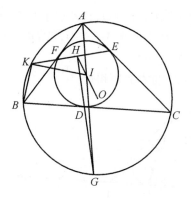

图 1206.1

命题 1206.2 设 $\triangle ABC$ 内接于圆 O,且外切于圆 I,在 AB,AC 上各有一点,依次记为 D,E,使得 $BD = CE = BC$,如图 1206.2 所示,求证:$DE \perp OI$.

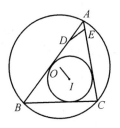

图 1206.2

命题 1207 设 $\triangle ABC$ 内接于圆 O,且外切于圆 I,BC,CA,AB 上的切点分别为 D,E,F,DE 交 AB 于 G,DF 交 AC 于 H,AG,AH 的中点分别为 M,N,如图 1207 所示,求证:$OI \perp MN$.

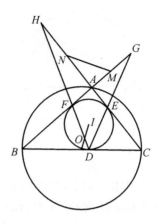

图 1207

命题 1208 设 $\triangle ABC$ 内接于圆 O,且外切于圆 I,BC,CA,AB 上的切点分别为 D,E,F,EF 交 BC 于 P,DF 交 AC 于 Q,设 DP,EQ 的中点分别为 M,N,如图 1208 所示,求证:$MN \perp IO$.

注:下面的命题 1208.1 与本命题相近.

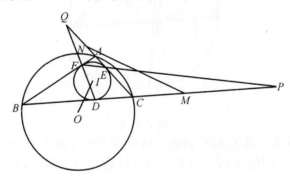

图 1208

命题 1208.1 设 $\triangle ABC$ 内接于圆 O,且外切于圆 I,BI 交 AC 于 D,CI 交 AB 于 E,过 O 作 BC 的垂线,且交圆 O 于 F,延长 OF 至 G 使得 $FG = FO$,如图 1208.1 所示,求证:$GI \perp DE$.

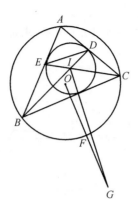

图 1208.1

命题 1209 设 $\triangle ABC$ 内接于圆 O，且外切于圆 I，在 BC 上取一点 D，使得 $DI \perp OI$，在圆 O 上取一点 E，使得 $AE \parallel DI$，如图 1209 所示，求证：$DE = DI$.

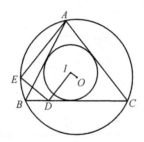

图 1209

命题 1210 设 $\triangle ABC$ 内接于圆 O，且外切于圆 I，优弧 BAC 的中点为 M，M 在 BI，CI 上的射影分别为 P，Q，如图 1210 所示，求证：线段 PQ 被 OM 所平分.

注：下面的命题 1210.1 与本命题相近.

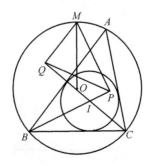

图 1210

命题 1210.1 设 $\triangle ABC$ 内接于圆 O，且外切于圆 I，弧 AC 的中点为 M，P

575

是弧 MC 上一点，N 是弧 BP 的中点，过 I 作 MN 的平行线，且分别交 AC，BP 于 D，E，设 MD 交 NE 于 Q，如图 1210.1 所示，求证：点 Q 在圆 O 上.

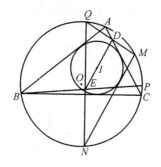

图 1210.1

命题 1211 设 $\triangle ABC$ 内接于圆 O，且外切于圆 I，BI，CI 分别交圆 O 于 D，E，BD 交 AC 于 F，CE 交 AB 于 G，DG 交 EF 于 P，PI 交 BC 于 M，如图 1211 所示，求证：点 M 是线段 BC 的中点.

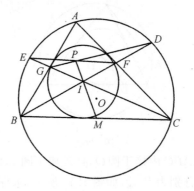

图 1211

命题 1212 设 $\triangle ABC$ 内接于圆 O，且外切于圆 I，BC，CA，AB 上的切点分别为 D，E，F，设 OI 交 BC 于 G，过 D 作 EF 的垂线，且交 AG 于 H，如图 1212 所示，求证：线段 DH 被 EF 所平分.

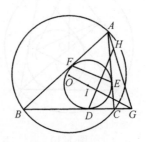

图 1212

命题 1213 设 O, I 分别是 $\triangle ABC$ 的外心和内心,圆 I 与三边 BC, CA, AB 上的切点分别为 D, E, F,设 G, H 分别是 $\triangle DEF$ 的重心和垂心,如图 1213 所示,求证:O, I, G, H 四点共线.

注:下面的命题 1213.1 与本命题相近.

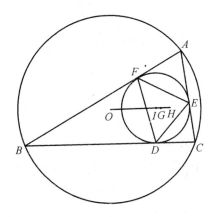

图 1213

命题 1213.1 设 $\triangle ABC$ 内接于圆 O,且外切于圆 I,BC, CA, AB 上的切点分别为 D, E, F,D 在 EF 上的射影为 G,设 H 是 $\triangle ABC$ 的垂心,GH 交 BC 于 J,AH 交圆 O 于 K,设 AO, KJ 分别交圆 O 于 M, N,如图 1213.1 所示,求证:

① M, N, I, G 四点共线;

② $AN \perp MN$.

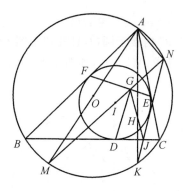

图 1213.1

命题 1214 设 $\triangle ABC$ 内接于圆 O,且外切于圆 I,BC, CA, AB 上的切点分别为 D, E, F,D 在 EF 上的射影为 G,AO 交圆 O 于 H,如图 1214 所示,求证:G, H, I 三点共线.

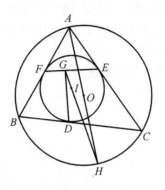

图 1214

命题 1215 设 $\triangle ABC$ 内接于圆 O,且外切于圆 I,BC,CA,AB 上的切点分别为 D,E,F,$\triangle DEF$ 的重心为 G,如图 1215 所示,求证:O,I,G 三点共线.

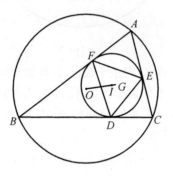

图 1215

命题 1216 设 $\triangle ABC$ 内接于圆 O,且外切于圆 I,AC,BC 上的高分别 BE 和 AD,AI 交 BC 于 F,BI 交 AC 于 G,如图 1216 所示,若点 I 在 DE 上,求证:点 O 在 FG 上.

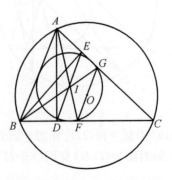

图 1216

命题 1217 设锐角 $\triangle ABC$ 内接于圆 O,且外切于圆 I,这两圆的半径分别

为 R,r,BC,CA,AB 的中点分别为 D,E,F，如图 1217 所示，求证：$OD+OE+OF=R+r$.

注：此乃"Carnot 定理".

若 $\angle C$ 是钝角，则结论修改为 $OD+OE-OF=R+r$.

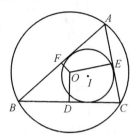

图 1217

命题 1218 设 $\triangle ABC$ 内接于圆 O，且外切于圆 I，以 A 为圆心，AC 为半径作圆，此圆交 AB 于 D，DI 交圆 A 于 E，EA 交圆 A 于 F，FD 交 AI 于 O'，如图 1218 所示，求证：

① O' 是 $\triangle ABC$ 中 BC 边上旁切圆的圆心；

② EF 与圆 O 相切.

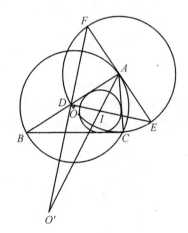

图 1218

命题 1219 设 $\triangle ABC$ 内接于圆 O，且外切于圆 I，圆 I' 是 BC 边上的旁切圆，AI 交圆 O 于 P，如图 1219 所示，求证：$PB=PC=PI=PI'$.

注：此乃"鸡爪定理"，因图中四线段 PB,PC,PI,PI' 之图形酷似鸡爪而得名.

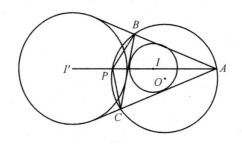

图 1219

命题 1220 设 $\triangle ABC$ 内接于圆 O,且外切于圆 I,M,N 分别是弧 AC,BC 的中点,过 I 作 MN 的平行线,且分别交 AC,BC 于 D,E,设 MD 交 NE 于 P,如图 1220 所示,求证:点 P 在圆 O 上.

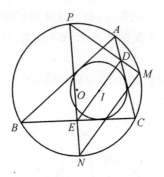

图 1220

命题 1221 设 $\triangle ABC$ 内接于圆 O,且外切于圆 I,$\triangle A'B'C'$ 也外切于圆 I,若 $B'C'$ 平行于 BC,如图 1221 所示,求证:$\triangle A'B'C'$ 的外接圆 O 经过点 A.

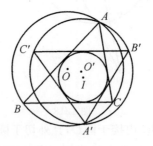

图 1221

命题 1222 设 $\triangle ABC$ 内接于圆 O,且外切于圆 I,BC 上的切点为 D,以 AI 为直径作圆 O',该圆交圆 O 于 P,过 A 作 BC 的平行线,且交圆 O' 于 E,如图 1222 所示,求证:OP 平分线段 DE.

注:下面的命题 1222.1 与本命题相近.

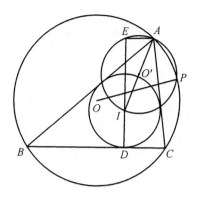

图 1222

命题 1222.1 设 $\triangle ABC$ 内接于圆 O,且外切于圆 I,圆 I 与 BC 边相切于 D,圆 O 上弧 BC 的中点为 M,以 AI 为直径的圆交圆 O 于 E,过 I 作 AI 的垂线,此线交 BC 于 F,如图 1222.1 所示,求证:

① E,D,M 三点共线;

② A,E,F 三点也共线.

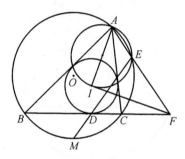

图 1222.1

命题 1223 设 $\triangle ABC$ 内接于圆 O,且外切于圆 I,圆 O_1 与 AC,BC 都相切,AC 上的切点为 D,圆 O_1 还内切于圆 O,切点为 F;圆 O_2 与 AB,BC 都相切,AB 上的切点为 E,圆 O_2 还内切于圆 O,切点为 G,FG 交 DE 于 H,如图 1223 所示,求证:$AH \perp IO$.

注:下面三命题与本命题相近.

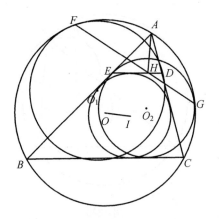

图 1223

命题 1223.1 设 $\triangle ABC$ 内接于圆 O,且外切于圆 I,圆 O_1 与 AC,BC 都相切,且与圆 O 内切于 D;圆 O_2 与 AB,BC 都相切,且与圆 O 内切于 E,设 O_1E 交 O_2D 于 P,如图 1223.1 所示,求证:A,P,I 三点共线.

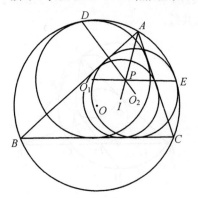

图 1223.1

命题 1223.2 设 $\triangle ABC$ 内接于圆 O,且外切于圆 I,BI,CI 分别交圆 O 于 D,E,DE 交 AC 于 F,过 D 作 FI 的平行线,且交圆 O 于 G,GE 交 FI 于 H,设圆 O' 是 $\triangle EFH$ 的外接圆,如图 1223.2 所示,求证:圆 O' 内切于圆 O,且 AC,BH 均与圆 O' 相切.

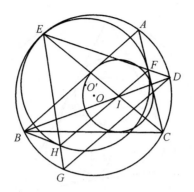

图 1223.2

命题 1223.3 设 $\triangle ABC$ 内接于圆 O,且外切于圆 I,AB,AC 与圆 I 分别相切于 D,E,DE 交 BC 于 P,另有一圆 O',它经过 B,C 两点,且与圆 I 相切于 Q,过 Q 作圆 O' 的切线,且交圆 O 于 F,G,如图 1223.3 所示,求证:直线 PQ 平分 $\angle FPG$.

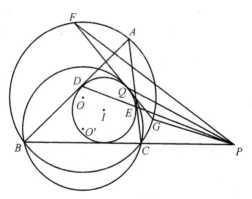

图 1223.3

命题 1224 设 $\triangle ABC$ 内接于圆 O,且外切于圆 I,有三个等圆 O_1,O_2,O_3 相交于 M,其中圆 O_1 与 AB,AC 均相切;圆 O_2 与 BA,BC 均相切;圆 O_3 与 CB,CA 均相切,这三个圆除点 M 外,每两个圆都还有一个交点,分别记为 A',B',C',如图 1224 所示,求证:

① 有三次四点共线,它们分别是:(A,A',I,O_1),(B,B',I,O_2),(C,C',I,O_3);

② I,M,O 三点共线.

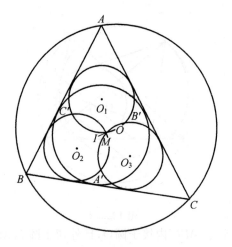

图 1224

5.10

命题 1225　设三圆 O_1, O_2, O_3 两两外离,它们的三条外围的外公切线构成 $\triangle ABC$,每个圆都与 $\triangle ABC$ 中某两边相切,切点分别为 D, E, F, G, H, K,设 GO_3 交 HO_2 于 P;KO_1 交 DO_3 于 Q;EO_2 交 FO_1 于 R,如图 1225 所示,求证:

① PO_1, QO_2, RO_3 三线共点(此点记为 S);

② AP, BQ, CR 三线共点(此点记为 T).

注:下面五命题与本命题相近.

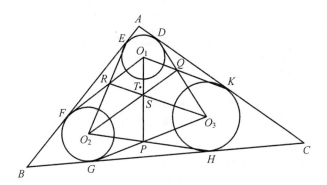

图 1225

命题 1225.1　设三圆 O_1, O_2, O_3 两两外离,它们两两间有六条外公切线,其中处于外围的三条构成 $\triangle ABC$,另三条构成 $\triangle A'B'C'$,如图 1225.1 所示,求证:AA', BB', CC' 三线共点(此点记为 S).

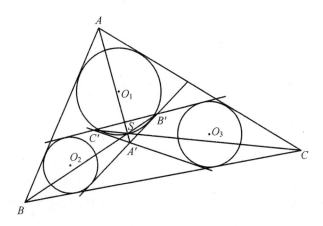

图 1225.1

命题 1225.2　设三圆 O_1,O_2,O_3 两两外离，它们两两间有六条外公切线，其中处于外围的三条构成 $\triangle ABC$，这三个圆两两间还有六条内公切线，这六条内公切线构成六边形 $DEFGHK$，如图 1225.2 所示，求证：

① DG,EH,FK 三线共点（此点记为 S）；

② AD,BF,CH 三线共点（此点记为 T）.

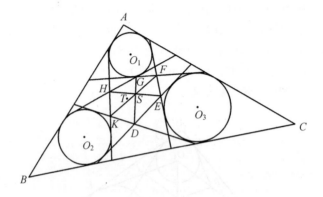

图 1225.2

命题 1225.3　设三圆 O_1,O_2,O_3 两两外离，它们的三条外围的外公切线构成 $\triangle ABC$，圆 O_2 和圆 O_3 的两条内公切线相交于 P；圆 O_3 和圆 O_1 的两条内公切线相交于 Q；圆 O_1 和圆 O_2 的两条内公切线相交于 R，如图 1225.3 所示，求证：O_1P,O_2Q,O_3R 三线共点（此点记为 S）.

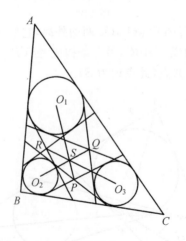

图 1225.3

命题 1225.4　设三个圆 O_1,O_2,O_3 两两外离，每两个圆都有两条外公切线，其中内侧三条构成 $\triangle ABC$，外侧三条构成 $\triangle A'B'C'$，这两个三角形的边产生六个交点，分别记为 D,E,F,G,H,K，如图 1225.4 所示，求证：DE,FG,HK 的垂直平分线共点（此点记为 S）.

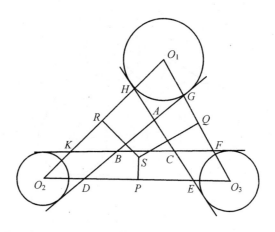

图 1226.4

命题 1226.5 设三圆 O_1,O_2,O_3 两两外离,每两圆的外公切线分别为 AD,BC,EH,FG,IL,JK,以下各点 A,B,C,D,E,F,G,H,I,J,K,L 均为切点,设 AB 交 KL 于 P;CD 交 EF 于 Q;GH 交 IJ 于 R,如图 1226.5 所示,求证:三直线 PO_1,QO_2,RO_3 彼此平行.

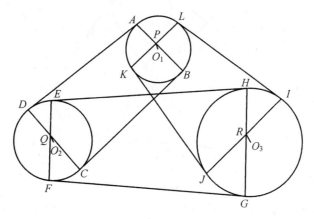

图 1226.5

命题 1226.6 设三圆 O_1,O_2,O_3 两两外离,每两圆的内公切线分别为 AD,BC,EH,FG,IL,JK,以下各点 A,B,C,D,E,F,G,H,I,J,K,L 均为切点,设 AB 交 KL 于 P,CD 交 EF 于 Q,GH 交 IJ 于 R,设 EH 交 FG 于 P',IL 交 JK 于 Q',AD 交 BC 于 R',如图 1226.6 所示,求证:PP',QQ',RR' 三线共点(此点记为 S).

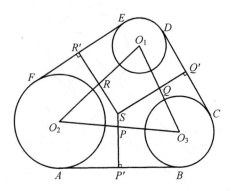

图 1226.2

命题 1226.3 设三个圆 O_1,O_2,O_3 两两外离,每两圆的两条外公切线分别记为 $AB,A'B',CD,C'D',EF,E'F'$,它们的中点依次为 P,P',Q,Q',R,R',如图 1226.3 所示,求证:PP',QQ',RR' 三线共点(此点记为 S).

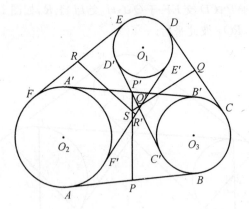

图 1226.3

命题 1226.4 设三个圆 O_1,O_2,O_3 两两外离,每两个圆都有一条位于内侧的外公切线,这三条外公切线构成 $\triangle ABC$,设 $\triangle ABC$ 的三边与 $\triangle O_1O_2O_3$ 的三边所产生的六个交点,分别记为 D,E,F,G,H,K,如图 1226.4 所示,求证:DE,FG,HK 的垂直平分线共点(此点记为 S).

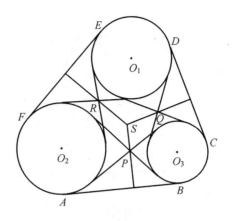

图 1226

命题 1226.1 设三个圆 O_1,O_2,O_3 两两外离,每两圆的外公切线分别记为 AB,CD,EF(这些切线均在 $\triangle O_1O_2O_3$ 的外侧),如图 1226.1 所示,它们的中点分别为 P,Q,R,设 P 在 O_2O_3 上的射影为 P';Q 在 O_3O_1 上的射影为 Q';R 在 O_1O_2 上的射影为 R',求证:PP',QQ',RR' 三线共点(此点记为 S).

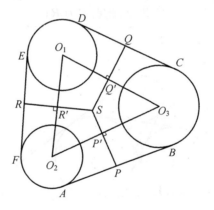

图 1226.1

命题 1226.2 设三个圆 O_1,O_2,O_3 两两外离,每两圆的外公切线分别记为 AB,CD,EF(这些切线均在 $\triangle O_1O_2O_3$ 的外侧),如图 1226.2 所示,O_2O_3,O_3O_1,O_1O_2 的中点分别为 P,Q,R,设 P 在 AB 上的射影为 P';Q 在 CD 上的射影为 Q';R 在 EF 上的射影为 R',求证:PP',QQ',RR' 三线共点(此点记为 S).

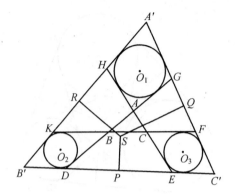

图 1225.4

命题 1225.5 设 $\triangle ABC$ 的三边 BC, CA, AB 上的旁切圆分别是圆 O_1, O_2, O_3,这三个圆中,每两个圆的(处于外围的)外公切线两两相交,构成 $\triangle A'B'C'$,如图 1225.5 所示,求证:

① AA', BB', CC' 三线共点,此点记为 P;

② AO_1, BO_2, CO_3 三线共点,此点记为 Q;

③ $A'O_1, B'O_2, C'O_3$ 三线共点,此点记为 R;

④ P, Q, R 三点共线.

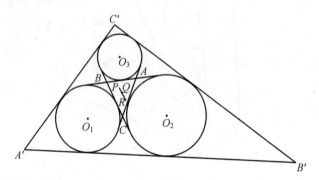

图 1225.5

命题 1226 设三圆 O_1, O_2, O_3 两两外离,AB, CD, EF 是它们两两间的外公切线(处于外围),A, B, C, D, E, F 都是切点,P, Q, R 是它们两两间内公切线的交点,过 P 作 AB 的垂线,同时还作下面两条垂线:过 Q 作 CD 的垂线;过 R 作 EF 的垂线,如图 1226 所示,求证:这三次垂线共点(此点记为 S).

注:下面八命题与本命题相近.

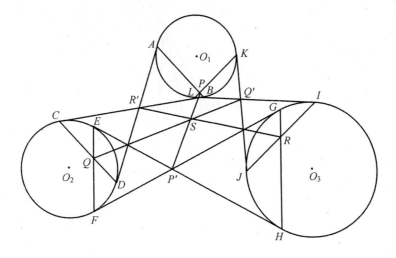

图 1226.6

命题 1226.7 设三圆 O_1, O_2, O_3,两两外离,每两圆有两条内公切线,它们交出三个交点 A, B, C,如图 1226.7 所示,求证:AO_1, BO_2, CO_3 三线共点(此点记为 S).

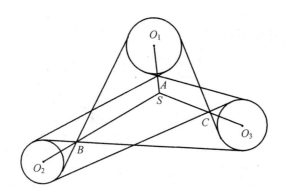

图 1226.7

命题 1226.8 设三圆 O_1, O_2, O_3,两两外离,它们分别是四边形 $A_1B_1C_1D_1, A_2B_2C_2D_2, A_3B_3C_3D_3$ 的内切圆,且这三个四边形的每一边都是某两圆的内公切线,如图 1226.8 所示,求证:A_1O_1, A_2O_2, A_3O_3 三线共点(此点记为 S).

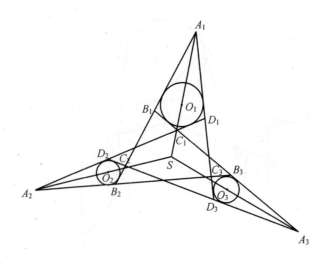

图 1226.8

命题 1227 设圆 O_1 和圆 O_2 均内切于圆 O,切点分别为 A,B,圆 O_1 和圆 O_2 的一条外公切线分别与这两个圆相切于 C,D,AC 交 BD 于 E,如图 1227 所示,求证:点 E 在圆 O 上.

注:此乃"Tebaul 定理".

下面两命题与本命题相近.

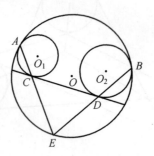

图 1227

命题 1227.1 设圆 O_1 和圆 O_2 外离,这两圆均内切于圆 O,圆 O_1,O_2 的一条外公切线与这两圆分别相切于 A,B,这两圆的两条内公切线分别交圆 O 于 C,D,设 A,B,C,D 四点均位于这两圆的同侧,如图 1227.1 所示,求证:$CD \parallel AB$.

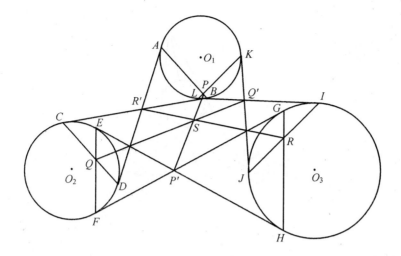

图 1226.6

命题 1226.7 设三圆 O_1,O_2,O_3，两两外离，每两圆有两条内公切线，它们交出三个交点 A,B,C，如图 1226.7 所示，求证：AO_1，BO_2，CO_3 三线共点（此点记为 S）．

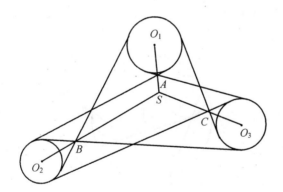

图 1226.7

命题 1226.8 设三圆 O_1,O_2,O_3，两两外离，它们分别是四边形 $A_1B_1C_1D_1$，$A_2B_2C_2D_2$，$A_3B_3C_3D_3$ 的内切圆，且这三个四边形的每一边都是某两圆的内公切线，如图 1226.8 所示，求证：A_1O_1，A_2O_2，A_3O_3 三线共点（此点记为 S）．

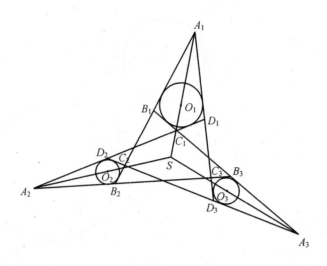

图 1226.8

命题 1227 设圆 O_1 和圆 O_2 均内切于圆 O，切点分别为 A,B，圆 O_1 和圆 O_2 的一条外公切线分别与这两个圆相切于 C,D，AC 交 BD 于 E，如图 1227 所示，求证：点 E 在圆 O 上.

注：此乃"Tebaul 定理".

下面两命题与本命题相近.

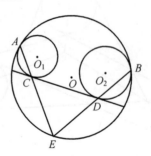

图 1227

命题 1227.1 设圆 O_1 和圆 O_2 外离，这两圆均内切于圆 O，圆 O_1,O_2 的一条外公切线与这两圆分别相切于 A,B，这两圆的两条内公切线分别交圆 O 于 C,D，设 A,B,C,D 四点均位于这两圆的同侧，如图 1227.1 所示，求证：CD // AB.

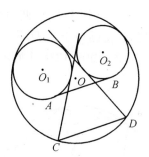

图 1227.1

命题 1227.2 设两圆 O_1,O_2 外离,它们都内切于圆 O,切点分别为 A,B,CD 是圆 O_1,O_2 的外公切线,C,D 分别是这两圆上的切点,CD 的中点为 G,设圆 O_1,O_2 的两条内公切线交于 E,E 在 CD 上的射影为 F,BF,AG 分别交圆 O 于 M,N,如图 1227.2 所示,求证:$MN \parallel CD$.

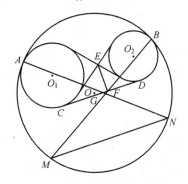

图 1227.2

命题 1228 设圆 O_1 和圆 O_2 均内切于圆 O,且圆 O_1 与圆 O_2 外切于 P,这两圆的内公切线交圆 O 于 A,D,这两圆的一条外公切线交圆 O 于 B,C(AB 与圆 O_1 相交,AC 与圆 O_2 相交),如图 1228 所示,求证:点 P 是 $\triangle ABC$ 的内心.

注:下面五命题与本命题相近.

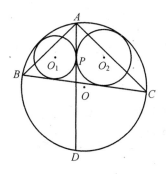

图 1228

命题 1228.1 设两圆 O_1, O_2 外切于 P，这两圆都内切于圆 O，切点分别为 A, B，过 P 作这两圆的公切线，且交圆 O 于 C, D，设 AC, AD 分别交圆 O_1 于 M, M'，BC, BD 分别交圆 O_2 于 N, N'，如图 1228.1 所示，求证：MN 和 $M'N'$ 都是圆 O_1, O_2 的公切线.

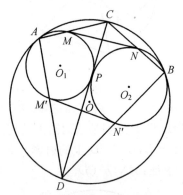

图 1228.1

命题 1228.2 设两圆 O_1, O_2 外切于 A，且均与圆 O 内切，一直线交圆 O 于 B, C，且分别与两圆 O_1, O_2 相切于 D, E，如图 1228.2 所示，求证：$\angle BAD = \angle CAE$.

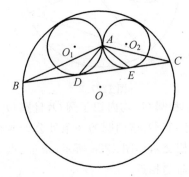

图 1228.2

命题 1228.3 设两圆 O_1, O_2 外切，且均内切于圆 O，切点分别为 A, B，CD 是两圆 O_1, O_2 的一条外公切线，它交圆 O 于 C, D，设 AC 交 BD 于 P，如图 1228.3 所示，求证：
① $PO \perp O_1O_2$；
② CO_1, DO_2, PO 三线共点（此点记为 S）.

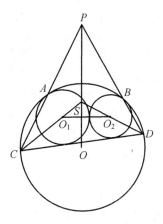

图 1228.3

命题 1228.4 设两圆 O_1,O_2 外切于 A,这两圆均内切于圆 O,切点分别为 B,C,AB,AC 分别交圆 O 于 D,E,如图 1228.4 所示,求证:DE 是圆 O 的直径.

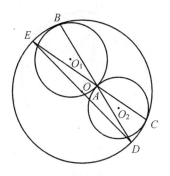

图 1228.4

* **命题 1228.5** 设 AB 是圆 O 的直径,圆 O_1 内切于圆 O,切点为 B,BC 是圆 O_1 的直径,过 C 且与 AB 垂直的直线交圆 O 于 D,现在,作圆 O_2 它内切于圆 O,且与圆 O_1 外切于 E,还与 CD 相切于 F,如图 1228.5 所示,求证:

①AE 与圆 O_1,O_2 都相切;

②线段 CF 被 AE 所平分.

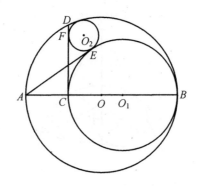

图 1228.5

命题 1229 设两圆 O_1,O_2 相交于两点,A 是这两交点之一,这两圆均内切于圆 O,切点分别为 B,C,设 A,B,C 三点恰好共线,一直线过 A,且交圆 O 于 M,N,还分别交圆 O_1,O_2 于 P,Q,如图 1229 所示,求证:$MP = NQ$.

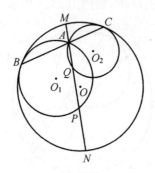

图 1229

命题 1230 设完全四边形 $ABCD-EF$ 内接于圆 O,AC 交 BD 于 M,$\triangle ABM$ 和 $\triangle CDM$ 的外接圆相交于 P,如图 1230 所示,求证:

① P,M,E 三点共线;

② O,P,F 三点也共线;

③ $OP \perp MP$.

注:下面的命题 1230.1 与本命题相近.

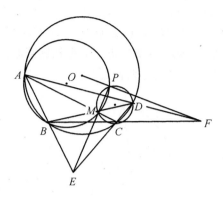

图 1230

命题 1230.1 设两圆 O_1, O_2 相交于 A, B,过 A 作两直线,其中一条交这两圆于 C, D,另一条交这两圆于 E, F,若 C, D, E, F 四点共圆,该圆圆心为 O,如图 1230.1 所示,求证:$OB \perp AB$.

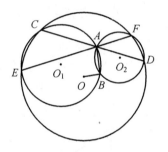

图 1230.1

命题 1231 设圆 O' 内切于圆 O,A 是圆 O 上一点,过 A 作圆 O' 的两条切线,切点分别为 D, E,AD, AE 分别交圆 O 于 B, C,DE 的中点记为 I,如图 1231 所示,求证:I 是 $\triangle ABC$ 的内心.

注:此乃"曼海姆(Mannheim)定理一". 下面的命题 1231.1 是"曼海姆定理二".

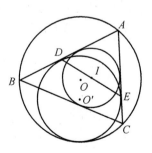

图 1231

命题 1231.1 设圆 O' 外切于圆 O，A 是圆 O 上一点，过 A 作圆 O' 的两条切线，切点分别为 D,E，AD,AE 分别交圆 O 于 B,C，DE 的中点记为 I，如图 1231.1 所示，求证：I 是 $\triangle ABC$ 的 BC 边上的旁切圆圆心.

注：下面的命题 1231.2 与上述两命题相近.

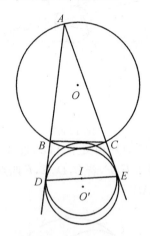

图 1231.1

命题 1231.2 设两圆 O_1,O_2 相交于 A,B，点 O_1 在圆 O_2 上，C 是圆 O_2 上一点，CO_1 交圆 O_1 于 I，如图 1231.2 所示，求证：I 是 $\triangle ABC$ 的内心.

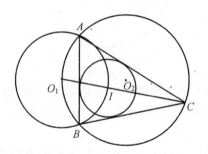

图 1231.2

命题 1232 设三圆 A,B,C 两两相交，产生四个交点 D,E,F,M，其中 M 是这三个圆的公共交点，A' 是圆 A 上一点，$A'E$ 交圆 C 于 C'，$A'F$ 交圆 B 于 B'，如图 1232 所示，求证：

① B',D,C' 三点共线；

② $\triangle A'B'C' \backsim \triangle ABC$.

注：下面的命题 1232.1 与本命题相近.

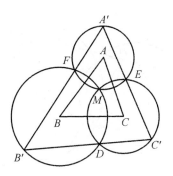

图 1232

命题 1232.1 设三圆 O_1, O_2, O_3 有一个公共的交点 M,除 M 外,圆 O_1 和圆 O_2 还相交于 A,圆 O_2 和 O_3 还相交于 B,一直线过 A,且分别交圆 O_1 和圆 O_2 于 C, D,使得 $AC = AD$,设 DB 交圆 O_3 于 E,AE 分别交圆 O_1, O_2, O_3 于 P, Q, R,如图 1232.1 所示,求证:点 R 是线段 PQ 的中点.

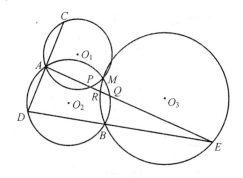

图 1232.1

命题 1233 设完全四边形 $ABCD-EF$ 的三条对角线 AC, BD, EF 的中点分别为 O_1, O_2, O_3,以这三点为圆心,分别以 AC, BD, EF 为直径作圆,如图 1233 所示,求证:

① O_1, O_2, O_3 三点共线(欧拉定理);

② 三圆 O_1, O_2, O_3 共轴.

注:本命题的结论 ② 乃"Bodenmiller 定理".

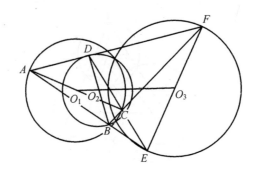

图 1233

命题 1234 设两圆 O_1,O_2 外离,它们的两条外公切线交于 M,圆 O 与圆 O_1,O_2 均外切,切点分别为 A,B,如图 1234 所示,求证:A,B,M 三点共线.

注:若圆 O 与圆 O_1,O_2 均内切,则本命题仍然成立.

下面的命题 1234.1 与本命题相近.

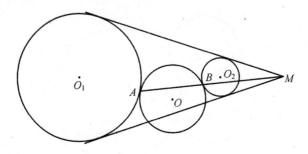

图 1234

命题 1234.1 设四边形 $ABCD$ 外切于圆 O,AD,BC 的中点分别为 M,N,AB 交 CD 于 P,圆 O_1 是 $\triangle PAD$ 的内切圆,该圆与 AD 相切于 Q,设圆 O_2 是 $\triangle PBC$ 中 BC 边上的旁切圆,该圆与 BC 相切于 R,如图 1234.1 所示,求证:

① "P,Q,R 三点共线"的充要条件是"M,O,N 三点共线".

② 在上述充要条件下,$PR \parallel MN$.

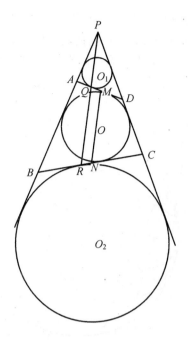

图 1234.1

* **命题 1235**　设两圆 O_2,O_3 均与圆 O_1 外切,切点为 K,圆 O_3 内切于圆 O_2,P 是圆 O_1 上一点,过 P 作圆 O_3 的两条切线,切点分别为 A,B,PA,PB 分别交圆 O_1 于 C,D,过 C,D 分别作圆 O_2 的切线,切点依次为 E,F,设 PA,PB 分别交圆 O_2 于 G,H,过 G,H 分别作圆 O_1 的切线,切点依次为 M,N,如图 1235 所示,求证:AB,EF,GH,MN 四线共点(此点记为 S).

注:下面的命题 1235.1 与本命题相近.

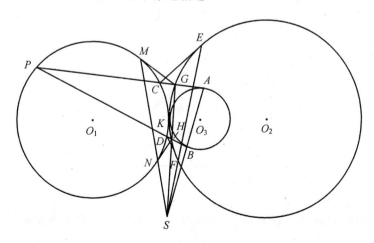

图 1235

命题 1235.1 设圆 O_2 内切于圆 O_1,切点为 M,圆 O_3 内切于圆 O_2,切点也是 M,P 是圆 O_1 上一点,过 P 作圆 O_3 的两条切线,切点分别为 A,B,PA,PB 分别交圆 O_1 于 C,D,过 C,D 分别作圆 O_2 的切线,切点依次为 E,F,如图 1235.1 所示,求证:AB,CD,EF 三线共点(此点记为 S).

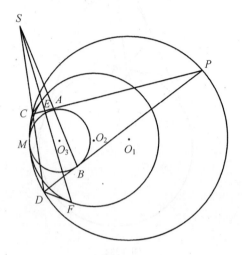

图 1235.1

**命题 1236 设 P 是 $\triangle ABC$ 内一点,圆 O_1,O_2,O_3 分别是 $\triangle PBC$,$\triangle PCA$,$\triangle PAB$ 的内切圆,如图 1236 所示,求证:AO_1,BO_2,CO_3 三线共点(此点记为 S).

注:下面四命题与本命题相近.

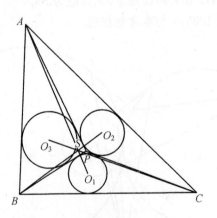

图 1236

*命题 1236.1 设 P 是 $\triangle ABC$ 内一点,AP,BP,CP 分别交对边于 D,E,F,圆 O_1,O_2,O_3 分别是 $\triangle AEF$,$\triangle BFD$,$\triangle CDE$ 的内切圆,如图 1236.1 所示,求证:DO_1,EO_2,FO_3 三线共点(此点记为 S).

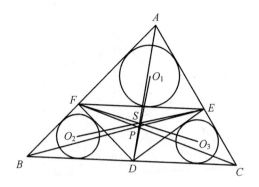

图 1236.1

命题 1236.2 设 $\triangle ABC$ 的三边 BC, CA, AB 上各有一点,分别记为 D, E, F,圆 O_1, O_2, O_3 分别是 $\triangle AEF, \triangle BDF, \triangle CDE$ 的内切圆,这三个圆中,每两圆都还有一条外公切线,如图 1236.2 所示,求证:这三条外公切线共点(此点记为 S).

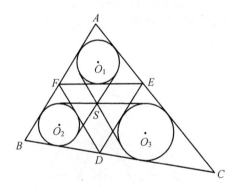

图 1236.2

※※ 命题 1236.3 设 O 是 $\triangle ABC$ 内一点,AO, BO, CO 分别交对边于 A',B', C',圆 O_1, O_2, O_3 分别是 $\triangle AB'C', \triangle BC'A', \triangle CA'B'$ 的内切圆,这三圆分别与 $B'C', C'A', A'B'$ 相切于 P, Q, R,如图 1236.3 所示,求证:

① O_1P, O_2Q, O_3R 三线共点(此点记为 S);

② $A'P, B'Q, C'R$ 三线共点(此点记为 T).

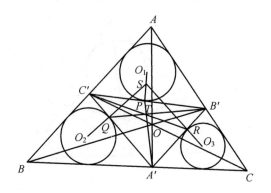

图 1236.3

命题 1236.4 设 $\triangle ABC$ 的三边 BC, CA, AB 上各有一点，分别记为 A', B', C'，圆 O_1, O_2, O_3 分别是 $\triangle AB'C', \triangle BC'A', \triangle CA'B'$ 的内切圆，这三圆与 $\triangle ABC$ 的三边 BC, CA, AB 上的切点分别是 D, E, F, G, H, K，如图 1236.4 所示，设 O_3D 交 O_2K 于 P，类似地，还有 Q, R，又设 O_3E 交 O_2H 于 P'，类似地还有 Q', R'，求证：PP', QQ', RR' 三线共点（此点记为 S）．

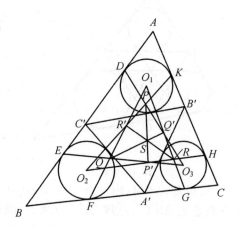

图 1236.4

5.11

命题 1237 设五边形 $ABCDE$ 内接于圆 α, 同时, 外切于圆 β, AB, BC, CD, DE, EA 上的切点分别为 A', B', C', D', E', 这五个切点中, 每间隔一个的两点相联, 这五条联线产生五个交点 A'', B'', C'', D'', E'', 如图 1237 所示, 求证: A'', B'', C'', D'', E'' 五点共圆.

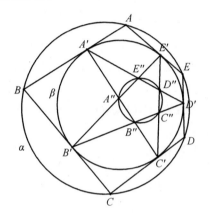

图 1237

命题 1238 设六边形 $ABCDEF$ 内接于圆 O, 这个六边形的对边都彼此平行, AF 交 BC 于 G, CD 交 EF 于 H, 设圆 O_1 和圆 O_2 分别是 $\triangle ABG$ 和 $\triangle DEH$ 的外接圆, 如图 1238 所示, 求证:

① O_1, O, O_2 三点共线;

② $OO_1 = OO_2$;

③ 直线 O_1O_2 垂直平分线段 AB, 也垂直平分线段 DE.

注: 下面的命题 1238.1 与本命题相近.

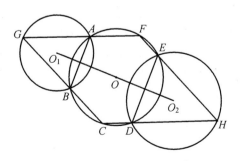

图 1238

命题 1238.1　设两圆 O_1,O_2 外离,它们的两条外公切线和两条内公切线相交于 A,B,C,D,如图 1238.1 所示,求证：A,B,C,D,O_1,O_2 六点共圆.

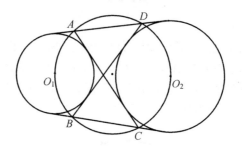

图 1238.1

**命题 1239　设三圆 O_1,O_2,O_3 均在 $\triangle ABC$ 内部,每个圆都与 $\triangle ABC$ 的某两边相切,切点分别为 D,E,F,G,H,K,设 DE,FG,HK 的中点分别为 P, Q,R,如图 1239 所示,求证：O_1P,O_2Q,O_3R 三线共点(此点记为 S).

注：参阅上册命题 1482.

下面的三命题与本命题相近.

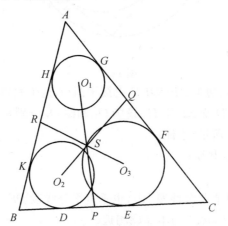

图 1239

命题 1239.1　设三个圆 O_1,O_2,O_3 均在 $\triangle ABC$ 内部,它们都与 $\triangle ABC$ 的某两边相切,但不与第三边相切,切点分别记为 D,E,F,G,H,K,如图 1239.1 所示,设下列三直线 DG,EH,FK 两两相交,构成 $\triangle A'B'C'$,求证：AA',BB', CC' 三线共点(此点记为 S).

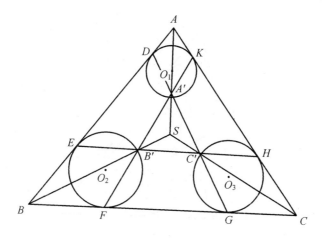

图 1239.1

* **命题 1239.2** 设三个圆 O_1, O_2, O_3 均在 $\triangle ABC$ 内部,它们都与 $\triangle ABC$ 的某两边相切,但不与第三边相切,$\triangle O_1O_2O_3$ 的三边的延长线分别与这三个圆相交于 D, E, F, G, H, K,如图 1239.2 所示,设 GH, KD, EF 的中点分别为 P, Q, R,求证:PO_1, QO_2, RO_3 三线共点(此点记为 S).

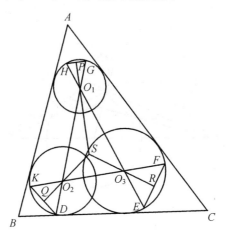

图 1239.2

* **命题 1239.3** 设三个圆 O_1, O_2, O_3 均在 $\triangle ABC$ 内部,它们都与 $\triangle ABC$ 的某两边相切,但不与第三边相切,$\triangle O_1O_2O_3$ 的三边的延长线分别与这三个圆相交于 D, E, F, G, H, K,如图 1239.3 所示,设 DE, FG, HK 的中点分别为 P, Q, R,求证:PO_1, QO_2, RO_3 三线共点(此点记为 S).

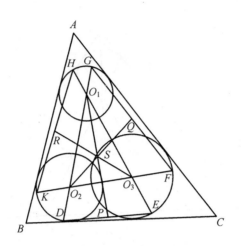

图 1239.3

*命题 1240 设 O 是 $\triangle ABC$ 内一点,AO,BO,CO 分别交对边于 D,E,F,分别以 D,E,F 为圆心,OD,OE,OF 为半径作圆,这三个圆除共点于 O 外,还两两相交,产生三个交点 A',B',C',如图 1240 所示,求证:AA',BB',CC' 三线共点(此点记为 S).

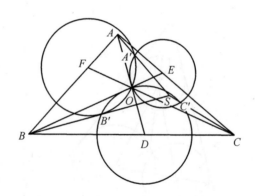

图 1240

命题 1241 设 $\triangle ABC$ 中,圆 O_1,O_2,O_3 分别是三边 BC,CA,AB 上的旁切圆,这三个圆在这三边上的切点顺次记为 D,E,F,G,H,I,J,K,L,设 DO_1 交 EF 于 A',HO_2 交 GI 于 B',LO_3 交 JK 于 C',如图 1241 所示,求证:AA',BB',CC' 三线共点(此点记为 S),

注:下面十命题与本命题相近.

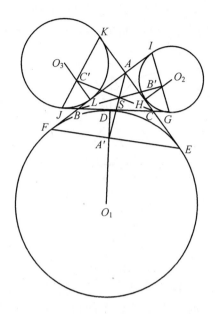

图 1241

命题 1241.1 设 $\triangle ABC$ 中,圆 O_1, O_2, O_3 分别是三边 BC, CA, AB 上的旁切圆,这三个圆在 AB 上的切点依次为 D, E, F,在 AC 上的切点依次为 G, H, K,设 EG 交圆 O_2 于 M,DK 交圆 O_3 于 N,DH 交 FG 于 P,BM 交 CN 于 Q,如图 1241.1 所示,求证:A, P, Q 三点共线.

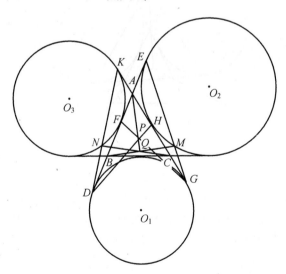

图 1241.1

命题 1241.2 设 $\triangle ABC$ 中,圆 O_1, O_2, O_3 分别是三边 BC, CA, AB 上的旁

切圆,圆 O_2 分别与 BA,BC 相切于 E,F,圆 O_3 分别与 CA,CB 相切于 G,H,设 GH 交 EF 于 K,BC 的中点为 D,如图 1241.2 所示,求证:$O_1D \parallel AK$.

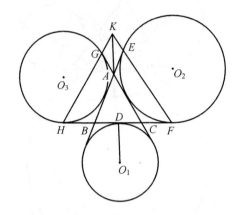

图 1241.2

命题 1241.3 设 $\triangle ABC$ 中,圆 O_1,O_2,O_3 分别是三边 BC,CA,AB 上的旁切圆,它们在 $\triangle ABC$ 的三边延长线上的切点分别为 D,E,F,G,H,K,如图 1241.3 所示,设三直线 DE,FG,HK 两两相交,构成 $\triangle PQR$,求证:AP,BQ,CR 三线共点(此点记为 S).

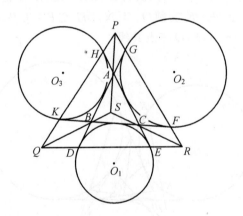

图 1241.3

命题 1241.4 设 $\triangle ABC$ 中,圆 O_1,O_2,O_3 分别是三边 BC,CA,AB 上的旁切圆,这三边上的切点分别为 D,E,F,如图 1241.4 所示,求证:DO_1,EO_2,FO_3 三线共点(此点记为 S).

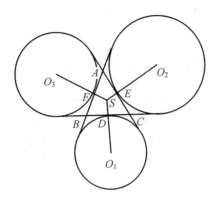

图 1241.4

命题 1241.5 设 $\triangle ABC$ 中,圆 O_1,O_2,O_3 分别是三边 BC,CA,AB 上的旁切圆,它们在 $\triangle ABC$ 的三边延长线上的切点分别为 D,E,F,G,H,K,如图 1241.5 所示,设 DE,FG,HK 的中点分别为 P,Q,R,求证:PO_1,QO_2,RO_3 三线共点(此点记为 S).

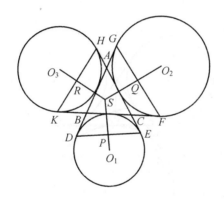

图 1241.5

命题 1241.6 设圆 A',B',C' 分别是 $\triangle ABC$ 中三边 BC,CA,AB 上的旁切圆,圆 A' 与 BC 相切于 D,圆 B' 分别与 BA,BC 相切于 E,F,圆 C' 分别与 CA,CB 相切于 G,H,设 GH 交 AB 于 M,EF 交 AC 于 N,MF 交 NH 于 S,如图 1241.6 所示,求证:点 S 在 AD 上.

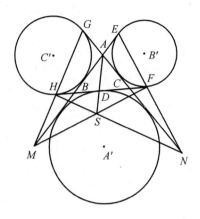

图 1241.6

命题 1241.7 设三圆 O_1, O_2, O_3 分别是 $\triangle ABC$ 中三边 BC, CA, AB 上的旁切圆,D, E, F, G, H, K 均为切点,如图 1241.7 所示,设 O_3E 交 O_2D 于 A',O_3F 交 O_1G 于 B',O_1H 交 O_2K 于 C',求证:AA', BB', CC' 三线共点(此点记为 S).

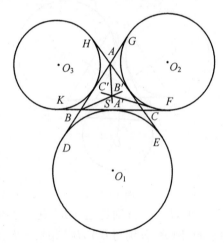

图 1241.7

命题 1241.8 设 H 是 $\triangle ABC$ 的垂心,圆 O_1, O_2, O_3 分别是三边 BC, CA,AB 上的旁切圆,这三圆与 BC, CA, AB 的延长线依次相切于 A_1, A_2, B_1, B_2,C_1, C_2,设 B_1B_2 交 C_1C_2 于 P,A_1C_2 交 A_2B_1 于 Q,如图 1241.8 所示,求证:A, H,P, Q 四点共线.

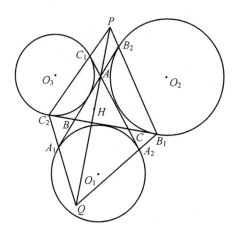

图 1241.8

* **命题 1241.9**　设圆 O_1, O_2, O_3 分别是 $\triangle ABC$ 中，BC, CA, AB 上的旁切圆，这三个圆与 $\triangle ABC$ 的三边延长线相切于 D, E, F, G, H, K，设 BE 交 CD 于 P，AF 交 CG 于 Q，AK 交 BH 于 R，如图 1241.9 所示，求证：AP, BQ, CR 三线共点（此点记为 S）.

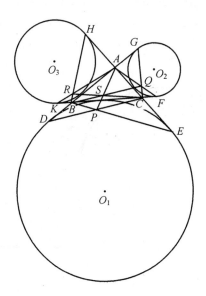

图 1241.9

* **命题 1241.10**　设圆 O_1, O_2, O_3 分别是 $\triangle ABC$ 中，BC, CA, AB 上的旁切圆，这三个圆与 $\triangle ABC$ 的三边延长线相切于 D, E, F, G, H, K，设 BE 交 CD 于 P，AF 交 CG 于 Q，AK 交 BH 于 R，如图 1241.10 所示，求证：PO_1, QO_2, RO_3 三线共点（此点记为 S）.

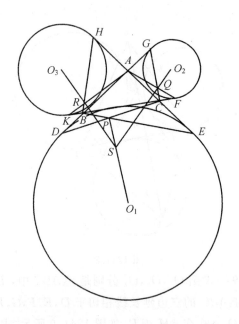

图 1241.10

命题 1242 设 $\triangle ABC$ 外切于圆 O,AB,AC 上的切点分别为 G,H,AB,AC 上的旁切圆圆心分别为 O_1,O_2,圆 O_1 与 AC 相切于 D,圆 O_2 与 AB 相切于 E,O_1D 交 O_2E 于 F,设 BH,CG 的中点分别为 M,N,如图 1242 所示,求证:$AF \perp MN$.

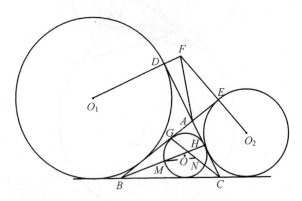

图 1242

** **命题 1243** 设 O 是 $\triangle ABC$ 内一点,AO,BO,CO 分别交对边于 D,E,F,圆 O_1,O_2,O_3 分别是 $\triangle AEF$,$\triangle BFD$,$\triangle CDE$ 的外接圆,如图 1243 所示,求证:这三个外接圆有一个公共的交点(此点记为 S).

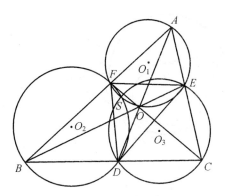

图 1243

命题 1244 设 $\triangle ABC$ 内接于圆 O,圆 O_1 与 AC,BC 以及圆 O 都相切,且 AC 上的切点为 D;圆 O_2 与 AB,BC 以及圆 O 都相切,且 AB 上的切点为 E,如图 1244 所示,求证:AO,DO_1,EO_2 三线共点(此点记为 S).

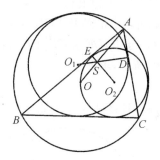

图 1244

命题 1245 设圆 O_1 内切于圆 O,切点为 A,P 是圆 O 上一点,过 P 作圆 O_1 的两条切线,且分别交圆 O 于 B,C,现在,作圆 O_2,它与 PB,PC 均相切,且与圆 O 外切,切点为 D,设 AC 交 BD 于 Q,AB 交 CD 于 R,如图 1245 所示,求证:P,Q,R 三点共线.

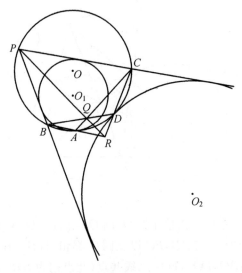

图 1245

命题 1246 设两圆 O_1,O_2 相交于 A,B, AC,AD 分别是这两圆的直径, AC 交圆 O_2 于 E, AD 交圆 O_1 于 F, DE 交 CF 于 G, 设 CF 交圆 O_2 于 H,K, DE 交圆 O_1 于 M,N, 如图 1246 所示, 求证:

① A,G,B 三点共线;

② H,K,M,N 四点共圆, 且该圆圆心就是 A.

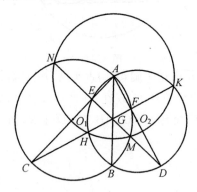

图 1246

命题 1247 设两圆 O_1,O_2 相交于 A,B, 三线段 CD,EF,GH 均过 A, 且使得点 C,E,G 均在圆 O_1 上; 点 D,F,H 均在圆 O_2 上, 设 CE 交 DF 于 P, EG 交 FH 于 Q, CG 交 DH 于 R, 如图 1247 所示, 求证:

① B,E,F,P,Q 五点共圆;

② P,Q,R 三点共线.

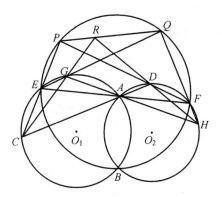

图 1247

命题 1248 设两圆 O_1, O_2 相交于 A, B,一直线与圆 O_1 相交于 M, N,与圆 O_2 相交于 P, Q,设 AM 交 BQ 于 C,AP 交 BN 于 D,如图 1248 所示,求证:A, B, C, D 四点共圆(该圆圆心记为 O_3).

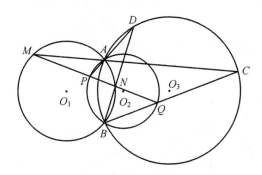

图 1248

命题 1249 设三圆 O_1, O_2, O_3 两两外切,切点分别为 A, B, C,如图 1249 所示,BC 分别交圆 O_2, O_3 于 D, E;CA 分别交圆 O_3, O_1 于 F, G;AB 分别交圆 O_1,O_2 于 H, K,设 GH, DK, EF 两两相交构成 $\triangle PQR$,求证:

① GH, DK, EF 分别是圆 O_1, O_2, O_3 的直径;

② $GH \parallel O_2O_3$,$DK \parallel O_3O_1$,$EF \parallel O_1O_2$;

③ PO_1, QO_2, RO_3 三线共点(此点记为 S).

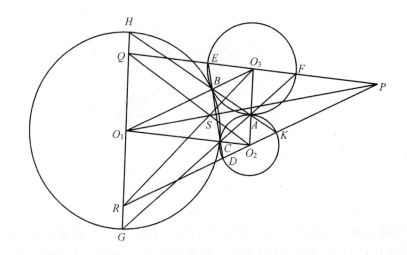

图 1249

命题 1250 设两圆 O_1,O_2 外离,AB,CD 都是这两圆的外公切线,A,C 两点在圆 O_1 上,B,D 在圆 O_2 上,它们都是切点,设 E,F 分别在圆 O_1,O_2 上,它们都是任意点,AE 交 BF 于 G,CE 交 DF 于 H,如图 1250 所示,求证:E,F,G,H 四点共圆.

注:下面两命题与本命题相近.

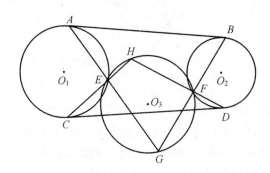

图 1250

命题 1250.1 设两圆 O_1,O_2 外切于 P,AD,BC 是这两圆的两条外公切线,A,B,C,D 都是切点,如图 1250.1 所示,求证:等腰梯形 $ABCD$ 有内切圆,且其圆心就是 P.

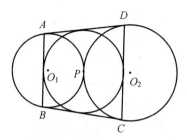

图 1250.1

命题 1250.2 设两圆 O_1,O_2 外离,这两圆的一条内公切线与圆 O_1 相切于 P,还与这两圆的两条外公切线相交于 B,C,O_2P 交圆 O_1 于 A,过 A,B,C 三点的圆记为圆 O,如图 1250.2 所示,求证:圆 O_1 与圆 O 内切于 A.

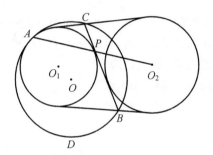

图 1250.2

** **命题 1251** 设两圆 O_1,O_2 相交于 A,B,过 B 作圆 O_1 的切线,且交圆 O_2 于 C;过 B 作圆 O_2 的切线,且交圆 O_1 于 D,设圆 O_3 过 B,C,D 三点,过 B 作圆 O_3 的切线,且分别交圆 O_1,O_2 于 E,F,如图 1251 所示,求证:

① $BE=BF$;

② 线段 BO_3 与线段 O_1O_2 互相平分;

③ DE,BO_3,CF 三线共点(此点记为 S).

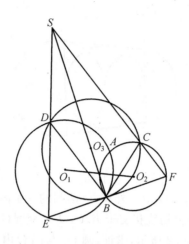

图 1251

命题 1252 设三个圆 O_1, O_2, O_3,两两外切,切点分别为 A', B', C',如图 1252 所示,这三个圆都在 $\triangle ABC$ 内,且每一个都与 $\triangle ABC$ 的某两边相切,求证:AA', BB', CC' 三线共点(此点记为 S).

注:点 S 称为"Ajima—Malfatti 点".

下面的命题 1252.1 与本命题相近.

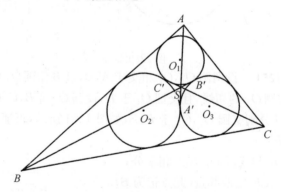

图 1252

命题 1252.1 设 M 是 $\triangle ABC$ 内一点,$\triangle MBC, \triangle MCA, \triangle MAB$ 的内切圆圆心分别为 O_1, O_2, O_3,圆 O_1 与 BC 相切于 D,圆 O_2 与 CA 相切于 E,圆 O_3 与 AB 相切于 F,如图 1252.1 所示,求证:DO_1, EO_2, FO_3 三线共点(此点记为 S).

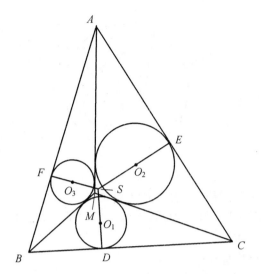

图 1252.1

命题 1253 设圆 O 内有两条相交的弦 AB, CD,它们的中点分别为 M, N,圆 O_1 过 A, B, N 三点,它交 CD 于 P;圆 O_2 过 C, D, M 三点,它交 AB 于 Q,设 AC, BD 相交于 R,如图 1253 所示,求证:P, Q, R 三点共线.

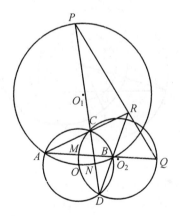

图 1253

命题 1254 设圆 O_1 内含于圆 O,P 是圆 O 上的动点,过 P 作圆 O_1 的两条切线,切点分别为 A, B,如图 1254 所示,求证:

① 动直线 AB 的包络是圆,此圆圆心记为 O_2;

② O, O_1, O_2 三点共线.

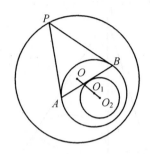

图 1254

命题 1255 设 $\triangle ABC$ 内接于圆 O,O 关于三边 BC,CA,AB 的对称点分别为 A',B',C',过这三点的圆记为圆 O',设 BC,CA,AB 上的中点分别为 D,E,F,如图 1255 所示,求证:

① 圆 O 与圆 O' 是圆等;

② AA',BB',CC' 三线共点,此点记为 S;

③ 点 S 是 $\triangle DEF$ 的外心;

④ 点 S 是线段 OO' 的中点.

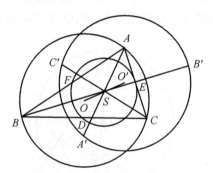

图 1255

命题 1256 设两圆 O_1,O_2 相切(内切或外切)于 P,过 P 作这两圆的公切线 l,并在其上取两点 Q,R,过 QR 分别作圆 O_1 的切线,切点依次记为 A,B,现在,过 Q,R 分别作圆 O_2 的切线,切点依次记为 C,D,如图 1256 所示,求证:A,B,C,D 四点共圆(此圆圆心记为 O).

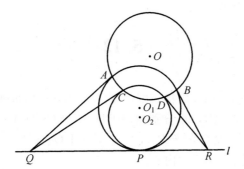

图 1256

5.12

命题 1257 设 $\triangle ABC$ 内接于圆 O,圆 O_1,O_2,O_3 均与圆 O 内切,切点分别为 A',B',C',圆 O_1 与 AB,AC 分别相切于 D,E,圆 O_2 与 AB 相切于 F,圆 O_3 与 AC 相切于 G,设 $A'G$ 交 $C'E$ 于 P,$A'F$ 交 $B'D$ 于 Q,如图 1257 所示,求证:$B'P$ 与 $C'Q$ 的交点 I 是 $\triangle ABC$ 的内心.

注:下面三命题与本命题相近.

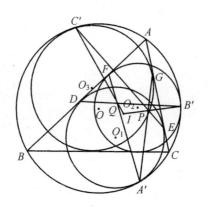

图 1257

* * 命题 1257.1 设三个圆 O_1,O_2,O_3 两两相交,每两圆的处于外围的交点分别记为 A,B,C,如图 1257.1 所示,设三个圆均内切于圆 O,切点分别为 A',B',C',求证:AA',BB',CC' 三线共点(此点记为 S).

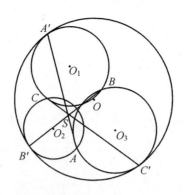

图 1257.1

命题 1257.2 设 $\triangle ABC$ 内接于圆 O,圆 A' 内切于圆 O,切点为 M,且该圆与 AB,AC 均相切;圆 B' 内切于圆 O,且与 BC,BA 均相切;圆 C' 内切于圆 O,且

与 CB, CA 均相切,设 MB' 圆 B' 于 P;MC' 交圆 C' 于 Q,如图 1257.2 所示,求证:$PQ \parallel B'C'$.

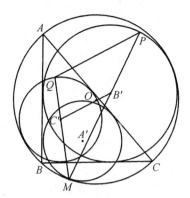

图 1257.2

* **命题 1257.3** 设 $\triangle ABC$ 内接于圆 O, D 是 BC 上一点,过 O,B,D 三点作圆 O_2, 过 O,C,D 作圆 O_3, 圆 O_2 交圆 O 于 C', 交 AB 于 F; 圆 O_3 交圆 O 于 A', 交 CA 于 E, 过 A,E,F 三点作圆 O_1, 圆 O_1 交圆 O 于 B', 如图 1257.3 所示,求证:
① 圆 O_1 过点 O;
② 三圆 O_1, O_2, O_3 是等圆;
③ 有三次三点共线,它们分别是:(B', C', F), (C', A', D), (A', B', E);
④ $\triangle ABC \cong \triangle A'B'C'$.

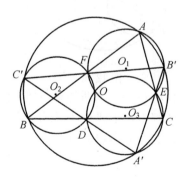

图 1257.3

命题 1258 设三个圆 O_1, O_2, O_3 两两外离,且均内切于圆 O,切点分别为 A, B, C,设 O_2O_3, O_3O_1, O_1O_2 的中点分别为 P, Q, R,如图 1258 所示,求证:AP, BQ, CR 三线共点(此点记为 S).

注:下面三命题与本命题相近.

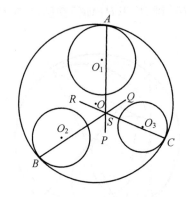

图 1258

命题 1258.1 设三个圆 O_1, O_2, O_3 两两外离,且均内切于圆 O,切点分别为 A, B, C,设这三个圆中,每两圆的内公切线的交点分别为 P, Q, R,如图 1258.1 所示,求证:AP, BQ, CR 三线共点(此点记为 S).

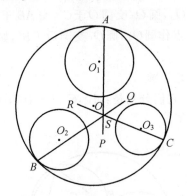

图 1258.1

命题 1258.2 设三圆 O_1, O_2, O_3 两两外离,它们每两圆的内公切线的交点分别记为 P, Q, R,这三个圆都内切于圆 O,切点分别为 A, B, C,如图 1258.2 所示,求证:AP, BQ, CR 三线共点(此点记为 S).

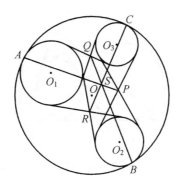

图 1258.2

命题 1258.3 设三个圆 O_1, O_2, O_3 两两外离,它们都内切于圆 O,切点分别为 A', B', C',现在,对圆 O_1, O_2, O_3 中的每两个作一条外公切线(这条外公切线处于图形的内侧),这些外公切线两两相交,构成 $\triangle ABC$,如图 1258.3 所示,求证:AA', BB', CC' 三线共点(此点记为 S).

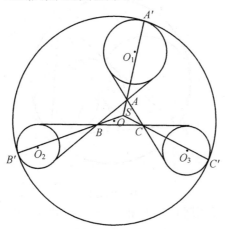

图 1258.3

命题 1259 设 $\triangle ABC$ 内接于圆 O,且外切于圆 O_1,D 是 BC 上一点,圆 O_2 内切于圆 O,且与 DA, DB 均相切,设圆 O_3 内切于圆 O,且与 DA, DC 均相切,如图 1259 所示,求证:O_1, O_2, O_3 三点共线.

注:此乃"Thébault 定理".

下面的命题 1259.1 与本命题相近.

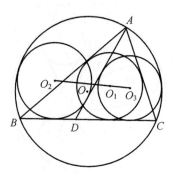

图 1259

命题 1259.1 设 $\triangle ABC$ 内接于圆 O,同时外切于圆 I,D 是 BC 上一点,圆 O' 内切于圆 O,切点为 G,同时分别与 AD,DC 相切,切点依次为 E,F;圆 O'' 内切于圆 O,切点为 H,同时分别与 AD,DB 相切,切点依次为 K,L,如图 1259.1 所示,求证:EF 和 KL 的交点是 I.

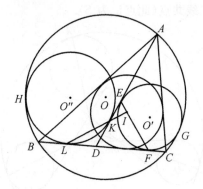

图 1259.1

命题 1260 设两圆 O_1,O_2 相交于 A,B,以 A 为圆心,AB 为半径作圆,此圆分别交两圆 O_1,O_2 于 C,D,CD 交这两圆于 E,F,如图 1260 所示,求证:
① O_1,A,F 三点共线,O_2,A,E 三点也共线;
② B,E,F,O_1,O_2 五点共圆(该圆圆心记为 O).

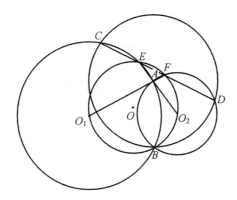

图 1260

命题 1261 设 $\triangle ABC$ 中,BC,CA,AB 上的中点分别为 D,E,F,分别以顶点 A,B,C 为圆心,作三个等圆,其中圆 A 交 EF 于 A_1,A_2;圆 B 交 FD 于 B_1,B_2;圆 C 交 DE 于 C_1,C_2,如图 1261 所示,求证:A_1,A_2,B_1,B_2,C_1,C_2 六点共圆(该圆圆心记为 O).

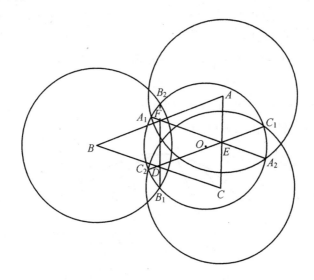

图 1261

* **命题 1262** 设 OA,OB 都是圆 O 的半径,$OA \perp OB$,圆 O_1 与圆 O 内切于 A,圆 O_3 与圆 O 内切于 B,且圆 O_3 与圆 O_1 外切于 C,设圆 O_2 与圆 O_1,O_3 均外切,切点分别为 D,E,圆 O_2 还内切于圆 O,设圆 O_1 交 AO_1 于 F,圆 O_3 交 BO_3 于 G,如图 1262 所示,求证:

① F,C,E 三点共线;

② G,C,D 三点共线;

③ A,B,D,E 四点共线;

④ 四边形 $OO_1O_2O_3$ 是矩形.

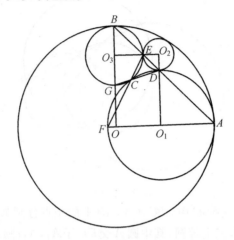

图 1262

命题 1263 设一直线截平行四边形 $ABCD$ 的四边 AB,BC,CD,DA 于 E,F,G,H,圆 O,O_1,O_2,O_3 分别是 $\triangle EBF,\triangle EAH,\triangle HDG,\triangle CGF$ 的外接圆,如图 1263 所示,求证:

① 圆 O_1,O_3 均内切于圆 O,且切点分别为 E,F;

② 圆 O_1,O_3 均外切于圆 O_2,且切点分别为 H,G;

③ 四边形 $OO_1O_2O_3$ 是平行四边形;

④ 圆 O 的半径等于三圆 O_1,O_2,O_3 的半径和.

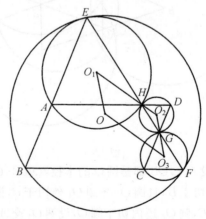

图 1263

命题 1264 设两圆 O_2,O_3 外离,它们都内切于圆 O_1,两圆 O_2,O_3 的两条内公切线分别交圆 O_1 于 A,D,如图 1264 所示,两圆的一条外公切线分别与这两个圆相切于 B,C,求证:A,B,C,D 四点共圆(此圆的圆心记为 O).

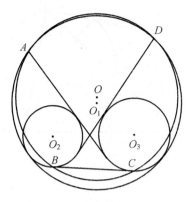

图 1264

命题 1265 设三个等圆 O_1,O_2,O_3 两两相交,产生四个交点 M,A,B,C,其中 M 是这三个圆的公共交点,如图 1265 所示,求证:圆 O 也与圆 O_1,O_2,O_3 相等.

注:此乃"Johnson 定理".

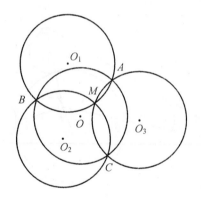

图 1265

* **命题 1266** 设四边形 $ABCD$ 的三边 AB,BC,CD 上各有一点,分别记为 E,F,G,圆 EBF 和圆 FCG 除交点 F 外,另有一个交点 M,设圆 AEM 和圆 DGM 的另一个交点为 H,圆 AEH 与圆 FCG 的另一个交点为 P,圆 EBF 和圆 GDH 的另一个交点为 Q,如图 1266 所示,求证:

① 点 H 在 AD 上;

② A,P,C 三点共线, B,Q,D 三点也共线.

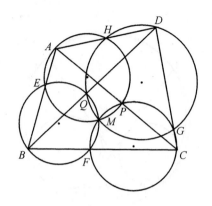

图 1266

＊＊命题 1267 设三圆 O_1, O_2, O_3，均与圆 O 外切，切点分别为 A', B', C'，这三个圆中，每两个的（外围的）外公切线构成 $\triangle ABC$，该三角形的内心记为 Q，如图 1267 所示，求证：

① AA', BB', CC' 三线共点，此点记为 P；

② O, P, Q 三点共线．

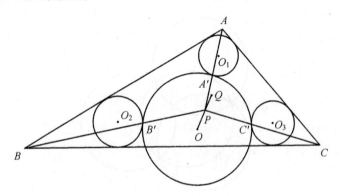

图 1267

命题 1268 设 $\triangle ABC$ 外切于圆 O，BC 上的切点为 D，E 是 BC 边上一点，圆 O_1, O_2 分别是 $\triangle ABE, \triangle ACE$ 的内切圆，如图 1268 所示，求证：

① D, E, O_1, O_2 四点共圆，此圆圆心记为 O'；

② 点 O' 是线段 O_1O_2 的中点．

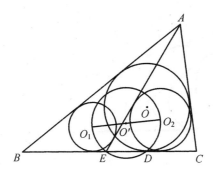

图 1268

命题 1269 设 D,E 是 $\triangle ABC$ 中 BC 边上两点,$\triangle ABD$,$\triangle AEC$,$\triangle ABE$,$\triangle ADC$ 的内切圆圆心分别为 O_1,O_2,O_3,O_4,设圆 O_1,O_2 的另一条外公切线与圆 O_3,O_4 的另一条外公切线相交于 S,如图 1269 所示,求证:

① 点 S 在 BC 上;

② O_1,O_2,S 三点共线;

③ O_3,O_4,S 三点也共线.

注:下面的命题 1269.1 与本命题相近.

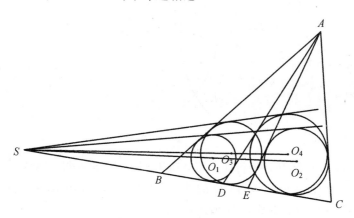

图 1269

命题 1269.1 设 D,E 是 $\triangle ABC$ 中 BC 边上两点,$\triangle ABD$,$\triangle ADE$,$\triangle AEC$,$\triangle ABE$,$\triangle ADC$ 的内切圆圆心分别为 O_1,O_2,O_3,O_4,O_5,若此五圆中,前三个圆是等圆,如图 1269.1 所示,求证:后两圆也是等圆.

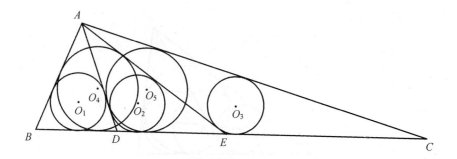

图 1269.1

命题 1270 设 M 是三圆 O_1,O_2,O_3 的公共的交点,这三个圆还两两相交于 A,B,C,如图 1270 所示,设圆 O_1 的弧 BC 的中点为 P;圆 O_2 的弧 CA 的中点为 Q;圆 O_3 的弧 AB 的中点为 R,求证:M,P,Q,R 四点共圆.

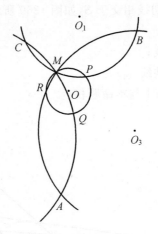

图 1270

命题 1271 设 P 是平行四边形 $ABCD$ 外一点,它使得 $\angle APD=\angle BPC$,$\triangle PAD,\triangle PBC,\triangle PAB,\triangle PCD$ 的外接圆分别记为 $\alpha,\beta,\gamma,\delta$,它们的圆心依次记为 O_1,O_3,O_2,O_4,如图 1271 所示,求证:

① $\angle PAD=\angle PCD,\angle PAB=\angle PCB$;

② $\angle PBA+\angle PDA=180°,\angle PBC+\angle PDC=180°$;

③ $\alpha,\beta,\gamma,\delta$ 是四个等圆;

④ O_1,O_2,O_3,O_4 四点共圆,该圆圆心就是 P.

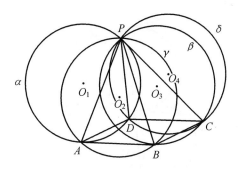

图 1271

命题 1272 设四边形 $ABCD$ 中,AC 交 BD 于 O,圆 OAB 和圆 OCD 除交于 O 外,还交于 M,设 OM 分别交圆 OBC,圆 ODA 于 P,Q,如图 1272 所示,求证:$MP = MQ$.

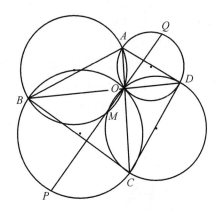

图 1272

命题 1273 设圆 O_1, O_2 相交于 A, B,另有两圆 O_3, O_4,它们都与圆 O_1, O_2 外切,设 AB 分别交圆 O_3, O_4 于 C, D 和 E, F,过 C, D 且与圆 O_3 相切的直线分别记为 l_1, m_1;过 E, F 且与圆 O_4 相切的直线分别记为 l_2, m_2,如图 1273 所示,求证:$l_1 \parallel l_2, m_1 \parallel m_2$.

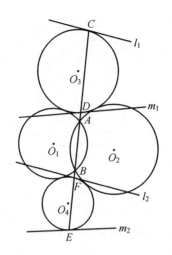

图 1273

命题 1274 设三圆 O_1, O_2, O_3 两两外离,它们都在 $\triangle ABC$ 内部,且每个圆都与 $\triangle ABC$ 的某两边相切,如图 1274 所示,作直线 $B'C'$ 与圆 O_1 相切,且与 AO_1 垂直;作直线 $C'A'$ 与圆 O_2 相切,且与 BO_2 垂直;作直线 $A'B'$ 与圆 O_3 相切,且与 CO_3 垂直,这三条直线两两相交,构成 $\triangle A'B'C'$,设圆 O 是 $\triangle A'B'C'$ 的内切圆,它与 $B'C', C'A', A'B'$ 分别相切于 D, E, F,求证:AD, BE, CF 三线共点(此点记为 S).

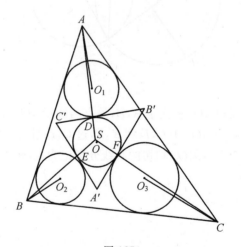

图 1274

命题 1275 设 $\triangle ABC$ 的内切圆与 BC 相切于 M,N 是 AC 上一点,$\triangle NAB, \triangle NBM, \triangle NCM$ 的内切圆分别为圆 O_1, O_2, O_3,如图 1275 所示,求证:圆 O_1, O_2, O_3 有一条公切线.

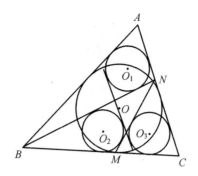

图 1275

命题 1276 设两圆 O_1,O_2 相交于 A,B,C 是圆 O_2 上一点,CA,CB 分别交圆 O_1 于 D,E,AE 交 BD 于 F,设 O_1F 的延长线分别交圆 O_1,O_2 于 P,Q,如图 1276 所示,求证:$\triangle QAE$ 和 $\triangle QDB$ 的内切圆是同心圆,且圆心就是 P.

注:下面两命题与本命题相近.

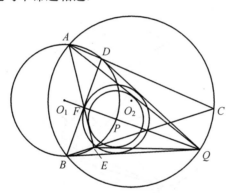

图 1276

* **命题 1276.1** 设两圆 O_1,O_2 相交于 A,B,AC 是圆 O_1 的切线,点 C 在圆 O_2 上;AD 是圆 O_2 的切线,点 D 在圆 O_1 上,EF 是圆 O_1 的直径,$EF \parallel AD$;GH 是圆 O_2 的直径,$GH \parallel AC$,如图 1276.1 所示,求证:

① E,F,G,H 四点共圆,此圆圆心记为 O;

② $\triangle ACD$ 的外接圆圆心也是 O.

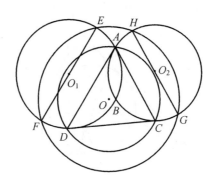

图 1276.1

* 命题 1276.2 设两圆 O_1, O_2 相交于 A, B, C 是圆 O_2 上一点,CA, CB 分别交圆 O_1 于 D, E,AE 交 BD 于 F,O_1F 分别交两圆 O_1, O_2 于 M, G,如图 1276.2 所示,求证:$\triangle AEG$ 的内切圆和 $\triangle BDG$ 的内切圆有着共同的圆心,这圆心就是 M.

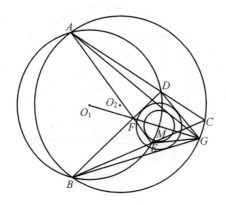

图 1276.2

命题 1277 设 A, B, C, D 是圆 O 上顺次四点,AC 交 BD 于 M,过 A, M, B 三点的圆记为圆 O_1,过 C, M, D 三点的圆记为圆 O_2,设圆 O_1 分别交 AD, BC 于 E, F;圆 O_2 分别交 BC, AD 于 G, H,如图 1277 所示,求证:E, F, G, H 四点共圆,且此圆圆心就是 M.

注:下面的命题 1277.1 与本命题相近.

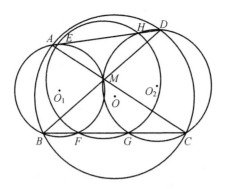

图 1277

命题 1277.1 设 D 是 $\triangle ABC$ 中 BC 边上一点，圆 O, O_1, O_2 分别是 $\triangle ABC, \triangle ABD, \triangle ACD$ 的外接圆，如图 1277.1 所示，求证：A, O, O_1, O_2 四点共圆(此圆圆心记为 M).

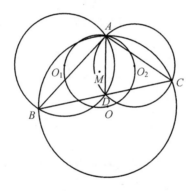

图 1277.1

命题 1278 设四个圆 O_1, O_2, O_3, O_4 循环排列成圈，每两相邻的圆都相切，作每两相邻圆的内公切线，这些内公切线两两相交，构成四边形 $ABCD$，如图 1278 所示，求证：四边形 $ABCD$ 有内切圆.

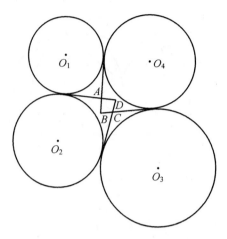

图 1278

命题 1279　设四个圆 ABCD 两两外离,四边形 ABCD 为矩形,作相对两圆的外公切线,这样的外公切线共四条,它们构成四边形 EFGH,如图 1279 所示,若相对两圆的半径和相等,求证:四边形 EFGH 有内切圆.

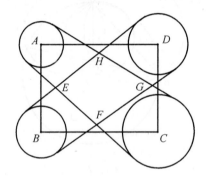

图 1279

命题 1280　设四边形 ABCD 中,AC 交 BD 于 M,四圆 P,Q,R,S 分别是 △MAB,△MBC,△MCD,△MDA 的内切圆,如图 1280 所示,求证
$$PQ^2 + RS^2 = PS^2 + QR^2$$
注:下面的命题 1280.1 与本命题相近.

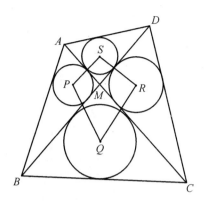

图 1280

命题 1280.1 设四边形 $ABCD$ 的对角线 AC,BD 相交于 M,△MAB,△MBC,△MCD,△MDA 的内切圆圆心分别为 O_1,O_2,O_3,O_4,这四个内切圆的半径依次记为 r_1,r_2,r_3,r_4,如图 1280.1 所示,求证

$$\frac{1}{r_1}+\frac{1}{r_3}=\frac{1}{r_2}+\frac{1}{r_4}$$

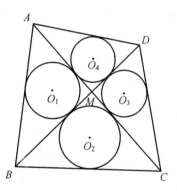

图 1280.1

命题 1281 设 △ABC 内接于圆 O,三圆 O_1,O_2,O_3 均与圆 O 外切,其中圆 O_1 分别与 AB,AC 相切于 D,E;圆 O_2 分别与 BC,BA 相切于 F,G;圆 O_3 分别与 CA,CB 相切于 H,K,设 EF 交 DK 于 P,FG 交 HK 于 Q,如图 1281 所示,求证:P,A,Q 三点共线.

注:下面的命题 1281.1 与本命题相近.

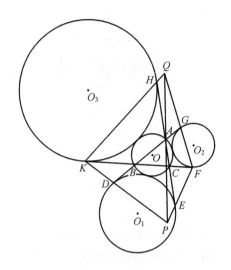

图 1281

命题 1281.1 设 $\triangle ABC$ 内接于圆 O，三圆 O_1, O_2, O_3 均与圆 O 外切，且每个圆都与 BC, CA, AB 中的某两边相切，切点依次为 D, E, F, G, H, K，如图 1281.1 所示，设 BE 交 CD 于 P；AF 交 CG 于 Q；AK 交 BH 于 R，求证：

① AP, BQ, CR 三线共点（此点记为 S）；

② PO_1, QO_2, RO_3 三线共点（此点记为 T）.

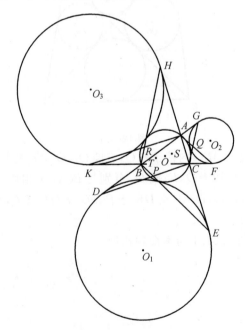

图 1281.1

命题 1282 设两圆 O_1, O_2 外离,它们的两条外公切线相交于 A,它们的一条内公切线分别交这两条外公切线于 B, C,如图 1282 所示,求证:

① B, C, O_1, O_2 四点共圆,且该圆圆心 O_3 是 $O_1 O_2$ 的中点;

② A, B, C, O_3 四点共圆(该圆圆心记为 O_4).

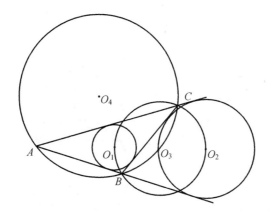

图 1282

命题 1283 设 $\triangle ABC$ 内接于圆 O,以 A 为圆心作圆,该圆交圆 O 于 D, E,交 BC 于 F, G,设圆 DBF 交 AB 于 H,圆 ECG 交 AC 于 K,如图 1283 所示,求证:DH, EK, AO 三线共点(此点记为 S).

注:下面的命题 1283.1 与本命题相近.

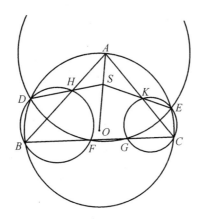

图 1283

命题 1283.1 设 $\triangle ABC$ 内接于圆 O,圆 BOC, COA, AOB 的圆心分别记为 A', B', C',如图 1283.1 所示,求证:AA', BB', CC' 三线共点(此点记为 S).

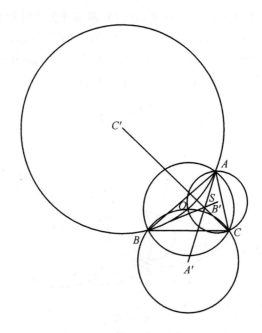

图 1283.1

5.13

命题 1284 设四边形 $ABCD$ 内接于圆 O，AC 交 BD 于 M，P 是任意一点，圆 O_1，O_2，O_3 分别是 $\triangle PAB$，$\triangle PBC$，$\triangle PCD$，$\triangle PDA$ 的外接圆，如图 1284 所示，求证：OM，O_1O_3，O_2O_4 三线共点（此点记为 S）.

注：下面三道命题都与本命题相近.

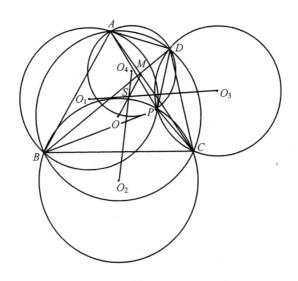

图 1284

* **命题 1284.1** 设四边形 $ABCD$ 内接于圆 O，AC 交 BD 于 M，$\triangle OAB$，$\triangle OBC$，$\triangle OCD$，$\triangle ODA$ 的外心分别为 E，F，G，H，EG 交 FH 于 N，如图 1284.1 所示，求证：

① M，N，O 三点共线；

② $EG \perp FH$.

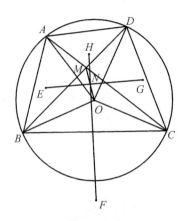

图 1284.1

命题 1284.2 设四边形 $ABCD$ 内接于圆 O,AC 交 BD 于 M,$\triangle MAB$,$\triangle MBC$,$\triangle MCD$,$\triangle MDA$ 的外心分别为 E,F,G,H,如图 1284.2 所示,求证:四边形 $EOGM$ 和四边形 $FOHM$ 都是平行四边形,且二者的中心都是 OM 的中点.

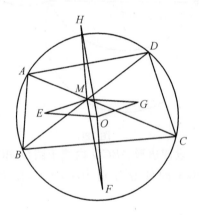

图 1284.2

* **命题 1284.3** 设四边形 $ABCD$ 内接于圆 O,$\triangle DAB$,$\triangle ABC$,$\triangle BCD$,$\triangle CDA$ 的内心分别记为 O_1,O_2,O_3,O_4,弧 AB,BC,CD,DA 的中点分别为 E,F,G,H,如图 1284.3 所示,求证:

① 四边形 $O_1O_2O_3O_4$ 是矩形;

② O_1O_3,O_2O_4,EG,FH 四线共点(此点记为 M);

③ 圆 O_1 和圆 O_3 的半径和,等于圆 O_2 和圆 O_4 的半径和.

注:命题 1284.3 中的结论 ① 乃"Sangaku 定理".

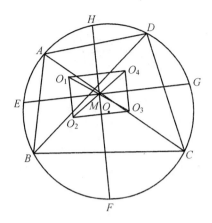

图 1284.3

命题 1285 设四边形 $ABCD$ 外切于圆 O,AC 交 BD 于 M,圆 O_1,O_2,O_3,O_4 分别是 $\triangle MAB$,$\triangle MBC$,$\triangle MCD$,$\triangle MDA$ 的内切圆,如图 1285 所示,求证:

① O_1,O_2,O_3,O_4 四点共圆,此圆圆心记为 O';

② M,O,O' 三点共线;

③ $\triangle ABC$,$\triangle BCD$,$\triangle CDA$,$\triangle DAB$ 的内切圆圆心也都在圆 O' 上.

注:下面两命题与本命题相近.

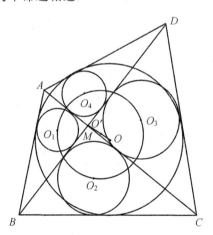

图 1285

命题 1285.1 设四边形 $ABCD$ 外切于圆 O,AC,BD 的垂直平分线相交于 P,$\triangle PAB$,$\triangle PBC$,$\triangle PCD$,$\triangle PDA$ 的内切圆圆心分别记为 O_1,O_2,O_3,O_4,如图 1285.1 所示,求证:O_1,O_2,O_3,O_4 四点共圆(此圆圆心记为 O').

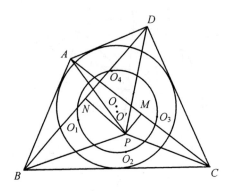

图 1285.1

* 命题 1285.2 设四边形 $ABCD$ 外切于圆 O,AC 交 BD 于 M,设 $\triangle MAB$,$\triangle MBC$,$\triangle MCD$,$\triangle MDA$ 的外心分别为 O_1,O_2,O_3,O_4,如图 1285.2 所示,求证:O_1O_3 和 O_2O_4 互相平分.

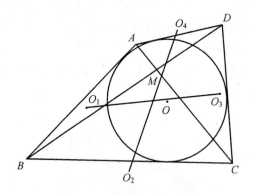

图 1285.2

命题 1286 设 $\triangle ABC$ 内接于圆 O,且外切于圆 I,三圆 O_1,O_2,O_3,两两外离,它们均在 $\triangle ABC$ 的内部,且每一个圆都与 BC,CA,AB 中的某两边相切,但不与第三边相交,如图 1286 所示,求证:存在一个与这三圆都外切的圆 M,其圆心 M 在 OI 上.

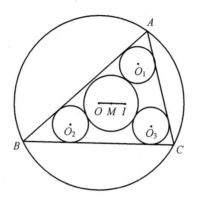

图 1286

* 命题 1287　设三个等圆 O_1, O_2, O_3 有一个公共的交点 M,每两个圆都有一条处于外围的外公切线,它们两两相交构成 $\triangle ABC$,设圆 O 和圆 I 分别是 $\triangle ABC$ 的外接圆和内切圆,圆 I 分别与三边 BC, CA, AB 相切于 D, E, F, AD 交 BE 于 G(热尔岗点),如图 1287 所示,求证:G, I, M, O 四点共线.

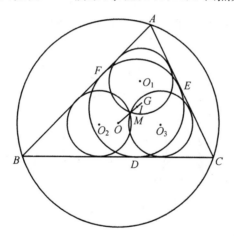

图 1287

命题 1288　设 AB 是圆 O 的直径,圆 O_1 与圆 O 内切于 A,圆 O_2 与圆 O 内切于 B,圆 O_1 与圆 O_2 外切于 C,弦 DE 过 C,且与 AB 垂直,圆 O_3 外切于圆 O_1,且内切于圆 O,圆 O_3 还与 CD 相切;圆 O_4 外切于圆 O_2,且内切于圆 O,圆 O_4 还与 CD 相切,如图 1288 所示,求证:圆 O_3 和圆 O_4 是等圆.

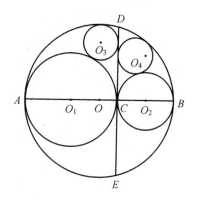

图 1288

命题 1289 设 AB, CD 是圆 O 内两条相交的弦,交点为 M,AB, CD 将圆 O 划分成四个区域,在每一个区域内作一个圆,圆心分别记为 E, F, G, H,它们均与 AB, CD 相切,且均内切于圆 O,切点分别为 E', F', G', H',如图 1289 所示,求证:

① $EG', E'G, FH', F'H$ 四线共点(此点记为 S);

② O, M, S 三点共线.

注:下面的命题 1289.1 与本命题相近.

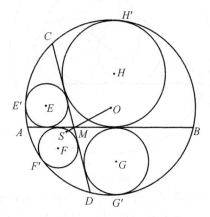

图 1289

命题 1289.1 设三个圆 O_1, O_2, O_3 均内切于圆 O,切点分别为 A, B, C,这三个圆又均与圆 O' 外切,切点分别为 A', B', C',如图 1289.1 所示,求证:

① AA', BB', CC' 三线共点,此点记为 S;

② O, O', S 三点共线.

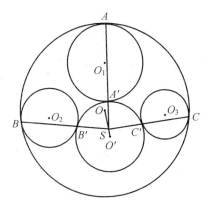

图 1289.1

命题 1290 设圆 O_1, O_2, O_3, O_4 都在圆 O 内,它们两两外离,且均与圆 O 内切,圆 O_i 和圆 O_j 的外公切线的长记为 $l_{ij}(i,j=1,2,3,4)$,如图 1290 所示,求证

$$l_{12}l_{34} + l_{14}l_{23} = l_{13}l_{24}$$

注:此乃托勒密(Ptolemy,约 85—165)定理的推广,称为"开世(Casty)定理"(1888 年).

注:下面的命题 1290.1 与本命题相近.

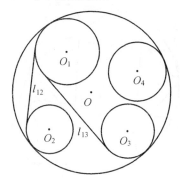

图 1290

命题 1290.1 设四个圆 O_1, O_2, O_3, O_4 按逆时针排列,且均与圆 O 外切,这四个圆中每两个圆的外公切线分别为 AB, CD, EF, GH, MN, PQ,如图 1290.1 所示,求证

$$AB \cdot EF + CD \cdot GH = MN \cdot PQ$$

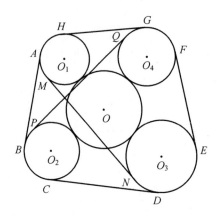

图 1290.1

命题 1291 设四边形 $ABCD$ 外切于圆 O, AB, BC, CD, DA 上的切点分别为 E, F, G, H, △AEH, △BEF, △CFG, △DGH 的内切圆圆心分别记为 O_1, O_2, O_3, O_4, 这四个圆中, 每两个相邻圆的外公切线构成四边形 $KLMN$, 如图 1291 所示, 求证:

① O_1, O_2, O_3, O_4 四点均在圆 O 上;

② 四边形 $KLMN$ 是菱形.

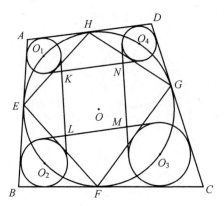

图 1291

命题 1292 设 M 是 △ABC 内一点, AM, BM, CM 分别交对边于 D, E, F, 以下六个三角形: △MAF, △MBF, △MBD, △MCD, △MCE, △MAE 的内切圆分别是圆 O_1, O_2, O_3, O_4, O_5, O_6, 如图 1292 所示, 这六个圆的半径分别为 r_1, r_2, r_3, r_4, r_5, r_6, 求证

$$r_1 r_3 r_5 = r_2 r_4 r_6$$

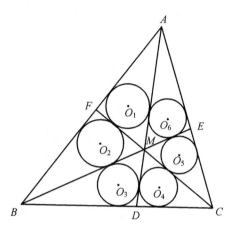

图 1292

** 命题 1293 设四边形 $ABCD$ 外有四个圆,圆心分别为 E,F,G,H,每一个圆都与四边形 $ABCD$ 的某三边(或三边的延长线)相切,如图 1293 所示,求证:E,F,G,H 四点共圆(此圆圆心记为 O).

注:这里的圆 E,F,G,H 均可称为四边形 $ABCD$ 的"旁切圆".

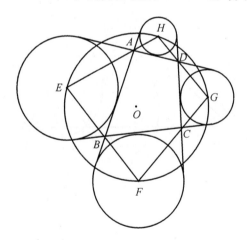

图 1293

命题 1294 设 $\triangle ABC$ 的内心为 I,圆 O_1,O_2,O_3,O_4,O_5,O_6 均在 $\triangle ABC$ 的内部,其中圆 O_1 与 AB,BC 均相切;圆 O_2 与 BC,CA 均相切;圆 O_3 与 CA,AB 均相切;圆 O_4 与圆 O_1 一样,也与 AB,BC 均相切;圆 O_5 与圆 O_2 一样,也与 BC,CA 均相切;圆 O_6 与圆 O_3 一样,也与 CA,AB 均相切,若在这六个圆中,每后一个圆都与前一个圆外切,如图 1294 所示,求证:

① 圆 O_6 与圆 O_1 外切;

② 若 O_1O_2 交 O_4O_5 于 D,则 $ID \perp BC$(类似的垂直还有两次).

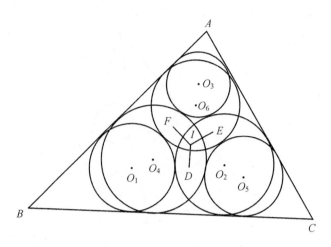

图 1294

命题 1295 设 $\triangle ABC$ 内接于圆 O,一直线分别交 BC,CA,AB 于 D,E,F,圆 O_1,O_2,O_3 分别是 $\triangle AEF,\triangle BFD,\triangle CDE$ 的外接圆,如图 1295 所示,求证:

① 四圆 O,O_1,O_2,O_3 有一个公共的交点,此点记为 P;

② P,O,O_1,O_2,O_3 五点共圆(此圆圆心记为 O').

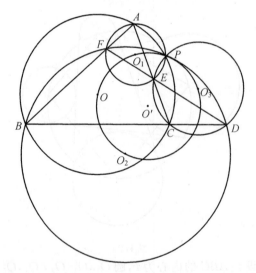

图 1295

命题 1296 设圆 O_2 内切于圆 O_1,切点为 A,一直线交圆 O_1 于 B,C,过 B,C 分别作圆 O_2 的切线,切点分别为 D,E,如图 1296 所示,圆 O_3 过 A,B,D 三点,圆 O_4 过 A,C,E 三点,这两圆分别交 BC 于 F,G,设圆 O_3 交 O_4 于 P,求证:D,E,F,G 四点共圆,且该圆圆心就是 P.

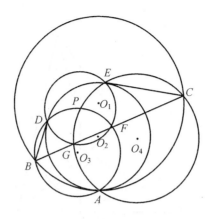

图 1296

命题 1297 设 $\triangle ABC$ 内接于圆 O,H 是 $\triangle ABC$ 的垂心,BC,CA,AB 的中点分别为 D,E,F,以 D 为圆心,DH 为半径作圆,该圆交 BC 于 A_1,A_2;以 E 为圆心,EH 为半径作圆,该圆交 CA 于 B_1,B_2;最后,以 F 为圆心,FH 为半径作圆,该圆交 AB 于 C_1,C_2,如图 1297 所示,求证:A_1,A_2,B_1,B_2,C_1,C_2 六点共圆,且此圆圆心也是 O.

注:下面命题 1297.1 与本命题相近.

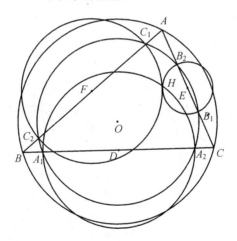

图 1297

命题 1297.1 设 $\triangle ABC$ 的重心为 M,AM,BM,CM 分别交对边于 D,E,F,$\triangle MBD$,$\triangle MCD$,$\triangle MCE$,$\triangle MAE$,$\triangle MAF$,$\triangle MBF$ 的外心分别为 G,H,I,J,K,L,如图 1297.1 所示,求证:这六点共圆(此圆圆心记为 O).

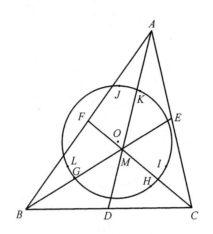

图 1297.1

命题 1298 设 $\triangle ABC$ 的三边 BC, CA, AB 上各有两点,分别记为 D, D', E, E', F, F',圆 AEF 交圆 $AE'F'$ 于 A_0;圆 BDF 交圆 $BD'F'$ 于 B_0;圆 CDE 交圆 $CD'E'$ 于 C_0,如图 1298 所示,求证:

① AA_0, BB_0, CC_0 三线共点,此点记为 P;

② 三圆 AEF, BFD, CDE 共点,此点记为 Q,另三圆 $AE'F', BF'D', CD'E'$ 也共点,此点记为 R;

③ A_0, B_0, C_0, P, Q, R 六点共圆.

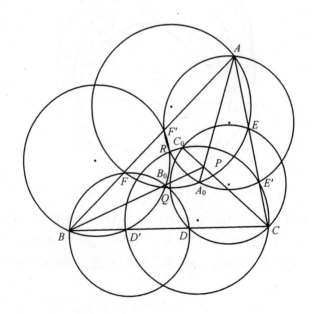

图 1298

命题 1299 设 O_1, O_2, O_3, N 是圆 M 上四点,以这四点为圆心各作一个与圆 M 相等的圆,设圆 N 与圆 O_1, O_2, O_3 分别交于 A, B, C, AA', BB', CC' 分别是圆 O_1, O_2, O_3 的直径,过 A', B', C' 三点作圆,其圆心记为 N',如图 1299 所示,求证:

① 点 N' 在圆 M 上,且 NN' 是圆 M 的直径;

② 圆 N' 与圆 M 相等;

③ $AA' \parallel BB' \parallel CC' \parallel NN'$.

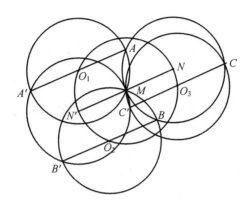

图 1299

命题 1300 设 $\triangle ABC$ 内接于圆 O,且外切于圆 I,三圆 D, E, F 均外切于圆 O,切点分别为 P, Q, R,这三个圆中,每个圆还与 $\triangle ABC$ 的某两边相切(但不与第三边相切),切点分别为 G, H, J, K, L, M,如图 1300 所示,设 EK 交 FL 于 P',FM 交 DG 于 Q',DH 交 EJ 于 R',求证:

① AP, BQ, CR 三线共点(此点记为 S);

② PP', QQ', RR' 三线共点(此点记为 T);

③ I, S, O 三点共线.

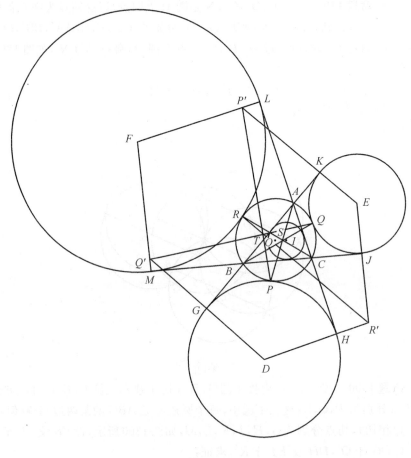

图 1300

参考文献

[1] HILBERT DAVID,S COHN-VOSSEN. Geometry and the imagination[M]. New York:Chelsea Pub. Co. ,1952.

[2] MORLEY,FRANK. Inversive geometry[M]. New York :Chelsea Pub. Co. ,1954.

[3] MESERVE,BRUCE ELWYN. Fundamental concepts of geometry[M]. Cambridge:Addison-Wesley Pub. Co. ,1955.

[4] 陈传麟. 欧氏几何对偶原理研究[M]. 上海:上海交通大学出版社,2011.

索 引

上册

名称	题号
"完全四边形"	25
"共轭弦"	189
"共轭主弦"	189
椭圆的"相交弦定理"	243
"等轴椭圆"	250
"标准点"	261
"自配极三角形"	284
椭圆的"热尔岗点"	353
"蓝正三角形"	353
"蓝平行四边形"	355
两椭圆的"公轴"	407
两椭圆的"公心"	407
"共极点"	408
"共极线"	408
"外公轴"	432,433
"内公轴"	432,433
"外公心"	432,433
"内公心"	433
两椭圆的"拟圆心"	460
两椭圆的"标准点"	461
"蓝同心圆"	495
"黄同心圆"	495
"费马(Fermat,1601—1665)点"	1202,1320.1
"蓝共轭双曲线"	1245
"黄共轭双曲线"	1273
"源命题"	1306.1

"帕斯卡(Blaise Pascal,1623—1662)定理"	1307
"布里昂雄(C. J. Brianchon,1785—1864)定理"	1307.1
"帕普斯(Pappus,约公元320年)定理"	1308
"自对偶命题"	1308.1
"自对偶图形"	1308.1
"吉拉尔(Girard Desargue,1593—1662)定理"	1309
"西姆森(Simson,1687—1768)线"	1316
"西姆森(Simson,1687—1768)点"	1316.1
"热尔岗(Gergonne,1771—1859)点"	1317
"勒穆瓦纳(Lemoine,1840—1912)线"	1317.1
"等截共轭线"	1319
"等角共轭点"	1319.1
"黄等边三角形"	1320.1
"蓝等边三角形"	1340
"泰博定理"(Victor The′bault,1882—1960)	1345.1
"凡·奥贝尔(Van Aubel)定理"	1346.1
"勾股定理"的推广	1372.1
"余弦定理"的推广	1373
"斯特瓦尔特(Stewart,1717—1785)定理"	1374
"斯特瓦尔特(Stewart)定理"的推广	1374.1
"托勒密(Ptolemy,约85—165)定理"	1375
"四面体的费马点"	1380
"内接直交三角形"	1396
"奥倍尔(Auber)定理"	1421.1
"蝴蝶定理(Butterfly theorem)"	1422
"婆罗摩笈多(Brahmagupta)定理"	1426
"索迪圆(Soddy circle)"	1498

中册

名称	题号
椭圆的"上焦点"（或"第三焦点"）	73
椭圆的"下焦点"（或"第四焦点"）	73
椭圆的"上准线"（或"第三准线"）	73
椭圆的"下准线"（或"第四准线"）	73
"自对偶图形"	157
"共极点"	165
"蓝共轭直径"	237
"等腰直角点"	275
三角形的"Schiffler 点"	433
三角形的"Mittenpunkt 点"	437
椭圆的"弗雷奇（Fregier）点"	478
椭圆的"弗雷奇（Fregier）线"	479
"蝴蝶定理"的推广	480
椭圆的"坎迪（Candy）定理"	481
双曲线的"第三焦点"和"第四焦点"	790
双曲线的"第三准线"和"第四准线"	790
"勒穆瓦纳（Lemoine）线"的推广	948,1118
"热尔岗（Gergonne）点"的推广	952,1118.1
"爱可儿斯（Echols,1932 年）定理"	1036
"莫利（Frank Morley，美国）定理"	1038
"内莫利三角形"	1038
"外莫利三角形"	1038
"黄外莫利三角形"	1039
圆的"坎迪（Candy）定理"	1117
"对偶法"	1117
"过渡命题"	1161.2
"Haruki 定理"	1171
"Boden Miller 定理"	1177
"The'bault 定理"（1938 年）	1194
"六连环定理（six concatemer theorem）"	1200
"古镂钱"	1200

下册（第 1 卷）

名称	题号
"欧拉（Euler）线"	41
"椭圆的西姆森（Simson）线"	64
"Adams 定理"（1843 年）	117
椭圆 α 的"西姆森点"	135
椭圆的"热尔岗（Gergonne）定理"	165
椭圆的"热尔岗点"	165
椭圆的"勒穆瓦纳（Lemoine）定理"	165.1
椭圆的"勒穆瓦纳线"	165.1
"麦克劳林（Maclaurin）定理"	291
"黄麦克劳林定理"	337
"牛顿（Isaac Newton,1642—1727）线"	368
"陪位中心"	431
"类似中心"	431
"弗雷奇（Fregier）点"	578
三角形的"九点椭圆"	952
心脏线	1000
心脏线的"尖点"	1000
心脏线的"准圆"	1000
心脏线的"切圆"	1000
吉拉尔（Girard Desargues）构图	1001.1
"马克斯威尔（Maxwell）定理"	1008
"黄马克斯威尔（Maxwell）定理"	1008.1
"蓝马克斯威尔（Maxwell）定理"	1008.2
三角形的"Mittenpunkt 点"	1011
"泰勒（Taylor）定理"	1020
"泰勒圆"	1020,1037.1
"丰田（Fontene）点"	1024.1
"梅内劳斯（Menelaus,希腊,公元 1 世纪）定理"	1044
"斯皮克（Spieker）定理"	1046
"斯皮克圆"	1046
"奈格尔（Nagel）点"	1047,1159

"格列伯(Grebe,1804—1874)定理"	1050
三角形的"垂足三角形"	1051.2
三角形的"Schiffler 点"	1072.1
超完全四边形的"密克点"	1138
"五角星定理"	1147
三角形的热尔岗点	1159
"Floor van Lamoen 定理"	1163.1
"戴维斯(Davis)定理"	1163.3
圆内接四边形的"Brahmagupta 公式"	1199
三角形的"九点圆"	1203
四边形 ABCD 的"垂心四边形"	1211
"Hagge 定理"	1218
"Fuhrmann 定理"	1219
"Capple 定理"	1223
"塔克(Tucker,1832—1905)定理"	1224
三角形的"塔克圆"	1224
"塞蒙(Salmon)定理"	1247
"密克定理"	1248.1,1288
完全四边形的"密克点"	1248.1
"四圆定理"	1264
"Hagge 定理"	1273
三角形的"重圆"	1273.1
三角形的"正布洛克(Brocard)点"	1286
三角形的"负布洛克点"	1286
"费尔巴哈(Feuerboch,1800—1834)定理"	1287

下册(第2卷)

名称	题号
"西姆森(Simson,1687—1768)点"	13.1
"黄九点圆"	14
椭圆的"七点定理"	74
椭圆的"七线定理"	74.1
椭圆的"清宫(Toshio Seimiya,日本)定理"	309
"Sejfried 定理"	368
"五·九定理"	423
"Adams 定理"	447.1
"异形黄几何"	619,868
"Begonia 点"	1021
"Urquhart 定理"	1107
"内、外拿破仑(Napoleon)三角形"	1120
"Vecten 点"	1120.1
"安宁定理"	1138
"朗古来(Longuerrc)定理"	1138.1
"Exeter 点"	1145
"Carnot 定理"	1217
"鸡爪定理"	1219
"Tebaul 定理"	1227
"曼海姆(Mannheim)定理一"	1231
"曼海姆(Mannheim)定理二"	1231.1
"Bodenmiller 定理"	1233
"Ajima—Malfatti 点"	1252
"Thebault 定理"	1259
"Johnson 定理"	1265
"Sangaku 定理"	1284.3
"开世(Casty)定理"	1290
四边形的"旁切圆"	1293

后记

此前,我曾计划用十年时间,在我 85 岁前,为《圆锥曲线习题集》再续写两册(指下册的第 2 卷和第 3 卷),每册一千题.

没想到的是,其中的一册(即本书)很快就完成了,这得益于一包旧杂物,里面藏匿着一些旧时的草稿,提供了不少有用的素材.不过,有些稿纸,由于当初书写过于急促,仅三言两语,如今实在想不起那时的原意,只得作废,可惜了.

另一册即将动笔,往后的日子会越来越艰难,眼花手颤,老年人的衰退症候日渐显露……

最后一搏,尽力吧.

陈传麟
2016 年 3 月
于上海

◎ 编辑手记

晚清重臣张之洞有句名言："古来世运之明晦，人才之盛衰，其表在政，其里在学"，所以有人说：当今中国最致命的硬伤是道统和学统颓废，思想市场缺位．涉及道统这个命题太大，也太敏感，不议为好，但学统颓废，特别是微观层次上数学思想产品市场也是缺位的，在图书市场中表现最为明显，以数学为分类的书很多，但刨除教材、教辅后则立显贫乏，当供应品单一时，就说明市场缺位了，其中原因复杂，留给读者思考．

这是一位七旬老人一生写就的两本著作之一，其实如果认真对待著书这件事的话，人一生写不了几本书，金岳霖先生在中国知识界享有盛名，但他在1949年之前，只写过三本书：《论道》《知识论》《逻辑》．

在他88岁时他说他比较得意的文章也只有3篇而已．

本书作者历经了中国历次政治运动，对人生感悟很多，也流露出一些伤感和悲观．这些都是一个读书人正常的心路历程，但不管怎样，老有所养，老有所学，老有所为都是令人羡慕的，值得庆幸的是今天已经允许人们自由地表达这种情感了．

曾几何时,乌托邦的实验者们自以为掌握了人类进入"天堂"的不二法门,在不容置疑的真理与急速要达到的目标面前,任何对人生的感怀、对生命的咏叹都是无用而多余的,都是小资产阶级的无病呻吟,是对宏大目标的无谓干扰.在美国新世界面前,乐观成了唯一正确的意识形态,而悲观的人则是可耻的.(章诗依读《顾随致周汝昌书》)

这部书的出版完全是笔者出于对老年作者坚持写作的精神的一种尊敬并不抱畅销的希望,因为不可能.画家陈丹青在大力推介木心的作品的同时还说:我一点没想过所有人读木心.有小小一群人读,我已经很开心.绝大部分人不要读他,也不要读任何东西.

对于读书这件事,请允许笔者抱有深深的悲观.

一位图书策划人(林东林)说:富起来的中国和它的子民,在奔赴崛起的地位前,一定要先解决一个问题,那就是从富到贵,从强到雅,这种转变比起把物质繁华聚拢起来而言,要艰难成千上万倍.

刘培杰

2017 年 7 月 1 日

于哈工大

哈尔滨工业大学出版社刘培杰数学工作室
已出版(即将出版)图书目录

书 名	出版时间	定 价	编号
新编中学数学解题方法全书(高中版)上卷	2007—09	38.00	7
新编中学数学解题方法全书(高中版)中卷	2007—09	48.00	8
新编中学数学解题方法全书(高中版)下卷(一)	2007—09	42.00	17
新编中学数学解题方法全书(高中版)下卷(二)	2007—09	38.00	18
新编中学数学解题方法全书(高中版)下卷(三)	2010—06	58.00	73
新编中学数学解题方法全书(初中版)上卷	2008—01	28.00	29
新编中学数学解题方法全书(初中版)中卷	2010—07	38.00	75
新编中学数学解题方法全书(高考复习卷)	2010—01	48.00	67
新编中学数学解题方法全书(高考真题卷)	2010—01	38.00	62
新编中学数学解题方法全书(高考精华卷)	2011—03	68.00	118
新编平面解析几何解题方法全书(专题讲座卷)	2010—01	18.00	61
新编中学数学解题方法全书(自主招生卷)	2013—08	88.00	261

书 名	出版时间	定 价	编号
数学眼光透视(第2版)	2017—06	78.00	732
数学思想领悟	2008—01	38.00	25
数学应用展观(第2版)	2017—08	68.00	737
数学建模导引	2008—01	28.00	23
数学方法溯源	2008—01	38.00	27
数学史话览胜(第2版)	2017—01	48.00	736
数学思维技术	2013—09	38.00	260
数学解题引论	2017—05	48.00	735

书 名	出版时间	定 价	编号
从毕达哥拉斯到怀尔斯	2007—10	48.00	9
从迪利克雷到维斯卡尔迪	2008—01	48.00	21
从哥德巴赫到陈景润	2008—05	98.00	35
从庞加莱到佩雷尔曼	2011—08	138.00	136

书 名	出版时间	定 价	编号
数学奥林匹克与数学文化(第一辑)	2006—05	48.00	4
数学奥林匹克与数学文化(第二辑)(竞赛卷)	2008—01	48.00	19
数学奥林匹克与数学文化(第二辑)(文化卷)	2008—07	58.00	36'
数学奥林匹克与数学文化(第三辑)(竞赛卷)	2010—01	48.00	59
数学奥林匹克与数学文化(第四辑)(竞赛卷)	2011—08	58.00	87
数学奥林匹克与数学文化(第五辑)	2015—06	98.00	370

哈尔滨工业大学出版社刘培杰数学工作室
已出版（即将出版）图书目录

书　　名	出版时间	定　价	编号
世界著名平面几何经典著作钩沉——几何作图专题卷（上）	2009—06	48.00	49
世界著名平面几何经典著作钩沉——几何作图专题卷（下）	2011—01	88.00	80
世界著名平面几何经典著作钩沉（民国平面几何老课本）	2011—03	38.00	113
世界著名平面几何经典著作钩沉（建国初期平面三角老课本）	2015—08	38.00	507
世界著名解析几何经典著作钩沉——平面解析几何卷	2014—01	38.00	264
世界著名数论经典著作钩沉（算术卷）	2012—01	28.00	125
世界著名数学经典著作钩沉——立体几何卷	2011—02	28.00	88
世界著名三角学经典著作钩沉（平面三角卷Ⅰ）	2010—06	28.00	69
世界著名三角学经典著作钩沉（平面三角卷Ⅱ）	2011—01	38.00	78
世界著名初等数论经典著作钩沉（理论和实用算术卷）	2011—07	38.00	126
发展你的空间想象力	2017—06	38.00	785
走向国际数学奥林匹克的平面几何试题诠释（上、下）（第1版）	2007—01	68.00	11,12
走向国际数学奥林匹克的平面几何试题诠释（上、下）（第2版）	2010—02	98.00	63,64
平面几何证明方法全书	2007—08	35.00	1
平面几何证明方法全书习题解答（第1版）	2005—10	18.00	2
平面几何证明方法全书习题解答（第2版）	2006—12	18.00	10
平面几何天天练上卷·基础篇（直线型）	2013—01	58.00	208
平面几何天天练中卷·基础篇（涉及圆）	2013—01	28.00	234
平面几何天天练下卷·提高篇	2013—01	58.00	237
平面几何专题研究	2013—07	98.00	258
最新世界各国数学奥林匹克中的平面几何试题	2007—09	38.00	14
数学竞赛平面几何典型题及新颖解	2010—07	48.00	74
初等数学复习及研究（平面几何）	2008—09	58.00	38
初等数学复习及研究（立体几何）	2010—06	38.00	71
初等数学复习及研究（平面几何）习题解答	2009—01	48.00	42
几何学教程（平面几何卷）	2011—03	68.00	90
几何学教程（立体几何卷）	2011—07	68.00	130
几何变换与几何证题	2010—06	88.00	70
计算方法与几何证题	2011—06	28.00	129
立体几何技巧与方法	2014—04	88.00	293
几何瑰宝——平面几何500名题暨1000条定理（上、下）	2010—07	138.00	76,77
三角形的解法与应用	2012—07	18.00	183
近代的三角形几何学	2012—07	48.00	184
一般折线几何学	2015—08	48.00	503
三角形的五心	2009—06	28.00	51
三角形的六心及其应用	2015—10	68.00	542
三角形趣谈	2012—08	28.00	212
解三角形	2014—01	28.00	265
三角学专门教程	2014—09	28.00	387
距离几何分析导引	2015—02	68.00	446
图天下几何新题试卷·初中	2017—01	58.00	714

哈尔滨工业大学出版社刘培杰数学工作室
已出版(即将出版)图书目录

书 名	出版时间	定 价	编号
圆锥曲线习题集(上册)	2013—06	68.00	255
圆锥曲线习题集(中册)	2015—01	78.00	434
圆锥曲线习题集(下册·第1卷)	2016—10	78.00	683
论九点圆	2015—05	88.00	645
近代欧氏几何学	2012—03	48.00	162
罗巴切夫斯基几何学及几何基础概要	2012—07	28.00	188
罗巴切夫斯基几何学初步	2015—06	28.00	474
用三角、解析几何、复数、向量计算解数学竞赛几何题	2015—03	48.00	455
美国中学几何教程	2015—04	88.00	458
三线坐标与三角形特征点	2015—04	98.00	460
平面解析几何方法与研究(第1卷)	2015—05	18.00	471
平面解析几何方法与研究(第2卷)	2015—06	18.00	472
平面解析几何方法与研究(第3卷)	2015—07	18.00	473
解析几何研究	2015—01	38.00	425
解析几何学教程.上	2016—01	38.00	574
解析几何学教程.下	2016—01	38.00	575
几何学基础	2016—01	58.00	581
初等几何研究	2015—02	58.00	444
大学几何学	2017—01	78.00	688
关于曲面的一般研究	2016—11	48.00	690
十九和二十世纪欧氏几何学中的片段	2017—01	58.00	696
近世纯粹几何学初论	2017—01	58.00	711
拓扑学与几何学基础讲义	2017—04	58.00	756
物理学中的几何方法	2017—06	88.00	767
平面几何中考.高考.奥数一本通	2017—07	28.00	820
几何学简史	2017—08	28.00	833
俄罗斯平面几何问题集	2009—08	88.00	55
俄罗斯立体几何问题集	2014—03	58.00	283
俄罗斯几何大师——沙雷金论数学及其他	2014—01	48.00	271
来自俄罗斯的5000道几何习题及解答	2011—03	58.00	89
俄罗斯初等数学问题集	2012—05	38.00	177
俄罗斯函数问题集	2011—03	38.00	103
俄罗斯组合分析问题集	2011—01	48.00	79
俄罗斯初等数学万题选——三角卷	2012—11	38.00	222
俄罗斯初等数学万题选——代数卷	2013—08	68.00	225
俄罗斯初等数学万题选——几何卷	2014—01	68.00	226
463个俄罗斯几何老问题	2012—01	28.00	152
超越吉米多维奇.数列的极限	2009—11	48.00	58
超越普里瓦洛夫.留数卷	2015—01	28.00	437
超越普里瓦洛夫.无穷乘积与它对解析函数的应用卷	2015—05	28.00	477
超越普里瓦洛夫.积分卷	2015—06	18.00	481
超越普里瓦洛夫.基础知识卷	2015—06	28.00	482
超越普里瓦洛夫.数项级数卷	2015—07	38.00	489
初等数论难题集(第一卷)	2009—05	68.00	44
初等数论难题集(第二卷)(上、下)	2011—02	128.00	82,83
数论概貌	2011—03	18.00	93
代数数论(第二版)	2013—08	58.00	94
代数多项式	2014—06	38.00	289
初等数论的知识与问题	2011—02	28.00	95
超越数论基础	2011—03	28.00	96
数论初等教程	2011—03	28.00	97
数论基础	2011—03	18.00	98
数论基础与维诺格拉多夫	2014—03	18.00	292

哈尔滨工业大学出版社刘培杰数学工作室
已出版(即将出版)图书目录

书　名	出版时间	定　价	编号
解析数论基础	2012—08	28.00	216
解析数论基础(第二版)	2014—01	48.00	287
解析数论问题集(第二版)(原版引进)	2014—05	88.00	343
解析数论问题集(第二版)(中译本)	2016—04	88.00	607
解析数论基础(潘承洞,潘承彪著)	2016—07	98.00	673
解析数论导引	2016—07	58.00	674
数论入门	2011—03	38.00	99
代数数论入门	2015—03	38.00	448
数论开篇	2012—07	28.00	194
解析数论引论	2011—03	48.00	100
Barban Davenport Halberstam 均值和	2009—01	40.00	33
基础数论	2011—03	28.00	101
初等数论 100 例	2011—05	18.00	122
初等数论经典例题	2012—07	18.00	204
最新世界各国数学奥林匹克中的初等数论试题(上、下)	2012—01	138.00	144,145
初等数论(Ⅰ)	2012—01	18.00	156
初等数论(Ⅱ)	2012—01	18.00	157
初等数论(Ⅲ)	2012—01	28.00	158
平面几何与数论中未解决的新老问题	2013—01	68.00	229
代数数论简史	2014—11	28.00	408
代数数论	2015—09	88.00	532
代数、数论及分析习题集	2016—11	98.00	695
数论导引提要及习题解答	2016—01	48.00	559
素数定理的初等证明.第 2 版	2016—09	48.00	686
数论中的模函数与狄利克雷级数(第二版)	2017—11	78.00	837
谈谈素数	2011—03	18.00	91
平方和	2011—03	18.00	92
复变函数引论	2013—10	68.00	269
伸缩变换与抛物旋转	2015—01	38.00	449
无穷分析引论(上)	2013—04	88.00	247
无穷分析引论(下)	2013—04	98.00	245
数学分析	2014—04	28.00	338
数学分析中的一个新方法及其应用	2013—01	38.00	231
数学分析例选:通过范例学技巧	2013—01	88.00	243
高等代数例选:通过范例学技巧	2015—06	88.00	475
三角级数论(上册)(陈建功)	2013—01	38.00	232
三角级数论(下册)(陈建功)	2013—01	48.00	233
三角级数论(哈代)	2013—06	48.00	254
三角级数	2015—07	28.00	263
超越数	2011—03	18.00	109
三角和方法	2011—03	18.00	112
整数论	2011—05	38.00	120
从整数谈起	2015—10	28.00	538
随机过程(Ⅰ)	2014—01	78.00	224
随机过程(Ⅱ)	2014—01	68.00	235
算术探索	2011—12	158.00	148
组合数学	2012—04	28.00	178
组合数学浅谈	2012—03	28.00	159
丢番图方程引论	2012—03	48.00	172
拉普拉斯变换及其应用	2015—02	38.00	447
高等代数.上	2016—01	38.00	548
高等代数.下	2016—01	38.00	549

哈尔滨工业大学出版社刘培杰数学工作室
已出版(即将出版)图书目录

书　名	出版时间	定　价	编号
高等代数教程	2016—01	58.00	579
数学解析教程.上卷.1	2016—01	58.00	546
数学解析教程.上卷.2	2016—01	38.00	553
数学解析教程.下卷.1	2017—04	48.00	781
数学解析教程.下卷.2	2017—06	48.00	782
函数构造论.上	2016—01	38.00	554
函数构造论.中	2017—06	48.00	555
函数构造论.下	2016—09	48.00	680
数与多项式	2016—01	38.00	558
概周期函数	2016—01	48.00	572
变叙的项的极限分布律	2016—01	18.00	573
整函数	2012—08	18.00	161
近代拓扑学研究	2013—04	38.00	239
多项式和无理数	2008—01	68.00	22
模糊数据统计学	2008—03	48.00	31
模糊分析学与特殊泛函空间	2013—01	68.00	241
谈谈不定方程	2011—05	28.00	119
常微分方程	2016—01	58.00	586
平稳随机函数导论	2016—03	48.00	587
量子力学原理·上	2016—01	38.00	588
图与矩阵	2014—08	40.00	644
钢丝绳原理:第二版	2017—01	78.00	745
代数拓扑和微分拓扑简史	2017—06	68.00	791
受控理论与解析不等式	2012—05	78.00	165
解析不等式新论	2009—06	68.00	48
建立不等式的方法	2011—03	98.00	104
数学奥林匹克不等式研究	2009—08	68.00	56
不等式研究(第二辑)	2012—02	68.00	153
不等式的秘密(第一卷)	2012—02	28.00	154
不等式的秘密(第一卷)(第2版)	2014—02	38.00	286
不等式的秘密(第二卷)	2014—01	38.00	268
初等不等式的证明方法	2010—06	38.00	123
初等不等式的证明方法(第二版)	2014—11	38.00	407
不等式·理论·方法(基础卷)	2015—07	38.00	496
不等式·理论·方法(经典不等式卷)	2015—07	38.00	497
不等式·理论·方法(特殊类型不等式卷)	2015—07	48.00	498
不等式的分拆降维降幂方法与可读证明	2016—01	68.00	591
不等式探究	2016—03	38.00	582
不等式探秘	2017—01	88.00	689
四面体不等式	2017—01	68.00	715
数学奥林匹克中常见重要不等式	2017—09	38.00	845
同余理论	2012—05	38.00	163
[x]与{x}	2015—04	48.00	476
极值与最值.上卷	2015—06	28.00	486
极值与最值.中卷	2015—06	38.00	487
极值与最值.下卷	2015—06	28.00	488
整数的性质	2012—11	38.00	192
完全平方数及其应用	2015—08	78.00	506
多项式理论	2015—10	88.00	541

哈尔滨工业大学出版社刘培杰数学工作室
已出版(即将出版)图书目录

书　名	出版时间	定　价	编号
历届美国中学生数学竞赛试题及解答(第一卷)1950—1954	2014—07	18.00	277
历届美国中学生数学竞赛试题及解答(第二卷)1955—1959	2014—04	18.00	278
历届美国中学生数学竞赛试题及解答(第三卷)1960—1964	2014—06	18.00	279
历届美国中学生数学竞赛试题及解答(第四卷)1965—1969	2014—04	28.00	280
历届美国中学生数学竞赛试题及解答(第五卷)1970—1972	2014—06	18.00	281
历届美国中学生数学竞赛试题及解答(第六卷)1973—1980	2017—07	18.00	768
历届美国中学生数学竞赛试题及解答(第七卷)1981—1986	2015—01	18.00	424
历届美国中学生数学竞赛试题及解答(第八卷)1987—1990	2017—05	18.00	769
历届 IMO 试题集(1959—2005)	2006—05	58.00	5
历届 CMO 试题集	2008—09	28.00	40
历届中国数学奥林匹克试题集(第 2 版)	2017—03	38.00	757
历届加拿大数学奥林匹克试题集	2012—08	38.00	215
历届美国数学奥林匹克试题集:多解推广加强	2012—08	38.00	209
历届美国数学奥林匹克试题集:多解推广加强(第 2 版)	2016—03	48.00	592
历届波兰数学竞赛试题集.第 1 卷,1949～1963	2015—03	18.00	453
历届波兰数学竞赛试题集.第 2 卷,1964～1976	2015—03	18.00	454
历届巴尔干数学奥林匹克试题集	2015—05	38.00	466
保加利亚数学奥林匹克	2014—10	38.00	393
圣彼得堡数学奥林匹克试题集	2015—01	38.00	429
匈牙利奥林匹克数学竞赛题解.第 1 卷	2016—05	28.00	593
匈牙利奥林匹克数学竞赛题解.第 2 卷	2016—05	28.00	594
超越普特南试题:大学数学竞赛中的方法与技巧	2017—04	98.00	758
历届国际大学生数学竞赛试题集(1994—2010)	2012—01	28.00	143
全国大学生数学夏令营数学竞赛试题及解答	2007—03	28.00	15
全国大学生数学竞赛辅导教程	2012—07	28.00	189
全国大学生数学竞赛复习全书(第 2 版)	2017—03	58.00	787
历届美国大学生数学竞赛试题集	2009—03	88.00	43
前苏联大学生数学奥林匹克竞赛题解(上编)	2012—04	28.00	169
前苏联大学生数学奥林匹克竞赛题解(下编)	2012—04	38.00	170
历届美国数学邀请赛试题集	2014—01	48.00	270
全国高中数学竞赛试题及解答.第 1 卷	2014—07	38.00	331
大学生数学竞赛讲义	2014—09	28.00	371
普林斯顿大学数学竞赛	2016—06	38.00	669
亚太地区数学奥林匹克竞赛题	2015—07	18.00	492
日本历届(初级)广中杯数学竞赛试题及解答.第 1 卷(2000～2007)	2016—05	28.00	641
日本历届(初级)广中杯数学竞赛试题及解答.第 2 卷(2008～2015)	2016—05	38.00	642
360 个数学竞赛问题	2016—08	58.00	677
奥数最佳实战题.上卷	2017—06	38.00	760
奥数最佳实战题.下卷	2017—05	58.00	761
哈尔滨市早期中学数学竞赛试题汇编	2016—07	28.00	672
全国高中数学联赛试题及解答:1981—2015	2016—08	98.00	676
20 世纪 50 年代全国部分城市数学竞赛试题汇编	2017—07	28.00	797
高考数学临门一脚(含密押三套卷)(理科版)	2017—01	45.00	743
高考数学临门一脚(含密押三套卷)(文科版)	2017—01	45.00	744
新课标高考数学题型全归纳(文科版)	2015—05	72.00	467
新课标高考数学题型全归纳(理科版)	2015—05	82.00	468
洞穿高考数学解答题核心考点(理科版)	2015—11	49.80	550
洞穿高考数学解答题核心考点(文科版)	2015—11	46.80	551
高考数学题型全归纳:文科版.上	2016—05	53.00	663
高考数学题型全归纳:文科版.下	2016—05	53.00	664
高考数学题型全归纳:理科版.上	2016—05	58.00	665
高考数学题型全归纳:理科版.下	2016—05	58.00	666

哈尔滨工业大学出版社刘培杰数学工作室
已出版(即将出版)图书目录

书　名	出版时间	定　价	编号
王连笑教你怎样学数学:高考选择题解题策略与客观题实用训练	2014—01	48.00	262
王连笑教你怎样学数学:高考数学高层次讲座	2015—02	48.00	432
高考数学的理论与实践	2009—08	38.00	53
高考数学核心题型解题方法与技巧	2010—01	28.00	86
高考思维新平台	2014—03	38.00	259
30分钟拿下高考数学选择题、填空题(理科版)	2016—10	39.80	720
30分钟拿下高考数学选择题、填空题(文科版)	2016—10	39.80	721
高考数学压轴题解题诀窍(上)	2012—02	78.00	166
高考数学压轴题解题诀窍(下)	2012—03	28.00	167
北京市五区文科数学三年高考模拟题详解:2013~2015	2015—08	48.00	500
北京市五区理科数学三年高考模拟题详解:2013~2015	2015—09	68.00	505
向量法巧解数学高考题	2009—08	28.00	54
高考数学万能解题法(第2版)	即将出版	38.00	691
高考物理万能解题法(第2版)	即将出版	38.00	692
高考化学万能解题法(第2版)	即将出版	28.00	693
高考生物万能解题法(第2版)	即将出版	28.00	694
高考数学解题金典(第2版)	2017—01	78.00	716
高考物理解题金典(第2版)	即将出版	68.00	717
高考化学解题金典(第2版)	即将出版	58.00	718
我一定要赚分:高中物理	2016—01	38.00	580
数学高考参考	2016—01	78.00	589
2011~2015年全国及各省市高考数学文科精品试题审题要津与解法研究	2015—10	68.00	539
2011~2015年全国及各省市高考数学理科精品试题审题要津与解法研究	2015—10	88.00	540
最新全国及各省市高考数学试卷解法研究及点拨评析	2009—02	38.00	41
2011年全国及各省市高考数学试题审题要津与解法研究	2011—10	48.00	139
2013年全国及各省市高考数学试题解析与点评	2014—01	48.00	282
全国及各省市高考数学试题审题要津与解法研究	2015—02	48.00	450
新课标高考数学——五年试题分章详解(2007~2011)(上、下)	2011—10	78.00	140,141
全国中考数学压轴题审题要津与解法研究	2013—04	78.00	248
新编全国及各省市中考数学压轴题审题要津与解法研究	2014—05	58.00	342
全国及各省市5年中考数学压轴题审题要津与解法研究(2015版)	2015—04	58.00	462
中考数学专题总复习	2007—04	28.00	6
中考数学较难题、难题常考题型解题方法与技巧.上	2016—01	48.00	584
中考数学较难题、难题常考题型解题方法与技巧.下	2016—01	58.00	585
中考数学较难题常考题型解题方法与技巧	2016—09	48.00	681
中考数学难题常考题型解题方法与技巧	2016—09	48.00	682
中考数学选择填空压轴好题妙解365	2017—05	38.00	759
中考数学小压轴汇编初讲	2017—07	48.00	788
中考数学大压轴专题微言	2017—09	48.00	846
北京中考数学压轴题解题方法突破(第2版)	2017—03	48.00	753
助你高考成功的数学解题智慧:知识是智慧的基础	2016—01	58.00	596
助你高考成功的数学解题智慧:错误是智慧的试金石	2016—04	58.00	643
助你高考成功的数学解题智慧:方法是智慧的推手	2016—04	68.00	657
高考数学奇思妙解	2016—04	38.00	610
高考数学解题策略	2016—05	48.00	670
数学解题泄天机	2016—06	48.00	668
高考物理压轴题全解	2017—04	48.00	746
高中物理经典问题25讲	2017—05	28.00	764
2016年高考文科数学真题研究	2017—04	58.00	754
2016年高考理科数学真题研究	2017—04	78.00	755
初中数学、高中数学脱节知识补缺教材	2017—06	48.00	766
赢在小题	2017—08	48.00	834
高考数学核心素养解读	2017—09	38.00	839
高考数学客观题解题方法和技巧	2017—10	38.00	847

哈尔滨工业大学出版社刘培杰数学工作室
已出版(即将出版)图书目录

书 名	出版时间	定 价	编号
新编 640 个世界著名数学智力趣题	2014—01	88.00	242
500 个最新世界著名数学智力趣题	2008—06	48.00	3
400 个最新世界著名数学最值问题	2008—09	48.00	36
500 个世界著名数学征解问题	2009—06	48.00	52
400 个中国最佳初等数学征解老问题	2010—01	48.00	60
500 个俄罗斯数学经典老题	2011—01	28.00	81
1000 个国外中学物理好题	2012—04	48.00	174
300 个日本高考数学题	2012—05	38.00	142
700 个早期日本高考数学试题	2017—02	88.00	752
500 个前苏联早期高考数学试题及解答	2012—05	28.00	185
546 个早期俄罗斯大学生数学竞赛题	2014—03	38.00	285
548 个来自美苏的数学好问题	2014—11	28.00	396
20 所苏联著名大学早期入学试题	2015—02	18.00	452
161 道德国工科大学生必做的微分方程习题	2015—05	28.00	469
500 个德国工科大学生必做的高数习题	2015—06	28.00	478
360 个数学竞赛问题	2016—08	58.00	677
德国讲义日本考题.微积分卷	2015—04	48.00	456
德国讲义日本考题.微分方程卷	2015—04	38.00	457
二十世纪中叶中、英、美、日、法、俄高考数学试题精选	2017—06	38.00	783
中国初等数学研究 2009卷(第1辑)	2009—05	20.00	45
中国初等数学研究 2010卷(第2辑)	2010—05	30.00	68
中国初等数学研究 2011卷(第3辑)	2011—07	60.00	127
中国初等数学研究 2012卷(第4辑)	2012—07	48.00	190
中国初等数学研究 2014卷(第5辑)	2014—02	48.00	288
中国初等数学研究 2015卷(第6辑)	2015—06	68.00	493
中国初等数学研究 2016卷(第7辑)	2016—04	68.00	609
中国初等数学研究 2017卷(第8辑)	2017—01	98.00	712
几何变换(Ⅰ)	2014—07	28.00	353
几何变换(Ⅱ)	2015—06	28.00	354
几何变换(Ⅲ)	2015—01	38.00	355
几何变换(Ⅳ)	2015—12	38.00	356
博弈论精粹	2008—03	58.00	30
博弈论精粹.第二版(精装)	2015—01	88.00	461
数学 我爱你	2008—01	28.00	20
精神的圣徒 别样的人生——60 位中国数学家成长的历程	2008—09	48.00	39
数学史概论	2009—06	78.00	50
数学史概论(精装)	2013—03	158.00	272
数学史选讲	2016—01	48.00	544
斐波那契数列	2010—02	28.00	65
数学拼盘和斐波那契魔方	2010—07	38.00	72
斐波那契数列欣赏	2011—01	28.00	160
数学的创造	2011—02	48.00	85
数学美与创造力	2016—01	48.00	595
数海拾贝	2016—01	48.00	590
数学中的美	2011—02	38.00	84
数论中的美学	2014—12	38.00	351
数学王者 科学巨人——高斯	2015—01	28.00	428
振兴祖国数学的圆梦之旅:中国初等数学研究史话	2015—06	98.00	490
二十世纪中国数学史料研究	2015—10	48.00	536
数字谜、数阵图与棋盘覆盖	2016—01	58.00	298
时间的形状	2016—01	38.00	556
数学发现的艺术:数学探索中的合情推理	2016—07	58.00	671
活跃在数学中的参数	2016—07	48.00	675

Ⅷ

哈尔滨工业大学出版社刘培杰数学工作室
已出版（即将出版）图书目录

书　名	出版时间	定　价	编号
数学解题——靠数学思想给力（上）	2011—07	38.00	131
数学解题——靠数学思想给力（中）	2011—07	48.00	132
数学解题——靠数学思想给力（下）	2011—07	38.00	133
我怎样解题	2013—01	48.00	227
数学解题中的物理方法	2011—06	28.00	114
数学解题的特殊方法	2011—06	48.00	115
中学数学计算技巧	2012—01	48.00	116
中学数学证明方法	2012—01	58.00	117
数学趣题巧解	2012—03	28.00	128
高中数学教学通鉴	2015—05	58.00	479
和高中生漫谈：数学与哲学的故事	2014—08	28.00	369
算术问题集	2017—03	38.00	789
自主招生考试中的参数方程问题	2015—01	28.00	435
自主招生考试中的极坐标问题	2015—04	28.00	463
近年全国重点大学自主招生数学试题全解及研究．华约卷	2015—02	38.00	441
近年全国重点大学自主招生数学试题全解及研究．北约卷	2016—05	38.00	619
自主招生数学解证宝典	2015—09	48.00	535
格点和面积	2012—07	18.00	191
射影几何趣谈	2012—04	28.00	175
斯潘纳尔引理——从一道加拿大数学奥林匹克试题谈起	2014—01	28.00	228
李普希兹条件——从几道近年高考数学试题谈起	2012—10	18.00	221
拉格朗日中值定理——从一道北京高考试题的解法谈起	2015—10	18.00	197
闵科夫斯基定理——从一道清华大学自主招生试题谈起	2014—01	28.00	198
哈尔测度——从一道冬令营试题的背景谈起	2012—08	28.00	202
切比雪夫逼近问题——从一道中国台北数学奥林匹克试题谈起	2013—04	38.00	238
伯恩斯坦多项式与贝齐尔曲面——从一道全国高中数学联赛试题谈起	2013—03	38.00	236
卡塔兰猜想——从一道普特南竞赛试题谈起	2013—06	18.00	256
麦卡锡函数和阿克曼函数——从一道前南斯拉夫数学奥林匹克试题谈起	2012—08	18.00	201
贝蒂定理与拿姆贝克莫斯尔定理——从一个拣石子游戏谈起	2012—08	18.00	217
皮亚诺曲线和豪斯道夫分球定理——从无限集谈起	2012—08	18.00	211
平面凸图形与凸多面体	2012—10	28.00	218
斯坦因豪斯问题——从一道二十五省市自治区中学数学竞赛试题谈起	2012—07	18.00	196
纽结理论中的亚历山大多项式与琼斯多项式——从一道北京市高一数学竞赛试题谈起	2012—07	28.00	195
原则与策略——从波利亚"解题表"谈起	2013—04	38.00	244
转化与化归——从三大尺规作图不能问题谈起	2012—08	28.00	214
代数几何中的贝祖定理（第一版）——从一道 IMO 试题的解法谈起	2013—08	18.00	193
成功连贯理论与约当块理论——从一道比利时数学竞赛试题谈起	2012—04	18.00	180
素数判定与大数分解	2014—08	18.00	199
置换多项式及其应用	2012—10	18.00	220
椭圆函数与模函数——从一道美国加州大学洛杉矶分校（UCLA）博士资格考题谈起	2012—10	28.00	219
差分方程的拉格朗日方法——从一道 2011 年全国高考理科试题的解法谈起	2012—08	28.00	200

哈尔滨工业大学出版社刘培杰数学工作室
已出版（即将出版）图书目录

书　名	出版时间	定　价	编号
力学在几何中的一些应用	2013—01	38.00	240
高斯散度定理、斯托克斯定理和平面格林定理——从一道国际大学生数学竞赛试题谈起	即将出版		
康托洛维奇不等式——从一道全国高中联赛试题谈起	2013—03	28.00	337
西格尔引理——从一道第18届IMO试题的解法谈起	即将出版		
罗斯定理——从一道前苏联数学竞赛试题谈起	即将出版		
拉克斯定理和阿廷定理——从一道IMO试题的解法谈起	2014—01	58.00	246
毕卡大定理——从一道美国大学数学竞赛试题谈起	2014—07	18.00	350
贝齐尔曲线——从一道全国高中联赛试题谈起	即将出版		
拉格朗日乘子定理——从一道2005年全国高中联赛试题的高等数学解法谈起	2015—05	28.00	480
雅可比定理——从一道日本数学奥林匹克试题谈起	2013—04	48.00	249
李天岩—约克定理——从一道波兰数学竞赛试题谈起	2014—06	28.00	349
整系数多项式因式分解的一般方法——从克朗耐克算法谈起	即将出版		
布劳维不动点定理——从一道前苏联数学奥林匹克试题谈起	2014—01	38.00	273
伯恩赛德定理——从一道英国数学奥林匹克试题谈起	即将出版		
布查特—莫斯特定理——从一道上海市初中竞赛试题谈起	即将出版		
数论中的同余数问题——从一道普特南竞赛试题谈起	即将出版		
范·德蒙行列式——从一道美国数学奥林匹克试题谈起	即将出版		
中国剩余定理：总数法构建中国历史年表	2015—01	28.00	430
牛顿程序与方程求根——从一道全国高考试题解法谈起	即将出版		
库默尔定理——从一道IMO预选试题谈起	即将出版		
卢丁定理——从一道冬令营试题的解法谈起	即将出版		
沃斯滕霍姆定理——从一道IMO预选试题谈起	即将出版		
卡尔松不等式——从一道莫斯科数学奥林匹克试题谈起	即将出版		
信息论中的香农熵——从一道近年高考压轴题谈起	即将出版		
约当不等式——从一道希望杯竞赛试题谈起	即将出版		
拉比诺维奇定理	即将出版		
刘维尔定理——从一道《美国数学月刊》征解问题的解法谈起	即将出版		
卡塔兰恒等式与级数求和——从一道IMO试题的解法谈起	即将出版		
勒让德猜想与素数分布——从一道爱尔兰竞赛试题谈起	即将出版		
天平称重与信息论——从一道基辅市数学奥林匹克试题的解法谈起	即将出版		
哈密尔顿—凯莱定理：从一道高中数学联赛试题的解法谈起	2014—09	18.00	376
艾思特曼定理——从一道CMO试题的解法谈起	即将出版		
一个爱尔特希问题——从一道西德数学奥林匹克试题谈起	即将出版		
有限群中的爱丁格尔问题——从一道北京市初中二年级数学竞赛试题谈起	即将出版		
贝克码与编码理论——从一道全国高中联赛试题谈起	即将出版		
帕斯卡三角形	2014—03	18.00	294
蒲丰投针问题——从2009年清华大学的一道自主招生试题谈起	2014—01	38.00	295
斯图姆定理——从一道"华约"自主招生试题的解法谈起	2014—01	18.00	296
许瓦兹引理——从一道加利福尼亚大学伯克利分校数学系博士生试题谈起	2014—08	18.00	297
拉姆塞定理——从王诗宬院士的一个问题谈起	2016—04	48.00	299
坐标法	2013—12	28.00	332
数论三角形	2014—04	38.00	341
毕克定理	2014—07	18.00	352
数林掠影	2014—09	48.00	389
我们周围的概率	2014—10	38.00	390
凸函数最值定理：从一道华约自主招生题的解法谈起	2014—10	28.00	391
易学与数学奥林匹克	2014—10	38.00	392

哈尔滨工业大学出版社刘培杰数学工作室
已出版(即将出版)图书目录

书　　名	出版时间	定　价	编号
生物数学趣谈	2015—01	18.00	409
反演	2015—01	28.00	420
因式分解与圆锥曲线	2015—01	18.00	426
轨迹	2015—01	28.00	427
面积原理:从常庚哲命的一道CMO试题的积分解法谈起	2015—01	48.00	431
形形色色的不动点定理:从一道28届IMO试题谈起	2015—01	38.00	439
柯西函数方程:从一道上海交大自主招生的试题谈起	2015—02	28.00	440
三角恒等式	2015—02	28.00	442
无理性判定:从一道2014年"北约"自主招生试题谈起	2015—01	38.00	443
数学归纳法	2015—03	18.00	451
极端原理与解题	2015—04	28.00	464
法雷级数	2014—08	18.00	367
摆线族	2015—01	38.00	438
函数方程及其解法	2015—05	38.00	470
含参数的方程和不等式	2012—09	28.00	213
希尔伯特第十问题	2016—01	38.00	543
无穷小量的求和	2016—01	28.00	545
切比雪夫多项式:从一道清华大学金秋营试题谈起	2016—01	38.00	583
泽肯多夫定理	2016—03	38.00	599
代数等式证题法	2016—01	28.00	600
三角等式证题法	2016—01	28.00	601
吴大任教授藏书中的一个因式分解公式:从一道美国数学邀请赛试题的解法谈起	2016—06	28.00	656
易卦——类万物的数学模型	2017—08	68.00	838
中等数学英语阅读文选	2006—12	38.00	13
统计学专业英语	2007—03	28.00	16
统计学专业英语(第二版)	2012—07	48.00	176
统计学专业英语(第三版)	2015—04	68.00	465
幻方和魔方(第一卷)	2012—05	68.00	173
尘封的经典——初等数学经典文献选读(第一卷)	2012—07	48.00	205
尘封的经典——初等数学经典文献选读(第二卷)	2012—07	38.00	206
代换分析:英文	2015—07	38.00	499
实变函数论	2012—06	78.00	181
复变函数论	2015—08	38.00	504
非光滑优化及其变分分析	2014—01	48.00	230
疏散的马尔科夫链	2014—01	58.00	266
马尔科夫过程论基础	2015—01	28.00	433
初等微分拓扑学	2012—07	18.00	182
方程式论	2011—03	38.00	105
初级方程式论	2011—03	28.00	106
Galois理论	2011—03	18.00	107
古典数学难题与伽罗瓦理论	2012—11	58.00	223
伽罗华与群论	2014—01	28.00	290
代数方程的根式解及伽罗瓦理论	2011—03	28.00	108
代数方程的根式解及伽罗瓦理论(第二版)	2015—01	28.00	423
线性偏微分方程讲义	2011—03	18.00	110
几类微分方程数值方法的研究	2015—05	38.00	485
N体问题的周期解	2011—03	28.00	111
代数方程式论	2011—05	18.00	121
线性代数与几何:英文	2016—06	58.00	578
动力系统的不变量与函数方程	2011—07	48.00	137
基于短语评价的翻译知识获取	2012—02	48.00	168
应用随机过程	2012—04	48.00	187
概率论导引	2012—04	18.00	179

哈尔滨工业大学出版社刘培杰数学工作室
已出版(即将出版)图书目录

书 名	出版时间	定价	编号
矩阵论(上)	2013—06	58.00	250
矩阵论(下)	2013—06	48.00	251
对称锥互补问题的内点法:理论分析与算法实现	2014—08	68.00	368
抽象代数:方法导引	2013—06	38.00	257
集论	2016—01	48.00	576
多项式理论研究综述	2016—01	38.00	577
函数论	2014—11	78.00	395
反问题的计算方法及应用	2011—11	28.00	147
初等数学研究(Ⅰ)	2008—09	68.00	37
初等数学研究(Ⅱ)(上、下)	2009—05	118.00	46,47
数阵及其应用	2012—02	28.00	164
绝对值方程—折边与组合图形的解析研究	2012—07	48.00	186
代数函数论(上)	2015—07	38.00	494
代数函数论(下)	2015—07	38.00	495
偏微分方程论:法文	2015—10	48.00	533
时标动力学方程的指数型二分性与周期解	2016—04	48.00	606
重刚体绕不动点运动方程的积分法	2016—05	68.00	608
水轮机水力稳定性	2016—05	48.00	620
Lévy 噪音驱动的传染病模型的动力学行为	2016—05	48.00	667
铣加工动力学系统稳定性研究的数学方法	2016—11	28.00	710
时滞系统:Lyapunov 泛函和矩阵	2017—05	68.00	784
粒子图像测速仪实用指南:第二版	2017—08	78.00	790
数域的上同调	2017—08	98.00	799
趣味初等方程妙题集锦	2014—09	48.00	388
趣味初等数论选美与欣赏	2015—02	48.00	445
耕读笔记(上卷):一位农民数学爱好者的初数探索	2015—04	28.00	459
耕读笔记(中卷):一位农民数学爱好者的初数探索	2015—05	28.00	483
耕读笔记(下卷):一位农民数学爱好者的初数探索	2015—05	28.00	484
几何不等式研究与欣赏.上卷	2016—01	88.00	547
几何不等式研究与欣赏.下卷	2016—01	48.00	552
初等数列研究与欣赏·上	2016—01	48.00	570
初等数列研究与欣赏·下	2016—01	48.00	571
趣味初等函数研究与欣赏.上	2016—09	48.00	684
趣味初等函数研究与欣赏.下	即将出版		685
火柴游戏	2016—05	38.00	612
智力解谜.第1卷	2017—07	38.00	613
智力解谜.第2卷	2017—07	38.00	614
故事智力	2016—07	48.00	615
名人们喜欢的智力问题	即将出版		616
数学大师的发现、创造与失误	即将出版		617
异曲同工	即将出版		618
数学的味道	即将出版		798
数贝偶拾——高考数学题研究	2014—04	28.00	274
数贝偶拾——初等数学研究	2014—04	38.00	275
数贝偶拾——奥数题研究	2014—04	48.00	276
集合、函数与方程	2014—01	28.00	300
数列与不等式	2014—01	38.00	301
三角与平面向量	2014—01	28.00	302
平面解析几何	2014—01	38.00	303
立体几何与组合	2014—01	28.00	304
极限与导数、数学归纳法	2014—01	38.00	305
趣味数学	2014—03	28.00	306
教材教法	2014—04	68.00	307
自主招生	2014—05	58.00	308
高考压轴题(上)	2015—01	48.00	309
高考压轴题(下)	2014—10	68.00	310

哈尔滨工业大学出版社刘培杰数学工作室
已出版(即将出版)图书目录

书 名	出版时间	定 价	编号
从费马到怀尔斯——费马大定理的历史	2013—10	198.00	I
从庞加莱到佩雷尔曼——庞加莱猜想的历史	2013—10	298.00	II
从切比雪夫到爱尔特希(上)——素数定理的初等证明	2013—07	48.00	III
从切比雪夫到爱尔特希(下)——素数定理100年	2012—12	98.00	III
从高斯到盖尔方特——二次域的高斯猜想	2013—10	198.00	IV
从库默尔到朗兰兹——朗兰兹猜想的历史	2014—01	98.00	V
从比勒巴赫到德布朗斯——比勒巴赫猜想的历史	2014—02	298.00	VI
从麦比乌斯到陈省身——麦比乌斯变换与麦比乌斯带	2014—02	298.00	VII
从布尔到豪斯道夫——布尔方程与格论漫谈	2013—10	198.00	VIII
从开普勒到阿诺德——三体问题的历史	2014—05	298.00	IX
从华林到华罗庚——华林问题的历史	2013—10	298.00	X
吴振奎高等数学解题真经(概率统计卷)	2012—01	38.00	149
吴振奎高等数学解题真经(微积分卷)	2012—01	68.00	150
吴振奎高等数学解题真经(线性代数卷)	2012—01	58.00	151
钱昌本教你快乐学数学(上)	2011—12	48.00	155
钱昌本教你快乐学数学(下)	2012—03	58.00	171
高等数学解题全攻略(上卷)	2013—06	58.00	252
高等数学解题全攻略(下卷)	2013—06	58.00	253
高等数学复习纲要	2014—01	18.00	384
三角函数	2014—01	38.00	311
不等式	2014—01	38.00	312
数列	2014—01	38.00	313
方程	2014—01	28.00	314
排列和组合	2014—01	28.00	315
极限与导数	2014—01	28.00	316
向量	2014—09	38.00	317
复数及其应用	2014—08	28.00	318
函数	2014—01	38.00	319
集合	即将出版		320
直线与平面	2014—01	28.00	321
立体几何	2014—04	28.00	322
解三角形	即将出版		323
直线与圆	2014—01	28.00	324
圆锥曲线	2014—01	38.00	325
解题通法(一)	2014—07	38.00	326
解题通法(二)	2014—07	38.00	327
解题通法(三)	2014—05	38.00	328
概率与统计	2014—01	28.00	329
信息迁移与算法	即将出版		330
方程(第2版)	2017—04	38.00	624
三角函数(第2版)	2017—04	38.00	626
向量(第2版)	即将出版		627
立体几何(第2版)	2016—04	38.00	629
直线与圆(第2版)	2016—11	38.00	631
圆锥曲线(第2版)	2016—09	48.00	632
极限与导数(第2版)	2016—04	38.00	635

哈尔滨工业大学出版社刘培杰数学工作室
已出版(即将出版)图书目录

书　名	出版时间	定　价	编号
美国高中数学竞赛五十讲.第1卷(英文)	2014—08	28.00	357
美国高中数学竞赛五十讲.第2卷(英文)	2014—08	28.00	358
美国高中数学竞赛五十讲.第3卷(英文)	2014—09	28.00	359
美国高中数学竞赛五十讲.第4卷(英文)	2014—09	28.00	360
美国高中数学竞赛五十讲.第5卷(英文)	2014—10	28.00	361
美国高中数学竞赛五十讲.第6卷(英文)	2014—11	28.00	362
美国高中数学竞赛五十讲.第7卷(英文)	2014—12	28.00	363
美国高中数学竞赛五十讲.第8卷(英文)	2015—01	28.00	364
美国高中数学竞赛五十讲.第9卷(英文)	2015—01	28.00	365
美国高中数学竞赛五十讲.第10卷(英文)	2015—02	38.00	366
IMO 50年.第1卷(1959—1963)	2014—11	28.00	377
IMO 50年.第2卷(1964—1968)	2014—11	28.00	378
IMO 50年.第3卷(1969—1973)	2014—09	28.00	379
IMO 50年.第4卷(1974—1978)	2016—04	38.00	380
IMO 50年.第5卷(1979—1984)	2015—04	38.00	381
IMO 50年.第6卷(1985—1989)	2015—04	58.00	382
IMO 50年.第7卷(1990—1994)	2016—01	48.00	383
IMO 50年.第8卷(1995—1999)	2016—06	38.00	384
IMO 50年.第9卷(2000—2004)	2015—04	58.00	385
IMO 50年.第10卷(2005—2009)	2016—01	48.00	386
IMO 50年.第11卷(2010—2015)	2017—03	48.00	646
历届美国大学生数学竞赛试题集.第一卷(1938—1949)	2015—01	28.00	397
历届美国大学生数学竞赛试题集.第二卷(1950—1959)	2015—01	28.00	398
历届美国大学生数学竞赛试题集.第三卷(1960—1969)	2015—01	28.00	399
历届美国大学生数学竞赛试题集.第四卷(1970—1979)	2015—01	18.00	400
历届美国大学生数学竞赛试题集.第五卷(1980—1989)	2015—01	28.00	401
历届美国大学生数学竞赛试题集.第六卷(1990—1999)	2015—01	28.00	402
历届美国大学生数学竞赛试题集.第七卷(2000—2009)	2015—08	18.00	403
历届美国大学生数学竞赛试题集.第八卷(2010—2012)	2015—01	18.00	404
新课标高考数学创新题解题诀窍:总论	2014—09	28.00	372
新课标高考数学创新题解题诀窍:必修1~5分册	2014—08	38.00	373
新课标高考数学创新题解题诀窍:选修2—1,2—2,1—1,1—2分册	2014—09	38.00	374
新课标高考数学创新题解题诀窍:选修2—3,4—4,4—5分册	2014—09	18.00	375
全国重点大学自主招生英文数学试题全攻略:词汇卷	2015—07	48.00	410
全国重点大学自主招生英文数学试题全攻略:概念卷	2015—01	28.00	411
全国重点大学自主招生英文数学试题全攻略:文章选读卷(上)	2016—09	38.00	412
全国重点大学自主招生英文数学试题全攻略:文章选读卷(下)	2017—01	58.00	413
全国重点大学自主招生英文数学试题全攻略:试题卷	2015—07	38.00	414
全国重点大学自主招生英文数学试题全攻略:名著欣赏卷	2017—03	48.00	415
数学物理大百科全书.第1卷	2016—01	418.00	508
数学物理大百科全书.第2卷	2016—01	408.00	509
数学物理大百科全书.第3卷	2016—01	396.00	510
数学物理大百科全书.第4卷	2016—01	408.00	511
数学物理大百科全书.第5卷	2016—01	368.00	512

哈尔滨工业大学出版社刘培杰数学工作室
已出版（即将出版）图书目录

书　名	出版时间	定　价	编号
劳埃德数学趣题大全．题目卷．1：英文	2016—01	18.00	516
劳埃德数学趣题大全．题目卷．2：英文	2016—01	18.00	517
劳埃德数学趣题大全．题目卷．3：英文	2016—01	18.00	518
劳埃德数学趣题大全．题目卷．4：英文	2016—01	18.00	519
劳埃德数学趣题大全．题目卷．5：英文	2016—01	18.00	520
劳埃德数学趣题大全．答案卷：英文	2016—01	18.00	521
李成章教练奥数笔记．第1卷	2016—01	48.00	522
李成章教练奥数笔记．第2卷	2016—01	48.00	523
李成章教练奥数笔记．第3卷	2016—01	38.00	524
李成章教练奥数笔记．第4卷	2016—01	38.00	525
李成章教练奥数笔记．第5卷	2016—01	38.00	526
李成章教练奥数笔记．第6卷	2016—01	38.00	527
李成章教练奥数笔记．第7卷	2016—01	38.00	528
李成章教练奥数笔记．第8卷	2016—01	48.00	529
李成章教练奥数笔记．第9卷	2016—01	28.00	530
朱德祥代数与几何讲义．第1卷	2017—01	38.00	697
朱德祥代数与几何讲义．第2卷	2017—01	28.00	698
朱德祥代数与几何讲义．第3卷	2017—01	28.00	699
zeta函数，q-zeta函数，相伴级数与积分	2015—08	88.00	513
微分形式：理论与练习	2015—08	58.00	514
离散与微分包含的逼近和优化	2015—08	58.00	515
艾伦·图灵：他的工作与影响	2016—01	98.00	560
测度理论概率导论，第2版	2016—01	88.00	561
带有潜在故障恢复系统的半马尔柯夫模型控制	2016—01	98.00	562
数学分析原理	2016—01	88.00	563
随机偏微分方程的有效动力学	2016—01	88.00	564
图的谱半径	2016—01	58.00	565
量子机器学习中数据挖掘的量子计算方法	2016—01	98.00	566
量子物理的非常规方法	2016—01	118.00	567
运输过程的统一非局部理论：广义波尔兹曼物理动力学，第2版	2016—01	198.00	568
量子力学与经典力学之间的联系在原子、分子及电动力学系统建模中的应用	2016—01	58.00	569
算术域：第3版	2017—08	158.00	820
第19～23届"希望杯"全国数学邀请赛试题审题要津详细评注（初一版）	2014—03	28.00	333
第19～23届"希望杯"全国数学邀请赛试题审题要津详细评注（初二、初三版）	2014—03	38.00	334
第19～23届"希望杯"全国数学邀请赛试题审题要津详细评注（高一版）	2014—03	28.00	335
第19～23届"希望杯"全国数学邀请赛试题审题要津详细评注（高二版）	2014—03	38.00	336
第19～25届"希望杯"全国数学邀请赛试题审题要津详细评注（初一版）	2015—01	38.00	416
第19～25届"希望杯"全国数学邀请赛试题审题要津详细评注（初二、初三版）	2015—01	58.00	417
第19～25届"希望杯"全国数学邀请赛试题审题要津详细评注（高一版）	2015—01	48.00	418
第19～25届"希望杯"全国数学邀请赛试题审题要津详细评注（高二版）	2015—01	48.00	419
闵嗣鹤文集	2011—03	98.00	102
吴从炘数学活动三十年（1951～1980）	2010—07	99.00	32
吴从炘数学活动又三十年（1981～2010）	2015—07	98.00	491

哈尔滨工业大学出版社刘培杰数学工作室
已出版（即将出版）图书目录

书　名	出版时间	定　价	编号
物理奥林匹克竞赛大题典——力学卷	2014—11	48.00	405
物理奥林匹克竞赛大题典——热学卷	2014—04	28.00	339
物理奥林匹克竞赛大题典——电磁学卷	2015—07	48.00	406
物理奥林匹克竞赛大题典——光学与近代物理卷	2014—06	28.00	345
历届中国东南地区数学奥林匹克试题集（2004～2012）	2014—06	18.00	346
历届中国西部地区数学奥林匹克试题集（2001～2012）	2014—07	18.00	347
历届中国女子数学奥林匹克试题集（2002～2012）	2014—08	18.00	348
数学奥林匹克在中国	2014—06	98.00	344
数学奥林匹克问题集	2014—01	38.00	267
数学奥林匹克不等式散论	2010—06	38.00	124
数学奥林匹克不等式欣赏	2011—09	38.00	138
数学奥林匹克超级题库（初中卷上）	2010—01	58.00	66
数学奥林匹克不等式证明方法和技巧（上、下）	2011—08	158.00	134,135
他们学什么：原民主德国中学数学课本	2016—09	38.00	658
他们学什么：英国中学数学课本	2016—09	38.00	659
他们学什么：法国中学数学课本.1	2016—09	38.00	660
他们学什么：法国中学数学课本.2	2016—09	28.00	661
他们学什么：法国中学数学课本.3	2016—09	38.00	662
他们学什么：苏联中学数学课本	2016—09	28.00	679
高中数学题典——集合与简易逻辑·函数	2016—07	48.00	647
高中数学题典——导数	2016—07	48.00	648
高中数学题典——三角函数·平面向量	2016—07	48.00	649
高中数学题典——数列	2016—07	58.00	650
高中数学题典——不等式·推理与证明	2016—07	38.00	651
高中数学题典——立体几何	2016—07	48.00	652
高中数学题典——平面解析几何	2016—07	78.00	653
高中数学题典——计数原理·统计·概率·复数	2016—07	48.00	654
高中数学题典——算法·平面几何·初等数论·组合数学·其他	2016—07	68.00	655
台湾地区奥林匹克数学竞赛试题.小学一年级	2017—03	38.00	722
台湾地区奥林匹克数学竞赛试题.小学二年级	2017—03	38.00	723
台湾地区奥林匹克数学竞赛试题.小学三年级	2017—03	38.00	724
台湾地区奥林匹克数学竞赛试题.小学四年级	2017—03	38.00	725
台湾地区奥林匹克数学竞赛试题.小学五年级	2017—03	38.00	726
台湾地区奥林匹克数学竞赛试题.小学六年级	2017—03	38.00	727
台湾地区奥林匹克数学竞赛试题.初中一年级	2017—03	38.00	728
台湾地区奥林匹克数学竞赛试题.初中二年级	2017—03	38.00	729
台湾地区奥林匹克数学竞赛试题.初中三年级	2017—03	28.00	730
不等式证题法	2017—04	28.00	747
平面几何培优教程	即将出版		748
奥数鼎级培优教程.高一分册	即将出版		749
奥数鼎级培优教程.高二分册	即将出版		750
高中数学竞赛冲刺宝典	即将出版		751

哈尔滨工业大学出版社刘培杰数学工作室
已出版(即将出版)图书目录

书　　名	出版时间	定　价	编号
斯米尔诺夫高等数学.第一卷	2017—02	88.00	770
斯米尔诺夫高等数学.第二卷.第一分册	2017—02	68.00	771
斯米尔诺夫高等数学.第二卷.第二分册	2017—02	68.00	772
斯米尔诺夫高等数学.第二卷.第三分册	2017—02	48.00	773
斯米尔诺夫高等数学.第三卷.第一分册	2017—06	48.00	774
斯米尔诺夫高等数学.第三卷.第二分册	2017—02	58.00	775
斯米尔诺夫高等数学.第三卷.第三分册	2017—02	68.00	776
斯米尔诺夫高等数学.第四卷.第一分册	2017—02	48.00	777
斯米尔诺夫高等数学.第四卷.第二分册	2017—02	88.00	778
斯米尔诺夫高等数学.第五卷.第一分册	2017—04	58.00	779
斯米尔诺夫高等数学.第五卷.第二分册	2017—02	68.00	780
初中尖子生数学超级题典.实数	2017—07	58.00	792
初中尖子生数学超级题典.式、方程与不等式	2017—08	58.00	793
初中尖子生数学超级题典.圆、面积	2017—08	38.00	794
初中尖子生数学超级题典.函数、逻辑推理	2017—08	48.00	795
初中尖子生数学超级题典.角、线段、三角形与多边形	2017—07	58.00	796

联系地址:哈尔滨市南岗区复华四道街 10 号　哈尔滨工业大学出版社刘培杰数学工作室
网　　址:http://lpj.hit.edu.cn/
邮　　编:150006
联系电话:0451—86281378　　13904613167
E-mail:lpj1378@163.com